世界科技专题

宋花玉　张　华　主编

中国轻工业出版社

图书在版编目（CIP）数据

世界科技专题 / 宋花玉，张华主编. —北京：中
国轻工业出版社，2022.8
ISBN 978-7-5184-4016-0

Ⅰ . ①世… Ⅱ . ①宋… ②张… Ⅲ . ①科学技术—干
部教育—学习参考资料 Ⅳ . ① N49

中国版本图书馆 CIP 数据核字（2022）第 095714 号

内 容 提 要

本书是为提高领导干部和党校研究生的科学技术素养而编写。全书由
古希腊与科学精神的起源、近代科学与技术、现代自然科学选编、现代高
技术四部分内容组成，以专题的形式介绍了科学技术的基本知识和发展历
程以及现代高新技术，以期增强领导干部和党校研究生的科技意识和素
养，推动社会发展。本书也可供有志于提高自身科学素养的读者参考。

责任编辑：杜宇芳　　责任终审：劳国强　　整体设计：锋尚设计
策划编辑：杜宇芳　　责任校对：晋　洁　　责任监印：张　可

出版发行：中国轻工业出版社（北京东长安街6号，邮编：100740）
印　　刷：北京君升印刷有限公司
经　　销：各地新华书店
版　　次：2022年8月第1版第1次印刷
开　　本：787×1092　1/16　印张：24
字　　数：600千字
书　　号：ISBN 978-7-5184-4016-0　定价：69.80元
邮购电话：010-65241695
发行电话：010-85119835　传真：85113293
网　　址：http://www.chlip.com.cn
Email：club@chlip.com.cn
如发现图书残缺请与我社邮购联系调换
220375J1X101ZBW

前 言

::::::::|

　　科学技术是第一生产力。科技兴则民族兴，科技强则国家强。党的十九大确立了到2035年跻身创新型国家前列的战略目标，坚持创新在我国现代化建设全局中的核心地位，把科技自立自强作为国家发展的战略支撑。立足新发展阶段、贯彻新发展理念、构建新发展格局、推动高质量发展，必须深入实施科教兴国战略、人才强国战略、创新驱动发展战略，完善国家创新体系，加快建设科技强国，实现高水平科技自立自强。建设世界科技强国，不仅需要广大科技工作者在各自的领域奋发努力，赶超世界一流水平，而且需要领导干部紧紧牵住科技创新这个"牛鼻子"，以科学精神、战略思维、前沿眼光，结合本地区、本部门实际，探索我国从科技"大国"走向科技"强国"的创新路径。这就要求领导干部必须具备一定的科技意识和科技素养。

　　为适应领导干部和党校研究生对科学技术知识的学习，中共陕西省委党校（陕西行政学院）组织专业教师以通俗易懂的语言和专题讲座的形式编写了这册《世界科技专题》。全书共计二十一章，由宋花玉、张华任主编，聂敏、赵丽维、黄媛、朱蓉容、田刚参加编写。其中绪论、第四章、第五章、第十三章、第十六章、第十七章、第十八章、第十九章、第二十章、第二十一章由宋花玉编写；第一章、第二章、第三章、第六章、第七章、第八章、第九章由聂敏编写；第十章由张华编写；第十一章由黄媛编写；第十二章由赵丽维编写；第十四章由田刚编写；第十五章由朱蓉容编写。全书由宋花玉统稿。

　　本书涉及领域广泛，编写过程中参阅和引用了诸多文献资料，有的来自正式出版刊物，有的内容来自网络，由于篇幅所限未能一一详细注明出处，在此我们向有关作者表示诚挚的感谢！

　　由于编者水平所限，加之时间较仓促，书中难免缺点错误，敬请同行、读者批评指正。

　　最后，向所有为本书出版提供支持、付出辛勤劳动的领导和朋友致以衷心感谢。

编者

2022 年 2 月

目 录
∷∷∷∷∷|

第三篇　现代自然科学选编

第四篇　现代高技术

绪 论

::::::::|

　　科学技术的迅猛发展正日新月异地改变着人类社会的面貌，它不仅深刻影响着人们的生产生活方式，而且深刻影响着国家前途命运。一般地，我们将科学和技术合称为科技，但严格地说，科学和技术是有区别的。既然有区别，就需要分别弄清楚它们各自的含义，这样，即使我们在不加区分而并提的时候，也明确地知道它们指的是什么。

一、科学

　　科学一词，英文为science，起源于欧洲中世纪的拉丁文scientia，其本意是知识。在明治维新时期，日本著名科学启蒙大师教育家福泽瑜吉把"science"译为"科学"，这个词在日本得到广泛应用。到了1893年康有为引进并使用"科学"一词。严复在翻译《天演论》等科学著作时，也用"科学"一词。虽然科学一词在世界范围广为应用，但到目前为止，还没有任何一个人给科学下的定义为世人所公认。以英国著名科学家J. D. 贝尔纳（1901—1971）为代表的科学家们认为，科学在不同时期、不同场合有不同含义。之所以出现这样的情况，是因为从远古时代人类在生产劳动和生活实践中孕育出科学知识的萌芽，到公元前500年左右希腊出现最早的自然哲学作为系统的理论化科学的开始，直至今日科学已经走了很长的历史，在这段科学发展的历史长河中，科学本身在不断发展变化，因此，给科学下一个永世不变的定义，是难以做到的。人们更多的是从一个侧面对其本质特征加以揭示和描述。直至目前，对科学含义曾有过多种不同的看法，如有的人认为科学是知识；有的人认为科学是创造知识的活动；还有人认为科学是社会活动，科学是社会建制等。现在，让我们沿着科学发展的轨迹，把众多的科学定义、解释加以概括，提出为多数人可以接受的共同概念。

1. 科学是反映客观事实和规律的知识

　　科学是人对客观世界的认识，人是如何认识客观世界的呢？人是通过实践认识客观世界的。人通过实践获得的对客观世界的认识就是知识，如果所得到的知识能反映客观世界的事实和规律，这种知识就是科学知识。因此，准确掌握科学这个概念的实质，就要加深对"事实"和"规律"的认识。

　　什么是事实呢？事实有两层含义，其一，是客观存在的事物本身。其二，是客观存在的事物的真实情形。科学就是发现人们未知的事实和客观事物的真实情形。发现人们未知的事实和客观事物的真实情形的人，就是科学家。如化学家发现新元素，经济学家发现资本主义经济危机，这些都是事实。英国科学家H·戴维（1778—1829）发现的钾和钠，尽管它们在世界上早就存在，但过去没有人发现过，那是因为以前没有电解技术能把它们分离出来，戴维把它们分离出来了，使人们看到了，所以他是科学家。又如居里夫人（1867—1934）发现镭、钋等天然放射性元素。苏联经济学家N·D·康德拉季耶夫发现的资本主义经济"长波理论"，至今还被许多经济著作引用，这是承认他发现的是事实。哥白尼发现是地球和其他行星绕着太阳转，而不是太阳和其他行星绕着地球转是太阳系运动关系的真实情形。卢瑟福的行星模型而非汤姆逊的枣糕模型是原子结构的真实情形。

什么是规律呢？人类在生产生活实践中发现事物之间有千丝万缕的联系，如"月晕而风、础润而雨"。所谓规律，是指客观世界事物之间内在的、本质的、必然的联系。规律是客观的，在一定条件下可以反复出现。人们只能发现它，但不能创造它。科学就是发现隐藏在种种纷繁复杂现象背后的普遍规律，从而对客观世界的各种现象作出正确理解和解释，为人们的生产生活实践作出指导。早在19世纪30年代，首创进化论学说的生物学家达尔文用5年（1831—1836）时间，遍游四大洲三大洋之后，对收集的大量事实进行分类比较研究，于1859年发表巨著《物种起源》。1888年，他以自己的感受给科学下了定义，在《达尔文的生活信件》中提到："科学就是整理事实，以便从中得出普遍的规律或结论。"达尔文就是通过收集整理事实和发现规律取得科学伟绩的。

总之，只要深刻认识"事实"和"规律"，我们就进入了光明的科学殿堂。

2．科学是反映客观事实和规律的知识体系

在古代，由于生产力水平和人类认识能力的低下，自然界只能被作为一个整体，而不能从细节方面去认识，各种自然知识都被综合在一门学科——自然哲学里。所谓自然哲学就是哲学家从直觉出发，运用思辨方法对物质世界的结构作出的猜测性说明，如原子论，元气说等。16世纪下半叶，自然科学开始从自然哲学中独立出来，对自然界进行分门别类的研究。最初研究的是物质运动的低级形式，即机械运动的规律，相应发展起来的是为之服务的数学，而其他科学尚处于搜集材料的阶段。至18世纪中叶，在工业革命的推动下，自然科学有了巨大的发展，开始研究较高级的物质运动形式，相继建立起了物理学、化学、生物学、天文学等系统性的科学。在每一学科内部又可分为不同的分支学科，如物理学可分为热学、光学、原子物理学、电磁学等；而在光学以下，还可分为物理光学、量子光学、几何光学等。有些学科还可以出现多层次的分支学科。目前自然科学中分支学科的总数已达2000多门。这一情况反映了自然科学分化发展走向纵深的趋势。

其次，从横向上看，由于各学科相互渗透综合，现代科学技术还包含着一个由边缘学科、综合学科和横断学科组成的交叉系统。

边缘学科是指两门或两门以上的学科相互渗透后形成的新兴学科，其渗透形式有两种：一是

相邻学科的接触点上相互渗透而形成，如物理化学等；二是把一门学科的理论和方法应用于另一门学科而形成，如量子生物学等。

综合学科是把多学科的理论和方法综合起来对某一领域进行系统研究而形成的学科。综合学科研究的对象多是复杂的系统。它所联合的学科数量比边缘学科多，且不限于自然科学，还包括社会科学等。综合学科以它所研究的问题命名，如环境科学、能源科学、人口科学等。

横断学科是从不同的侧面研究各种事物和过程所共有的规定性及其规律的学科，如控制论、信息论、系统论、自组织理论等。横断学科不仅综合的学科数量多，而且其理论和方法具有广泛的适应性。横断学科的出现不仅反映了各学科之间的相互联系，而且从不同的侧面揭示了各种物质运动形式的统一性。

如今，科学早已不只是事实或规律的知识单元，而是由这些知识单元组成学科，学科又组成学科群，既高度分化又高度综合，形成了一个分层次的、立体的、网式的知识体系。

科学家是系统掌握某一方面知识并能利用这些知识对诸多现象作出解释的人。科学史表明，科学家不只是知识的发现者，更重要的还是知识的综合者。古今中外的大学问家，都是在综合知识中创造，在发现知识中综合而成为科学家的。在综合化过程中，按照内在逻辑关系把已知知识条理化、系统化，发现矛盾或空白，提出假设，再作观察、试验论证，得出新的原理，补充和完善知识体系，这是一种科学过程。18世纪中叶，牛顿在开普勒、伽利略等人工作的基础上把机械运动的基本规律归结为三大力学定律和万有引力定律，从而创立了经典力学体系，实现了科学史上一次伟大的理论综合。19世纪30年代到40年代，有5个国家的十几位从事不同职业的科学家，从不同侧面发现热、机械、电、化学等各种运动形式之间存在着统一性，发现能量可以互相转化，并且在转化过程中既不增加也不减少，从而确立了能量守恒与转化定律，这是继牛顿之后物理学上的又一次理论综合。法拉第、麦克斯韦的电磁理论揭示了光、电、磁在本质上的统一，实现了物理学的再一次理论综合。门捷列夫提出元素周期律，揭示了化学元素的性质随着原子量的增加呈周期性变化，实现了化学上最重要的综合。

因此，大部分辞书给科学下的定义都强调"科学是知识体系"，认为"科学是关于自然、社会和思维的知识体系"。总之，科学是反映客观事实和规律的知识体系。

3. 科学是一种社会建制，是发现客观事实和规律并形成知识体系的事业

在古代社会，科学活动主要是个人的兴趣和爱好，对社会产生的影响是自发的、偶然的、有限的，科学的价值没有被人们普遍认识，因而没有固定的社会、政治、经济方面的支持系统。文艺复兴以后，科学活动受到了包括上层社会的普遍关注，科学的价值逐渐得到认可，科学家逐渐职业化，各种科学组织逐渐兴起，国家和社会对科学组织和科学活动开始给予持续稳定的资助，科学逐渐从社会的其他领域中分化、独立出来，由职业科学家专门承担，科学成为一个相对独立的社会部门和职业部门，成为一个国家或团体内的特定的编制，乃至成为一个国家或社会的重要事业。那种认为科学只是反映事实和规律的普遍客观真理的知识体系的认识已经不够了。

科学研究经过16世纪伽利略时代个体活动到17世纪牛顿时代英国皇家学会和法国科学院等科

学研究机构出现，又到爱迪生（1847—1931）的"实验工厂"的集体研究时代，而后是20世纪40年代美国实现曼哈顿计划研制出原子弹的国家规模建制时代，最后是今天国际合作的跨国建制时代。

自从第二次世界大战以后，科学活动进入国家规模以来，人们把科学称为"大科学"，科学成为一项有计划的国家事业。大科学时代的科学家已经不能完全凭个人兴趣选择科学技术研究课题，而主要是按照所属科学技术机构的指令和计划开展工作和研究。而且由于大科学时代的科研课题越来越大，资金要求也越来越高，并且依赖于社会为之提供的技术装备力量和支持系统来进行。所以，一般由国家根据需要定期制定和公布科研项目指南，引导科学家选择自己的研究方向和研究课题。国家财政或基金成为科学技术发展资金的主要来源。近几十年来，跨国公司有很大发展，国家的地域化、集团化发展趋势，使不同国籍的科学家之间实现合作，科学成为一项国际事业。

二、技术

1. 技术的概念

对技术的本质和意义进行考察研究，始于古希腊。亚里士多德曾把技术看作是制作的智慧。17世纪，英国培根（1561—1626）曾提出要把技术作为操作性学问来研究。到18世纪末，法国科学家狄德罗（1713—1784）在他主编的《百科全书》条目中开始列入了"技术"条目。他指出："技术是为某一目的共同协作组成的各种工具和规则体系"。这是较早给技术下的定义，至今仍有指导意义。阐明技术概念的这句话提出5个要点：①强调技术是"有目的的"；②强调技术的实现是通过"协作"完成的；③指明技术的首要表现是生产"工具"，是设备，是硬件；④指出技术的另一重要表现形式——"规则"，即工艺、方法、制度等，是软件；⑤把定义的落脚点放在"知识体系"上，即技术是成套的知识系统。综上所述，技术是指人类在生产斗争、科学实验和社会活动中所积累起来的经验、知识、技能以及为某一目的共同协作组成的各种工具和规则体系。

2. 技术的特征

第一，系统性。技术作为一种知识体系，是人类智慧的结晶。它是人们在实践中所创造、总结出来的系统知识，不仅包括原理、结构、计算、设计等理论知识，而且包括具体实施过程中操作、管理、服务、决策的技能、经验与方法，是一套完整系统的知识体系，而不仅仅是零星、分散的个别经验、技能。

第二，可操作性。不具有操作性的单纯的理论知识或方法不是技术知识，如物理、化学等学科的概念、公式、定理、理论上的推导等，就不属于"技术"范畴。技术必须是通过操作而能够制造出某种产品或提供某种劳务，不仅仅是增加人们的知识。技术与生产要素相结合，转化为直接的生产力。技术水平是生产力发展水平的主要标志。劳动生产率随着技术的进步而不断提高。

第三，实用性。技术同科学不同，它能够而且应当在经济、社会发展中被直接应用，并产生很大的影响。首先，技术通过提高土地、人力、资本和原材料的利用效率显示出生产要素放大器的作用。其次，技术能够通过综合各种生产因素而使其相互间产生内部作用力从而形成新的结合点。再次，技术还通过创造新的特质、新的价值和财富，对技术本身的发展起着催化剂的作用，例如聚合材料、半导体、计算机软硬件的出现都是技术被直接应用的表现。

第四，可积聚性。技术是一种可以获取的资源，且能够积聚和创新。实际上技术通过应用得到不断发展和丰富。这是一个不同于自然资源因使用而减少的重要特征。

第五，周期性。技术来源于人们的发明创造。一项技术从发明到实际应用直到被另一种新的技术所取代，有一个过程。这个过程所持续的时间就是这项技术的生命周期。技术生命周期的长短通常是以技术在应用后所取得的效益的大小来衡量的，其本质是技术成果在现实社会中有效使用的时间。技术的生命周期一般分为开发、发展、成熟和衰老四个阶段。处于生命周期不同阶段的技术具有不同的价值。技术发展的周期性是企业生命周期和产品生命周期的重要决定因素。

第六，商品性。在市场经济条件下，技术具有商品的属性。它不仅具有使用价值，而且拥有价值。技术的使用价值是它对社会生产、生活、决策、服务等的实用性。它的使用可以制造某种物质产品或提供某种劳务，以满足人们的各种需要。技术通过它的不断进步而提高生产率和经济效益。技术的价值是凝结在技术商品中的活劳动和物化劳动。技术是复杂劳动的产物，它的价值远远高于一般商品。技术是在所有者使用或者转让给他人使用的过程中，实现其使用价值和价值的。技术的使用权和所有权是可以分离的，技术商品的所有者既可以出售其使用权，也可以出售其所有权，或二者同时出售。同时，技术又有一些不同于一般商品的特点，它是一种特殊的商品。比如它没有固定的形状，可能是些图纸、资料、配方，也可能是些口头传授的经验或演示的操作技能；它不需要经过再生产就可以多次使用和转让等。

三、科学与技术的区别和联系

科学与技术是两个密切相关而又有区别的概念。人们常从以下几个方面来看待二者的区别。

二者的目的任务不同。科学的任务在于认识世界，揭示世界的客观规律，着重回答"是什么""为什么"的问题；技术的任务在于改造世界，实现对世界的控制和利用，着重回答社会实践中的"做什么""怎么做"的问题。科学是要有所发现，增加人类的知识财富；技术是要有所发明、有所创新，为人类增加更多的物质精神财富。

选题不同。科学的选题主要来自科学自身发展中的矛盾，来自人们对世界本质认识的需要；技术的选题则来自于社会生产实践中迫切需要解决的问题，因此，技术必然要面向生产、面向实际、面向社会。科学要面向生产，必须要通过技术这个中介。

成果的形式不同。科学成就表现为新现象、新规律、新法则的发现；而技术成就则表现为新工具、新设备、新工艺、新方法的发明。

社会对二者的管理方法不同，科学探索具有难以预见性，需要更多的自由度和选择余地，应以弹性管理为主；技术工作则有明确的目的性和严格的计划性，应以严格的计划管理为主。

所需要的人才不同。对一个好的科学工作者，要求他不但有丰富的知识，而且更善于思考、研究、发现问题；对技术工作者，则要求他具有更高的解决实际问题的能力和经验，要求他有更高的操作技能。

价值和意义不同。科学具有的认识的、文化的、哲学的价值很明显，它的经济价值虽然是根本性的，但往往是难以确定的、间接的、长远的。科学上的重大发现往往会导致技术的巨大进展，但并非所有科学发现都会给本国、本地区带来经济效益。技术则有比较明显的经济价值和军事价值，会很快给采用该项新技术的国家、地区甚至企业带来直接的巨大的经济效益。

科学和技术虽然存在区别，但二者绝对不是彼此孤立的，而是有着密切联系的。科学是技术的升华，技术是科学的延伸。科学研究成果为技术开发提供理论依据，开辟新的领域，为技术创新做各种知识上的准备；技术的发展反过来又为科学理论研究准备新的探索手段和物质基础。进入20世纪以后，科学与技术相互促进、紧密结合的依赖关系愈加明显，出现了科学技术化、技术科学化的趋势。现代科学研究一般都需要大量技术装备和技术人才，如没有加速器技术的发展就没有基本粒子的发现，这一切表明技术对科学发展的重大保证和推动作用。这种趋势称为科学的技术化。技术进步越来越依靠科学指引，现代技术上的重大发明都是在科学突破性发现的指引下实现的。如电子计算机技术就是电子学、固体物理学、数理逻辑、控制论、信息论等学科的共同成果。这种趋势称为技术科学化。科学技术一体化的结果使得一项科技研究活动很难分清到底是科学活动还是技术活动。特别是应用研究，它既使用理论原理，又包含技术原理，绝对不受科学原理指导的技术和绝对不依靠技术基础的科学，在现代已经不存在了。现代的有些技术发明已经具有科学的认识的价值，奖励科学成就的诺贝尔奖已经颁发给了一些技术发明者，如意大利的马克尼和德国的布劳恩因发明了无线电报技术而获得了1909年的诺贝尔奖。科学的根本职能在于认识世界，技术的根本职能在于改造世界，而认识世界的根本目的是改造世界。正是在认识世界和改造世界的共同基础上，科学与技术统一起来了。今天，科学和技术已经相互融合而成为一个有机整体——科技。

第 一 篇

古希腊
与科学精神的起源

第一章 | 希腊奇迹 与科学精神的起源

古代希腊并不只是今天我们从地图上所看到的巴尔干半岛南端的希腊半岛这块地方。早在公元前1000多年，希腊人就向海外移民，在东方和西方建立了许多殖民地城邦。向东越过爱琴海，在今天属于土耳其的西部沿海地带建立了爱奥尼亚（注意不要与希腊半岛西部的爱奥尼亚群岛相混淆）的希腊殖民城邦，向西越过爱奥尼亚海，在现在的意大利南部即亚平宁半岛及西西里岛建立了"大希腊"殖民地。总的来讲，创造了科学奇迹的古代希腊人生活在包括希腊半岛本土、爱琴海东岸的爱奥尼亚地区、南部的克里特岛以及南意大利地区在内的这块地方。

■ 第一节　希腊奇迹

在古代世界所有的民族中，少有像希腊人那样对近代世界产生如此巨大的影响。不是在希腊人创造的物质文明方面，而是在精神文明方面。他们热爱自由，不肯屈服于暴君，其民主体制年轻而富有活力；他们热爱生活，天性乐观，每四年举行一次的奥林匹克竞技会是他们欢乐生活的写照；他们崇尚理性和智慧，热爱真理，对求知有一种异乎寻常的热忱。想一想当时周围的其他地区，不是处于未开化的原始蒙昧状态，就是处于专制暴君的统治之下，人民在苦难中生活，知识被少数人垄断，就能理解何以希腊人的出现更像是人类文明的一朵奇葩。

希腊人开启了哲学，也开启了科学，说到底，哲学是科学的纯粹形态。从公元前500年左右开始，希腊人中出现了一大批才智卓越的哲学家和科学家，他们是以后许多学科的鼻祖。在这些光辉灿烂的群星中，有最早期的自然哲学家泰勒斯、阿那克西曼德、阿那克西米尼、赫拉克利特、巴门尼德、芝诺、恩培多克勒、阿那克萨哥拉、留基伯、德谟克利特，有人文哲学家普罗泰哥拉、高尔吉亚、苏格拉底，有体系哲学家柏拉图、亚里士多德，有天文学家默冬、欧多克斯、阿克斯塔克、希帕克斯、托勒密，有数学家欧几里得、阿波罗尼、希罗、刁番都，有物理学家阿基米德，有医学家希波克拉底、盖伦，有地理学家希西塔斯、埃拉托色尼，有生物学家特奥弗拉斯特。这些天才人物许多不仅在一个领域做出他们的开创性工作，而且在许多个领域均有建树。像亚里士多德，几乎在每一个知识领域都发表了他卓越的见解，是一位不折不扣的百科全书式的学者。希腊科学是近代科学的真正先驱，几乎在每一领域、每一问题上，希腊人都留下了思考，都是近代科学的老师。

不仅在哲学和科学领域，在文学、历史和艺术方面，希腊人同样毫不逊色。我们照样可以开出一长串天才的名字，诗人荷马、品达、萨福，寓言家伊索，悲剧大师埃斯库罗斯、索福克勒斯、欧里庇得斯，喜剧大师阿里斯托芬，历史学家希罗多德、修昔底德、色诺芬。哲学家柏拉图的《对话》是无与伦比的韵文，哲学家亚里士多德也是文艺理论家。著名的维纳斯雕像是希腊雕刻艺术的写照。

任何一个时代出现这么多天才的人物，都称得上是伟大的时代，但说希腊时代是伟大的时代还很不够。在地中海岸这样一个狭小的地方，在周边都处在无边的黑暗之中的时候，希腊人不仅在科学、哲学和艺术上做出了光辉的成就，而且创造了一种全新的精神，而这种精神恰恰是真正的现代精神，这才是奇迹所在。正如亚里士多德所说，东方人发展的科学知识和技术成就主要为的是实用的目的和宗教的需要，只有希腊人试图首先给出理性的理解，试图超越具体个别的现象进入一般的认识。这正是希腊思想的特质，也是希腊人对人类文明的独特贡献。

亚里士多德在《形而上学》一书开篇就说，哲学和科学的诞生有三个条件。第一是"惊异"，是人们对自然现象和社会现象所表现出来的困惑和惊奇，有了惊异也就感受到了自己的无知，自知其无知者为了摆脱无知就求知识。求知并非为了实用的目的，而纯粹是一种对智慧的热爱。通俗地说，第一个条件是要求人们有好奇心和求知欲。第二个条件是"闲暇"。知识阶层不用为着生活而奔波劳碌，因为，整天从事繁重体力劳动没有闲暇的人，是无法从事求知这种复杂的脑力劳动的。第三个条件是"自由"。哲学知识是自足的，它不以别的什么目的而存在，而纯粹是为了自身而存在，它是一门自由的学问，它要求自由地思考、自由地发表意见，不受他种目的和利益的支配。总的来说，亚里士多德强调了哲学和科学之来源的非功利性，希腊之所以成为科学和哲学的发源地，正是因为具备了这三个条件。提供希腊人以闲暇的是希腊奴隶制，提供希腊人以自由的是希腊的城邦民主制，希腊人有着强烈的求知欲，对智慧无比地崇尚，追求超越的理想，藐视现实功利，对纯粹知识充满渴求，所以才会有希腊演绎科学在古代世界一花独放、一枝独秀。

■ 第二节　希腊思维方式与科学精神的起源

在人类历史上，希腊人第一次形成了独具特色的理性自然观，这正是科学精神最基本的因素。许多古老的民族，要么只有神话或宗教式的自然观，要么缺乏一个独立的自然界概念。自然界要么被认为是混乱、神秘、变化无常的，要么被认为与人事密切相关。而希腊人，首先把自然界当作独立于人的事物整体地看待；其次，他们把自然界看成一个有内在规律的、其规律可以为人所把握的对象；再次，他们发展出了复杂精致的数学工具，以把握自然界的规律。在这三个方面，希腊人开了科学精神之先河。

像埃及和西亚地区一样，早期希腊人的自然观也是神话自然观。自然物被赋予神话色彩，自然现象被神话为神的行为。但希腊神话中却蕴含着不同的思维方式和思维结构。希腊科学和哲学是从希腊神话中脱胎而来的，它为后来西方哲学和科学的发展所奠定的基本观念，同样可以在希腊神话中找到根据。与中国神话相比较，可以发现，希腊神话有两个突出特征。第一个特征是，奥林匹斯山上的诸神与人相似，但不是人，他们像人一样有个性、有情欲、爱争斗，但同人有严格的界限——所有的人都会死，而神却不死。在中国神话中，有许多人神同体，人神之别非常模糊。许多人中之杰，像神农、伏羲、后羿本身即是神。希腊神话表现的是人神同构，而中国神话则是人神同一。同构与同一有着根本的差别，中西哲学传统之差别即已在此表现出来。同构意味着首先这是两种事物，其次才是两种事物相似；其区别是根本的。同构是希腊时代独有的。人神之别，反映了对象性思维的原始形式，而人神同构，则发展出了希腊的有机自然观。

希腊神话的第二个特征是完备的诸神谱系：任何一个神都有其来龙去脉，在神谱中的地位清楚明白。希腊神话这种完备的诸神谱系，实际上是逻辑系统的原始形式。如果把诸神进一步作为自然事物的象征，那么系统的神谱可以看作是自然之逻辑构造的原始象征。这种完备的神谱，弘扬了秩序、规则的概念，是希腊理性精神的来源之一。

希腊神话这两大特征：人神相异同构和完备的诸神谱系，反映了希腊思想的对象性和逻辑性。这正是自然科学赖以产生的基本前提。怀特海在《科学与近代世界》第一章中曾经指出，自然秩序的概念在希腊悲剧中亦有表现。他说："今天所存在的科学思想的始祖是古雅典的伟大悲剧家埃斯库罗斯、索福克勒斯和欧里庇得斯等人。"他们认为命运是冷酷无情的，驱使着悲剧性事件不可逃避地发生。希腊悲剧中的命运成了现代思想中的自然秩序。"悲剧的本质并不是不幸，而是事物无情活动的严肃性。但这种命运的必然性，只有通过人生真实的不幸遭遇才能说明。因为只有通过这些剧情才能说明逃避是无用的。这种无情的必然性充满了科学的思想。物理的定律就等于人生命运的律令。"怀特海所揭示的这一现象，与希腊神话一起，为希腊自然观中大宇宙与小宇宙的类比提供了文化依据。

自然界有别于人，也是有规律、有秩序的，但更重要的是，它的规律和秩序是人可以把握的，因为它是数学的。对数学的重视，是希腊人最为天才的表现，也是留给近代科学最宝贵的财富。希腊人相信心灵是掌握自然规律最可靠的保证，因而极大地发展了逻辑演绎方法和逻辑思维。在几个特殊的领域里，希腊人成功地将它们数学化，并得出了高度量化的结论。这些领域是天文学、静力学、地理学、光学，希腊人不仅在古代世界达到了这些领域的最高水平，而且为近代科学的诞生起了示范作用。

思考题

- 1. 什么是希腊奇迹？

- 2. 亚里士多德认为哲学和科学诞生的三个条件是什么？

- 3. 与中国神话相比，希腊神话有什么特征？

第二章 ｜ 古希腊科学

从公元前500年左右开始，希腊就开始出现了最早的哲学，这也是最早系统的理论化的科学的开始。希腊哲学是以对自然的系统研究开始的。虽然希腊人的科学研究是继承和融会了古埃及和两河流域等东方地区的科学成就基础上发展起来的，但古希腊人强调理性，强调逻辑，重视真理本身价值的态度，使得原先零散的、实用的自然知识成为一种对于世界的体系化的理性建构。自然哲学，关于自然界及其内在本质的哲学研究，在古代指的是自然知识的总汇和统称，其目的是获得自然界的完整图像。古希腊自然哲学在人类历史上第一次形成了独具特色的理性自然观：把自然看作一个独立于人的对象加以整体地看待；把自然界看作有规律且可以认识的对象；力图用哲学的概念和语言来把握自然界的规律。

■ 第一节　希腊古典时代的自然哲学

从第一个自然哲学家泰勒斯开始，到马其顿王亚历山大大帝征服全希腊为止的200多年，是希腊科学的古典时代。可以按时期和区域分为三个阶段。第一阶段是爱奥尼亚阶段，第二阶段是南意大利阶段，第三阶段是雅典阶段。公元前5世纪之前，希腊的殖民城邦文化比本土更为发达。首先是爱琴海东岸的爱奥尼亚地区。在那里，从泰勒斯开始直到阿那克萨哥拉，形成了以唯物主义自然哲学为特色的爱奥尼亚学派。几乎与此同时，在西方的意大利南部，从毕达哥拉斯开始直到恩培多克勒形成了以数的哲学为主要特色的南意大利学派。后来，更为古老的前两个学派都相继随地区的衰落而衰落，雅典开始成了主要的活动舞台。著名哲学家苏格拉底、柏拉图和亚里士多德便活跃在雅典的学术讲坛上。

一、第一个自然哲学家泰勒斯

西方历史上第一个自然哲学家泰勒斯（约公元前624—前547）诞生于地中海东岸爱奥尼亚地区的希腊殖民城邦米利都。他既是哲学家，也是第一个科学家，是西方科学——哲学的开创者。

他的学生阿那克西曼德以及学生的学生阿那克西米尼也是米利都人，他们形成了西方哲学史上第一个哲学学派——米利都学派。

泰勒斯生于米利都一个名门望族家庭，是当时希腊世界的著名人物，被列为"七贤"之一。七贤中包括雅典的执政官梭伦。泰勒斯也是在担任执政官时被人称为贤人的。与其他贤人不同的是，他不仅在政治事务中聪明能干，而且懂得自然科学，是第一个天文学家、几何学家。在他的墓碑上刻着："这里长眠的泰勒斯是最聪明的天文学家，米利都和爱奥尼亚的骄傲。"

泰勒斯年轻的时候曾经游历过巴比伦和埃及，从巴比伦人那里学习了先进的天文学理论，从埃及人那里学习了先进的几何学知识。出于航海的需要，米利都人很重视天象观测，而巴比伦的天文学在当时是最发达的。据说泰勒斯写过关于春分、秋分、夏至、冬至的书，观测到太阳在冬至点和夏至点之间运行时速度并不均匀，还发现了小熊星座，方便了导航。这些都可能是他从巴比伦学来的。

泰勒斯第一个把埃及的测地术引进希腊，并将之发展成为比较一般性的几何学。这方面的具体细节已经无法考证，历史文献只有片段的记述。有的说他成功地在圆内画出了直角三角形后，宰牛庆贺；还有的说他在埃及求学期间运用相似三角形原理求出了金字塔的高度，方法是，当人的影子与人的高度大小一样时，测量金字塔的影子就能得出金字塔的高度。如下几何学定理被认为是泰勒斯提出的：

①圆周被直径等分；

②等腰三角形的两底角相等；

③两直线相交时，对顶角相等；

④两三角形中两角及其所夹之边相等，则两三角形全等；

⑤内接半圆的三角形是直角三角形。

这表明，泰勒斯的确为演绎几何学作出了开创性的贡献。

泰勒斯作为第一个自然哲学家留下了一句名言："万物源于水。"这句话的意义不能仅从字面上理解，因为表面看来，一切都来源于水并不正确，但有意义的是这种看待自然的方式。首先，它是一个普遍性命题，它追究万物的共同本原。这是哲学思维的开始，也是科学地对待自然界的第一个原则。其次，它开创了唯物主义传统，它所找到的本原是物质性的本原，而不是任何精神性的东西。这也是自然科学的传统之一，即力求用自然界本身说明自然界，而不求助于非自然的原因。

基于对水是万物本源的认识，泰勒斯认为，大地浮在水上，是静止的；地震是由水的运动造成的，就像船在水面上随水晃动那样；水所蒸发出的湿气滋养着地上的万物，也滋养着天上的日月星辰，甚至整个宇宙。

泰勒斯的学生阿那克西曼德提出宇宙是球状的，星辰镶嵌在圆球上，这是希腊球面天文学的开始。但他还没有地球的概念，因为他认为大地是柱状的，像鼓一样，有两个彼此相反的表面，人就住在其中的一个表面上。阿那克西曼德的学生阿那克西米尼改进了这个宇宙模型，认为宇宙是个半球，像毡帽一样罩在大地上面，大地则像一个盘，浮在气上。阿那克西米尼认为万物都由气组成，气的浓密和稀疏造成了不同的物体。在他的一则著作残篇中有这样的说法：为什么人嘴里可以吐出热气，也可以吐出冷气呢？因为闭紧嘴唇压缩气就吐出冷气，放松嘴唇就呼出热气。阿那克西米尼的万物由气组成的理论具有现代科学的特征，其呼气实验可以称为第一次真正的科学实验。

爱奥尼亚后来还出现过一位重要的哲学家阿那克萨哥拉。这位出生于米利都附近的希腊殖民城邦的年轻人，因爱奥尼亚被波斯人攻陷而逃亡雅典。他继承了米利都学派的唯物主义传统，关注自然哲学问题，提出了独特的物质结构理论——种子论。种子论主张任何感性的物质都不可能互相归结，只能由带有它本身特质的更小的种子来解释；万物的种子在宇宙创生时处于混沌状态，在宇宙巨大的旋涡运动中才开始分离。阿那克萨哥拉认为，太阳、月亮和星辰不过就是火热的石头，它们与地上的物体没有什么本质的区别；太阳只比伯罗奔尼撒大一些。阿那克萨哥拉的这些天才的猜想具有灿烂夺目的理性光辉，今天我们听起来虽感幼稚，却很熟悉、亲切。他的思维方式完全是科学的、理性的。在这里没有神意的影子，有的只是对自然现象冷静的观察和理性的思考。

二、毕达哥拉斯及其学派

毕达哥拉斯（公元前570—前497）是西方历史上著名的数学家和哲学家，以他的名字命名的毕达哥拉斯定理在西方学童皆知。这个定理在我国被称为勾股定理，它说的是直角三角形两条直角边的平方和等于其斜边的平方。许多民族都很早就发现了"勾三股四弦五"这一特殊的数学关系，但一般关系的发现和证明是毕达哥拉斯最先做出的。后来欧几里得的《几何原本》中给出了这一证明。

毕达哥拉斯公元前570年左右出生于爱奥尼亚地区的萨摩斯，这是希腊人的殖民城邦之一，与米利都隔海相望。毕氏年轻时周游列国，曾向泰勒斯求学。泰勒斯把他介绍给自己的学生阿那克西曼德，并劝他像自己年轻时一样到埃及去学习。毕氏听从了泰勒斯的教导，在埃及住了相当长的时间，在那里学习了数学和宗教知识。从埃及回来之后，他离开了家乡萨摩斯，移居南意大利的克罗顿，并在那里讲学收徒。他受到了当地人们的尊崇，其学派发展成了一个兼科学、宗教和政治三者于一身的庞大组织。

毕达哥拉斯学派的主要贡献在数学方面。希腊时代的数学含义较广，包括算术、几何、天文学和音乐学四大学科。按照毕氏学派的划分，算术研究绝对的不连续量，音乐研究相对的不连续量，几何学研究静止的连续量，天文学研究运动的连续量。在算术中，他们研究了三角形数、四边形数以及多边形数，发现了三角形数和四边形数的求和规律；在几何学中，他们发现并证明了三角形内角之和等于180°，还研究了相似形的性质，发现平面可以用等边三角形、正方形和正六边形填满。

在音乐学研究的基础上，毕达哥拉斯学派提出了"数即万物"的学说。他们发现，决定不同谐音的是某种数量关系，与物质构成无关。据说，毕达哥拉斯有一次路过铁匠铺，听到里面的打铁声时有变化，走过去一看，原来是不同重量的铁发出不同的谐音。回家后，他继续以琴弦做实验，发现了同一琴弦中不同张力与发音音程之间的数字关系。这些研究必定启发他想到导致万物之差异的不是其物质组分，而是其包含的数量关系，故提出了数即万物的数本主义哲学。

说数即万物当然是荒谬的，但若说事物遵循的规律是数学的，则十分正确。近代科学正是在追寻自然界的数学规律中取得长足进步的。可以说，许多重大的突破都是由于发现了新的数学规律。毕达哥拉斯主义传统确实是自然科学中最富有生命力的思想传统。

毕达哥拉斯学派把数只理解成正整数，他们相信万物的关系都可归结为整数与整数之比。无理数的发现令他们很伤脑筋，因为无理数不能归结为整数与整数之比。传说有一次，毕达哥拉斯学派的成员在海上游玩，西帕苏斯提出$\sqrt{2}$不能表示成任何整数之比，其他成员认为他亵渎了老师的学说，竟将他扔入海里。

在天文学领域，毕氏学派奠定了希腊数理天文学的基础。首先，毕达哥拉斯第一次提出了作为一个圆球的地球概念。人们从前只有大地的概念，地球的概念是从他开始才有的。地球概念的提出，打破了天地有别的观念，使地球成为天体之一，具有革命性的意义。近代哥白尼革命某种意义上也只是毕达哥拉斯思想的延续。其次，毕达哥拉斯进一步提出整个宇宙也是一个球体。它由位于宇宙中心的"中心火"和一系列半径越来越小的同心球（球壳）组成，每个球都是一个天体的运行轨道，天体被镶嵌在自己的天球上随天球绕中心火转动。毕达哥拉斯学派认为，天球只能有10个，因为10是最完美的数字。当时已经知道的天体有地球、月亮、太阳、金星、水星、火星、木星、土星共8个，加上恒星天球，一共只有9个天球，不符合毕达哥拉斯学派对10这一完美数字的追求，为此，他们又假想出了一个天体叫"对地"，即与地球相对。我们在天空中看不见"对地"，因为它总处在中心火的那一边，与地球相对。

毕达哥拉斯学派既提出了地球概念，也提出了天球概念，这种地球—天球的两球宇宙论模式为希腊天文学奠定了基础。在天球转动的基础上，希腊天文学家运用几何学方法，构造与观测相符合的宇宙模型；在宇宙模型的基础上，又进一步促进观测的发展，使希腊数理天文学达到了世界古代科学的顶峰。

三、原子论思想

自泰勒斯提出"万物源于水"这个命题以来，自然哲学家们相继发展了对自然现象进行说明的理论。早期的人们都把自然现象归于某种单一的自然物，如水、气、火等，这种做法虽然完成了对自然界的统一解释，但并不能让人信服。原子论者留基伯（活跃在公元前440年左右）、德谟克利特（约公元前460—前370）将世界的本原归于原子，提出了科学思想史上极为精彩的原子论思想。

原子论主张，世界是统一的，自然现象可以得到统一的解释，但统一不是在宏观层次上进行的，不是将一些自然物归结为另一些自然物，而是将宏观的东西归结为一种普遍的存在，这种普遍的存在就是原子。把一个物体一分为二，它变得更小，但仍然是一个物体，它还可以被一分为二。这个过程是否可以无限地进行下去呢？原子论者说，不能。分割过程进行到最后必然会有一个极限，这个极限就是原子。所谓原子，在希腊文中原意就是不可再分割的东西。原子太小，我们看不见，但世界上的万事万物都是由原子构成的，世界的共同基础是原子。

为什么世界上各种事物会彼此不一样呢？原子论回答说，这是因为组成它们的原子在形状、大小、数量上不一样。这个回答看似平常，但非同一般。我们知道，世界上丰富多彩的事物之所以难以统一，原因在于，它们看起来有质的区别，原子论把这些质的区别还原成一些量上的差异，就使统一的自然界可以用数的科学来描述。

原子论在希腊时代还只是思辨的产物，主要是一种哲学理论，不是科学理论。原子论者留基伯和德谟克利特本人并不是科学家。但是作为一种杰出的科学思想，原子论有其重要的历史地位。近代科学重新复兴了原子论，并在实验基础上构造了物质世界的原子结构。今天，"原子"不再是一种哲学思辨，而是一个物理学概念。物质由分子构成，分子由原子构成，而原子则由原子核和电子构成。20世纪人们对原子核的内部组成又有了新的发现。这一切科学成就都源于2500年前古希腊原子论者的科学构想。

四、医学之父希波克拉底

有人类生活的地方就有医学。希腊文明作为一种高度发达的文明，不仅有医生和医药，而且有成系统的医学体系。创造医学体系最早的要数爱奥尼亚地区柯斯岛上的希波克拉底。

希波克拉底（公元前460—前370）出生在柯斯的一个医生世家。希波克拉底最大的贡献是将医学从原始巫术中拯救出来，以理性的态度对待生病、治病。他注重从临床实践出发，总结规律，同时也创立了自己的医学理论，即体液理论。希波克拉底认为人身上有四种体液，即血液、黄胆汁、黑胆汁和黏液，这四种体液的流动维系着人的生命。它们相互调和、平衡，人就健康；如果平衡破坏，人就生病。这种体液理论一直在西方医学中流传，成了西医的理论基础。

希波克拉底不仅以医术高超著称，而且以医德高尚为人称道。在他周围，形成了一个医学学派和医生团体。他首创了著名的希波克拉底誓词，每一个将要成为医生的人都要按此宣誓。誓词中说，医生要处处为病人着想，要保持自己行为和这一职业的神圣性。

五、柏拉图学园：不懂数学者不得入内

雅典学术在柏拉图这里走向系统化。柏拉图（公元前427—前347年）出生于雅典的名门世家，从小就受到了当时可能受到的最好的教育，他是苏格拉底最好的学生。苏格拉底死后，柏拉图离开了雅典，周游世界。他先到了埃及，后又来到南意大利，在那里认真研究了毕达哥拉斯学派的理论。在外游历10年后，约于公元前387年回到雅典，在此开设学园，招生讲学。

柏拉图本人的哲学受毕达哥拉斯学派影响很大，许多人甚至把他视作毕达哥拉斯学派的人。在柏拉图的哲学中，有一种神圣和高贵的东西，追求纯粹的理想是他的一大特色。他相信，真正实在的不是我们日常所见、所闻的种种常识和感觉。这些东西千变万化，转瞬即逝，是不牢靠的。真正的实在是理念。哲学的目的就是把握理念。理念先于一切感性经验，具有超越的存在，日常世界只是理念世界不完善的摹本。任何一个桌子都有这样或那样的缺陷，不足以代表真实的桌子，只有桌子的理念才是完美无缺的。在诸多自然事物中，数学的对象更具有理念的色彩，虽然它也还不是理念本身。比如，我们所见到的任何一个圆显然都不是真正的圆，谁也不能说自己画的足够圆，我们所见到的任何一条直线也不是真正的直线，因为真正的直线没有宽度，而且没有任何弯曲。真正的圆和真正的直线，不是我们感觉经验中的圆和直线，而就是圆的理念和直线的理念。它们是最容易领悟的理念，因此，通过研究直线和圆这些几何对象更容易进入理念世界。在柏拉图看来，数学是通向理念世界的准备工具，据说，柏拉图叫人在学园的门口立了一块牌子，上书"不懂数学者不得入内"。所以，在他的学园里，数学研究得到了极大的发展，他的学生中出了不少大数学家。

在《理想国》中，柏拉图谈到应该重视对立体几何的研究，而且他已经知道正多面体最多只有五种，即正四面体、立方体、正八面体、正十二面体和正二十面体。此外，柏拉图最重要的发现是圆锥曲线。他们用一个平面去切割一个圆锥面，角度不同会得出不同的曲线：当平面垂直于锥轴时，得到圆；平面稍稍倾斜一点，得到椭圆；平面倾斜到与圆锥的一条母线平行时，得到抛物线；平面与锥轴平行时得到双曲线的一支。

柏拉图的学生中在数学上最有成就的是欧多克斯。欧多克斯在数学上的主要贡献是建立了比例论。越来越多的无理数的发现迫使希腊数学家不得不去研究这些特殊的量，欧多克斯的贡献在于引入了"变量"的概念，把数与量区分开来。在他看来，（整）数是不连续的，而量不一定如此，那些无理数都可由量来代表。数与量的区分方便了几何学的研究，为数学研究不可公度比提供了逻辑依据。

欧多克斯更重要的贡献在天文学方面。柏拉图与毕达哥拉斯一样，深信天体是神圣和高贵的，而匀速圆周运动又是一切运动之中最完美、最高贵的一种，所以，天体运动应该是匀速圆周运动。可是，天文观测告诉我们，天上有些星星恒定不动地做周日运转，而有些星星却不是这样。它们有时向东，有时向西，时而快，时而慢，人们把这些星称作行星（在希腊文中，行星是漫游者的意思）。柏拉图对这种表观的现象和流行的叫法不以为然，他相信就是行星也一定在遵循着某种规律性，也一定像恒星一样沿着绝对完美的路径运行。因此，他给他的门徒提出了一个任务，即研究行星现在这个样子究竟是由哪些匀速圆周运动叠加而成的。这就是著名的"拯救现象"方法。"拯救"的意思是，行星的现象如此地无规则、如此地"不体面"，只有找出其所遵循的规则的、高贵的运动方式，才能洗刷这种"不体面"。欧多克斯为柏拉图的理想提供了第一个有意义的方案，即同心球叠加方案。按照这个方案，每个天体都由一个天球带动沿球的赤道运动，而这个天球的轴两端固定在第二个球上，第二个球又可以固定在第三个球上，这样可以组合出复杂的运动。欧多克斯发现，用3个球就可以复制出日月的运动，行星的运动则要用4个球。这样，五大行星加上日月和恒星天，一共需要27个球。通过适当选取这些球的旋转轴、旋转速度和半径，可以使这套天球体系比较准确地再现当时所观测到的天体运动情况。

欧多克斯设计的这套天球体系建立在毕达哥拉斯学派的宇宙图景基础上，用天球的组合来模拟天象，是希腊数理天文学的基本模式。当然，欧多克斯的体系与实际情况符合得还不太好，后人对此有诸多改进，但他这条思路，被完全继承了下来。"拯救现象"方法是一种科学研究的纲领。我们面对的自然界，纷纭复杂、变化万千，如果不把它们纳入一个固定的框架之中，我们便不能很好地把握它们。拯救现象，正是将天空中行星的杂乱运动现象归整，使其规则化。

柏拉图的学园培养了许多优秀的人物，亚里士多德（公元前384—前322）就在这里当过学生。学园后来虽然在学术上没有什么大的建树，但作为希腊文化的保存者存在了900余年，直到公元529年才被东罗马皇帝查士丁尼勒令关闭。

六、亚里士多德：百科全书式的学者

柏拉图之后，亚里士多德成为杰出的思想家、哲学家和科学家。公元前384年，亚里士多德出生于希腊北部的斯塔吉拉。17岁那年来到雅典进入柏拉图学园学习，直到柏拉图去世才离开，前后达20年。在这里，亚里士多德受到了良好的教育。虽然柏拉图很器重他，但亚里士多德学成之后创立了与柏拉图非常不同的哲学体系，对此，他说了一句名言："我敬爱柏拉图，但我更爱真理"。亚里士多德曾做过亚历山大大帝的老师。

如果说柏拉图是一位综合型的学者，亚里士多德就是一位分科型的学者。他总结了前人已经取得的成就，创造性地提出自己的理论。在几乎每一学术领域，亚里士多德都留下了自己的著作。从第一哲学著作《形而上学》，物理学著作《物理学》《论生灭》《论天》《天象学》《论宇宙》，生物学著作《动物志》《论动物的历史》《论灵魂》，到逻辑学著作《范畴篇》《分析篇》，伦理学著作《尼各马可伦理学》《大伦理学》《欧德谟斯伦理学》，以及《政治学》《诗学》《修辞学》等，他的著作几乎遍及每一个学术领域，他是一位名副其实的百科全书式的学者。

亚里士多德的哲学博大精深，自成一体。他不同意柏拉图的理念说，认为事物的本质寓于事物本身之中，是内在的，不是超越的。为了把握世界的真理，必须重视感性经验。就对待自然界的态度而言，这是与柏拉图完全不同的。柏拉图强调理念的超越性，蔑视经验世界，他发展了数学；而亚里士多德重视经验考察，特别在生物学领域取得了卓越的成就，他的哲学目的在于找出事物的本性和原因，因而发展了一套"物理学"，以穷究事物之道理。

亚里士多德的生物学著作也许是他的科学工作中最有价值的，他以一个近代生物学家的姿态去观察、实验、总结生物界的现象和规律。据说亚里士多德很注意搜集第一手材料，他解剖动物，观察动物的习性。《动物志》中对各种各样动物的详尽描述，就是他长期实践与观察的结果。他注意到"长毛的四足动物胎生，有鳞的四足动物卵生"，认识到"凡属无鳃而具有一喷水孔的鱼，全属胎生"。他还对人类的遗传现象做过细致的观察，如一个白人女子嫁给一个黑人，他们的子女的肤色全是白色的，但到孙子那一代，肤色有的是黑色的，有的是白色的。

在天文学方面，亚里士多德继承欧多克斯的观点，即通过天球的组合来解释天体的表观运动。有所不同的是，亚里士多德不限于"拯救现象"，他还给出了天体运动的物理解释。欧多克斯的学生卡里普斯在原来27个天球的基础上又添了7个球，以获得与天文观测更精确相符的结果。亚里士多德在卡里普斯的基础上又添了22个天球。新添的天球，并非为了更准确地与观测相符，而是为了使这个天球体系形成一个有物理联系的整体。他要实现的是最外层天球作为原动天——也就是第一推动——对整个天球系统的物理支配。新添的天球既用以保证外层的天球将周日运动传给内层的天球，又防止外层的天球将多余的运动传给内层。亚里士多德认为，天体与地上物体本质上是两种不同的物质。天体由纯洁的以太组成，是不朽和永恒的，其运动是完美的匀速圆周运动。

至于地上物体，涉及的是物理学的内容。亚里士多德认为，地上物体由水、火、土、气四种元素组成，其运动是直线运动。地上物体都有其天然的处所，而所有的物体都有回到其天然处所的趋势。这一趋势即所谓的天然运动。土和水本质上是重性的，其天然处所在下，因此它们有向下的天然运动；气和火本质上是轻性的，其天然处所在上，因此它们有向上的天然运动。重性越多，下落速度越快，所以重物比轻物下落得快。除了天然运动外，还有受迫运动。受迫运动是推动者加于被推动者的，推动者一旦停止推动，运动就会立刻停止。在自然界中，亚里士多德也发现了等级之分。轻的东西比重的东西高贵，天比地高贵，推动者比被推动者高贵，灵魂比身体高贵。这是亚里士多德物理学中很有特色的部分。

亚里士多德哲学中的四因说对于理解他的生物学成就是有用的。他认为，事物变化的原因有四种，一是质料因，二是形式因，三是动力因，四是目的因。比如一座铜制的人物雕像，铜是它的质料因，原型是它的形式因，雕刻家是它的动力因，它的美学价值是它的目的因。目的因又称终极因，是最重要的，自然界的事物都可以用目的因来解释：重物下落是因为它要回到天然位置上去；植物向上生长是因为可以更接近太阳，吸收阳光；动物觅食因为饥饿；人放声大笑因为喜悦等。这种目的论解释带有万物幽灵论的色彩，但对于生物学发展是有意义的。

■ 第二节　希腊化时期的科学

伯罗奔尼萨战争时期，希腊北部的马其顿王国发展壮大起来。国王腓力二世于公元前356年即位后，注意学习希腊先进的文化，同时富国强兵，扩军备战，不久即将马其顿建成了希腊世界的一大军事强国。公元前336年，腓力二世在宫廷政变中遇刺身亡，20岁的太子亚历山大即位，开始发动对东方的侵略战争。经过十余年的南征北战，亚历山大建立了一个横跨欧亚非的庞大帝国，疆域从北部非洲一直到印度、巴基斯坦、阿富汗一带。这个帝国以东方为中心，但以希腊文化为统治文化。希腊化时期，应该从公元前336年亚历山大的东征开始算起。军事奇才亚历山大很重视学术事业的发展。在他金戈铁马的生涯中，始终有一批学者跟随。每到一个地方，地理学家们绘制地图，博物学家们收集标本——据说亚里士多德的生物学研究大大得益于这些珍稀标本。亚历山大也重视科学技术在战争中的作用。据说，由于工程师们的帮助，亚历山大大帝的攻城战水平一度达到了近代的高度。希腊文明就这样随着亚历山大的远征传播到更广大的地区，虽然在亚历山大死后不久帝国分裂，但是东征给东方各国带去的希腊文化的影响却长期留存下来了，这些地区的文化也被称为希腊化文化。

希腊古典时期的科学与哲学是高度结合在一起，以至于我们很难把它们彻底分开，但是到了希腊化时期，科学的进一步发展使得科学已经开始具有独立的品格了。确定的、有限度的问题与哲学问题分开单独研究。从我们今天的角度看，希腊化时期的科学更具有近代科学的专业化特点。希腊化时期最耀眼的明珠是亚历山大大帝在埃及建立的城市亚历山大里亚。这个以亚历山大大帝名字命名的城市，产生了古代世界最杰出的科学家和科学成就。

一、欧几里得的《几何原本》

在科学史上，没有哪一本书像欧几里得（约公元前330—前230）的《几何原本》那样，把卓越的学术水平与广泛的普及性完美结合。它集希腊古典数学之大成，构造了世界数学史上第一个宏伟的演绎系统，对后世数学的发展起了不可估量的推动作用。同时，它又是一本出色的教科书，毫无变动地使用了2000多年。在西方历史上也许只有《圣经》在抄本数和印刷数量上可与之相比。据估计，自印刷术传入欧洲后，《几何原本》重版上千次，翻译成各国文字。我国明代杰出的学者徐光启于1607年与传教士利玛窦合作翻译了《几何原本》的前6卷（篇），是有史以来第一个中文译本。"几何"一词与"几何原本"这一书名都是徐光启首用的。

《几何原本》共13篇。第1篇讲直边形，包括全等定理、平行定理、毕达哥拉斯定理、初等作图法等；第2篇讲用几何方法解代数问题，即用几何方法做加减乘除法，包括求面积、体积等；第3篇讲圆，讨论了弦、切线、割线、圆心角、圆周角的一些性质；第4篇还是讲圆，主要讲圆的内接和外切图形；第5篇是比例论；第6篇运用已经建立的比例论讨论相似形；第7、8、9、10篇继续讨论数论；第11、12、13篇讲立体几何，其中第12篇主要讨论穷竭法，这是近代微积分思想的早期来源。全部13篇几乎包括了今日初等几何课程中的所有内容。

据普罗克罗（约410—485年）的记载，他大约于公元前300年来到亚历山大里亚研究讲学。此前，他在雅典的柏拉图学园中受教育，深受柏拉图的影响，强调几何学的非功利性。一般认为，《几何原本》所述内容都属于希腊古典时代，几乎所有的定理都在那时候证明出来了。欧几里得的主要贡献是将它们汇集成一个完美的系统，并且对某些定理给出更简洁的证明。今天我们已无法知道哪些定理是由哪些数学家在什么时候发现的。但可以推知，爱奥尼亚的自然哲学家们如泰勒斯、阿那克西曼德、阿那克西米尼、阿那克萨哥拉，南意大利学派的毕达哥拉斯及其弟子，柏拉图及其弟子们——其中最为著名的有欧多克斯，亚里士多德及其弟子们，都对欧几里得的《几何原本》作出过贡献。

二、阿里斯塔克：日心说的先驱

众所周知，是哥白尼发现了地球绕太阳转动而不是太阳绕地球转动，将人们从人类中心论的迷梦中惊醒，从而开启了近代科学。其实，早在希腊时代就有天文学家提出过日心地动说，他就是亚历山大里亚的著名天文学家阿里斯塔克（约公元前315—前230）。阿里斯塔克主张，并非日月星辰绕地球转动，而是地球与星辰一起绕太阳转动。很显然，这个主张继承了毕达哥拉斯学派的中心火理论，只不过把太阳放在了中心火的位置。他说，恒星的周日运动，其实是地球绕轴自转的结果。这个思想确实是天才的，但过于激进，以至于当时的人们都不相信。

有几个理由导致人们反对阿里斯塔克的观点。第一，它与已经被广泛接受的亚里士多德的物理学理论相矛盾。在亚里士多德看来，如果地球在运动，那么地球上的东西都会落在地球的后面，可事实上并没有发生这类事情。这个理由很有说服力。这个问题只有在惯性定律被发现后才会有一个完满的解答。第二，有许多天文学家提出，如果地球在动，那么在地球上观察到的恒星位置在不同的季节应该不一样，可是，我们并没有观测到这种位置的变化。阿里斯塔克认为，恒星离我们太远，以至于地球轨道与之相比微不足道，所以，恒星位置的变化不为我们所察觉。

阿里斯塔克还测量了太阳、月亮与地球的距离以及相对大小。这个工作记载在了他的《论日月的大小和距离》一书中，流传至今。测量的原理是，阿里斯塔克知道月光是月亮对太阳光的反射，所以当从地球上看月亮正好半轮亮半轮暗时，太阳、月亮与地球组成了一个直角三角形，月亮处在直角顶点上。从地球上可以测出日地与月地之间的夹角。知道了夹角，就可以知道日地与月地之间的相对距离。得出了相对距离后，他从地球说所看到的日轮与月轮的大小，推算出太阳与月亮的实际大小。由于观测精度有限，阿里斯塔克的计算结果误差很大。但阿里斯塔克的方法完全正确，而且得到了太阳是比地球大很多的相对正确的结论。正因如此，他确实有理由相信不是太阳绕地球转，而是地球绕太阳转。因为，让大的物体绕小的物体转动总不是很自然。

三、科学巨匠阿基米德

阿基米德（公元前287—公元前212）是希腊化时代的科学巨匠。希腊化时期，古希腊人那种纯粹、理想、自由的演绎科学与东方人注重实利、应用的计算型科学进行了卓有成效的融合，实际上为近代科学——既重数学、演绎，又重操作、效益——树立了榜样。阿基米德是希腊化科学的杰出代表，他不仅在数理科学上是一流人才，而且在工程技术上建树颇多。

阿基米德的主要数学贡献是求面积和体积的工作。在他之前的希腊数学不重视算术计算，关于面积和体积，数学家们顶多证明一下两个面积或体积的比例，而不再算出每一个面积或体积究竟等于多少，当时连圆的准确面积都算不出来，因为比较精确的圆周率的值还不知道。从阿基米德开始，或者说从以阿基米德为代表的亚历山大里亚的数学家开始，算术和代数开始成为一门独立的数学学科。阿基米德发现了一个著名的定理：任一球面的面积是外切圆柱表面积的三分之二，而任一球体的体积也是外切圆柱体体积的三分之二。这个定理是从球面积等于大圆面积的4倍这一定理推导出来的。据说，该定理遵照遗嘱刻在了阿基米德的墓碑上。

阿基米德在物理学方面的工作主要有两项：一是关于平衡问题的研究，杠杆原理即属于此；二是关于浮力问题的研究，浮力定律即属于此。阿基米德这两方面的工作记载于他的著作《论平板的平衡》和《论浮力》中，所幸的是这两部著作都流传了下来。在《论平板的平衡》中，阿基米德用数学公理的方式提出了杠杆原理，即杠杆如平衡，则支点两端力（重量）与力臂长度的乘积相等。在这里，重要的是建立杠杆的概念，其中包括支点、力臂等概念。对于一般的平面物即平板，为了使杠杆原理适用，阿基米德还建立了"重心"的概念。有了重心，任何平板的平衡问题都可以由杠杆原理解决，而求重心又恰恰可以归结为一个纯几何学的问题。

杠杆原理解释了为什么人可以用一根棍子抬起很大的石头。对此，阿基米德有一句名言："给我支点，我可以撬动地球。"据说，国王希龙对此话生疑，阿基米德没有多加解释，只是请他到港口看了一次演示。阿基米德在那里事先安装了一组滑轮，他叫人把绳子的一端拴在港口里一只满载的船上，自己则坐在一把椅子上轻松地用一只手将大船拖到了岸边。国王顿时为之折服。

有关浮力定律的传说更为人熟知，这就是阿基米德为国王希龙鉴定王冠是否为纯金的故事。阿基米德一声"尤里卡"，喊出了人类探寻到大自然奥秘时的惊喜，正是为了纪念这一事件，现代世界最著名的博览会以"尤里卡"命名。也许在今人看来，阿基米德的这一发现并不惊人、十分平常，但我们必须注意到，古代希腊人既没有比重的概念，甚至也没有重量的概念，作出这样的发现确实是了不起的。阿基米德根据这一次经验进一步总结出了浮力原理：浸在液体中的物体所受到的向上的浮力，其大小等于物体所排开的液体的重量。这个原理定量地给出了浮力的大小，是流体静力学的基本原理之一。

据说，阿基米德在机械工程方面有许多创造发明。在亚历山大里亚求学期间，他曾发明了一种螺旋提水器:现在仍被称作阿基米德螺旋。到了20世纪，埃及还有人使用这种器械。又据说他制作了一个利用水力作动力的天象仪，可以模拟天体的运动，演示日食和月食现象。

四、埃拉托色尼测定地球大小

希腊人是最早相信地球是一个球体的民族。自毕达哥拉斯以来，天球—地球的两球宇宙模型一直是希腊宇宙理论的基础，地球的概念为解释不少近地天文现象，如月食，提供了可信的依据，而天球的概念则很好地满足了柏拉图学派"拯救现象"的要求。亚历山大里亚有两位著名的学者立足于经验观测和理性判断，确立了这两个概念。他们中一位是埃拉托色尼（约公元前276—前194），科学地确立了地球的概念，并定量地确定了地球的大小。另一位是希帕克斯，创立了球面几何，为定量地描述天球的运动提供了数学工具。

埃拉托色尼大约于公元前276年生于北非城市塞里尼（今利比亚的沙哈特），青年时代在柏拉图学园学习过。他兴趣广泛，博学多闻，是古代世界仅次于亚里士多德的百科全书式的学者。只是因为他的著作全部失传，今人才对他不太了解。据史书记载，埃拉托色尼的科学工作包括数学、天文学、地理学和科学史。数学上确定素数的埃拉托色尼筛法是他发明的；在天文学上，他测定了黄道与赤道的交角；在地理学上，他绘制了当时世界最完整的地图，东到锡兰，西到英伦三岛，北到里海，南到埃塞俄比亚。

埃拉托色尼最著名的成就是测定地球的大小，其方法完全是几何学的。假定地球真的是一个球体，那么，同一个时间在地球上不同的地方，太阳光线与地平面的夹角是不一样的。只要测出这个夹角的差以及两地之间的距离，地球周长就可以算出来了。他听人说，在埃及的塞恩即今日的阿斯旺，夏至这天中午的阳光可以直射入井底，表明这时太阳正好垂直于塞恩的地面。他测出了塞恩到亚历山大城的距离，又测出了夏至正中午时亚历山大城垂直杆的杆长和影长，这样就可以算出地球的周长了。埃拉托色尼算出的数值是25万希腊里，约合4万公里，与地球实际半径只差100多公里。在古代世界许多人还相信天圆地方的时候，埃拉托色尼已经能够如此准确地测算出地球的周长，真是了不起。这是希腊理性科学留给科学史的光辉篇章。

五、希帕克斯创立球面三角

希帕克斯（约公元前190—前125）是希腊化时期伟大的天文学家，他的卓越贡献是创立了球面三角这门数学工具，使希腊天文学由定性的几何模型变成定量的数学描述，使天文观测有效地进入宇宙模型之中。自欧多克斯发明同心球模型用以"拯救"天文现象以来，通过球的组合再现行星的运动，已成为希腊数理天文学的基本方法。但传统的方法存在两个问题，首先，人们还不知道如何在球面上准确表示行星的位置变化，其次，传统的同心球模型不能解释行星亮度的变化。希帕克斯解决了这两个重要的问题。

通过创立球面三角术，希帕克斯解决了第一个问题。根据相似三角形的比例原理，以任一锐角为角所组成的任何直角三角形，其对边与斜边之比、对边与邻边之比、邻边与斜边之比是一个常数，所以这些比是角的函数，与边长无关。人们为方便起见就把这些比分别称作正弦、正切、余弦，是为三角函数。希帕克斯第一次全面运用三角函数，并推出了有关定理。更为重要的是，他制定了一张比较精确的三角函数表，以利于人们在实际运算中使用。把平面三角术推广到球面上去，也是希帕克斯的工作，因为他的最终目的在于计算行星的球面运动。

解决第二个问题的方法是抛弃同心球模型，创立本轮—均轮体系。一般人都知道这套体系是托勒密体系，但最早的发明者实际上是希帕克斯。每个行星有一个大天球，它以地球为中心转动，这个天球叫均轮。但行星并不处在均轮上，而是处在另一个小天球之上，这个小天球的中心在均轮上，叫本轮。行星既随本轮转动，又随均轮转动，这样可以模拟出比较复杂的行星运动。此外，希帕克斯还引入了偏心运动，即行星并不绕地球转动，而是绕地球附近的某一空间点转动。

希帕克斯大约于公元前190年生于小亚细亚西北部的尼西亚（即今土耳其的伊兹尼克）。像阿基米德一样，他在亚历山大里亚受过教育，但学成后又离开了那里。据说，希帕克斯在爱琴海南部的罗得岛建立了一个观象台，制造了许多观测仪器，在那里，他做了大量的观测工作。利用自己的观测资料和巴比伦人的观测数据，希帕克斯编制了一幅星图。星图使用了相当完善的经纬度，记载了1000多颗亮星，而且提出了星等的概念，将所有的恒星划为六级。这是当时最先进的星图。借助这幅星图，希帕克斯发现前人记录的恒星位置与他所发现的不一样，存在一个普遍的移动。这样，他就发现了北天极其实并不固定，而是作缓慢的圆周运动，周期是26700年。由于存在北天极的移动，春分点也随之沿着黄道向西移动，这就使得太阳每年通过春分点的时间总比回到恒星天同一位置的时间早，也就是说，回归年总是短于恒星年。这就是"岁差"现象。希帕克斯在天文学上的贡献都是划时代的，但我们今天只能从托勒密的著作中了解他的工作。他大约于公元前125年去世。

六、希腊天文学的集大成者——托勒密

近代人最为熟悉的古代天文学家是托勒密（约90—168）。如同欧几里得总结希腊古典时代的数学而写出著名的《几何原本》一样，托勒密系统总结了希腊天文学的优秀成果，写出了流传千古的《天文学大成》。这部著作被阿拉伯人推为"伟大之至"，结果书名就成了《至大论》。

《至大论》共13卷。第1卷和第2卷给出了地心体系的基本构造，并用一系列观测事实论证这个模型。诸如地球是球形的，处在宇宙的中心，诸天体镶嵌在各自的天球上，绕地球转动，按照与地球的距离从小到大排列，诸天球依次是月亮天、水星天、金星天、太阳天、火星天、木星天、土星天和恒星天。前两卷还讨论了描述这个体系所必须的数学工具，如球面几何和球面三角。第3卷讨论太阳的运动以及与之相关的周年长度的计算，第4卷讨论月球的运动，第5卷计算月地距离和日地距离。托勒密运用西帕克斯的视差法进行计算的结果是，月地距离是地球半径的59倍，日地距离是地球半径的1210倍。这个结果与实际相比，前者比较准确，后者则相差很大。第6卷讨论日食和月食的计算方法，第7卷和第8卷讨论恒星和岁差现象，给出了比西帕克斯星图更详细的星图，而且将恒星按亮度分为6等。从第9卷开始到第13卷，分别讨论了5大行星的运动，本轮和均轮的组合主要在这里得到运用。

托勒密的体系由于具有极强的扩展能力，能够较好地容纳望远镜发现之前不断出现的新天文观测，所以一直被作为最好的天文学体系，统治了西方天文学界1000多年。托勒密的体系作为一种天文学理论有很高的历史地位。

托勒密还写过8卷本的《地理学入门》。这本书记述了罗马军团征服世界各地的情况，还依照这些情况画出了更新的世界地图。书中显示托勒密已经知道马来半岛和中国。他也计算了地球的大小，但是比埃拉托色尼比较准确的计算结果小了许多。对古代人而言，埃拉托色尼算出的地球尺寸太大，太令人吃惊了。因为从当时已知的情况看，若埃拉托色尼是对的，那地球上大部分都是海洋了，而这是人们不太相信的，所以，当时的人们宁可相信比较小的数值。托勒密的这个错误借着他在天文学上的权威流传了1000多年。不过有意思的是，正是因为哥伦布相信这个比较小的数值，他才有勇气从西班牙西航去寻找亚洲。要是他知道埃拉托色尼是对的，也许他就不会去完成这次伟大的航行。

七、希腊医学的集大成者——盖伦

盖伦（129—199）生于小亚细亚的帕尔加蒙（今土耳其的贝加莫），是一位建筑家的儿子。

盖伦系统总结了希腊医学自希波克拉底以来的成就，创立了自成体系的医学理论。他的理论基于自己大量的解剖学实践和临床经验，对人体结构和器官的功能有比较正确的描述和说明。当时的社会禁止人体解剖，盖伦就通过解剖各种动物来推测人体构造。这些推测许多是正确的，但也免不了有错误的地方。

盖伦的生理学把肝脏、心脏和大脑作为人体的主要器官。他认识到肝脏的功能是造血，造血的过程中注入自然的精气。这些血液大部分通过静脉在人的全身做潮汐运动，但有一小部分到了心脏。在心脏中，血液再次被注以生命精气。生命精气通过动脉送往全身，给全身以活力。大脑则将心脏生成的生命精气转变为动物精气，从而支配着肌肉的活动，也使人有表象、记忆和思维的能力。盖伦认识到动脉的功能是输送血液，而不只是输送精气，但他相信这些血液会流到全身各个部位并被吸收。今天，我们知道这个说法是错误的，但这是哈维发现血液循环以后的事情。

盖伦的病理学主要继承了传统的四体液说。体液平衡则人体健康，平衡被破坏则生病，因此治病主要靠调节各种体液的平衡，排除过剩的和腐败的体液。盖伦的著作包括医学理论与实践的各个领域，在长达1000多年的时间里都为人们遵从，他为西方医学做出了杰出的贡献，正是他，奠定了西方医学的基础。

思考题

- 1. 古希腊原子论与现代原子论有什么区别？

- 2. 试述柏拉图的"拯救现象"。

- 3. 与柏拉图的理念说不同，亚里士多德认为事物的本质是什么？

第 二 篇

近代科学与技术

第三章

近代科学的
诞生与早期发展

公元最初的500多年，是古典文化持续衰落的时期。基督教的兴起、西罗马帝国的灭亡、柏拉图学园被封闭和亚历山大里亚图书馆被烧，可以看成古典文化衰落的标志和里程碑。此后500年，由于蛮族入侵，原西罗马帝国的大部区域即欧洲部分进入了黑暗年代。经济大倒退、文化跌入低谷、人们的精神陷于愚昧和迷信之中。在度过了500年最黑暗年代之后，从11世纪开始，欧洲从漫漫长夜中苏醒，在教会学校基础上，欧洲出现了大学这种近代的教育体制。十字军东征从阿拉伯人那里带回了中国的四大发明和希腊的学术。通过翻译和消化希腊古典文献，欧洲学术得以复苏，出现了著名的经院哲学家托马斯·阿奎那（1225—1274）和近代实验科学的先驱罗吉尔·培根（1214—1293）。

经过11世纪以来的第一次学术复兴，西方世界继承了希腊的学术遗产，建立了以亚里士多德—阿奎那思想体系为基础的学术传统。但是，日益发展的资本主义生产方式解放了生产力，开阔了欧洲人的视野。希腊学术特别是柏拉图主义的进一步发掘，为欧洲人提供了开辟一门新的科学传统的机会。就在16和17世纪，先进的欧洲学者们抓住了这一机会，创造了改变整个人类历史进程和人类生活的近代科学。

■ 第一节　文艺复兴、宗教改革、地理大发现

近代科学诞生的时代也是世界历史上发生巨大变革的时代。恩格斯说：这个时代，我们德国人由于当时我们所遭遇的民族不幸而称之为宗教改革，法国人称之为文艺复兴，而意大利人则称之为五百年代（即16世纪），但这些名称没有一个能把这个时代充分地表达出来。这是从15世纪下半叶开始的时代。……拜占庭灭亡时抢救出来的手抄本，罗马废墟中发掘来的古代雕像，在惊讶的西方面前展示了一个新世界——希腊的古代；在它的光辉的形象面前，中世纪的幽灵消逝了；意大利出现了前所未见的艺术繁荣，这种艺术繁荣好像是古典古代的反照，以后就再也不曾达到了。……旧的世界的界限被打破了；只是在这个时候才真正发现了地球，奠定了以后的世界贸易以及从手工业过渡到工场手工业的基础，而工场手工业又是现代大工业的出发点。教会的精

神独裁被摧毁了，德意志诸民族大部分都直截了当地接受了新教，……这就是近代科学诞生的历史背景。

一、文艺复兴

中世纪后期，封建制度逐步解体，资本主义文化正在孕育之中。在意大利的商业贸易中心佛罗伦萨，最早兴起了以弘扬人文主义为核心的文艺复兴运动。文艺复兴运动以复兴古典文化为手段，歌颂人性，反对神性；提倡人权，反对神权；提倡个性自由，反对宗教桎梏；赞颂世俗生活，反对来世观念和禁欲主义。文艺复兴不只是一场复兴古典文化的运动，更是一场新时代的启蒙运动。

早期文艺复兴主要在文学和美术领域。佛罗伦萨的著名诗人但丁（1265—1321）的《神曲》将希腊古典时代的人物放在一个重要的位置，而教会显赫人士却被打入地狱，显示了一种新的精神态度。另一位诗人彼特拉克（1304—1374）的作品更具人文主义特征。他的十四行体抒情诗，极力抒发人世间的情感，完全摆脱了经院哲学的束缚。彼特拉克还开创了搜集古代手抄本的好古风气，奠定了文艺复兴的基本方向，掀起了研究古典学术的热潮。在绘画领域，意大利画家乔托（1266—1337）破除了传统呆板和简单的绘画风格，创造了生动鲜明的男女形象。此后，画家马萨乔（1401—1428）和阿尔伯提（1404—1472）发现远近透视规律，雕刻家吉尔伯提（1378—1455）和多那台罗（1386—1466）开始研究人体结构。这些都体现了一种新的视野，一种观察世界的新眼光。

到了16世纪，意大利的文艺复兴运动进入全面成熟时期。杰出人物不断涌现。特别在造型艺术方面，这个时期出现了空前绝后的艺术作品。达·芬奇（1452—1519）的《最后的晚餐》和《蒙娜丽莎》，米开朗琪罗（1475—1564）的《创世纪》和《末日审判》，拉斐尔（1483—1520）的《西斯廷圣母像》和《雅典学院》，波提切利（1444—1510）的《维纳斯的诞生》等千古流芳，令人叹为观止。它们不仅在创作技巧上炉火纯青，而且所表达的内容洋溢着新时代的气息。

由意大利发端的文艺复兴运动传遍了整个欧洲，并且在文学艺术之外的领域得到反响。它所高扬的人文主义精神逐渐深入人心。西班牙的塞万提斯（1547—1616）和英国的莎士比亚（1564—1616）在文学领域将文艺复兴运动推上了又一个高峰。莎士比亚的名言："人是一件多么了不起的杰作！多么高贵的理性！多么伟大的力量！多么优美的仪表！多么文雅的举动！在行为上多么像一个天使！在智慧上多么像个天神！宇宙的精华！万物的灵长！"是对人文主义思想的精彩概括。

文艺复兴绝不仅仅限于文学。有许多因素结合起来造成了一次前所未有的知识发酵，虽然文学是最早而且最重要的一个因素。但是比文学、语言更重要的是古典文献里面所包藏的自由探讨的精神以及"古典学问"在几百年的中古精神以后给欧洲重新带来的从事各种各样的研究的动力。

二、列奥纳多·达·芬奇

近代科学的基本特征之一是注重实验。近代实验传统可以追溯到罗吉尔·培根，但直到文艺复兴时期，实验才为更多的人接受。特别是当时的造型艺术大师们，为了准确地再现人体的千姿百态，率先研究人体结构，推动了实验科学的发展，他们之中最为杰出的是达·芬奇。

达·芬奇（1452—1519）生于佛罗伦萨附近的芬奇，是一位名律师与农家女子的私生子。他虽没有受过正式的教育，主要在家里随父亲读书自学，但从小才智过人，加上勤奋学习，很快在许多方面做出了令人惊叹的成绩。他的名画流传千古自不必说，他在工程技术、物理学、生理学、天文学方面的思想，在科学史上也具有划时代的意义。

如果说彼特拉克是文艺复兴时代文学方面的前驱，达·芬奇就是其他许多新兴领域的开路先锋。他和许多文艺复兴时代的人不同，既不是经院哲学家，也不是古典作家的盲目信徒。在他看来，对于自然界的观察和实验，是科学的独一无二的真方法。据说为了获得人体构造的精确知识，他不顾罗马教会的反对，解剖了约30具尸体。由于有了解剖学的经验，达·芬奇在生理解剖方面作出了杰出的成就。他以高超的手法，画出了许多人体的解剖图。他的解剖图不仅精细正确，而且是珍贵的艺术作品。他在哈维（1578—1657）之前就提出血液循环的构想，研究了心脏的功能和构造。写在他的笔记本上的这段话充分体现了达·芬奇对实验精神的崇尚：

自然界的不可思议的翻译者是经验。经验绝不会欺骗人，只是人们的解释往往欺骗自己。我们在种种场合和种种情况下谈论经验，自此才能够引出一般的规律。自然界始于原因，终于经验，我们必须反其道而行之。即人必须从实验开始，以实验探究其原因。

据说达·芬奇为米兰的天主教堂修建过一部升降机，还设计过降落伞、坦克和飞机。为了设计飞机，他研究过鸟的飞行。为了设计潜水艇，他研究过鱼的游泳方式。他发现了杠杆的基本原理，重新证明了阿基米德所得到的许多流体静力学结论。他认识到人类的视觉来源于对外界光的接受，而不是从眼睛里向外发射光线，并且绘制了一个眼睛模型，以说明外界光线如何在视网膜上形成图像。在天文学上，他认识到地球也是诸多星体之一；整个宇宙是一部机器，按照自然规律运行；月球实际上也是由泥土组成的，靠反射太阳光而发光，而地球也一定像月球一样可以反射太阳光。在笔记本中，他还猜测，地球的结构可能存在长期缓慢地变化。

达·芬奇在科学方面的重要思想大多记录在他的笔记本上，生前没有公之于世，因此对近代科学的创建事业未产生直接的影响。达·芬奇的工作的重要意义，更在于倡导了一种亲自动手实验的科学态度和作风，这对经院哲学中盛行的光看书本不观察事物本身的风气是一个纠正。如果我们要在古今人物中选择一位来代表文艺复兴的精神的话，我们一定会选择达·芬奇。

三、宗教改革

这个时期另一个重大的思想解放运动是发端于德国的宗教改革运动。整个中世纪，欧洲人的心灵被教会所禁锢，神恩、天启、权威的概念主宰着人类精神。然而，新时代日益深入人心的人文主义思想，力图将人从神的统治下解放出来。宗教改革便是这种时代要求的反映。

基督教会本来只是一般的宗教集会，后来才演化为一个权势显赫的组织。在整个漫长的中世纪，罗马教会不断扩充自己的领地、增加自己的财富、扩大自己的政治影响。到了公元11世纪，罗马教廷成了西欧至高无上的权力中心。这个权力中心虽然起着维系基督教文明发展的纽带作用，但它也日益腐败、僵化，到了文艺复兴时期，已明显成了时代前进的绊脚石。

点燃这场运动之引信的是德国教士马丁·路德（1483—1546）。1517年10月31日，路德在德国维滕贝格教堂门口贴出了九十五条论纲，对由来已久的赎罪券问题提出了不同的看法。他认为，赎罪券并不能赦免上帝的惩罚，而只能赦免教会的惩罚。赎罪券只代表教会的意见，而不代表上帝的意志。由于当时德国正在开始发行赎罪券，路德的论纲一出现，马上在全德引起反响。罗马教会方面亦反应十分强烈。发行赎罪券是教会收入的一个重要手段，攻击发行赎罪券是在切断教会的财路。不仅如此，对赎罪券的攻击本身即是蔑视教会的权威。在随后的大论战中，路德进一步认识到，争论的要害在于罗马教会是否真正拥有至高无上的权威。他猛烈地抨击了罗马教廷，提出了宗教改革的思想。

路德的新教学说，即所谓的"因信称义"学说，主张信仰高于一切。惟有人心中有信仰，才能得救。至于对教会的服从，则是完全不重要的，因为教会乃是人为制造的，并不能真正代表天国的意志。路德以宗教的语言表达了那个时代人们心中自由、平等的观念，在基督教世界播散着人文主义精神的种子。路德一改中世纪愤怒的上帝形象，使上帝成了可亲可敬的人类保护神，使人类与上帝和解，同时也使人与自然和解。自然界不再是此岸可诅咒的东西，而是上帝的杰作，是人应该予以关注的对象。对自然的兴趣与人的自我解放相伴而来。

新教主义引导人们可以通过认识自然去认识上帝。新教主义认为，上帝是在自然发生作用的过程中显现他自己的。昼夜的更替、四季的循环、月亮的盈亏和星辰的运行等，尽管纷繁复杂，但都是有一定的规律，即命运形式。而这些都是当初上帝创世时就赋予在其中的，一切世事只不过是其展现而已。因此，认识自然，认识这种规律，就认识了上帝的智慧，显示了上帝的全智全能，这也是对上帝的一种荣耀。新教的这种自然观促进了人们以探索自然规律的方式来重新定义自己的宗教生活。探索自然、发现隐藏在自然现象背后的规律成为人们信仰上帝新的方式。新教时代的几乎每一个科学家都认为科学是一项宗教任务。化学家波义耳认为科学是"对上帝展现在宇宙中的令人叹为观止的作品的揭示"。牛顿也相信，宇宙证明了一个全能的造物主的存在。

与此同时，新教主义把自然界看作是可以理解的。在新教的教义中，上帝是创造一切的造物主，是自然界的永恒统治者，人类则是上帝创造的自然的管理者。自然界是上帝和人类活动的舞台。作为自由而又有理性的存在物，人的职责和任务就在于既与理智又与上帝的旨意保持一致，包括对自然现象的理解在内。这种自然的可理解性的思想，进一步鼓励和促进了探究自然的文化氛围的形成。正如伽利略所说"神的理解力超出我们的理解力无限倍，不但在理解事物的数目上如此，在理解的方式上也是如此；但是我并不把人的理解力贬低到绝对无能的程度。不，当我盘算到人类曾经理解过，探索过，并设计过多么神奇的和多少神奇的事物，我就很清楚地认识到，并且懂得了人类心灵是上帝的成绩之一，而且是最优秀的成绩。"

四、古代中国独立发展的科学技术及其对世界科技的贡献

20世纪中叶以前，绝大多数西方学者对中国古代文明几乎一无所知，他们把科学技术当成是西方的专利品。在《马克斯·韦伯宗教社会学论文集》的"导论"中，甚至可以看到这样的表述："只有在西方才出现普遍意义和确定意义的文化形式。"许多中国学者在欧洲国家强大的军事和政治优势面前，也认为中国只有发达的人文学传统而缺乏科学技术传统，科学技术都源于欧洲。到了20世纪50年代初，爱因斯坦在他的一封著名的信中，也对近代科学技术在西方的兴起发表了自己的观点。他写道："西方科学的发展是以两个伟大的成就为基础，那就是：希腊哲学家发明形式逻辑体系（在欧几里得几何学中）以及（在文艺复兴时期）发现通过系统的实验可能找出因果关系。在我看来，中国的贤哲没有走上这两步，那是用不着惊奇的。要是这些发现果然都作出了，那倒是令人惊奇的事。"

中国的古代文明中到底有没有科学技术，有没有科学技术传统，不仅为中国人自己所关注，也为全世界人所关注。事实上，在历史上，东亚文明尤其是中国古代文明曾远远领先于西方，在近代科学技术兴起之前，中国的科学技术不但自成体系，而且对其他国家产生巨大影响。

由于地理上的相对隔绝、政治上的相对独立稳定，古代中国人创造了自己独特的科学技术体系。构成这一独特的科技体系的有农学、中医药学、天文学、算学（中国数学古称算学）四大学科，以及陶瓷、丝织和建筑三大技术。就在公元5世纪欧洲开始进入黑暗时期的时候，中国却步入了历史上极为辉煌的盛唐时期。随后的宋朝，中国的科学技术达到了世界的高峰。这一时期，由中国人的四大发明所推进的技术进步，也是欧洲产生近代科学的动力之一。这些在中世纪最为耀眼夺目的科技成就——指南针、火药、印刷术和造纸术，通过阿拉伯人传到欧洲之后，对欧洲的近代科学革命以至整个世界近代文明和科学发展产生了重要影响，做出了突出贡献。指南针使航海事业如虎添翼，大大开阔了欧洲人的视野，促使全球一体化；火药武器摧毁了欧洲古城堡的封建割据，打开了世界每一个角落的大门，开辟了近代世界的发展道路；纸的大量生产以及印刷术的使用，使欧洲人更容易读到圣经，读到新教思想家的著作，使文艺复兴运动与宗教改革运动在更大范围内开展起来，使知识不再为少数人所垄断，而真正成为了全人类的财富。马克思曾写道："这是预告资产阶级社会到来的三大发明，火药把骑士阶层炸得粉碎，指南针打开了世界市场并建立了殖民地，而印刷术则变成新教的工具，总的说来变成了科学复兴的手段，变成对精神发展创造必要前提的最强大的杠杆。"

中国科学技术在明代（1368—1644）继续缓慢发展，并且出现了三部集传统科学技术之大成的科技名著和一部极有价值的地理学著作。它们是李时珍（1518—1593）的《本草纲目》、徐光启（1562—1633）的《农政全书》、宋应星（1587—？）的《天工开物》和徐霞客（1586—1641）的《徐霞客游记》。但明代极端的中央集权统治和思想专制严重地束缚了理论科学的发展，甚至连宋元时期已取得的一些杰出成就都未能继承下来。伴随着资本主义的萌芽，与生产有关的技术本来可能有广泛的发展，但资本主义的萌芽一再遭到扼杀，中国科学技术开始落后于西方。到了清代，在特殊的社会历史条件和闭关自守的政策下，中国的科学技术已经大大落后于世界水平。这使得中国人对近代科学的创建贡献甚微。

五、地理大发现：达·伽马、哥伦布、麦哲伦

很长时间以来，欧洲人对周围世界的了解十分有限：对北非和亚洲近东熟悉一些，对遥远的中国印象模糊，对美洲则一无所知。1271年，意大利威尼斯出生的马可·波罗（1254—1323）跟着父亲和叔叔沿陆路去东方旅行，花了4年时间，终于在1275年到达了当时的中国元朝上都（今内蒙古的多伦）。在元帝国期间，马可·波罗游历了大半个中国，亲眼看见了中华帝国的高度发达的文明景象。1292年，马可·波罗一家由海路回到祖国，写下了《马可·波罗游记》。其中所记述的中国的繁荣和富足，给欧洲人留下了极为深刻的印象，以至于许多人一开始都不相信。

日益发达的商业贸易活动迫切要求开拓东西方之间的航线。当时东西方的往来都要经过阿拉伯世界，阿拉伯商人基本垄断了欧洲与东方的贸易，但马可·波罗所描绘的东方的财富，对于狂热寻找黄金的欧洲商人太有诱惑力了。他们迫切要求寻找通往东方的新航路。

1. 达·伽马开辟新航路

最初寻找直通印度航路的是葡萄牙人。在亲王亨利的大力倡导下，地处伊比利亚半岛的葡萄牙人开始沿非洲西海岸南航。1419年占领了马德拉群岛，1432年占领了亚速尔群岛，1445年到达非洲最西端佛得角。这时葡萄牙航海家已经离开他们的本土几千公里了。但由于国内发生内乱，加上亨利亲王去世，航海探险活动不得不暂时中止了。四十多年后，新的葡萄牙国王裘安二世继承了亨利的事业，继续南航寻找新航路。1487年，巴特罗缪·狄亚士（1450—1506）率领的船队到达了非洲的最南端。当时正遇暴风雨，他们就将新发现的岬角称为"暴风角"。裘安二世不同意这一叫法，认为非洲南端的这个岬角正是通往东方世界的希望之标志，所以改称"好望角"。

1497年7月8日，葡萄牙人瓦斯科·达·伽马（1469—1524）率领四条船离开里斯本，开始探索由非洲到印度的航路。他们11月4日到达圣赫勒拿岛，当月22日绕过好望角驶入印度洋，次年3月1日到达非洲东岸莫桑比克。从那以后，由精通航海技术的阿拉伯人阿马得·佑恩·马吉特领航，达·伽马的船队只用了23天就顺利地渡过了印度洋，于5月21日到达印度西南海岸的中心港口卡利库特。葡萄牙人从那里运回了大量的香料、丝绸、宝石和象牙，在国内高价脱手后，获纯利达航行费用的60倍。当他们一行于1499年9月初返回葡萄牙时，出发时的170人只剩下55人。水手们大部分死于坏血病。这次艰苦卓绝的航行，打破了阿拉伯帝国对海上贸易的垄断，为西班牙人夺取了东西方贸易的控制权。

2. 哥伦布发现新大陆

与葡萄牙人南下绕过非洲南岸直达印度的探航思路不同，同一时期，西班牙正被一个外国人鼓动着实施通过西航到达东方黄金之国的计划。这个外国人就是1451年出生于意大利热那亚的克利斯朵夫·哥伦布（1451—1506）。哥伦布从小就过着海上生活，没有受过正规的教育。但是他十分好学，利用闲暇时间读过许多书。《马可·波罗游记》使他对东方的富足产生了无比的向往。罗吉尔·培根关于大地球形的地球概念以及从托勒密那里传下来的关于地球周长的数值，使

他相信西行也可以到达亚洲。

1476年，哥伦布在一次海盗事件中落水游上了葡萄牙的国土，从此在这个航海家的国度里学习航海知识，参加远洋航行，熟练掌握了多种航海技术。

哥伦布根据《圣经》和托勒密构想（托勒密认为非洲南端与亚洲相连）推算，穿过大西洋向西航行到达东方黄金和香料之国的航路比葡萄牙人探航的沿非洲西海岸的航路更短。1478年，他正式将自己的西航计划呈报给裴安王子，但未获同意。1485年，哥伦布离开葡萄牙，来到了西班牙，向西班牙王室献出自己的计划。当时西班牙尚未完全统一，无法考虑他的计划。等到7年后的1492年，王室经过周密的考虑，决定资助哥伦布的西航计划。是年8月3日，哥伦布统率三艘大船由巴罗士港顺风启航。9月6日，船队驶过加纳利群岛进入当时完全未知的大西洋海域。船员们个个心惊胆战，惟有哥伦布充满着冒险的喜悦和对成功的自信。经过37天的艰难航行，终于在11月12日到达了陆地，也就是巴哈马群岛中的圣萨尔瓦多岛。哥伦布以为自己终于到达了亚洲的土地。根据《马可·波罗游记》，这里当是印度群岛，因此他把当地居民称为"印第安人"。但是，哥伦布并没有找到他想要寻找的黄金，只好于1493年3月15日无功返回了西班牙。随后哥伦布又先后做了三次西航，分别到达了北美大陆和南美，但始终未找到其梦寐以求的黄金和珠宝。1506年5月20日，哥伦布在贫病交加中悄然去世，至死他都认为自己到达了亚洲大陆。

哥伦布的西航虽然未达到其功利的目的，但空前地激发了欧洲人的探险热情和想象力。意大利航海家亚美利哥（1454—1512）就是哥伦布的追随者之一。他起先为哥伦布做供应工作，后来亲自参加了去大西洋西岸的航行。他敏锐地感觉到哥伦布所发现的这块陆地并不是亚洲，而是一块新大陆。在这块新大陆与亚洲之间一定还有一个大洋。他在自己的游记以及给朋友的信中阐明了这一观点。法国一位地理学家偶尔读到这封信，误以为是亚美利哥发现了新大陆，便在他绘制的地图上将新大陆命名为"亚美利加"。此后以讹传讹，约定俗成，美洲的名字就这样叫出来了。当西班牙人发现了事情的真相，想以"哥伦比亚"代替"亚美利加"时，已经来不及了。不过，正是"新"大陆的观念导致了对古代世界图景的革命性突破，以"亚美利加"命名新大陆也是历史的公正。

达·伽马发现了真正的印度，哥伦布发现的"印度群岛"就被改称为"西印度群岛"。1513年9月，西班牙移民巴尔波亚（1475—1517）在当地土著的引导下穿过巴拿马海峡，从山顶上看到了西面的茫茫大海。他将之称为"大南海"。然而，这个隔绝了印度与"西印度群岛"的大海究竟有多大呢？这个问题需要由下一位探险家麦哲伦来回答。

3. 麦哲伦完成环球航行

费迪南多·麦哲伦（1480—1521）本是葡萄牙人。像当年的哥伦布一样，在葡萄牙不得志的麦哲伦于1517年来到了西班牙，立志完成哥伦布当年没能完成的事业：从西面到达真正的东方，到达盛产香料的摩鹿古群岛，打破葡萄牙人对香料贸易的垄断。此前他已听到传闻，在新大陆的南端有一个海峡将大西洋和大南海相连，而且根据他的计算，"大南海"的东西宽度与大西洋差不多。麦哲伦的计划得到了西班牙国王的支持，于1519年9月20日率领五艘船由西班牙南海岸的圣卢卡尔港启航。六天后船队来到加纳利群岛，后向西南方向航行，于12月13日到达巴西的里约热内卢。随着船队继续南下，天气越来越冷，他们的食物也越来越少，但通往大南海的海峡总也没有找到。麦哲伦不得不在圣朱利安湾休整过冬，次年6月继续南下。10月，他们终于发现并通过了南美大陆最南端的麦哲伦海峡，进入了广阔的"南海"。"南海"海面风平浪静，他们向西北方向航行了三个月，没有遇到过暴风雨和海浪的袭击，他们便将"大南海"改称"太平洋"。

时间已到了1521年的1月，麦哲伦的船队还没有发现他们的目标香料群岛。食物和饮用水开始告缺，最后他们甚至不得不食用船板、喝污水。船上所有的人都病倒了，惟有麦哲伦挺过了饥饿和疾病，镇静地指挥着船队向既定的方向前进。3月6日，他们一行抵达了关岛，28日抵达马萨瓦岛，4月初到达达宿务岛，这里离香料群岛已经不远了。就在这时，麦哲伦介入了一场当地土著的内讧，在4月初的一次战斗中被杀身亡。余部死里逃生，于当年11月终于航行到了他们的目的地摩鹿古群岛。这一次历时两年多的西航历程太过艰难，船员们一个个心有余悸，谁也不愿意再走回头路。于是，他们沿着葡萄牙人达·伽马已经开辟了的航线，经马六甲海峡横越印度洋，再绕好望角北上回国。1522年9月6日，在经历了近三年的航程之后，麦哲伦的船队绕地球一周回到了他们的出发地圣卢卡尔港。走时的五条船只回来了一条，260多名水手，仅有18人生还。他们的"远征队总司令"麦哲伦永远留在了探险的途中。

麦哲伦船队的环球航行，无可争辩地证明了大地球形理论的正确，也纠正了托勒密地球周长值的误差，向世人展现了地球真实的地理构成，在人类科学史上具有划时代的意义。在欢迎船队归来的庆功会上，发生了一件有趣的事情。当船员们被告知当日是9月6日时，他们极为惊讶，因为他们的航海日志上明明记的是9月5日，而且不可能发生差错。人们不久就明白了，这是因为他们向西航行地球一周造成的。今天，在太平洋上设立国际日期变更线，目的就是消除因环航地球造成的日期的不一致。

地理大发现所引起的观念革命与它所带来的经济硕果一样巨大。它突破了亚里士多德和托勒密的知识范围，使欧洲的知识阶层从对古典作家的绝对权威的迷信中解放出来，为近代科学革命提供了良好的心理氛围和精神动力。

■ 第二节 哥白尼革命

近代科学是在一场科学革命中诞生的。这场革命首先是一场观念革命，是在既有的古典数理科学中的一场基本概念框架的变革。由哥白尼所发动的天文学领域的革命，是整个近代科学革命的第一阶段。

16世纪，波兰天文学家哥白尼（1473—1543）创立了"太阳中心说"，彻底改变了当时人类世界观中的宇宙图景，标志着人类对于外部客观世界的认识活动从"前科学"阶段迈进到了"科学"时代。从哥白尼学说的创立，经过布鲁诺、开普勒、伽利略等人的不懈探索，到17世纪下半叶，牛顿在前人研究成果的基础上，建立起一个对包括天体运动、潮汐涨落和地上物体运动在内的自然现象做出统一解释的经典力学体系，至此，完成了由哥白尼开创的第一次科学革命。这一时期自然科学领域中最辉煌的成就是牛顿经典物理学体系的建立，因此，人们经常把这一时期叫作"牛顿时代"。牛顿站在开普勒、伽利略等科学"巨人"的肩膀上，以他们的工作为基础，于1687年出版了科学史上伟大的著作《自然哲学的数学原理》。这部著作以大量的实验观测数据为依据，通过严格的数学分析，论述了力学的三大运动定律和万有引力定律，把天体力学和地面上的刚体力学统一起来，完成了科学史上的第一次大综合。

一、中世纪的宇宙结构

基督教兴盛之初直至黑暗年代终结，希腊精致的宇宙理论被当作异端予以抛弃，代之以犹太人原始的宇宙图景：宇宙是一个封闭的大盒子或大帐篷，天是盒（篷）盖，地是盒（篷）底；圣地耶路撒冷位于盒（篷）底的中央，日月星辰悬挂在盖上。这就是所谓宇宙帐篷说。它连大地球形的概念都没有。

随着欧洲11世纪以来的第一次学术复兴，亚里士多德和托勒密所代表的希腊地心说宇宙论开始深入人心。构成托勒密宇宙体系的是如下四个假定：第一，天是球形的而且绕中心转动；第二，地也是球形的；第三，地位于天的中央；第四，地球静止，不参与转动。在托勒密的地心说看来，地球处于宇宙的中心，静止不动，太阳及其他行星围绕着地球运行，为了解释与弥合理论与观测的差距，地心说构造出本轮–均轮体系，以使地球中心体系符合观察到的星体运动路径。在著名经院哲学家托马斯·阿奎那将亚里士多德理论融入基督教神学之后，地心说成了上帝创世说的一个不可缺少的组成部分。地球中心理论获得了正统的地位。地球居宇宙中心的思想被赋予了宗教意义：人类及其居所地球被置于上帝的怀抱之中，它沐浴着上帝的光辉，被圣恩所笼罩。上帝位处宇宙的最外层，推动着宇宙的运行，注视着人类的一举一动。人生活在地球上，无比安稳，如同母腹中的胎儿，从母体吸收着营养。整个宇宙全都以地球为中心，朝着人类的地球闪烁星光。这样，原本很单纯的天文学理论——地心说，就变成了维护教会权威的一个重要理论支柱。

托勒密的宇宙体系还被附会于一种人间的等级结构：天上的高贵，地下的卑贱，越往高处越进入神圣美妙的境地。但丁的《神曲》对这一等级宇宙作了诗意的描述。在他的《天堂篇》中，但丁在少女贝亚德的引领下依次上升到了月球天、水星天、金星天、太阳天、火星天、木星天、土星天、恒星天、水晶天（原动天），并在原动天那里窥见了上帝的景象，沉浸在至高无上的幸福之中。实际上，经过亚里士多德物理学注释加工过的托勒密宇宙体系，正好是一种等级宇宙。这主要体现在它们的物质构成之中：地上物体由土、水、气、火四种元素组成，而天上物体由透明无重量的以太构成；地上的物质是迅速腐朽的，而天上的以太是永恒不朽的。对托勒密体系的背叛，不仅是一种天文学上的变革，而且也是同亚里士多德物理学的决裂；不仅是一种宇宙图景的改变，而且也是对当时宗教情绪和精神生活方式的挑战。

二、哥白尼革命

1. 哥白尼日心说的由来

整个古代世界的天文学基本上是行星天文学。虽然天上的星星看起来多得数不清，但其实肉眼可见的也就六千多颗。它们之中的大部分保持着固定的相对位置，仿佛全都镶嵌在一个巨大的透明天球上，随天球绕地球作周日旋转运动，这些星被称为恒星。除恒星外，天空上还有那么几颗星，它们极为明亮、光芒稳定，而且并不固定在某一个相对位置上。几个星期观测下来，便能发现它们在众星之间穿行，不断地改变位置。这些星被称为"行星"，希腊人叫它们"漫游者"。肉眼能见的行星共五颗，它们是金星、木星、水星、火星和土星。所有的恒星都步调一致地每天由东往西转动，周而复始，绝无例外。相比之下，行星的运动呈现出极度的不规则，它们有时往东，有时又向西，行踪诡秘。行星的这种奇特运动早就引起了古代天文学家的注意。希腊天文学将自己的任务规定为对行星运动给出合理的解释，特别是要按照毕达哥拉斯—柏拉图主义传统，用完美的正圆运动的复合来再现行星的表观（视）运动，即所谓"拯救现象"。托勒密的本轮—均轮宇宙体系就是希腊人为"拯救行星运动"所做出的最大成就。

本轮和均轮的叠加可以解释行星的逆行、亮度的变化；偏心匀速点的引入又进一步解释了行星运动速度的不均匀性。但是，随着观测材料不断增多，为拯救这些现象所需要的轮子也不断增多。到了哥白尼时代，轮子数已经增加到了80多个，使得托勒密体系极为复杂。更为严重的问题是，托勒密的体系中为了使理论与观测相一致所采用的办法，已经越来越远离毕达哥拉斯主义的理想了：由于引入了偏心匀速点，地球实际上并不处在宇宙的运动中心。托勒密所保留的只有匀速圆周运动和静止不动的地球这两个概念。

到了哥白尼的时代，由于航海事业的大发展，对于精确的天文历表的需要变得日益迫切。但是，用以编制历表的托勒密理论越来越繁琐，人们开始关注天文学理论的变革。哥白尼也正是在这个紧要关头提出了自己的革命性理论。

尼古拉·哥白尼1473年2月19日生于波兰维斯瓦纳河畔的托伦。1496年，23岁的哥白尼来到了文艺复兴的策源地意大利，先后在波仑亚大学和帕多瓦大学攻读法律、医学和神学。波仑亚大学的天文学家德·诺瓦拉（1454—1540）对哥白尼影响极大，正是从他那里，哥白尼学到了天文观测技术以及希腊的天文学理论。对希腊自然哲学著作的系统钻研，给了哥白尼批判托勒密理论的勇气。哥白尼认为托勒密体系存在着严重的缺陷，是难以令人满意的。在他看来，行星绕中心运动是绝对的，托勒密实际上破坏了这种观念，这是不能容忍的，因而托勒密体系必须要加以改变。

经过数十年的观察和研究，1539年，哥白尼写出了天文学史上的名著《天球运行论》，系统论述了他的日心地动学说。哥白尼深知这一理论富于颠覆性，所以迟迟不敢公之于世。在朋友的一再劝说下，哥白尼才决定由朋友负责此书的出版。1543年5月24日，当刚刚印好的《天球运行论》送到哥白尼面前时，他已经因中风卧床很久了。据说，他只用颤抖的手抚摸了一下这本书，就与世长辞了。

《天球运行论》（De revolutionibus orbium coelestium）的中文译名是人所共知的《天体运行论》。将"天球"译成"天体"，是将现代人的看法强加于古人。因为哥白尼沿袭了希腊人的看法，认为天空转动着的是"天球"，所有的星星只不过附着在天球之上。全书共分6卷，第1卷是关于日心宇宙体系的总概说，其余各卷则将日心说具体运用来解释各大行星的视运动。哥白尼在卷首献词中叙述了日心地动说的来由和大致思想：

我对传统天文学在关于天球运动的研究中的紊乱状态思考良久。想到哲学家们不能更确切地理解最美好和最灵巧的造物主为我们创造的世界机器的运动，我感到懊恼。……由这个缘故，我不辞辛苦重读了我所能得到的一切哲学家的著作，希望了解是否有人提出过与天文学教师在学校里所讲授的不相同的天球运动。实际上，我首先在西塞罗的著作中查到，赫塞塔斯设想过地球在运动。后来我在普鲁塔尔赫的作品中也发现，还有别的一些人持有这一见解……

从这些资料受到启发，我也开始考虑地球的可动性。虽然这个想法似乎很荒唐，但我知道，为了解释天文现象的目的，我的前人已经随意设想出各种各样的圆周。因此我想，我也可以用地球有某种运动的假设，来确定是否可以找到比我的先行者更可靠的对天球运行的解释。于是，假定地球具有我在本书后面所赋予的那些运动。我经过长期、认真地研究终于发现：如果把其他行星的运动与地球的轨道运行联系在一起，并按每颗行星的运转来计算，那么不仅可以对所有的行星和球体得出它们的观测现象，还可以使它们的顺序和大小以及苍穹本身全都联系在一起了，以至于不能移动某一部分的任何东西，以免在其他部分和整个宇宙中引起混乱。

2. 哥白尼的日心说

对于托勒密宇宙体系的是四个假定，哥白尼对前两点是赞同的，即天是球形的而且绕中心转动；地也是球形的。但不同意后两点。

首先，哥白尼提出了地球自转和公转的概念。全部星空的周日旋转实际上是地球自转造成的，正是地球由西向东绕轴自转，才引起昼夜的变化。而太阳的周年视运动，实际上是由地球绕太阳每年公转一周造成的。哥白尼沿袭了自希腊以来的天球运动模式，认为地球绕太阳公转的方式是被镶嵌在一个天球上。哥白尼还提出地球有第三种运动，即所谓"倾角运动"，这个周年的旋转运动使地球公转时自转轴与黄道面交角的方位和大小保持固定，从而形成地球上的四季。

其次，哥白尼用太阳取代地球作为宇宙的中心。所有的行星包括地球均以太阳为中心转动。这一变动使得各个行星的运动获得了统一性。将太阳视作宇宙中心之后，托勒密体系中的内行星和外行星的区别成为所有行星绕日运动的证据。此外，在托勒密体系中，无法解释内行星的本轮中心为何总是处在日地连线上。宇宙中心转换之后，这一点也变得极为自然。总而言之，日心体系使行星运动具有确定性和统一性，而地心体系中为每颗行星设计独特的运动结构成为不必要的烦琐程序。

哥白尼最终构造的宇宙图景是：宇宙是一个球体，由位于宇宙中心静止不动的太阳和一系列半径越来越小的同心球（球壳）组成，最外层球是恒星天，它是静止不动的，构成了行星运动的参考背景。其他每层球都是一个天体的运行轨道，天体被镶嵌在自己的球层上随天球绕太阳转动，这种转动简单而和谐。离太阳最远的行星是土星，其运行周期是30年。以后依次是木星，周期12年；火星，周期2年；地球，周期1年；金星，周期9个月；最后是水星，88天绕太阳一周。月亮是地球的卫星，它既随地球绕太阳转动，每月又绕地球旋转一周。

与托勒密的地球中心说相比，日心说最明显的优点是它的简洁性，连哥白尼学说的反对者也承认这一点。大小轮子由80多个减少到约34个。此外，哥白尼成功地恢复了毕达哥拉斯主义的理想，正圆运动得以更好地保持，几乎所有的本轮和均轮都沿同一个方向运行，偏心匀速点被取消，太阳真正处于宇宙的中心。

哥白尼提出的日心说与当时人们的日常经验和2000年来人们所接受和认可的亚里士多德的物理学体系完全不同。因此，日心体系在当时遭到了来自科学上和常识上的责难。首先，人们怀疑，如果地球以如此大的速度转动，那必定会分崩离析。哥白尼的解释是，从前比地球大得多的天球以更大的速度旋转都不会瓦解，地球当然也不会。其次，有人质疑说，既然地球在运动，那地球上的物体为何没有被抛在后面。对这一点，哥白尼的回答不是特别有力。事实上对这个问题的回答要等到伽利略新物理学中的惯性原理才能解释。最后，是一个老问题，地球如果相对于恒星运动，那么应该可以观察到恒星的周年视差，可实际上从来也没有观测到过恒星视差。哥白尼的回答是："恒星非常遥远，以致周年运动的天球及其反应都在我们的眼前消失了。光学已经表明，每一个可以看见的物体都有一定的距离范围，超出这个范围它就看不见了。从土星（这是最远的行星）到恒星天球，中间有无比浩大的空间。"因此，我们根本觉察不到恒星的周年运动。

3. 哥白尼日心说的意义

哥白尼革命带动了一系列观念上的变革。首先，它使地球成为不断运动的行星之一，打破了亚里士多德物理学中天地决然有别的界限。其次，它破除了亚里士多德的绝对运动概念，引入了运动相对性观念。再次，宇宙中心的转变，暗示了宇宙可能根本就没有中心，而无中心的宇宙是与希腊古典的等级宇宙完全对立的。最后，由于地球运动起来了，恒星层反而可以静止不动，这样一来，诸恒星也就不必处在同一个球层之中。过去人们一直认为，既然恒星层是转动的，那就不可能是无限的。如今恒星层既然没有运动，借以论证宇宙有限的理由也就不再成立了。英国哲学家托马斯·迪吉斯1576年发表了《天球运行的完整描述》一书。在该书中，迪吉斯宣称恒星层可以向上无休止地延长，恒星不一定都处在同一球面上，有高有低，由于恒星距离人太远，故人眼觉察不出其高低的差别。有些星星较小，是因为距离较远，而大多数星星因距离太远而不为我们所看见。迪吉斯实际上含糊地说出了宇宙的无边性。但他是一个哥白尼主义者，还保留了恒星天层内的一切天球结构。

在今天看来，虽然哥白尼的日心说错误很多，但日心说的发表仍是近代科学史上的一件划时代的大事。它把千余年来一直占统治地位的日地关系颠倒了过来，描述了一种和谐、简单、优美的太阳系结构，从而使得天文学的进一步发展有了牢靠的基础，成为科学的天文学诞生的标志；而由此引发的对于运动机制的探讨，推动了力学研究的发展，从而也就成为近代科学诞生的标志。更重要的是，哥白尼的日心说动摇了神学宇宙观的支柱，或者说，这个学说的提出意味着反对宗教化了的地心说，向人们表明宗教神学观念也不是不可动摇的，因而哥白尼著作的发表成为自然科学从神学中解放出来的宣言书。

三、开普勒在天空"立法"

哥白尼的日心说在发表后的百余年间并未得到天文学家的公认。天文学家们在对两个体系进行争论、选择的同时，对行星运动进行不懈的观察，特别是第谷·布拉赫（1546—1601）用毕生的精力积累了许多精确的行星运动的观测资料。第谷死后，他的学生即德国天文学家约翰尼斯·开普勒（1571—1630）充分利用了第谷留下的大量精确的天文观测资料，进行了大量数学计算和试探，确立了行星运动三定律，改进了哥白尼的日心说，为天体力学的诞生提供了坚实的基础，获得了"天空的立法者"的美誉。

开普勒1571年出生于德国巴登–符腾堡州，数学才华出众，平生爱好数学，是一个坚定的毕达哥拉斯主义者和虔诚的基督教徒。他深信上帝是依照完美的数学原则创造世界的，从数学上看越简单越美好，就越接近自然。他之所以信奉哥白尼日心说，正是由于日心体系比地心体系在数学上显得更加简单、更和谐。由于哥白尼日心体系执着地坚持希腊古典的正圆运动观念，因此不得不继续沿用本轮—均轮组合法，以获得与观测现象的相符。虽然日心体系34个本轮相比较地心体系80个本轮少了许多，但开普勒认为还不够简单完美，他试图改进哥白尼日心说。

在对老师第谷留下的大量天文观测资料经过归纳、整理、试探，凭借自己深厚的数学功底，开普勒先是发现了火星绕太阳的运动向径单位时间扫过的面积是一个固定的数值。进一步，开普勒利用希腊时代阿波罗尼发现的椭圆的性质，确定火星运动的轨道是椭圆，太阳位于椭圆的一个焦点上。1609年，开普勒发表了《以对火星运动的评论表达的新天文学或天空物理学》，阐述了他对火星运动规律的发现。1618年开普勒出版《哥白尼天文学概论》，将他已经发现的火星运动两大定律推广到了太阳系的所有行星，而且同时公布了他所发现的第三定律。

开普勒第一定律指出，所有行星均沿椭圆轨道绕太阳运动，太阳位于这些椭圆的一个焦点上。

开普勒第二定律指出，对同一个行星而言，它与太阳的连线在相同的时间内扫过的面积相等。

开普勒第三定律指出，行星公转周期的平方与它同太阳平均距离（即轨道长半轴）的立方成正比。

开普勒第一定律又称椭圆定律，椭圆轨道的引入给希腊古典天文学画上了句号：天体作完美的匀速圆周运动的概念被抛弃，行星天的水晶天球顿时化为乌有。开普勒第二定律又称面积定律，该定律说明，虽然火星的轨道线速度并不均匀，但面速度是均匀的。离太阳远时，线速度变小；离太阳近时，线速度变大。开普勒的三定律，将所有行星的运动与太阳紧密地联系在一起。从此，太阳系的概念被牢牢确立。托勒密和哥白尼所运用的一大堆本轮和均轮被彻底清除，行星按照开普勒定律有条不紊地遨游太空。开普勒成了"天空立法者"。

■ 第三节　近代科学的诞生与早期发展

一、经典力学的诞生

哥白尼地动学说遇到两大困难：第一是恒星视差问题，以当时的观测条件无法解决；第二是地动抛物问题，这需要新的物理运动理论来加以解释。除此而外，开普勒所发现的行星运动规律，也要求一个动力学的解释：天球被打碎之后，行星为什么还能够被紧紧地束缚在太阳周围绕太阳做规则运动？哥白尼革命直接导致对新物理学的寻求。正是在将天空动力学与地上物理学相结合之后，有别于亚里士多德物理学的经典力学才在伽利略和牛顿手中诞生了。

1. 伽利略：近代物理学之父

与开普勒同时代的伽利略（1564—1642）是近代科学史上划时代的人物，对于近代科学的兴起作出了重要的贡献：一是捍卫和发展了哥白尼的日心说；二是奠定了经典力学的基础；三是创立了实验和数学相结合的科学研究方法。爱因斯坦评论说："伽利略的发现以及他所应用的科学推理方法，是人类思想史上最伟大的成就之一，标志着物理学的真正开端。"

伽利略出生于意大利的比萨，对物理实验十分着迷，倾心研究欧几里得几何学和阿基米德物理学。他于1586年写了一篇论文《天平》，1587年发现了一种测定固体重心的方法，引起了科学界的重视，被称为"新时代的阿基米德"。

1609年，伽利略从荷兰商人那里知道望远镜的消息后，亲手制造出了一架放大20倍的望远镜，并把它指向了天空，他的这一举动，标志着天文研究从古代的肉眼观测进入了望远镜观测时代。

用这架望远镜，伽利略在天空看到了激动人心的景象：天体并非像亚里士多德所说的那样完美无缺，太阳表面上有黑子，而且黑子的运动意味着太阳有自转，月球表面如同地球那样凹凸不平；木星有四颗卫星，它们绕木星而不是绕地球转动，其运转犹如一个哥白尼的"小太阳系"，银河是由大量恒星组成的……所有这些都说明了月上世界与月下世界是统一的，都是变化的、运动的。地球绝不像天主教所宣称的那样是宇宙的中心。它和其他行星一样是太阳系的一颗普通行星。他把新发现写成了《星界的报告》和《关于太阳黑子的信札》两本书，这两本书很快在知识界引起了巨大反响，人们争相传诵"哥伦布发现了新大陆，伽利略发现了新宇宙"。哥白尼日心说一下子深入人心。实际上，伽利略很早就是一个哥白尼学说的信奉者，但恐怕社会压力太大，一直保持沉默，不过，他一直是亚里士多德自然哲学理论包括宇宙理论的公开怀疑者和反对者。1632年，伽利略出版了《关于托勒密和哥白尼两大体系的对话》，用对话体裁讨论了新旧天文学的优劣，批判了亚里士多德地心说宇宙理论，为哥白尼的理论体系辩护。结果引来麻烦，1633年，教会判处他终身监禁。

伽利略最主要的贡献或最主要的贡献之一在于对于地面物体运动的研究。1604年，伽利略通过斜面实验，发现了自由落体定律。一个小球沿斜面滑下，可以看成是"冲淡重力"条件下的落体实验。物体在垂直地自由下落时，由于地球引力作用较强，降落速度很快，难以精确测定不同重量物体降落的过程；但在斜面上，引起物体下落的只是重力沿斜面的分力，这就造成了易于观察的条件。在实验中，伽利略面临的困难主要是没有准确的计时装置。他先是用脉搏，再是用音乐节拍，最后用水钟。经过许多次实验，伽利略首先发现球滚过全程的四分之一所花的时间，正是滚过全程所花时间的一半。最后更为精确地获知，在斜面上下落物体的下落距离同所用时间的平方成正比。这就是著名的落体定律。这个定律表明，落体下落的时间与物体重量无关。否定了亚里士多德重的物体先于轻的物体落地的说法。

在斜面实验中，伽利略面临的另一个更为主要的困难是概念上的。当时人们连速度的定量定义都没有。起初，伽利略虽然发现了落体定律，但还是错误地以为速度与距离成正比，直到后来才认识到速度与时间成正比。因此，对伽利略来说，必须首先建立匀速运动和匀加速运动的定量概念。在《关于两种新科学的对话与数学证明》一书中，这样的概念终于以公理的形式被创造出来了："匀速运动是指运动质点在任何相等的时间间隔里经过的距离也相等""匀加速运动是指运动质点在相等的时间间隔里获得相等的速率增量"。有了这两个新的概念，从斜面实验中可以获得更多的教益。当小球从斜面上滚下后继续沿着桌面滚动，这时斜度为零，重力的作用也为零，不再有加速度，小球就会永远保持它的匀速运动。这意味着，外力并不是维持运动状态的原因，而只是改变运动状态的原因。这是对亚里士多德运动观念的重大变革。牛顿后来将之概括为运动第一和第二定律。

有了匀速运动和匀加速运动的概念，解释抛物体的运动就变得极为容易。此前人们都相信，抛射体在发射后沿直线运动，等到推力耗尽才垂直下落。伽利略引入了合成速度的概念，将抛物运动分解为水平的匀速运动和垂直方向的匀加速运动，证明了意大利数学家塔尔塔利亚（1499—1557）早期的一个发现：抛物体的仰角为45°时，射程最远。

1636年，伽利略在监禁中偷偷地完成了《关于两种新科学的对话与数学证明》一书的写作，并于1638年在荷兰出版。这是他对地面物体运动研究的一个总结。在该书中，伽利略反驳了亚里士多德关于落体的速度依赖于其重量的观点，讨论了杠杆原理的证明和梁的强度问题，讨论了匀速运动、匀加速运动和抛射体的运动，从根本上否定亚里士多德的运动学说。伽利略的研究成果，为后来牛顿的进一步综合奠定了基础。

2. 牛顿建立经典力学理论

在哥白尼、开普勒关于天体运动规律和伽利略关于地面物体的动力学研究的基础上，牛顿（1643—1727）对天体力学和地面力学的研究成果进行综合，为经典力学规定了一套基本概念，总结出支配天体运动、地上物体运动与落体运动的普遍规律，即万有引力定律和牛顿运动三定律。建立了经典力学，实现了近代科学史上的第一次大综合。

在发现运动定律和万有引力定律的基础上，牛顿对已有的力学知识进行了系统的综合。他仿效古希腊欧几里得几何学的方法，把力学知识整理成为一个演绎的知识系统。1686年，他出版了《自然哲学的数学原理》一书。其中贯穿全书最核心的内容是万有引力定律和牛顿运动三定律，牛顿在这部著作中不仅把大至宇宙天体、小至光的微粒的运动，以及一切物体在真空中或在有阻力的介质中的运动全都应用运动定律和万有引力定律给予说明，还把自然界中的一切力学现象都囊括在他的力学体系之中，而且将力学和数学结合起来，用定量的方式，以数学方程表示力学中的运动方程。因此，这部著作被称为17世纪物理数学百科全书。它的出版标志着经典力学的成熟。

（1）牛顿运动三定律

牛顿在著名的《自然哲学的数学原理》一书中，给出了一种力的定义："施加的力是能够体物体改变它的静止状态或匀速直线运动状态的一种作用。"这几乎就是力的现代定义。事实上，力是代表物体间的一种相互作用，由于这种作用，物体会改变速度，即获得加速度。力有很多种，这由物体间的相互作用的不同方式而决定，如重力、摩擦力、弹性力等。

在定义了力的概念以后，牛顿在伽利略关于物体运动研究的基础上，总结出了地面物体运动的三大定律。

牛顿第一运动定律：任何物体都保持静止或匀速直线运动状态，直到其他任何物体所作用的力迫使它改变这种状态为止。这一定律说明，任何物体都具有一种保持原来运动状态的特性。这种特性称为物体的惯性。因此，牛顿第一运动定律也称为惯性定律。

牛顿第二运动定律：物体受到外力时，物体所获得的加速度的大小与合外力的大小成正比，而与物体的质量成反比，加速度的方向与合外力的方向相同，因此，牛顿第二运动定律也称为加速度定律。

加速度定律继承和发展了伽利略的工作。伽利略提出了加速度概念，并把它同作用力联系起来，但是未能进一步弄清楚力和加速度的关系。牛顿在研究万有引力定律的过程中，解决了这个问题，引进了质量的概念。

牛顿第三运动定律：对于每一个作用力，总有一个大小相等、方向相反的反作用力。因此，牛顿第三运动定律也称为作用力和反作用力定律。

（2）万有引力定律

牛顿在建立了力学的基本概念并发现了力学的基本定律之后，就试图用它来解决一系列的问题：他在着手解决太阳系的动力学问题中，进一步发现了万有引力定律。牛顿发现万有引力的实际历史过程和思路非常复杂，这里只是从论证的角度作一点推导。

如果说开普勒为发现万有引力定律提供了运动学的前提条件，那么伽利略就为发现万有引力定律提供了动力学的前提条件。开普勒在天体运动学方面否定了亚里士多德、托勒密，甚至哥白尼的圆形轨道的见解，但在力学方面却仍然沿袭亚里士多德的观点，认为物体运动需要不断施加推动力才能保持；伽利略用实验和数学相结合的科学方法，研究了地球上物体运动的规律，推翻了亚里士多德的旧力学见解，发现了自由落体定律、惯性原理和抛射体运动的理论，奠定了动力学的基础，但在天体运动学方面却仍然坚持天体必然沿圆周做匀速运动的圆惯性观念。开普勒和伽利略是互相通信的朋友，他们共同捍卫并发展了哥白尼日心说，但是他们互不理会对方的科学成就，没有把这两方面的突破结合起来进行综合分析研究，因而未能导致更大的突破。

为万有引力定律的诞生作出基础性工作的另一位科学巨人是荷兰著名的物理学家克里斯帝安·惠更斯（1629—1695）。惠更斯在摆钟研究中发现了物体做圆周运动时的向心加速度公式 $a = \dfrac{V^2}{R}$ 和离心力公式 $F \propto \dfrac{R}{T^2}$，这是发现万有引力定律的又一个前提条件，只要把这两个公式同开普勒第三定律联系起来，进行简单的代数推导，便能得到引力的平方反比定律，掌握打开万有引力定律大门的钥匙，可是惠更斯没有这样做。

关于引力问题，当时许多科学家都在研究，如英国的科学家胡克（1635—1703）、哈雷（1656—1742）和雷恩（1632—1723）等都为此作出了贡献。到1679年，他们都得出了引力的平方反比定律，但他们都没能证明其逆命题，只有牛顿给出了这一数学证明。牛顿深谙数学语言，具有非常深厚的数学功底，这正是哈雷、惠更斯、胡克、雷恩等缺少的。有的科学史家认为，在数学才能方面，胡克不如牛顿，但是在基本物理观念方面，胡克应该享有在引力平方反比定律和万有引力定律上首创的荣誉。

由此可见，万有引力定律的发现，是有其深厚的历史基础的。不过，那些成果大多是孤立的、分散的，而且在逻辑上也各自独立。牛顿将前人和同代人的成果加以创造性的综合和发展，建立起经典力学的辉煌大厦。

1666年，牛顿将惠更斯向心加速度公式用于开普勒第三定律，推导出了引力与距离平方成反比的引力定律的公式，即

$$F = G\frac{mM}{R^2}$$

其中，m 和 M 分别为两物体的质量，R 为两物体质心的距离，G 为引力常数。后来牛顿又以引力定律为基础，从数学上反推出开普勒第三定律，给它增加了修正项，使其更加精确，并从物理学上正确回答了行星沿椭圆轨道运动的动力学原因。此外，他还从中解释了岁差现象、潮汐现象等。

万有引力定律的发现，使天体的运动与地面的运动统起来，可以统一地加以研究，牛顿将万有引力定律应用于研究天体的运动，也就诞生了天体力学。牛顿的工作，实现了近代科学史上的第一次重大综合。他的成就鼓舞了18世纪的法国科学家和数学家，他们引入新的数学工具，从而丰富和发展了经典力学体系，促进了其他学科的初步发展。

二、近代化学的诞生与发展

1. 近代化学之父：波义耳

波义耳（1627—1691）最重要的化学著作是1661年出版的《怀疑的化学家》，正是此书标志着近代化学从炼金术脱胎而出。自帕拉塞尔苏斯（1493—1541）以来的医药化学家们，虽然在物

质分类和定量实验方面做了许多工作，但他们的工作依然是以制造贵重金属或有用药物为目的。波义耳认为，化学是一门理论科学，是自然哲学的一个分支，主要从事对物质现象的理论解释。确立这样的化学概念，是波义耳的第一个重要贡献。

对旧的元素概念的清除是他对近代化学的第二个贡献。波义耳既反对亚里士多德的四元素说，也反对帕拉塞尔苏斯的三要素说。在他看来，万物由不多几种元素组成的思想是不可靠的，这就好像读一本密码书只认识其中的几个字，这样的破译是不可能的。他认为，任何物体都不是真正的元素或者要素，因为它们都处于化合状态，而元素"是指某些原始的、简单的物体，或者说是完全没有混杂的物体，由于它们既不能由其他任何物体混成，也不能由它们自身相互混成，所以它们只能是我们所说的完全结合物的组分，是它们直接复合成完全结合物，而完全结合物最终也将分解成它们。"在确立了科学的元素概念之后，波义耳接着说，化学家的任务并不是思辨地考虑自然界是由"多少"种元素化合而成的，而应在实验中考察自然界是"如何"被化合出来的。他自己做了不少实验，证明四元素或三要素都是不够的。他在实验中发现，过去人们往往用同一个名称表示许多种其实不同的物质，例如，植物盐和动物盐在形状上并不相同，而且前者是固体，后者则易于挥发。

对火在化学分解中的作用所作的澄清，是波义耳对近代化学的第三个贡献。炼金术传统一直认为，火是万能的化学分析工具。所有的元素都预先混合在物质之中，火可以将它们分离开来。波义耳认识到"混合"与"化合"的不同，他把"混合"叫作"机械混合"，把"化合"叫作"完全混合"。在所谓的混合物中，每个组分均保持自己的特性，能够相互分开，而化合物中的每个组分不再保有自己的特性。自然界的物质是由元素化合而成，不可能简单地进行分离。火可以分离很多混合物，但并不能分离一切混合物。

对燃烧问题的研究是波义耳对化学的第四个贡献。由于他在胡克的帮助下造出了抽气机，使得他有可能在真空中做燃烧实验。在发表于1637年的《关于火焰与空气的关系的新实验》一文中，波义耳叙述了硫黄在真空中燃烧的过程。他注意到，在没有空气的情况下，带有硫黄的纸卷只冒烟不着火，而一放进空气，纸卷马上冒出蓝色的火焰。这个实验使他意识到空气对燃烧的必要性。另一个实验使他接近于发现氧。在一个未完全抽空的容器里，油仍然十分充足的油灯不久就灭了，这表明只有某一部分空气是燃烧所必需的。波义耳还认识到，像灯火一样，动物的生命也依靠空气中的某一部分来维持，但他还没有大胆地想到，维持灯火的那一部分空气恰恰就是维持动物生命的那一部分空气。

1664年，胡克用压缩空气做的实验表明，灯或者动物在高压空气中持续或存活的时间比在普通空气中更长。这就意味着它们所需要的是同一部分空气。胡克称这部分空气是"亚硝气"。对氧的认识标志着化学发展的水平，直到拉瓦锡时代，化学才变得真正成熟起来。

2. 拉瓦锡的化学革命

拉瓦锡（1743—1794）在他的化学研究生涯刚开始时，就深刻意识到定量测量的重要性。对燃烧问题的研究以及对燃素说的否定是拉瓦锡化学革命的核心问题。他重复了前人关于燃烧问题的一些实验，甚至不惜用金刚石做实验，以证明没有空气金刚石不会燃烧起来。在实验中，他发现燃烧磷和硫之后所得的物质，比原来的磷和硫的重量之和要重。他断定，一定是空气中的某种东西加入了反应，才使反应物重量变重。

经过大量的实验，表明燃烧现象确实是一种氧化现象。1783年，拉瓦锡向科学院提交了一篇论文，指出了燃素说的诸多不足，表明氧化理论可以十分恰当地解释燃烧现象，而燃素理论完全是一种不必要的学说。1787年，拉瓦锡与化学家德莫瓦、贝托莱等人一起出版了《化学命名法》一书。书中建立了一套全新的化学命名法。新命名法规定，每种物质均有自己的固定名称。单质的名称反映其化学特征，化合物则由组成它的元素来标定。这个体系条理清晰、逻辑性强，马上被各地化学家采用。它使近代化学第一次有了严格、统一、科学的物质命名方法。

1789年，拉瓦锡出版了他的伟大著作《化学纲要》。书中详尽地论述了推翻燃素说的各种实验证据，系统展开了以氧化理论为核心的新燃烧学说，提出了化学的任务是将自然界的物质分解成基本的元素，并对元素的性质进行检验。《化学纲要》还阐述了在化学反应过程中物质守恒的思想。按照物质守恒原理，拉瓦锡将化学反应过程写成了一个代数式，这样，"就可以用计算来检验我们的实验，再用实验来验证我们的计算。"

《化学纲要》一书的出版是化学史上划时代的事件。它对化学的贡献相当于《自然哲学的数学原理》对物理学的贡献。有人因此称拉瓦锡是化学领域中的牛顿。

三、近代生命科学的肇始

生物学是一个有着庞大分支的学科群。在古代，它的植物学和动物学部分从属于博物学，它的生理学部分从属于医学。希腊罗马时代，博物学有过伟大的成就。亚里士多德及其学生特奥弗拉斯特（约公元前372—前287）、老普林尼（23—79）等都是著名的博物学家，他们的著作记载了他们所知道的全部有机生命世界。基督教中世纪不关心大自然中多姿多彩的生命，对博物学无任何贡献。只是在古典文献得到广泛传播后的文艺复兴时期，博物学才又得到了进一步发展。作为近代生命科学之特征学科的不是博物学，因为近代博物学与古代相比，只是所积累的物种知识有了量的增加，并无质的区别。相反，在当时新兴的机械论传统影响之下的近代生理学，代表了生命科学新的发展方向。

1. 维萨留斯的《人体结构》

安德烈·维萨留斯（1514—1564）1514年12月31日出生于比利时布鲁塞尔的一个医生世家。1533年，维萨留斯进入巴黎大学医学院学习。当时的巴黎大学盛行的是本本主义、教条主义，一切知识都从古代学术权威的著作中寻找，不实地考察，不亲自动手实验。在解剖学课堂上，教授们只是重复盖伦的观点，有时候让屠夫或者理发师做解剖动物的演示，自己从不屑于动手操作。维萨留斯对这种学风十分不满。在系统学习盖伦学说的同时，维萨留斯偷着进行人体解剖。据说他发掘过无主墓地，夜间到绞刑架下偷过尸体。正是在这些艰苦和冒险的活动中，他掌握了丰富的人体解剖学知识，也发现了盖伦学说中的诸多错误。

1543年，也就是哥白尼出版《天球运行论》的这一年，维萨留斯出版了他的伟大著作《人体结构》，系统阐述了他多年来的解剖学实践和研究。书中继承了盖伦和亚里士多德的许多观点，但也提出了许多不同的看法。正如维萨留斯在该书序言里所说："我在这里并不是无故挑剔盖伦的缺点，相反地，我肯定盖伦是一位大解剖学家。他解剖过很多动物，但限于条件，就是没有解剖过人体，以至造成许多错误。在一门简单的解剖课程中，我能指出他的200种错误。但我还是尊重他。"

《人体结构》引起了神学家和保守医学家的不满，因为它对许多流行观点提出了挑战。例如，盖伦认为人的腿骨像狗腿骨一样是弯的，维萨留斯却说人的腿骨是直的；《圣经》上说男人的肋骨比女人少一根，而维萨留斯却说男人和女人的肋骨一样多；《圣经》上还说，人身上都有一块不怕火烧、不会腐烂的复活骨，它支撑着整个人体骨架，而维萨留斯却否认有这样一块骨头存在；亚里士多德认为心脏是生命、思想和感情活动发生的地方，维萨留斯则说大脑和神经系统才是发生这些高级活动的场所。

2. 血液循环的发现：塞尔维特、法布里休斯和哈维

在盖伦的生理学中，血液运动理论集中体现了他关于人体结构和机能的学说。在他看来，人体的主要器官有三个，即肝脏、心脏和大脑。肝脏将人体所吸收的食物转化为血液并携带着"天然精气"。肝脏所产生的血通过静脉系统流向身体各个部分，再通过同样的静脉系统流回肝脏。盖伦的血液运动理论概括起来就是：肝脏—静脉系统的潮汐运动与动脉系统——人体的单向吸收。这两大运动通过右心室与左心室之间互通的膈膜相联系。

维萨留斯在自己的解剖实验中已经发现盖伦关于左心室与右心室相通的观点是错误的，但他没有猜测到全身的血液是循环的。他在巴黎大学医学院的同学塞尔维特（1511—1553）朝发现血液循环的道路上迈出了第一步。塞尔维特在巴黎大学求学期间，做出了一生中最重要的科学发现，即血液的肺循环：血液并不是通过心脏中的膈膜由右心室直接流入左心室，而是经由肺动脉进入肺静脉，与这里的空气相混合后流入左心室。这一发现通常被称为小循环，是导向全身循环的重要一步。

为发现血液循环而迈出下一步的是法布里休斯。在出版于1603年的《论静脉瓣膜》一书中，法布里休斯（1537—1619）描述了静脉内壁上的小瓣膜。它的奇异之处在于永远朝着心脏的方向打开，而向相反的方向关闭。法布里休斯虽然发现了这些瓣膜，但没能认识到它们的意义。他的学生哈维（1578—1657）创立了血液循环理论，完成了维萨留斯以来四代师生前赴后继的工作。

哈维在帕多瓦大学留学期间，伽利略正在帕多瓦大学任教。这位近代实验科学大师所倡导的实验–数学方法和力学自然观，影响了物理学之外的许多学科领域。哈维亦受益匪浅。他懂得了："无论是教解剖学还是学解剖学，都应以实验为根据，而不应当以书本为根据。"

哈维首先研究了心脏的结构和功能。他发现，心脏的每半边实际又分为两个腔，上下腔之间有一个瓣膜相隔。哈维还发现，心脏是一块中空的肌肉，不停地做收缩和扩张运动，收缩时将血

液压出去，扩张时将血液吸进来。心脏的结构表明，它只可能吸收来自静脉的血液，也只可能将血液压往动脉。

哈维的另一个定量实验推翻了盖伦的动脉吸收理论。解剖发现，人的左心室容量约为2盎司。以每分钟心脏搏击72次计算，每小时由左心室进入主动脉的血液流量应为8640盎司。这个数字相当于普通人体重量的3倍，人体无论如何也不可能吸收这么多血液。由于体内血液是单向流动的，这些血液是从静脉来的，而肝脏在这样短的时间内也绝不可能造出这么多血液来。唯一的解释就是，体内血液是循环运动的。哈维当时认为，动脉中的血液通过肌肉的微小孔隙流向静脉。这个机制当然只是一种宏观想象，真正的机理等到显微镜发明之后才被认识。

1628年，哈维出版了《心血运动论》这部生理学史上划时代的巨著。这部只有72页的作品，系统总结了他所发现的血液循环运动规律及其实验依据，确立了哈维在科学史上的不朽地位，宣告了生命科学新纪元的到来。盖伦学说形形色色的不可捉摸的"精气"，从此被血液的机械运动所驱除。物理学和化学的概念被引入生物学中，展示了生物学发展的全新方向。

■ 第四节　机械自然观与科学方法论的确立

近代科学诞生的主要标志，是建立了一套有别于古代和中世纪的自然观和方法论。在17世纪行将结束的时候，这样一套崭新的自然观和方法论确实建立起来了，而且在飞速增长的自然知识领域发挥作用。它们就是机械自然观和实验—数学方法论。近代的自然科学家和哲学家共同铸造了这个新的知识传统。

一、弗兰西斯·培根：知识就是力量

近代自然科学有别于中世纪知识传统的第一个特征就是注重实验。在倡导实验方法方面，英国著名哲学家弗兰西斯·培根（1561—1626）起到了引人瞩目的作用。

《新工具》是培根阐述他的科学方法论的主要著作。在书中，培根批判了经院哲学所坚持的亚里士多德的科学推理程序，提出了自己的实验归纳方法论。书名取为《新工具》，意在与亚里士多德的《工具篇》相左。培根认为，经院哲学的学术传统完全丧失了与经验的接触，其思辨的方法充满了"难懂的术语""烦琐的推理""冗长的论述""故弄玄虚"和"空洞的结论"。经院哲学家就像蜘蛛织网那样，网丝和编织十分精细，但却是空洞的，毫无益处。必须重视观察经验，自然的知识只有通过对事物有效地观察才能发现。

正确的认识方法既不能是单纯的经验主义，像蚂蚁那样虽忙忙碌碌但没有目标，也不能是单纯的理性主义，像蜘蛛那样虽织工精巧但空洞无物。必须将它们结合起来，像蜜蜂那样，从花园和田野里采集花朵，然后用自己的力量消化和处理它们。

培根主张，首先要尽量不带偏见地搜集事实，越多越好。他相信如果他手里有比普林尼的《自然志》篇幅大6倍的《自然志》，他就能够给出一种新的、正确的自然哲学，可以解释自然界所有的现象。

在占有了足够的经验事实后，首先必须分类和鉴别，然后是归纳。培根给出科学研究的金字塔模型是：塔底是对自然志和实验志的观察经验，往上是事实之间的关系；起初是偶然的关系，再后是稳定的关系，最后是内容丰富的相关性。科学研究的方向是在金字塔里自下而上的方向。

培根提倡观察、实验、经验、归纳、总结、分析→发现真理→验证真理的新三段思想方法。他反对亚里士多德的真理、理论→解释现实→产生新体会的旧思想方法论。他认为，野蛮与文明的分别在于科学技术知识。他提出了用科学技术实现"理想国"的设想。他厌恶清谈的浮夸之风，主张学者深入实际，实现"学者与工匠的结合""知识与力量的统一"，从根本上解决思想上的贫困。他称此为"学问大革新"。这一思想的发展，使他提出"知识就是力量"的观点。他的这一思想至今还有现实意义。马克思对他评价很高："英国的唯物主义和整个现代实验科学的真正始祖是培根。"

二、笛卡尔：我思故我在

法国人笛卡尔的数学成就，使人忽视了他还是方法论大师和思想家的事实。他的《方法论》和《哲学原理》，对后世科学研究产生了很大影响。他的理论正好补充了培根的"不足"。他强调演绎法和数学方法的作用，把欧几里得几何学称为演绎方法系统思维的典范。

1637年，在朋友们的劝说下，笛卡尔出版了《方法谈》。在这本书中，笛卡尔提出了他的数学演绎方法论。在他看来，培根的《新工具》强调知识来自经验是正确的，但他将科学推理的程序弄颠倒了。经验诚然重要，但它面对的是十分复杂的对象，往往并不可靠，以它为基础进行推理很容易发生错误。相反，演绎法不可能出错，只要其前提没有问题。但是，如何才能得到一个真正可靠的前提呢？笛卡尔认为必须首先怀疑一切，然后在怀疑中寻找那清楚明白、不证自明的东西。他找到的第一个自明的前提是"我思"，因为什么都可以怀疑，但对于我正在怀疑这件事不能怀疑。怀疑即是我思，而我思意味着我在。因此，"我思故我在"是一个清楚明白的命题。从这个命题出发，笛卡尔确认了上帝、外在世界的存在，提出物质—心灵的二元论：物质的本质属性是广延，心灵的本质属性是思维。

笛卡尔第一个提出了彻底的二元论，这种把灵魂与肉体，心与物鲜明地区别开来的学说，后来成为极普遍的信仰和极重要的哲学。笛卡尔把物质世界和精神世界对立起来，精神是属于人的，不相连续的；因此物质必定是不属于人的、连续的，而其本质则必定是广延。物质宇宙必然是一个至密无间的充实体。在这样一个世界中只有物物相触才能产生运行，因而运动只能发生于闭合路程之中；不存在物体可以通过的真空。由此，笛卡尔建立了有名的关于一种本原物质，或看不见但充满空间的以太的涡旋学说。石头向地球降落，卫星被行星吸引，而地球与行星又带着它们周围的附属的旋涡，沿着更大的旋涡围绕太阳旋转，正如一根浮在水面的麦草，为水的涡流所捉住，被带向运动的中心一样。涡旋学说在牛顿的研究成果发表以前（甚至以后）盛极一时。这是第一次想要把天体的大问题归结为力学的勇敢尝试，因此它才载入科学思想史。它把物质宇宙看作是一个可以用数学方式去解释的巨大机器，虽然牛顿后来证明，这种数学解释是不精确的。

笛卡尔超越了培根，因为他不仅影响了科学的哲学或者说科学的方法学，还决定性地改变了整个科学本身，也就通过他的预先规定使所有动物性的（或人类的）功能还原成类似机械的效果和过程。他认为宇宙中无论天上还是地下，处处充满着同样的广延物质和运动。他又将运动定义为位移运动，即力学运动，提出了运动守恒原理，使宇宙处在永恒的机械运动之中。笛卡尔也是一位很突出的机械论者。他认为人造的机器与自然界中的物体没有本质的差别，不同的是，前者的每一部分都是我们可以很明确地看到的。他相信，人体本质上是一架机器，它的机能均可以用力学加以解释。笛卡尔这个方法论思想在科学史上产生了深刻的影响，我们可以用托马斯·亨利·赫胥黎于1874年在一篇论文中的一个评注来说明。赫胥黎在撰写《论动物是自动机械的假设》时明确指出，正是笛卡尔为我们铺平了以机械力学方式来理解知觉的这条道路，"一条所有后继者采取的路线"。更有甚者，1946年当诺贝尔奖获得者谢灵顿爵士在讨论笛卡尔有关动物物体为机械的观念时，还指出了"机械在我们四周是如此普遍，也如此高度发展，以至于我们将会因此关联而部分地怀念起这个词在17世纪可能拥有的力量。比起其他任何一个可能选用的词，笛卡尔这个表述方法更清楚地表达出何者对当时的生物学才是具有革命性的。同时，若是继续贯彻下去，因此而产生的变化应该会带来丰富的成果。"

笛卡尔的机器，与当时尚在盛行的柏拉图、亚里士多德和经院哲学家的见解根本不同。按照后者的见解，上帝创造世界，是为了通过高出万物的人类，使整个过程重新回到上帝那里去。在笛卡尔体系中，上帝在一开始的时候把运动赋予宇宙，以后即听其自然运行，虽然也得按照上帝的旨意。他认为这个宇宙是物质的而非精神的，无目的的而非有目的的。上帝不再是最高的善，而被贬到第一因的地位上去了。

笛卡尔第一次系统表述了机械自然观的基本思想：第一，自然与人是完全不同的两类系统，人是自然界的旁观者；第二，自然界中只有物质和运动，一切感性事物均由物质的运动造成；第三，所有的运动本质上都是机械位移运动；第四，宏观的感性事物由微观的物质微粒构成；第五，自然界一切物体包括人体都是某种机械；第六，自然这部大机器是上帝制造的，而且一旦造好并给予第一推动就不再干预。

在笛卡尔看来，物是真正死的东西，除了在开始时从上帝那里得到的运动之外，物不能再有其他活动。有些人自称为唯物主义者，分析起来实在是泛神论者，笛卡尔在他的二元论的一个方面，才是真正哲学上的唯物主义者，因为在他的观念中，物质绝对不带一点生命。

三、机械自然观的建立：牛顿

牛顿工作的两个最大的结果是：①证明地上的力学也能应用于星球；②从自然科学的大厦中排除掉不必要的哲学成见。古希腊与中世纪认为天体具有特殊的和神圣的性质，这种见解已经部分地被伽利略的望远镜所排除了，但牛顿则更进一步加以摧毁。那时哲学与科学仍是混淆不清。连笛卡尔在为天文学建立一种力学理论时，也把它放在经院哲学的相反的观点和认为物质的本质是广延性的形而上学见解的基础上。牛顿摆脱了这些先入之见，实在是一种真正的进步。

牛顿的动力学与天文学的基础，建立在绝对空间与绝对时间的观念上。牛顿说他"不给时间、空间与运动下定义，因为它们是人人都熟悉的"，但是他却把我们的感官根据自然物体和运动所量度的相对空间与时间，同不动地存在着的绝对空间，和"不管外界情形如何"，均匀流动着的绝对时间区别开来。伽利略的球在地球上依直线运动。但地球既绕地轴旋转又围绕太阳运行，而太阳与行星更在恒星间前进。牛顿的结论是物体总是在绝对空间里做等速直线运动，除非为外力所改变。

牛顿接受了伽利略所阐明的机械观点，认为按照物质与运动，用数学方式解释一切自然现象的可能性。他还接受了伽利略对于第一性质和第二性质所作的区别：所谓第一性质，有广延性与惯性等，是可用数学处理的；第二性质，有色、味、声等，不过是第一性质在大脑里所造成的感觉。人的灵魂或心则安置在脑或感觉中枢里，运动由外界物体通过神经传达到这里，又由这里传达到肌肉里去。

虽然牛顿采取经验主义态度并坚持处处都需要有实验的证明，虽然他反对把一切哲学体系当作科学的基础，并且在建立科学时摈斥不能证明的假设，但由于需要，他却暗暗地采用了一个形而上学的体系，这个体系正因为没有明白说明，所以才对思想发生了更大的影响。

在牛顿的体系中，人是一个庞大的数学体系的不相干的渺小旁观者（像一个关闭在暗室中的人那样），而这个体系的复合机械原理的有规则的运动，便构成了这个自然界。从前人们认为他们所居处的世界，是一个富有色、声、香，充满了喜乐、爱、美，到处表现出有目的的和谐与创造性的理想的世界，现在这个世界却被逼到生物大脑的小小角落里去了。而真正重要的外部世界则是一个冷、硬、无色、无声的沉死世界，一个量的世界，一个服从机械规律性、可用数学计算的运动的世界。具有人类直接感知的各种特性的世界，变成仅仅是外面那个无限的机器所造成的奇特而不重要的效果。在牛顿身上，解释得很含混的、没有理由再要求人们从哲学上给予严肃考虑的笛卡尔的形而上学，终于打倒了亚里士多德主义，变成现代最主要的世界观。

思考题

● 1. 简述近代科学产生的历史背景。

● 2. 简述哥白尼革命的内容及其意义。

● 3. 试述近代科学的第一次大综合。

第四章

近代科学的 全面发展

从18世纪中叶到19世纪末,是近代自然科学的全面发展时期。这一时期,除力学以外,物理学、化学、生物学、地质学等研究高级运动的科学相继发展起来。相应地,自然科学的研究方法发生了飞跃,从运用观察、实验、解剖等经验方法收集积累材料阶段,进入到对所获得的经验材料进行综合整理,并从理论上加以概括说明的阶段。各门自然科学出现了许多重大发现,这些科学发现不仅标志着科学的新进展,而且具有重要的哲学、文化学意义,它们给形而上学自然观打开了一个又一个缺口,为辩证唯物主义及其自然观的形成提供了丰富的自然科学材料。

■ 第一节　物理学的进展

一、经典光学的建立

1. 波动说与粒子说的对立

光学是一门古老的科学,希腊时代欧几里得、托勒密都对此作出过贡献。到了17世纪,几何光学基本上得以确立。几何光学关注光线传播的几何性质的研究,如光线传播的直线性、光线的反射、折射等。笛卡尔在1637年出版的《折光学》一书中提出了折射定律的现代形式,即入射角与折射角的正弦之比为常数。后来,法国数学家费马运用极值原理提出了光的反射定律和折射定律。

牛顿的色散实验以及牛顿环的发现,使光学由几何光学进入物理光学。关于光的本质,历史上有粒子说和波动说两种。牛顿认为光本质上是运动的微粒,与牛顿同时代的惠更斯主张光是一种波动。由此展开了近两个世纪的光的本性之争。

光的粒子说又称光的微粒说,这种理论认为光的本质与通过它反射而可见的实体物质一样,是一种粒子。1638年,法国数学家皮埃尔·伽森荻(1592—1655)提出物体是由大量坚硬粒子组成的。并在他1660年所著的书中涉及了他对于光的观点。他认为光也是由大量坚硬粒子组成的。

牛顿随后对于伽森狄的这种观点进行研究，他根据光的直线传播规律，最终于1675年提出微粒说，认为光是从光源发出的一种物质微粒，在均匀媒质中以一定的速度直线前进形成的粒子流。微粒说很容易解释光的直进性，也很容易解释光的反射，因为粒子与光滑平面发生碰撞的反射定律与光的反射定律相同。然而微粒说在解释一束光射到两种介质分界面处会同时发生反射和折射，以及几束光交叉相遇后彼此毫不妨碍地继续向前等现象时，却发生了很大困难。

惠更斯最早比较明确地提出了光的波动说。在《论光》（1690年）一书中认为光的运动不是物质微粒的运动，而是媒介的运动，即波动。其理由是，光线交叉穿过而没有任何相互影响。运用波动说，惠更斯解释了光的反射、折射以及方解石的双折射现象。但是他误认为光像声音一样也是纵波，所以在解释光的干涉、衍射和偏振现象时遇到困难。

牛顿在《光学》（1704年）中陈述了波动说的几种不足。第一，波动说不能很好地解释光的直线传播现象。如果光是一种波动，它就应该有绕射现象，就像声音可以绕过障碍物而传播一样，但我们并没有观察到光有这种现象。第二，波动说不能令人满意地解释方解石的双折射现象。第三，波动说依赖于介质的存在，可是没有什么证据表明，天空中有这样的介质，因为从天体的运行看不出受到介质阻力影响的迹象。基于这些理由，牛顿怀疑波动说，支持微粒说。

近代几何光学的奠基者之一笛卡尔在光的本性方面的看法是不一贯的。在谈到视觉问题时，他把光线比喻成脉冲波，否认眼睛在看东西时有某种物质微粒进入。可是，他在解释光的折射和反射时又运用物体的碰撞运动来进行比喻。因此他在这个问题上的看法是不明朗的。

部分由于惠更斯波动说的不完善性，部分由于牛顿的崇高威望，加之微粒说通俗易懂，又能解释常见的一些光学现象，导致微粒说在整个18世纪占据了主导地位。但是，在折射问题的解释上，波动说和微粒说之间出现了一个判决性的实验。微粒说认为，密介质中的光速大于疏介质中的光速，波动说则认为，密介质中的光速小于疏介质中的光速。可是当时，在实验室中测定光速还不可能，这个判决性实验也起不了判决性作用。

2. 波动说的复兴

19世纪的光学是由英国医生托马斯·杨（1773—1829）以复兴波动说的论文拉开序幕的。1800年，杨发表了《关于光和声的实验和问题》一文，提出光与声一样都是波，对延续了一个世纪的微粒说提出异议。在文章的光学部分，杨提出了否定微粒说的几个理由：第一，强光源和弱光源所发出的光线有同样的速度，这用微粒说不好解释；第二，光线由一种介质进入另一种介质时，一部分被反射，而另一部分被折射，用微粒说解释也很牵强。在文章的声学部分，杨依据水波的叠加现象，提出了声波的叠加理论和"干涉"的概念。他把由叠加造成的声音的加强和减弱称为"干涉"。在声波干涉中，"拍"现象即叠加造成的声音时弱时强的效果，引起了杨的特别注意。他联想到，如果光是一种波动，也应该有干涉和拍现象，即两种光波叠加时，应该出现明暗相间的条纹。

1801年杨进行了著名的杨氏双缝干涉实验，果真在光屏上出现了明暗相间的条纹，这成为光的波动性的一个有力证据。随后，他发现利用透明物质薄片同样可以观察到干涉现象，经过实验研究，杨向皇家学会提交了关于薄片颜色的论文，文中创建并阐述了光的干涉原理，并以这一原理为基础，成功解释了薄片的色彩和条纹的成因。在这篇论文中，杨还提出了光波波长的概念，并给出了测定的结果。杨指出，正是由于光波波长太短，与一般障碍物的尺寸相差太大，所以人们很难观察到光绕过障碍物（即衍射）的现象。

1803年杨发表《物理光学的实验和计算》，对双缝干涉现象进一步做出了解释。在1807年出版的《自然哲学讲义》中，杨综合整理了他在光学方面的理论与实验方面的研究，系统阐述了他提出的波动光学的基本原理。但是他认为光是在以太媒质中传播的纵波。

令人遗憾的是，在微粒说占统治地位的英国，杨的研究成果受到了权威们的嘲笑和讽刺，被攻击为"荒唐"和"不合逻辑"。1809年，法国物理学家马吕斯（1775—1812）发现了光在双折射时的偏振现象。众所周知，纵波不可能出现偏振现象。这使杨新近复兴的波动说遇到了极大的困难。

几乎独立地提出光的波动学说的还有法国物理学家菲涅耳（1788—1827）。菲涅耳利用数学将光的波动说发展到很完满的程度。1815年，菲涅耳向科学院提交了关于衍射的研究报告，其中包含了他提出的惠更斯—菲涅耳原理，从而使光的衍射理论更加完善。为了说明干涉原理，菲涅耳设计双棱镜干涉实验。此外，菲涅耳还成功地证明了光是沿直线传播的，消除了波动说的一个极大困难，对确立波动说具有重要的意义。1817年，为了解决马吕斯发现的光在双折射时的偏振现象，杨提出了光波是横波的观点。菲涅耳很快就以横波观点为基础，推导出光的反射和折射的振幅比公式（菲涅耳公式）。菲涅耳理论另一个成就是解释了双折射现象。总之，菲涅耳的理论对当时观测到的大量光学现象都给出了解释。1818年，法国科学院悬赏以发展衍射理论，菲涅耳向科学院提交了论文。当时的著名学者泊松（1781—1840）提出了一个"判决"式的问题，即如果按菲涅耳公式来推导，可以得到：在一个盘后的一定距离上放置屏幕，光线可在屏幕上形成的影子中心出现亮点。菲涅耳和阿拉果接受了挑战，他们进行了精密的实验，结果泊松根据菲涅耳理论作出的"预言"被证实了。这个结果轰动了科学院，并且迎来了波动说的辉煌胜利。1819年，菲涅耳与阿拉果合作，通过实验证实了杨关于光是横波的预言。

由于杨和菲涅耳等科学家的工作，使得波动说经过了100多年后重新得到了复兴。到19世纪中叶，光的波动说已经取得了巩固的地位。直到20世纪初，爱因斯坦提出光量子假说，在量子力学的框架中，光的粒子性与波动性得到了统一。

3. 光速测定

伽利略最早试图测量光速，由于条件限制，他没有解决这个问题。以天文观测数据为依据，丹麦天文学家罗伊默（1644—1710）于1676年测得光速为215000km/s，英国天文学家布拉德雷（1693—1762）于1727年测得光速为301000km/s。1849年，法国物理学家菲索（1819—1896）首次在实验室中实现光速测量。他采用的是转动齿轮方法，测出光速为315300km/s。1850年，另一位法国科学家傅科（1819—1868）改进了菲索的方法，用旋转反射镜方法测得光速为298000km/s。此外傅科还利用这套旋转反射镜装置，首次测出了光在密介质（水）中的速度低于在空气中的速度，从实验上对微粒说和波动说之争做了一次支持波动说的判决。

美国实验物理学家迈克尔逊（1852—1931）对光速的测定作出了杰出的贡献。迈克尔逊改进傅科的测量装置，从1878年开始进行实验，结果测得光速值为300140km/s，误差小于万分之一。1882年他又开始测量光速，得到的数值为（2.99853 ± 0.00060）$\times 10^8$m/s，这个值非常精确，被作为国际标准沿用了40年之久。

4．光谱研究

光的波动说被确立以后，物理光学中最突出的成就是对光谱的研究。

光谱学的历史从17世纪牛顿的色散实验开始。1666年物理学家牛顿第一次进行了光的色散实验。他在暗室中引入一束太阳光，让它通过玻璃棱镜，结果在棱镜后面的光屏上得到红、橙、黄、绿、蓝、靛、紫七种颜色的单色光分散在不同位置上并依次首尾相接连续排列的彩色光带，牛顿将其称为光谱，认为这是由于不同颜色的单色光具有不同的折射率形成的。根据光的波动说，不同的颜色其实对应于不同波长的光，不同波长的光折射率不同，所谓光谱，就是复色光经过色散系统（如棱镜、光栅）分光后，被色散开的单色光按波长（或频率）大小依次排列的图案。

牛顿色散实验之后很长时间，光谱没有引起人们太多关注。直到1752年，英国的梅耳维尔（1726—1753）首次报告了他对多种金属和盐类火焰光谱的研究，报告称，在棱镜后面黑暗的背景上发现了包括纳谱线在内的彩色明线。

1802年，英国化学家威廉·海德·沃拉斯顿（1776—1828）重做了牛顿的实验。这一次，他在三棱镜前加了一个狭缝，使阳光先通过狭缝再经棱镜分解，他发现太阳的光谱并不是一条完全连续的彩色光带，其中存在一些暗线。现在知道，牛顿之所以没有能观察到这些暗线，是因为他使太阳光先通过圆孔再通过棱镜，而不是先通过狭缝再通过棱镜。

1814年，德国物理学家冯·夫琅和费（1787—1826）制成了第一台分光镜，他不仅在棱镜前加了一个狭缝，还装了一个准直透镜，使来自狭缝的光变成平行光，另外，在棱镜后又装了一架小望远镜。夫琅和费点燃了一盏油灯，让灯光通过狭缝，进入分光镜。他发现在暗黑的背景上，有着一条条像狭缝形状的亮线，这种亮线就称为谱线，这种亮线形成的光谱称为明线光谱。在油灯的光谱中，有一对靠得很近的黄色谱线相当明亮。夫琅和费拿掉油灯，换上酒精灯，同样出现了这对黄线，他又把酒精灯拿掉，换上蜡烛，这对黄线依然存在，而且总在同一位置。

接着，夫琅和费又对太阳光谱进行了研究。他用了一面镜子，把太阳光反射进狭缝。他发现太阳的光谱和灯光的光谱截然不同，那里不是一条条亮线，而是在红、橙、黄、绿、青、蓝、紫依次首尾相接连续排列彩带上有许多条暗线。在1814—1815年，夫琅和费公布了太阳光谱中的750多条暗线，其中有的较浓、较黑，有的则较为暗淡。夫琅和费一一记录了这些谱线的位置，并从红到紫，依次用A、B、C、D……字母来命名那些最醒目的暗线。其中有些命名沿用至今，后人把这些暗线称为夫琅和费线。夫琅和费还发现，在灯光和烛光中出现一对黄色明线的位置上，在太阳光谱中则恰恰出现了一对醒目的暗线，夫琅和费把这对黄线称为D线。

为什么油灯、酒精灯和蜡烛的光是明线光谱，而太阳光谱却是在连续光谱的背景上有无数条暗线？为什么前者的光谱中有一对黄色明线而后者正巧在同一位置有一对暗线？这些问题，夫琅和费无法作出解答。直到四十多年后，才由基尔霍夫解开了这个谜。

1858年，德国化学家本生（1811—1899）发明了一种煤气灯（称本生灯），这种煤气灯的火焰几乎没有颜色，而且其温度可高达两千多度。本生在用这种灯烧制玻璃瓶时注意到火焰的颜色在不断变化，于是他尝试把含有钠、钾、锂、锶、钡等不同元素的物质放在火焰上燃烧，火焰立即产生了各种不同的颜色。本生推想可以根据火焰的颜色来鉴别不同的元素。可是，当他把几种元素按不同比例混合再放在火焰上烧时，含量较多元素的颜色十分醒目，含量较少元素的颜色却不见了，因此光凭颜色还无法作为鉴别的依据。

本生就这一问题向他的朋友、物理学家基尔霍夫（1824—1887）请教。基尔霍夫听了本生的问题，联想到夫琅和费的灯光和太阳光的光谱实验，他向本生提出了一个很好的建议，不要观察燃烧物的火焰颜色，而应该观察它的光谱。随后两人合作进行了实验。

基尔霍夫用狭缝、小望远镜和由夫琅和费磨制的石英三棱镜装配成一台分光镜，这个装置就是世界上第一台实用的光谱仪，本生把含有钠、钾、锂、锶、钡等不同元素的物质分别放在本生灯上燃烧，基尔霍夫则用分光镜对准火焰观测其光谱。基尔霍夫发现，不同物质分别燃烧时，产生各不相同的明线光谱，这说明每一种元素都有它专门的光谱，其中的明线就称为这种元素的特征谱线。接着，他们又把几种物质的混合物放在火焰上燃烧，结果发现，混合物中各种物质的特征谱线在光谱中同时呈现，彼此并不互相影响。于是，根据不同元素的特征谱线，就能判别出混合物中有哪些物质。由此，一种根据光谱来判别化学元素的方法——光谱分析方法诞生了。利用这种方法，基尔霍夫和本生通过各种火焰光谱和放电火花光谱的分析，发现了元素铯和铷。随后，光谱分析研究获得了快速的发展，在分析和鉴定物质的化学成分上发挥了重要的作用，科学家运用这一方法发现了铊、铟等一系列化学元素。

1859年，基尔霍夫和本生研究碱金属和碱土金属的火焰光谱时，发现钠燃烧发出的光通过温度较低的钠蒸气时，会引起钠光的吸收。基尔霍夫和本生经过反复实验后得出结论：每一种元素都有自己专门的发射光谱，每一种元素都能够吸收它发射的谱线。后来，基尔霍夫又进一步指出：炽热的固体、液体和稠密气体发出连续的光谱；稀薄气体发出分立的发射光谱；当连续光谱通过稀薄气体时，会被稀薄气体吸收一部分谱线，被吸收的谱线正是稀薄气体的发射谱线。运用这些理论，基尔霍夫终于解开了夫琅和费线的奥秘——夫琅和费线就是太阳光透过太阳大气的吸收光谱。太阳内部温度很高，它发出连续光谱，但太阳外围的大气温度较低，当太阳光通过太阳大气时，太阳大气会吸收一部分光，这样光谱中就会出现一些暗线，太阳大气中含有什么元素，连续光谱中与这种元素的发射谱线波长相等的光就会被吸收，形成含有暗线的吸收光谱。

夫琅和费灯光和烛光光谱中的那两条明亮黄线是钠的发射谱线，在同一位置太阳光谱却出现双黑线D，是因为太阳大气中含有钠元素，将太阳光中的明亮黄线吸收了。因此，夫琅和费线里的双黑线D恰恰说明太阳大气里有钠。基于同样的道理，基尔霍夫根据750条夫琅和费线断定在太阳大气中存在钠、镁、铜、锌、钡、镍等30多种元素，这30多种元素，地球上都有！

1868年，瑞典物理学家埃格斯特朗（1814—1874）发表了《标准太阳光谱图表》，记载了上千条夫琅和费谱线的波长，以10^{-8}cm为单位，精确到六位数字，为光谱学研究提供了有价值的标准。后人为了纪念他对光谱研究的贡献，将10^{-8}cm定为波长的单位埃格斯特朗（简称埃）。此外，埃格斯特朗还在太阳光谱中发现了氢和其他元素。

二、经典电磁理论的建立

人类对电和磁现象的研究是从摩擦起电和磁石引铁开始的。古代电磁研究的杰出成就是我国古代发明的指南针，指南针在航海上的应用在世界历史上有十分重要的意义。17—18世纪，主要是在人类好奇心的驱使下，无论是与天然磁石有关的各种静磁现象，还是摩擦起电、静电放电、大气电等静电学现象都引起了广泛的关注，并在18世纪末达到了静电学的最高成就——建立了库仑定律。进入19世纪，由于伏打电堆等直流电源的发明，把电学引向了对动电即电流的研究，导致了电磁相互联系的发现。到19世纪末，电磁学理论体系完成，不仅成功地描述了电、磁、光现象的运动规律，也为电力技术的产生和应用奠定了理论基础。

1. 磁与摩擦静电的早期研究

人类通过磁石引铁发现了磁，通过摩擦吸物发现了电。中国人发明的指向磁针经由阿拉伯人传入欧洲之后，很快在航海业中得到广泛的使用。被称为磁学研究先驱的英国医生威廉·吉尔伯特（1544—1603）发展了对磁现象的了解。吉尔伯特通过磁倾角，即当小磁针放在地球上除南北极之外的地方时，它有一个朝向地面的小小倾斜，推测并证明地球是一块大磁石，指出磁针的北极所指的方向应该是地球磁极的南极。吉尔伯特首次提出了磁力的概念，并指出均匀磁石的磁力与其质量成正比。另外，吉尔伯特首次提出了电力的概念。人们早就知道摩擦琥珀，琥珀就能将细小物体吸起来。吉尔伯特进一步发现，除琥珀外，还有许多物体经摩擦都有吸引力。他将这类吸引力归结为电力，并用希腊文琥珀（elektron）一词创造了"电"（eletricity）这个新词。他还通过实验具体测定了磁力和电力的大小，发现磁力只吸引铁，而电力则太微弱。

自吉尔伯特的开创性研究以来，电学一直处在盲目摸索阶段。基本的概念框架尚未建立，也缺乏定量实验。吉尔伯特认为一切物体可以分为"电物体"和"非电物体"两类，其中的电物体就是通过摩擦可以带电的物体，非电物体则不可能带电。法国物理学家迪费（1698—1739）通过实验证明，所有物体均可以通过摩擦带电。因马德堡半球实验而闻名于世的盖里克（1602—1686），在电学发展的初期也贡献非凡。他发明的摩擦起电机为后人研究摩擦电打下了重要的基础，因为任何研究都首先要求研究对象的大量存在。

随着摩擦电研究的深入开展，摩擦起电机的制造更趋精致。但起电机一停，所产生的电就逐渐在空气中消失了，无法保存下来。1745年，荷兰莱顿大学的物理学教授马森布罗克（1692—1761）在一次实验中偶然发现玻璃瓶可以储存电。由于玻璃瓶储电实验是从莱顿大学传开的，这种储电瓶就被称为莱顿瓶。

1746年，美国著名的政治家、科学家富兰克林（1706—1790）得到了伦敦友人赠送的一只莱顿瓶，便开始研究电现象。富兰克林的研究使人类对电的认识大大前进了一步。

富兰克林最著名的发现是统一了天电和地电，破除了人们对雷电的迷信。在用莱顿瓶进行放电实验的过程中，富兰克林面对着电火花的闪光和噼啪声，意识到莱顿瓶的电火花可能就是一种小型的雷电。为了验证这个想法，必须将天空中的雷电引到地面上来。1752年7月的一个雷雨天，富兰克林用绸子做了一个大风筝。风筝顶上安上一根尖细的铁丝，丝线将铁丝联起来通向地面。丝线的末端拴一把铜钥匙，钥匙则插进一个莱顿瓶中。富兰克林将风筝放上天空等待打雷。突然，一阵雷电打下来，只见丝线上的毛毛头全都竖立起来。用手靠近铜钥匙，即发出电火花。天电终于被捉下来了。富兰克林发现，储存了天电的莱顿瓶可以产生一切地电所能产生的现象，这就证明了天电与地电是一样的。

富兰克林的第二大贡献是发明了避雷针。早在1747年，富兰克林就从莱顿瓶实验中发现了尖端更易放电的现象。等他发现了天电与地电的统一性后，就马上想到，如果利用尖端放电原理将天空威力巨大的雷电引入地面，那就可以避免建筑物遭雷击。1760年，富兰克林在费城一座大楼上竖起了一根避雷针，效果十分显著。费城各地竞相仿效。到了1782年，费城已装了400根避雷针。

富兰克林在电学上的第三大贡献是提出了正电和负电的概念。在1747年的一封信中，富兰克林提出了自己对电的本性的看法。他认为，电的本性是某种电液体，它不均匀地渗透在一切物体之中。当某物体内的电液体与其外界的电液体处于平衡时，该物体便呈电中性；当内部的电液体多于外界时，呈正电性，相反则呈负电性。正电与负电可以抵消。由于电液体总量不变，因此电荷总量不变。在摩擦过程中，电不是被创生而是被转移。富兰克林的电性理论可以解释当时出现的绝大部分电现象，因而获得了公认。今天，我们知道，电实际上是带负电荷的电子造成的，正电恰好意味着电子的缺失，负电才是电子的多余。富兰克林当时弄反了，但他的由转移而产生的"缺失"和"多余"思路是正确的，被继承下来了。

自莱顿瓶出现以来，关于静电现象的定性研究取得了十分突出的成就。人们已经认识到电分正电和负电，同性相斥，异性相吸。从18世纪中叶开始，不少人定量地研究了电力，他们中最著名的是卡文迪许与库仑。

英国物理学家卡文迪许（1731—1810）用实验测定万有引力常数G是实验物理学史上杰出的成就之一。在电学方面，卡文迪许也做出了开创性的贡献，但他在18世纪70年代所做的电学研究直到半个世纪后才被发现。重新发表的卡文迪许的手稿表明，他已经提出了静电电容、电容率、电势等概念，这些在当时均为第一流的成就，但都没有发表。卡文迪许生前只给皇家学会投寄了两篇论文。在1777年的论文里，他提出了电荷作用的平方反比律："电的吸引力和排斥力很可能反比于电荷间距离的平方。如果是这样的话，那么物体中多余的电几乎全部堆积在紧靠物体表面的地方。且这些电紧紧地压在一起，物体的其余部分处于中性状态。"

1785年，法国物理学家库仑（1736—1806）使用自己发明的扭秤测定带电小球之间的作用力，发现电的引力或斥力与两个小球上的电荷之积成正比，而与两小球球心之间的距离的平方成反比。这个规律现在被称为库仑定律。库仑定律与牛顿的万有引力定律形式上十分相似。它的发现，使人们对物理世界的普遍规律有了进一步的认识，为电磁学的大发展开辟了道路。

2. 动电——电流的发现及其化学和热效应

电流的发现纯属偶然。1780年9月20日，意大利波仑亚大学的医学教授伽伐尼（1737—1798）将解剖了的青蛙放在解剖桌上，一名助手无意中将解剖刀碰到了一只蛙腿的神经上，顿时四只蛙腿猛烈地抽动。伽伐尼感到奇怪，又重复了这一实验，发现了同样的现象。他将蛙腿用铜丝挂在铁格窗上，想看看雷雨时蛙腿的反应，结果发现雷电发作时，蛙腿抽动。这表明蛙腿抽动是因为电击所致。但他进一步发现，没有雷电时，蛙腿也抽动，无论晴天雨天。他又在封闭的屋子里做实验，发现用相同的金属不能使蛙腿抽动，而不同的金属则抽动，只是程度有所不同。金属与蛙腿接触肯定有放电过程发生，但电来自何处呢？伽伐尼认为，动物体内部存在着"动物电"，这种电只有用一种以上的金属与之接触时才能激发出来，这种电与摩擦电完全一样，只是起因不同。

伽伐尼的发现轰动一时，这引起了他的同胞、意大利物理学家伏打（1745—1827）的注意。1792年，伏打从实验上证明，伽伐尼电本质上是因为两种金属与湿的动物体相连造成的，不是动物体内部存在着"动物电"，蛙腿只起验电器的作用。只要将相连接的两种金属浸在液体或潮湿的物质中，就会出现电的现象。1800年，伏打公布了他所发明的"电堆"，伏打电堆能够提供莱顿瓶无法给出的持续电流。伏打电堆的出现，使电学的研究进入了一个新的阶段，即从静电学到动电学（即电流）研究的时代。

关于电流的作用或效应，首先是对于电解作用的研究。伏打电堆传入英国后，1800年尼科尔森（1735—1815）利用伏打电堆研究了水的分解，发现在电堆的阳极出现了氧，在阴极出现了氢。英国化学家戴维（1778—1829）随即制造了一个当时堪称最强大的电池组，用来研究化学中的电解反应，并连续取得了一系列重要发现。1807年，他用电解法制得了活泼的碱金属钠和钾。1808年又制得了钙、锶、钡、镁和硼等。从此，电解法受到举世关注。拿破仑不顾英法战争的影响，在1808年授予戴维科学奖章。

其次是关于电和热的研究，1841年和1842年，焦耳（1818—1889）和楞次（1828—1866）各自独立地发现了电流通过导体时产生热量的定律，即焦耳—楞次定律。

3. 电流的磁效应

18世纪行将结束之际，电学达到了它的最高成就库仑定律。但是电与磁之间的联系依然未被认识。吉尔伯特在当时实验的基础上认为电与磁没有什么共同性。这一看法延续了很长时间。库仑也探讨过电与磁的相关性，结果也相信电与磁没有什么关系。19世纪电磁学的大发展正是从认识到电磁的内在统一性开始的。

18世纪后期在德国兴起的自然哲学思潮，弘扬自然界中联系、发展的观点，批评牛顿科学中机械论的成分，在当时的科学家中产生了重要的影响。丹麦物理学家奥斯特（1777—1851）是德国自然哲学学派的坚定追随者。基于其哲学倾向，奥斯特一直坚信电磁之间一定有某种联系，他做了许多实验，但均未有收获。在经过多次失败后，奥斯特产生了一个新的想法，即电流的磁效应可能不在电流流动的方向上。1820年4月，奥斯特安排了这样一个实验：用一个小的伽伐尼电池，让电流通过直径很小的铂丝，铂丝下放置一个封闭在罩中的小磁针，就在他将要做实验时，奥斯特灵感突现，决定把导线与磁针都沿磁子午线方向平行放置。奥斯特发现，当电流接通时，小磁针向垂直于导线的方向动了一下，奥斯特激动万分，经过反复实验，奥斯特在1820年7月21日以《关于磁体周围电冲突的实验》为题，发表了他的实验报告。报告指出，电流所产生的磁力既不与电流方向相同也不与之相反，而是与电流方向相垂直。报告还指出，电流对周围磁针的影响可以透过各种非磁性物质。

奥斯特的发现马上轰动了整个欧洲科学界。法国物理学家安培（1775—1836）敏锐地感到这一发现的重要性，第二天即重复了奥斯特的实验。一周后，他向科学院提交了第一篇论文，提出了磁针转动方向与电流方向相关判定的右手定则。奥斯特在研究中还发现，有电流通过的导线不仅对磁针有作用，而且两导线之间也有作用。在第一篇论文提交一周后，安培向科学院提交了第二篇论文，讨论了平行载流导线之间的相互作用问题。1820年年底，安培提出了著名的安培定律。安培定律指出，两电流元之间的作用力与距离平方成反比。这一极为重要的定律，构成了电动力学的基础。"电动力学"这一名称也是安培首先提出来的，用来指研究运动电荷（电流）的科学。与之相对的是"电静力学"，库仑定律则是电静力学中的基本定律。

安培之前，"电流"的概念尚未成为一个科学的概念。安培提出电流是电沿导线由正极向负极流动的思想，他把电流的方向规定为由正极指向负极。电流的单位以安培来命名正是人们为了纪念他的这一功绩。1821年年初，安培进一步提出了"分子电流"的假说解释物体为何具有磁性。他认为，物体内部的每一个分子中都带有回旋电流，正是这一回旋电流形成了宏观物体的磁性。七十多年后科学家真地发现了这种电流，证明了物体的磁性的确来源于分子电流。

电流磁效应的发现使电动力学真正走上了定量实验的发展道路。利用电流磁效应，德国物理教师欧姆（1787—1854）由小磁针偏转角度的大小实现了电流大小的定量测量，于1826—1827年建立了全电路和部分电路的欧姆定律，建立了电流在导体中的传导规律。

电流磁效应的发现，打破了电与磁无关的传统信条，猛然打开了电磁联系这个长期闭锁的科学领域的大门，为物理学的一个新的重大综合的实现，开辟出一条广阔的道路。

4．法拉第的电磁感应定律与"场"和"力线"

既然电流有磁效应，科学家自然想到磁可能也会有电流效应，能不能用磁体使导线中产生电流？尽管许多人为此做了不少实验，但磁的电流效应却迟迟未被发现，直到奥斯特的发现十年后，英国物理学家法拉第和美国物理学家亨利才完成了这一壮举。

19世纪的实验科学家法拉第（1791—1867）是一位自学成才的物理学家，最初，他在戴维的指导下研究化学，奥斯特实验传到英国后，在英国物理学界引起了强烈的反响。在这种背景下，法拉第也被吸引到电磁学研究领域。1821年才开始进行电磁学研究的法拉第，9月就成功地使一根小磁针绕通电导线不停地转动，奠定了电动机的工作原理，实际上，这是最早的旋转电动机的雏形。

法拉第像许多其他科学家一样，认为既然有电流的磁效应，就应该有磁的电流效应，为此，法拉第进行了坚持不懈的"由磁产生电"的探索。在1821—1831年间，他不时回到这个课题上，但都失败了。1831年8月29日，法拉第设计了一个新的实验：把两个绝缘线圈绕在一个铁环上，线圈A接直流电源，线圈B接电流计。法拉第发现，当线圈A的电路接通或断开的瞬间，线圈B中的电流计产生强烈震荡，这表明线圈B中产生了电流。在这个发现之后，法拉第又设计了一系列实验。9月24日，他将与电流计相连的线圈绕在一个铁圆筒上，发现每当磁铁接近或离开圆筒时，电流计都有短暂的反应。10月17日，法拉第进一步发现仅仅用一根永磁棒插入或拔出线圈，就能从与线圈相连的电流计中发现指针偏转。这些实验表明，磁确实可以产生电。11月24日，法拉第向皇家学会提交的一个报告中，把这种现象称为"电磁感应现象"，把实验中产生的电流称为"感应电流"，并概括了可以产生感应电流的五种类型：变化的电流、变化的磁场、运动的恒定电流、运动的磁铁、在磁场中运动的导体。电磁感应现象的发现有着重大意义，这意味着通过电磁感应可以由磁不间断地得到电流。据说，法拉第本人很快就做了一个模型发电机。

1834年，法拉第发现了自感现象。单独一个线圈在接通或断开电流的一瞬间总会产生一个很强的"额外"电流，这个额外电流在断电时与原电流方向相同，试图加强它；在通电时与通电电流方向相反，试图反抗它。

几乎与法拉第同时，还有一个人也发现了电磁感应现象，他就是美国物理学家亨利（1797—1878）。1827年8月，亨利因为试制电磁铁而发现了自感现象。1830年8月，他又初步发现了电流引起的磁场在通电或断电时能产生瞬间的电流。亨利的实验时间均在法拉第之前，但由于他的实验结果一直没有发表，人们还是将电磁感应现象的发现归功于法拉第。

法拉第不仅独自发现了电磁感应现象，还天才地创造了作为现代电磁理论的基础"场"和"力线"的概念。法拉第认为，电磁作用力均需要媒介传递，因为他从实验中得知，电介质影响带电体之间的电磁作用。他设想带电体或磁体周围有一种由电磁本身产生的连续的介质，来传递电磁相互作用。这种看不见、摸不着的介质，被他称作"场"。为了直观地显示"场"的存在，他又引入了"力线"的概念。他设想，电力线或磁力线由带电体或磁体发出，散布于空间之中，作用于其中的每一电磁物体。将铁屑撒在一张纸上，纸下放一块磁铁，轻轻弹动这张纸，纸上的铁屑就会排成一个规则的图形。法拉第说，铁屑所排成的形状就是磁力线的形状。

有了力线的概念，法拉第就能够进一步解释电磁感应现象。他在发表于1851年的《论磁力线》一文中说，只要导线垂直地切割磁力线，导线中就有电流产生，电流的大小与所切割的磁力线数成正比。这篇论文实际上正式将电磁感应现象确立为一条定律。

电磁感应现象是电磁学中最重大的发现之一，它显示了电、磁现象之间的相互联系和转化的规律，对其本质的深入研究所揭示的电、磁场之间的联系，对麦克斯韦电磁场理论的建立具有重大意义。

5. 电磁场理论的建立

法拉第的创造性工作奠定了电磁学的物理概念基础，但由于从小没受过正规教育，数学能力欠缺，法拉第未能用精确的数学语言表述他的物理思想。1855年，英国物理学家麦克斯韦

（1831—1879）写了《论法拉第的力线》一文，第一次赋予法拉第的力线概念以数学形式，从而初步建立了电与磁之间的数学关系，提出了电磁理论的重要假说——涡旋电场假说。1862年，麦克斯韦发表了第二篇论文《论物理学的力线》，首创了的"位移电流"和"电磁场"等新概念，并在此基础上给出了电磁场理论的更完整的数学表达。

电磁场中广泛存在的电场与磁场的交相变化，使麦克斯韦意识到它是一种新的波动过程。1864年，他向皇家学会宣读了另一篇著名的论文《电磁场的动力学理论》。文中麦克斯韦直接根据电磁学实验事实和普遍原理，建立了一组描述电磁场的完整方程组，即今天被称为麦克斯韦方程组的电磁场方程组，而且提出了电磁波的概念。根据这些方程，麦克斯韦广泛地讨论了各种电磁现象，特别是直接推导出磁干扰传播的波动方程，麦克斯韦认为，变化的电场激发磁场，变化的磁场又激发电场，这种变化着的电场和磁场共同构成了统一的电磁场。电磁场以横波的形式在空间中传播，形成了电磁波。

麦克斯韦直接从他的方程组推算出电磁波的传播速度为284000km/s，发现与当时测量的光速298000km/s十分接近，他写道："电磁波的速度与光的速度如此之接近，好像我们有充分理由得出结论说，光本身（包括热辐射和其他辐射）是一种电磁干扰，它按照电磁定律以波的形式通过电磁场传播。"预言光是电磁波。1873年麦克斯韦出版了著作《电磁通论》，对电磁场理论作了全面、系统和严密的论述，给出了一个严谨的电动力学体系。这标志了电磁学的巨大综合。麦克斯韦电磁理论的建立，不仅预言了电磁波的存在，而且揭示了光、电、磁这三种现象的统一性，完成了物理科学的第三次大综合。1887年，赫兹通过实验证实了电磁波的存在，并证明了光与电磁波具有完全类似的特性，从而证明了光是电磁波。

三、热力学定律的建立

热学是研究物体的热现象以及热规律的学科。热学有两种研究方法，一种是宏观方法，即热力学，从宏观的现象中寻找规律，用能量的观点来研究系统状态变化过程中有关热功转换的关系和条件。另一种是微观方法，即统计物理学，从微观的角度出发，揭示宏观热现象及其规律的本质。两种方法互相补充，相辅相成。热力学第一定律和第二定律的发现，是19世纪物理科学伟大的成就。能量守恒定律深刻地显示了物质世界的普遍联系，能量耗散定律深刻地显示了物质世界的普遍发展。这两大定律根植于古典科学，但其有效性远远超出了古典科学的适用范围。

1. 热质说

热学是从对热现象的定量研究开始的。定量研究的第一个标志是测量物体的温度。1709—1714年华氏温标和1742—1745年摄氏温标的建立，使物体的冷热程度有了定量标准。定量研究的第二个标志是热量的测量。但是，人们一开始并没有认识到温度与热量之间的区别。在当时流行的"热质说"统治下，人们误认为物体的温度高是由于其包含的"热质"多。最早指出它们之间区别的是苏格兰化学家布莱克（1728—1799）。大约在1757年，布莱克提出将热量和温度分别称作"热的分量"和"热的强度"，并把物质在改变相同温度时的热量变化叫作"对热的亲和性"。在这个概念的基础上，布莱克后来又提出了量热学的一个重要概念"比热"——物体吸收热的能力，并设计出测量比热的实验方法。

布莱克还发现了"潜热"。他在实验中发现，把冰加热时冰缓慢溶化，但温度却不变。同样，水沸腾时化为蒸汽，需吸收更多的热量，但温度也不变。布莱克后来进一步发现许多物质在物态变化时都有这种现象，它们的逆过程也同样，而且由水到汽所吸收的热量，正好等于由汽到水所放出的热量，由水到冰所放出的热量，正好等于由冰到水所吸收的热量。因此，布莱克提出了"潜热"概念，认为这些未对温度变化有所贡献的热是潜在的。布莱克的潜热概念导致了瓦特对蒸汽机的改进。今天我们知道，所谓潜热实际上是分子系统的内能。

虽然人们对热现象的研究已经进入到了定量阶段，但对热的本质，长期以来却没有一个正确的认识。古代人将光焰、火和热三者模糊地等同看待。古希腊的四元素论中"火"是其中一种物质元素。古代中国的五行说亦将"火"列为其一。古代的原子论者相信热是一种物质。近代科学创始者们，如英国科学家F. 培根、R. 玻义耳（1627—1691）和牛顿等人均倾向于热是微细粒子的扰动或振动，但没有足够的实验证据，只能作为一种哲学思辨。近代原子论的复兴者伽桑狄提出"热原子"和"冷原子"的概念，认为物体发热是因为"热原子"在起作用。今天看来，伽桑狄的观点是错误的，而且在当时也只是一种思辨，但却受到18世纪物理学家和化学家的重视，并由此形成了在热学发展的早期阶段占统治地位的错误的热质说。

热质说认为热是一种称为"热质"的流体物质，这种物质没有质量、自相排斥、不生不灭、可渗入一切物体之中。一个物体的冷热，取决于它所含热质的多少，热的物体含有的热质多，冷的物体含有的热质少。冷热不同的两个物体接触时，热质自动从热的物体流入冷的物体，直到两者的温度相同时为止，在这个过程中，热的物体流出的热质，恰好等于冷的物体流入的热质。热质说确实可以解释当时碰到的大部分热学现象：物体温度的变化是热质流出或流入的结果；热传导是热质从高温物体流入低温物体；物体受热膨胀是因为热质粒子相互排斥；潜热是物质粒子与热质粒子产生化学反应的结果。由于热质是一种物质，它还遵守物质守恒定律，而这与已经知道的热量守恒现象是一致的。热质说的这些优点，赢得了当时大多数人的赞同。

18世纪末，美国出生的英国物理学家本杰明·汤姆逊（即伦福德伯爵，1753—1814）对热质说提出了质疑。1798年，伦福德在兵工厂监督大炮镗孔加工时发现，被加工的黄铜炮身在短时间内产生了相当多的热，而被刀具刮削下来的金属屑的温度更高，超过了水的沸点。按照热质说，这些生发出来的热是炮身本身包含的热质流出来了，可是，从青铜中流出来的热质太多了，全部加起来甚至可以将炮身熔化，但实际上炮身并没有熔化，这说明这么多的热并不像热质说所说的那样以热质的形式包含在炮身之中，热质说是有问题的。伦福德进一步的观察发现，只要不停地钻，热就会源源不断地产生出来，按照热质说，这是炮身本身包含的热质源源不断地流出来的结果，这意味着炮身本身包含的热质永远流不完，即炮身本身包含了无限多的热质，这显然是不可能的。这个现象是热质说无论如何也不能解释的，实际上，对于所有的摩擦生热现象热质说都不能给出合理的解释。

摩擦生热的实验促使伦福德得出了热是一种运动的结论。1799年，伦福德在《哲学学报》上发表文章说："任何绝热物体或物体系统所能无限提供的东西，不可能是一种物质。在我看来，要想对这些实验中的既能激发又能传布热的东西，形成明确的概念，即使不是绝无可能，也是极其困难的事情，除非那东西就是运动。"伦福德的看法引起了化学家戴维的兴趣。他精心设计了一个更有说服力的实验来证实伦福德的观点。在一个绝热装置里，他让两块冰相互摩擦，结果两块冰都融化了。虽然有些科学史家认为戴维的实验实际上是不成功的，因为冰实际上是因为装置漏热才融化的，但当时的人们确实认可了他的实验，并认为该实验是对伦福德实验的进一步深化。

保守地说，伦福德和戴维的实验只是指出了热质说的困难，并没有证明热质是不存在的。此外，他们也没有提出一套新的建设性的学说来取代热质说，去解释那些热质说可以很好解释的热现象。因此热质说还延续了相当长的一段时间，直到能量守恒定律建立以后，科学界才彻底抛弃了热质说。

2. 热力学第一定律（能量转化与守恒定律）

19世纪40年代建立起来的能量转化与守恒定律，被认为是牛顿力学以后的科学发展的第二次大综合。这一发现涉及多个国家在多个领域中工作的10多位科学家。其中，迈尔（1814—1878）、焦耳（1818—1889）、赫尔姆霍兹（1821—1894）3位科学家作出了主要贡献。

18世纪，分析力学家们实际上已经得到并开始运用机械能守恒定律，但是，发现具有更广泛意义的能量转化与守恒定律是19世纪40年代的事情。最早提出这一原理的是德国医生迈尔。1840年2月，迈尔作为随船医生远航到东印度的爪哇，发现患病船员在那里的静脉血液比在欧洲时要更红一些。根据拉瓦锡的燃烧理论，迈尔认为在热带地区人的机体只需要吸收较少的热，从而机体中食物氧化过程减弱，静脉血液中留下了较多的氧，因此颜色较红。这说明，人体输入的"力"和输出的"力"是平衡的，在此基础上，迈尔进一步开始思考各种"力"之间的平衡，提出了更普遍的"力"的转化和守恒的概念。这里讲的"力"实际上是能量。1842年，迈尔写了《关于无机界力的说明》一文，第一次以比较抽象的推理方法提出了能量转化与守恒思想。他说："力（即能量）是原因，因此，我们可以在有关力（即能量）的方面，充分应用因等于果的原则……我们可以说，因是数量上不可毁的和质量上可变换的存在物……所以，力（即能量）是不可毁的、可变换的、不可称量的存在物。"迈尔以"下落力"（即重力势能）"运动力"（即动能）和热能的转化具体论证了力（即能量）的转化和守恒。在文章的结尾部分，迈尔设计了一个简单的实验，粗略地求出了热功相互转化的当量关系。由于缺乏充足的实验依据，思辨成分较多，这篇文章第一次投稿时被杂志社退了回来，后来虽然在《化学与药学杂志》上发表，但没有引起学界注意。1845年，迈尔又写了《与有机运动相联系的新陈代谢》一文，把能量的转化与守恒推广到有机界，直至整个宇宙，迈尔指出："力的转化与守恒规律是支配宇宙的普遍规律。"可惜这篇论文在当时科学界又未得到重视。

英国物理学家焦耳是第一个为能量转化与守恒定律提供确凿实验证据的科学家。焦耳首先对电流的热效应进行了定量研究。通过大量实验，焦耳于1840年提出了焦耳定律（次年楞次也独立地发现了这一定律，故又名焦耳—楞次定律）：电流通过导体时，导体在单位时间内产生的热量与导体的电阻成正比，与电流强度的平方成正比。焦耳定律给出了电能向热能转化的定量关系，为能量转化与守恒定律的确定奠定了坚实的实验基础。

此后，焦耳开始从实验上研究机械能转化为热能的当量关系。1843年，焦耳用砝码带动手摇发电机发电，将电流通入线圈中，线圈又放在密闭隔热水中以测量电流所产生的热量。这个实验先将机械做功转变为电能，再将电能转变为热能。焦耳测量了机械做功的数值和水的温度变化，从而第一次给出了热与机械做功的当量数值（即热功当量）：460kg·m/kcal（即每千卡热量相当于460千克米的机械功）。以后，焦耳又以多种方式多次测定热功当量，得到了更精确的结果。1847年，焦耳测得的热功当量为428.9kg·m/kcal，与现在的公认值已经十分接近了。焦耳关于热功当量的测定，为能量守恒定律提供了有力的实验支持。

与迈尔的遭遇相似，焦耳的划时代的工作并没有引起应有的注意。也许是因为他只是一位业余的实验爱好者，皇家学会拒绝发表他早期的两篇论文。他的关于热功当量测定的论文只得在一家报纸上全文发表。1847年，在英国科学促进会的年会上，得益于英国青年物理学家威廉·汤姆森（1824—1907，后来以开尔文勋爵而著称）的高度的评价，焦耳测量热功当量的实验报告才引起了与会者的注意和兴趣。到19世纪50年代，焦耳的研究终于逐步被大多数科学家所接受。在其他研究者的成果之上，焦耳的贡献在于，他比较精确地测定了热功当量，并且在广泛的实验基础上研究了热能、电能、机械能等各种能量形式之间的相互转化。

德国医生和生理学家，后来又成为物理学家的赫尔姆霍兹（1821—1894），在1847年发表的《论活力守恒》的小册子中第一次全面系统、严密准确地阐发了能量转化与守恒定律及其普遍意义。首先，他用数学化形式表述了在孤立系统中机械能的守恒。接着，他把"力"（在德语中"力"一词向来在"能量"的意义上被使用）的概念推广到热学、电磁学、天文学和生理学领域，提出各种"力"之间在相互转化过程中是守恒的，从多方面论证了"力"的守恒在自然界的普遍适用性、"力"的守恒"与自然科学中任何一个已知现象都不矛盾"，赫尔姆霍兹还将能量守恒原理与永动机之不可能相提并论，使这一原理拥有更有效的说服力。正是在赫尔姆霍兹之后，科学界才开始普遍接受这定律。

能量转化和守恒定律指出：能量既不会凭空产生也不会凭空消失，它只会从一个物体转移到另一个物体，或者从一种形式转化为另一种形式，而在转化或转移的过程中，能量总量保持不变。能量转化和守恒定律的确立具有重大意义，它揭示了机械能、热能、电磁能、化学能和生物能等各种不同的运动形式之间相互联系、相互转化的内在统一性，摧毁了各种运动形式之间彼此割裂的形而上学观点，消除了人们对于"世外造物主的最后记忆"，从而使得自然界中的整个运动统一的观点，"不再是一个哲学论断，而是自然科学的事实了。"恩格斯高度评价了这一定律的科学意义和哲学意义，将它同细胞学说和达尔文进化论一起，称作19世纪自然科学的三大发现。

能量守恒定律的发现与热现象的研究联系密切，这一定律发现之后立刻被德国物理学家克劳修斯（1822—1888）和英国物理学家威廉·汤姆森（1824—1907）运用于热力学系统，得出了热力学第一定律：在任意过程中，系统内能的增量等于系统从外界吸收的热量和外界对系统所做的功的总和。

由于能量转化和守恒定律的发现与热现象的研究联系密切，能量转化和守恒定律的确立更是离不开热功当量的测定，所以能量转化和守恒定律也常常被称为热力学第一定律。根据热力学第一定律，第一类永动机是不可能造成的。所谓第一类永动机，是人们假想的一种机器，这种机器既不从外界吸收能量，也不消耗自身能量，却可以源源不断地对外做功。因为对外界做功就必须消耗能量，不消耗能量就无法对外界做功。所以，热力学第一定律还可以表述为不可能制造出第一类永动机。

3. 热力学第二定律

19世纪初，热机在生产中起着越来越大的作用。但是，将热转变为机械运动的理论研究一直未形成，当时所有的热机效率都非常低，大量的热能被白白浪费掉，工程师们如瓦特主要凭经验改进机器，如何提高热机效率成为当时一个紧迫的问题。

法国工程师卡诺（1796—1832）第一个以普遍理论的形式研究了"由热得到运动的原理"。1824年，卡诺出版了生前发表的唯一著作《关于火的动力的思考》，提出了他的理想热机理论，为热机的发展奠定了理论基础。在这本书中，卡诺为了从理论上研究热机的效率，构造了一台理想热机，这台热机由一个高温热源和一个低温热源组成，没有任何摩擦，工作物质除了和两个热源有热交换外，与外界绝热。这就是所谓"卡诺热机"。卡诺证明了理想热机的效率与高低温热源的温差成正比，而与循环过程中的温度变化无关；理想热机的效率是所有热机中效率最高的。

卡诺的热机理论的结论虽然都是正确的，但他借以论证结论的基础却是热质说。卡诺认为热机是靠热质从高温加热器流向低温冷凝器而做功的，正像水车是靠水从高处流向低处而做功一样，"我们可以恰当地把热的动力与一个瀑布的动力相比。瀑布的动力依赖于它的水量和高度；热的动力依赖于所用的热质的量和我们可以称之为热质的下落高度，即交换热质的热源之间的温差。"由于信奉热质守恒原理，卡诺相信热机工作过程中热量并没有损失，这当然是错误的。

卡诺关于热机之所以能做功是因为热由高温热源自动流向低温热源的观点，实际上已经包含了热力学第二定律的基本思想：热总是不可避免地要从高温热源流向低温热源，虽然能量总量没有丧失，但它却越来越丧失做功能力。

卡诺之后热力学的发展以及热力学第二定律的建立都与后来以开尔文勋爵（1892年册封）著称的英国物理学家威廉·汤姆森有关。1849年，开尔文发表《关于卡诺学说的说明》，指出卡诺关于热机做功只是热在高低温热源之间重新分配而不消耗热的观点是错误的，卡诺理论应该予以修正。1851年，德国物理学家克劳修斯发表了《论热的动力与由此可以得出的热学理论的普遍规律》一文，对卡诺的理想热机理论进行了新的修正和发展，提出了著名的克劳修斯等式。等式说，热机从高温热源吸取的热量与该热源温度之比，等于向低温热源所放热量与该热源温度之比。由该等式可以直接推出理想热机的效率与两热源之温差成正比的结论。为了论证所有实际的热机效率都不可能高于卡诺热机，克劳修斯提出了热力学第二定律：热量不可能自动地从较冷的物体转移到较热的物体，为了实现这一过程，就必须消耗功。1851年，开尔文发表了《论热的动力理论》，系统阐述了修改后的热力学理论。文中第一次提出热力学第一定律和第二定律的概念，开尔文将第二定律表述为：从单一热源吸取热量使之完全变为有用的功而不产生其他影响是不可能的。这个表述，等价于第二类永动机不可能造成。所谓第二类永动机，是人们假想的一种机器，这种机器能够将从外界获取的能量全部转化为有用功，当时有人设想这种发动机单靠从海水或土地中吸收热量而做功。

1854年，克劳修斯又发表了《论热的机械理论的第二原理的另一形式》，给出了热力学第二定律的数学表达式。1865年，他发现，一个系统的热含量与其绝对温度之比，在系统孤立（不与外界发生能量交换）之时总是会增大，在理想状态下将保持不变，但在任何情况下都不会减少。克劳修斯将之命名为"熵"。热力学第二定律因而被说成是熵增定律。熵其实是能量可以转化为有用功的量度。熵越大，则能量转化为有用功的可能性越小。这样克劳修斯就将热力学的两个定律表述如下：第一定律，宇宙总能量是守恒不变的；第二定律，宇宙的熵趋向于一个最大值。

热力学第二定律直接导致了所谓"宇宙热寂说"。由于宇宙中的能量转化为有用功的可能性越来越小，宇宙中热量分布的不平衡逐步消失。最后，整个宇宙就将达到热平衡状态。不再有能量形式的变化，不再有多种多样的生命形式，宇宙在热平衡中达到寂静和死亡。

热力学第二定律的历史性突破在于，它突出了物理世界的演化性、方向性和不可逆性，给出了与牛顿宇宙机器图景完全不同的世界演化图景。虽然这个演化是向下的、越来越糟的演化，它与进化论所揭示的生命世界里向上的、越来越高级的演化形成对照，但它们共同发展了"演化"概念，深化了人类对宇宙的认识。"发展"和"变化"的概念越来越成为新自然观点的主题。

热力学的研究为热机的发展提供了新的理论基础。1862年，法国工程师德罗夏（1815—1891）提出了内燃机的4冲程原理。1876年，德国工程师奥托（1832—1891）试制成功第一台内燃机。19世纪70年代末，内燃机与电机大行其道，成为第二次工业革命的核心。

■ 第二节　天文学的新发展

近代自然科学全面发展的发端依然是天文学领域。1755年，德国哲学家康德（1724—1804）发表《自然通史和天体论》，提出了关于太阳系起源的星云假说，认为太阳系是由同一个星云物质在万有引力与斥力的作用下凝聚而成的。康德的星云假说，第一次把自然界看成是一个发展和变化的过程，打开了形而上学自然观的第一个缺口。虽然这只是一种哲学思辨性的假说，当时没有对自然科学产生直接的影响，但其演化发展的科学思想对于此后的科学产生了巨大的影响。

18、19世纪，伴随着物理学，尤其是牛顿力学的确立，以及观测手段的改进，天文学的观测视野也在逐渐扩展，天文学领域获得了一系列发现，观测视野更从太阳系拓展到了银河系。而天体物理学的兴起则让天文学家开始了对天体进行光谱研究与分类的新探索。人类对宇宙天体的认识有了质的飞越，对宇宙的认识又跨入了一个新阶段。其中，18世纪的天文学有两方面的发展。

首先是，在牛顿力学基础上，用分析的方法研究太阳系的力学运动规律，形成了天体力学。法国的数理科学家们贡献最大。拉普拉斯的《天体力学》达到了数理天文学的又一高峰。其次，英国的天文学家在天文观测方面又有新的进展，其中突出的有布拉德雷发现了光行差，赫舍尔发现了天王星和双星。19世纪，随着光学由几何光学向物理光学的发展，以光学仪器为主要观测工具的天文学也由方位天文学进入了天体物理学。

一、拉普拉斯：天体力学集大成者

天体力学是研究所有固态、液态和气态天体在各种自然力作用下运动的学科。牛顿的万有引力定律解决了行星运动的轨道问题，但远没有解决太阳系内所有的力学问题。严格地说，他只考虑了两个天体在引力作用下的运动问题，即所谓二体问题。然而，太阳系内有许多个天体，它们之间均存在着引力作用，多个天体之间在相互的引力作用下会有什么样的运动呢？这是个相当复杂但又十分现实的天体力学问题。只考虑二体情况，必定不能与天体的实际运行情况相符。由于月球运动对于航海定向十分重要，因此以月球运动为特例的三体问题提到了首要位置。数学力学家们首先尝试以月球为例解决三体问题。

与二体问题相比，三体问题要复杂得多。用已知的解析方法根本不可能一般地解决三体问题，只可能就某个特殊情形找近似解。欧拉（1707—1783）最先就月球问题发展了天体力学中的摄动方法。所谓摄动方法，是将三体问题化为一个二体问题加一个摄动，第三个天体的作用通过对二体轨道摄动修正的方式出现。达朗贝尔（1717—1783）和拉格朗日（1736—1813）都对摄动理论做出过贡献，但天体力学最重要的成就属于拉普拉斯（1749—1827）。

拉普拉斯于1749年在法国博芒特出生。1773年，刚刚24岁的拉普拉斯被选为科学院的副院士。从这一年开始，他致力于用艰深的数学解决太阳系内的多体力学问题，其中包括太阳系的稳定性问题。经过了20多年的研究，拉普拉斯开始系统整理自己在天体力学方面的研究工作，写作《天体力学》这部巨著。该书1799年出版了前两卷，论述了行星的运动、它们的形状以及潮汐。1802年出版了第三卷，论述摄动理论。1805年出版第四卷，论述木星四个卫星的运动及三体问题的特殊解。第五卷于1825年出版，补充了前面各卷的内容。这部著作汇集了天体力学自牛顿以来的全部成就，被誉为那个时代的《至大论》。他也因这本大书而被称为法国的牛顿。

在《天体力学》出版之前的1796年，拉普拉斯出版了一本完全没有数学公式的著作《宇宙体系论》，概述了《天体力学》的基本思想。在《宇宙体系论》的附录里，他提出了太阳系起源的星云假说。太阳系里的所有行星的运行，方向完全相同，而且轨道面大致在同一个平面内，这是一个引人注目的特征。拉普拉斯猜测，太阳系可能起源于一团旋转着的巨大星云。由于引力作用，星云气体不断收缩，较外围的星云因离心力的作用保持在外轨道上绕中心转动，并且自身继续在引力作用下收缩成行星。星云的核心则收缩成太阳。这一假说很好地解释了太阳系的旋转方向问题，轰动了科学界，人们这才想起40多年前康德提出的类似的星云假说，于是把它们合称为康德—拉普拉斯星云假说。

二、布拉德雷与光行差

开普勒的行星绕日运行规律和牛顿力学的成功使越来越多的人接受哥白尼的日心体系，但作为日心地动学说关键证据的恒星周年视差一直没有被观测到。有些著名的观测天文学家如老卡西尼（1625—1712），直到1712年临终前都不同意哥白尼的学说，原因也是未观测到恒星周年视差。整个18世纪，观测天文学都在致力于发现这个至关重大的视差。

在寻找恒星视差的天文学家中，有一位来自英国的布拉德雷（1693—1762）。在探索视差的过程中，他发现了另一种恒星视位置的变化——光行差。当某颗恒星所发出的光沿某个方向以某种速度落到地球上时，随地球一起围绕太阳运行的望远镜也必须向地球前进的方向稍稍倾斜，才能使光线笔直地落到透镜上。这个倾斜角度就是"光行差"。

布拉德雷的早期理想也是观测恒星周年视差。按照哥白尼的日心体系，地球每年绕太阳一周公转，地球上的观察者必定可以看到较近的恒星相对于较远的恒星背景有一个周期性的位移，位移的方向与地球轨道的向径相平行。1725年，布拉德雷利用一台212英尺长的望远镜确实发现了恒星位移。观测结果表明，通过格林尼治天顶的天龙座的一颗恒星每年有约20弧秒的微小周期性位移。但奇怪的是，该位移的方向并不像预想的那样与地球轨道向径平行，而是垂直，相差90度。

布拉德雷很久想不通这是怎么一回事。到了1728年，有一天他在泰晤士河上划船，发现船上的旗帜飘动的方向不仅取决于风向，还取决于船前进的方向，这启发他解开了那奇怪位移之谜。他称那个20弧秒的位移为光行差。

道理现在说来很简单，在一个完全没有风的下雨天，人们由于走动就必须将伞稍微向前倾斜一定的角度才能将雨完全挡住。这个角度只取决于雨的下落速度和人的步行速度。由于地球在运动，而光速又是有限的，遥远的星光到达地球也使得望远镜有一个小小的倾角。正是这个倾角导致了一年之中恒星的视位移，而位移的方向恰好与地球轨道的径向垂直。

根据光行差的大小，布拉德雷可以重新计算光速。17世纪丹麦天文学家罗伊默曾经依据木卫食推算过光速。这次布拉德雷可以得出更准确的数值，结果表明罗伊默的光速值基本上是准的。光行差的发现不仅证明了地球是运动的，而且也提供了测量光速的另一种方法。

布拉德雷虽然没有发现恒星周年视差，但证明地球在运动的目的已经达到。由于恒星出人意料的遥远，恒星周年视差又过了100年才被发现。

三、威廉·赫舍尔的天文观测

18世纪最伟大的天文观测家当推弗里德里希·威廉·赫舍尔（1738—1822）。他1738年1月15日生于德国的汉诺威。成年之后不愿当兵来到了英国。赫舍尔是一位音乐家，但星空的旋律一样使他着迷。开始他读了一本光学书籍，决定按书上所说自己做一架望远镜。他买不起昂贵的镜片，便自己动手磨制。经过反复试验，终于造出了一架比较满意的望远镜。1772年，他回到汉诺威，将他的妹妹卡罗琳·赫舍尔（1750—1848）接到了英国。卡罗琳也是一位天文爱好者，后来协助其兄长做出了许多伟大的发现，是历史上第一个女天文学家。兄妹二人一起亲自动手磨制镜片、改进望远镜，终于在1774年造出了当时最好的反射望远镜。

有了最好的望远镜，赫舍尔决定系统地观测整个天空里的每一样东西。像当时所有的天文观测者一样，他最先想做的是发现恒星的周年视差。伽利略曾经提出过一个观测周年视差的方案，即特别观测那些成对的恒星之间位置的变化。这些成对的恒星亮度不同但又挨得很近，表明它们与地球的距离不同，但几乎处于同一条视线，因而很适合观察它们相对位置的变化。这种星对称为双星。赫舍尔对伽利略这个方案印象很深，决定通过观测双星寻找恒星周年视差。

1. 天王星的发现

在寻找双星，以便观察周年视差的过程中，赫舍尔无意中有了一个大发现。

那是在1781年3月13日，正当赫舍尔用望远镜在金牛座搜寻恒星时，一颗"星云状恒星或者彗星"显出了圆面。很显然，它不可能是一颗遥远的恒星，因为没有任何一颗恒星能在望远镜里显出圆面。在望远镜里，恒星只可能增大亮度。过了几天，这颗星相对于周围恒星出现移动，这就说明它是太阳系里的天体。赫舍尔起初认为它是一颗彗星，并作了报道。但后来发现，它像行星那样有明朗的边缘，而且进一步观测表明，它的运行轨道像其他行星一样近似一个圆。赫舍尔终于确认并宣布，它是土星轨道之外的太阳系内又一颗行星。

这是人类自有史以来第一次发现新的行星。其实，这颗新行星从前也被人们看到过，但都被误认为或是恒星或是卫星而忽视。只有赫舍尔的望远镜才将之显出一个圆面，证实了它的真实身份。像前面五大行星一样，天文学家用希腊神话中天神乌兰纳斯（Uranus）来命名这颗新星，中文译为天王星。天王星的发现引起了极大的轰动，赫舍尔也因此而声名大振。发现天王星当年，皇家学会接纳他为会员，并颁发科普利奖章。

2. 对恒星的系统观测

哥白尼的日心说自1543年发表之后，太阳系的中心从地球移到了太阳，尽管这对人们认识宇宙的视野产生了很大的影响，不过，恒星作为遥远的"恒星天"在相当长的时间里仍被人们视作一些遥远的光点，而未能引起更多的研究兴趣。在哥白尼之后的大约200年间，尽管有一些天文学家也对恒星进行了观测，但都显得十分零星，而未能形成体系。直到18世纪后叶，威廉·赫舍尔在其胞妹卡罗琳的帮助下开创了恒星天文学，这种情形才得到了改变。

在对恒星的观测研究中赫舍尔家族扮演了重要的角色。这包括第一代威廉·赫舍尔与卡罗琳·赫舍尔兄妹以及威廉的儿子约翰·赫舍尔（1792—1871）。

威廉·赫舍尔兄妹用自己磨制的当时最好的望远镜系统地观测整个天空里的每一样东西。在通过观测双星寻找恒星周年视差过程中，赫舍尔详细记录了所观测到的双星在天空的位置，虽然一直没有观测到恒星的周年视差，但对双星的观测和记录却使他成为"恒星天文学之父"。1782年，赫舍尔发表了天文学历史上第一部双星星表，共记载269组双星、三合星和聚星，其中双星

227对。三年后，即1785年，赫舍尔发表了第二部双星星表，共记载434组双星、三合星和聚星。虽然双星发现得越来越多，但就是没有发现恒星的周年视差。也有意外的收获。赫舍尔发现，有些双星未必只是看起来成双，其实就是成双的。它们之间有相互的绕动。这种绕动再一次证实了万有引力定律在宇宙空间也是成立的，因为根据引力定律，相互吸引的天体必定作绕公共质心的旋转运动。

除了对双星的观测之外，赫舍尔的另一个重大贡献是在对恒星计数的基础上对银河系结构进行了较早的探索。他与卡罗琳合作，选定天空背景上均匀分布的1083个区域，将望远镜对准其中的每一区域，将恒星计数的极限星等一直推到12星等的暗端，记下每个区域各个星等恒星的数目。1785年，赫舍尔向皇家学会提交了题为《论星空的结构》的论文，提出了第一个利用天文观测资料作出的银河系结构模型。1817年，赫舍尔又发表了论文《根据天文观测和实验对天体在空间的局域分布的研究以及对银河系的组成和状态的测定》，对1785年银河系模型做了修订，确认银河系为一扁平、空间有限的恒星系统，太阳居于其中，但银河系的直径比他之前预计的大得多，却还不能测出大小。

尽管赫舍尔的银河系图景与今天人们所知的银河系相去甚远，但赫舍尔的工作依然有其重要和特别的意义，因为正是由他开始，人类对宇宙的认识从太阳系扩展到了银河系。

赫舍尔在搜寻天空时，还开创了对星团和星云的研究。在计数中，他发现，有些区域中恒星密度明显高于其他区域，这意味着该地区的恒星有成团现象。在他的高倍率望远镜下，从前被认为是星云的天体，现在显示成一群恒星。但他也认识到，有些星云是不可分解的。

1783年，赫舍尔分析了7颗恒星的固有运动，推测太阳正向武仙座方向奔行。以后，在更多观测事实支持下确认了这一推测。太阳自行的发现，破除了太阳是宇宙固定不变的中心的观念。

赫舍尔的天文观测主要得益于他自制的望远镜。他一辈子都没有停止过改进和制造新的望远镜。1792年威廉·赫舍尔的儿子约翰·赫舍尔出生，后来也是英国著名的天文学家。1821年，赫舍尔与儿子一起创建了英国皇家天文学会，并成为第一任会长。1822年8月25日，赫舍尔在英国斯劳去世，终年84岁。巧合的是，赫舍尔所发现的天王星的公转周期也是84年。

四、探索南方恒星天空

由于近代天文学是在欧洲发展起来的，而且，在天文学发展的早期，欧洲人去往赤道以南并不那么容易，因此，南半球的星空在相当长的时间里并未成为欧洲天文学家们观察的对象。在皇家天文学家斐然·法罗斯（1789—1831）于1821年到达好望角之前，那里从来没有公共天文台。

不过，在好望角天文台建立之前，已有一些欧洲人相继越过赤道，在南半球进行了一些天文观测。其中最著名的一位天文学家就是哈雷。早在1677年，他就赴南太平洋的圣赫勒拿岛，并在那里停留了大约一年时间从事观测。在欧洲天文学家的南天观测活动中，欧洲海外殖民扮演了重要角色。当时，圣赫勒拿岛是被英国东印度公司作为往返途中的一个小站来用的。国王在人们的劝说下，要求东印度公司给哈雷和他的同事们以自由通行的权力，而哈雷的父亲则答应负担整个探险的费用。

在圣赫勒拿岛的一年的观测，使哈雷最终完成了一份包括350颗恒星的星表。利用这些观测结果，哈雷还发现了恒星自行。1718年，哈雷将他所编制的南天星表与一千多年前托勒密星表进行对比研究，结果发现其中至少有四颗星的位置是不同的，哈雷对此提出的解释是，恒星并非固定不变，而是有着它们自己固有的运动。的确如此。所有的恒星都在运动，它们沿垂直于视线方向上走过的距离，表现为在天空背景上位置的改变，这就是恒星的"自行"。

1750年，法国天文学家拉卡伊（1713—1762）神父赴好望角进行观测。1757年，他公布了在南天观测到的近4000颗最亮的恒星，而他对南天10000颗恒星观测的大星表则发表于他去世后的1783年。这是第一个记载有许多肉眼看不见的星的星表。拉卡伊还第一次观测到许多南天的恒星，取了14个南天星座的名称，沿用至今。

另一位对南天进行过细致观察的著名天文学家是约翰·赫舍尔，他正是威廉·赫舍尔的儿子。1833年，约翰受皇家学会资助来到好望角天文台开始其观测活动，共发现2102个双星、1707个星云和星团，他还在南天3000个均匀分布的选区共计数68948个恒星。1864年，皇家学会发表了载有5079个天体的全天星云星团总表，以及载有10300个双星的全天双星总表，这是赫舍尔一家对天文学的重要贡献。威廉姆·斯特鲁维（1793—1864）曾说，对天空星云的研究看上去"几乎是赫舍尔家族独享的领域"。

五、小行星带的发现

在太阳系中，水星、金星、火星、木星、土星是不同文明的人们很早就已发现了的。观察五大行星的绕日轨道分布，人们就会注意到，火星与木星轨道之间的一大片间隙与其他几个行星轨道间隔相比很不成比例。对和谐宇宙非常敏感的开普勒曾想到这个巨大的间隙可能存在未被发现的行星。

这个困惑了人们一二百年的问题在进入18世纪之后一步步地获得了解答。1702年，牛津大学教授戴维·格里高利（1659—1708）在其出版的《天文学原理》中提到，在太阳系中，由内到外人类已知的行星水星、金星、地球、火星、木星、土星的轨道半径大致与数字4、7、10、15、52、95成比例。1766年，德国魏登堡大学的物理学家提丢斯（1729—1796）在将法国自然主义者查尔斯·博内特（Charles Bonnet，1720—1793）的《沉思自然》译成德语时，把格里高利的15换成16，95换成100，从而使得那些数字分别等于4、4+3、4+6、4+12、4+48和4+96。观察这一组数列就会发现，其中少了一个4+24，当时已知的行星没有一个与之相对应。

1772年，这部著作译本的第二版被另一位德国天文学波得（1747—1826）注意到。波得在其著作《天文学导论》中介绍了这一规律，并相信在火星与木星间隙带上存在着一颗尚未发现的行星，其与太阳的距离约为4+24单位。起初，提丢斯与波得的行星轨道半径数列并没有得到太多的关注。1781年，赫舍尔发现了天王星，这颗行星的轨道与太阳的距离恰好是4+192单位，也符合提丢斯与波得的行星轨道半径数列规律，于是人们对这一规律产生了极大的兴趣，这一规律后来被称作"提丢斯—波得定则"。人们更加相信，在距离太阳4+24单位的地方，一定隐藏着什么秘密。

1801年的元旦之夜，意大利西西里岛天文台台长皮亚齐（1746—1826）在对金牛座进行巡天观测时发现了一颗他从没见过的星体，通过连续几天的观察，他发现这颗星总是在不断地发生位移，这说明它应该属于太阳系，而不是一颗恒星。在最初的时候，人们都理所当然地认为这颗新发现的星是一颗大行星，而且它正好位于4+24单位的环带上。皮亚齐为它命名"谷神星"。3月间，德国的天文爱好者奥伯斯（1758—1840）也发现了一个颇为相似的天体，他为它取名智神星。无论是谷神星还是智神星，它们的直径都很小，赫舍尔为此建议称它们为小行星。1807年，天文学家们又先后发现了婚神星和灶神星。1845年，当天文爱好者亨克（1793—1866）发现了第五颗小行星——义神星时，天文学家们终于意识到，小行星并不只有一两颗，而是有许多颗分布在火星与木星轨道之间，形成了小行星带。到1891年的时候，人们发现的小行星已多达300余颗。

六、恒星周年视差的发现

哥白尼体系提出以来至关重要的一个观测证据，恒星的周年视差，经过两个多世纪的努力，终于在19世纪上半叶被发现。18世纪英国天文学家布拉德雷没能发现周年视差，但却意外地发现了光行差。它所达到的精度相当于在10km远处看一根米尺，但这个精度对于周年视差来说还是不够的。

1834年，德裔俄国物理学家斯特鲁维（1793—1864）将新制的天文望远镜对准了北天最亮的织女星（天琴座阿尔法星）。经过3年的周密观测，他终于发现织女星有0.25角秒的周年视差。大致在同一时间，德国天文学家白塞尔（1784—1846）发现，天鹅座61号星有0.35角秒的视差，英国的亨德森（1798—1844）则观测到半人马座阿尔法星有0.91角秒的视差。这第一批视差的测定属白塞尔的最为准确，织女星和半人马座阿尔法星的准确视差值应为0.13和0.76。虽然有这样大的误差，但其成就依然是巨大的。观察0.25角秒的视差，就像看20km之外的一枚硬币。这样小的尺度，难怪天文学家几个世纪都没有发现。

恒星周年视差的发现不仅彻底证明了地球的运动以及哥白尼日心地动学说，还测定了恒星与地球的距离。半人马座阿尔法星的视差最大，因而是离地球最近的一颗恒星，被人们称为比邻星。它与地球的距离是日地距离的272000倍。如果把空间统一缩小，使地球与太阳的距离变成1m，那么太阳将成为一粒直径为1cm的小玻璃球，几个大行星均成了肉眼几乎看不见的微粒。冥王星在40m远处绕太阳运行，而比邻星却在270km以外的地方。这幅缩小了的图景，使我们意识到在浩渺的宇宙空间中，太阳系是何等的微不足道。

七、海王星的发现

海王星是19世纪中期天文学的一项重大发现，是牛顿万有引力的最好证明，同时显示了天体力学的巨大威力。由于它是先被理论计算出来，而后根据计算出来的位置得以发现，因此也被称作"笔尖上的发现"。

在太阳系中，假如每颗行星都只受到太阳引力的作用，那么它们就会严格地沿椭圆轨道绕太阳运行。但是，所有行星彼此之间也在互相吸引着，由于这种引力而产生了所谓的"摄动"，它使行星的轨道偏离了理想的轨道。到了19世纪初的时候，有关摄动的研究进行得相当深入，天文学家们已经能够准确地预告行星在未来时刻的位置。对于赫舍尔1781年偶然发现的天王星后，天文学家就是这样根据天体力学给它编制了星历表。但实际观测发现，理论计算位置与实际测量位置偏差很大。

对于这一异常现象，当时有两种截然相反的观点。有些人怀疑万有引力定律可能并不普遍适用，牛顿定律对于那些远离地球的天体也许并不可靠。另一些人则提出，并非万有引力定律不适用，而是在天王星之外可能还有一颗未知的行星，正是由于它的摄动作用，天王星才偏离计算的轨道，使理论计算位置与实际测量位置产生偏差。在持后一种意见的天文学家中，最著名的有德国数学家和天文学家白塞尔。他曾因测量恒星的周年视差而誉满世界，他的看法因而也被认为有着重要的权威性。

白塞尔的看法虽然有道理，但如何才能找到那颗预想中的行星呢？星海茫茫，用望远镜满天搜寻无异于大海捞针（这也是赫舍尔"偶然"发现天王星的原因）。一个可能的办法，就是先假定该星的一些数据，比如质量、运行轨道等，在这样的条件下运用天体力学计算它对天王星的摄动，再将计算结果与天王星的实际运行表对照。如果不符合再修改数据，再计算、核对、修改，直至计算结果与实际运行吻合为止。可想而知，这个笨办法的计算量十分巨大，加上人们对是否真有这么一颗新行星没有把握，所以，只有极少数人进行了搜寻新行星的工作。

最先从事这一工作的是当时尚在英国剑桥大学读书的亚当斯（1819—1892）。1845年9月，亚当斯计算出这颗未知行星的轨道，他断言宝瓶座中一颗9等暗星就是人们要寻找的那颗行星。但当他分别向剑桥大学天文台台长查利斯（1803—1882）和格林尼治天文台台长艾里（1801—1892）报告之后，却没能引起两位台长的重视。直到第二年7月，查利斯才开始动手寻找这颗未知行星，由于他手头没有该天区完备的星图，加之观察得不够仔细，尽管新行星曾经两次经过他的望远镜视场，但他却未能发现。

就在亚当斯计算新行星轨道的同时，法国天文学家勒维烈（1811—1877）也在进行同样的工作。1846年8月31日，勒维烈完成了对新行星轨道和大小的计算，发表了题为《论使天王星失常的行星，它的质量、轨道和现在位置的确定》的论文，其结论与亚当斯基本相同。勒维烈将论文提交巴黎科学院。由于巴黎没有那一天区的详细星图，他又于当年9月18日将论文寄给了柏林天文台的天文学家伽勒（Johann Gottfried Galle，1812—1910）。他在给伽勒的信中写道："把您的望远镜指向宝瓶星座，黄道上黄经为326度处，在这个位置1度的范围内定能找到新的行星。这是一颗9等星，它具有明显的圆面。"1846年9月23日，伽勒在收到勒维烈信的当晚便根据勒维烈的预言在天空中找到了这颗新行星，经过几天的观测，他证实这颗行星的确是一颗新行星。后来人们将这颗行星被命名为海王星。

这一次的发现比上一次天王星的发现更富有戏剧性、更加激动人心。它不是观测天文学家偶然发现的，而是数学家"笔尖上的发现"，因而引起了更大的轰动。剑桥大学天文学史家米歇尔·霍斯金（1930— ）对海王星的发现有评价云："1846年对海王星的发现是牛顿力学成功的巅峰：两位天文数学家坐在他们的桌子旁，通过天王星与其预期轨道的偏离计算导致这一现象的原因，最后精确地找到罪魁祸首的下落。而在此之前，人们从未想到过这颗行星的存在。"

海王星发现之后，也出现了类似的摄动反常现象。1915年，美国天文学家洛韦尔（1855—1916）预言海王星之外还有一颗行星。这颗行星于1930年被发现，命名为冥王星。太阳系里还有没有新的行星呢？现在还没有最终的结论。

18、19世纪是牛顿万有引力定律以及建立于其上的天体力学大出风头的年代，直到它遭遇了水星进动问题。天文学家们试图用万有引力来解释水星进动，但却遭遇了失败。而这个19世纪遗留下来的难题直到爱因斯坦的相对论问世后才终获解决。

八、天体物理学的兴起

天体物理学的产生依赖于三种光学方法的使用：分光学、光度学和照相术。这些方法与照相术相结合，使考察恒星的温度分布、物质构成、物理结构和演化规律成为可能。基尔霍夫根据太阳光谱指出，金属在太阳大气中呈气体状态，说明那里温度非常之高。太阳发光光球发连续光谱，表明内部温度更高。太阳黑子只是其中温度较低的部分。对太阳的研究是天体物理学诞生以来第一个成就。在此之前，人们根本不知道太阳是一个高温的发光球。著名的天文学家阿拉果甚至认为太阳上面可以住人。

对恒星的分光研究大大丰富了对恒星物理特征的了解。按照光谱特征，赛琪将恒星分成四类：白色星、黄色星、橙色和红色星、暗红色星。他相信这四类恒星的表面温度是不同的。正向对生物物种的分类导致了对进化事实的发现一样，恒星的分类不久也导致了对恒星演化问题的研究。

英国天文学家哈金斯（1824—1910）将太阳光谱的认证工作推广到了恒星领域。1863年，他发现在许多亮星里有属于钠、铁、钙、镁等元素的谱线，表明遥远的恒星的化学组成并非与地球完全不同。此外，他还从光谱研究中得出了恒星运行的速度。这是天体物理学发展早期的又一项重大成就。这项成就主要基于多普勒效应理论。

哈金斯正是利用谱线的微小位移得出了恒星在视方向（光线的方向）的运动速度：如果光谱向红端移动（频率变小，波长变长），则说明恒星在离开我们；如果光谱向紫端移动（频率变大，波长变短），则说明恒星在向我们奔来。

■ 第三节　地质渐变论的建立

近代采煤业和采矿业的发展，丰富了人们的地质知识，也客观上要求科学地了解地球的地质状况。大量化石的发现，最终导致了地质学的出现。地质学是关于地球的物质组成、内部构造、外部特征、各层圈之间的相互作用和演变历史的知识体系。人们虽然对化石的成因、河流的形成、海陆变迁、古气候变化以及岩石矿物等方面早有论述，但地质学真正作为一门独立学科却是从18世纪后半叶开始的。

一、地质成因的水火之争

希腊时代的地理学家色诺芬尼（约公元前570—前480）已经知道化石，并且认识到化石是古生物的遗迹。近代以来，发现的化石越来越多，形态越来越丰富。神学家们解释说，化石是上帝创造生物时留下的废品。真正的科学家却难以相信这些编造的神话。达·芬奇曾研究过化石，认为化石是古生物的遗体。他猜测，那些高山地层中的化石可能是今天海洋生物的祖先，由于地质运动，当年的海洋变成了今天的高山。17世纪出现了近代第一位真正的地质学家斯台诺（1638—1687）。这位意大利的医生在行医之余热心于化石研究，通过他所擅长的比较解剖研究，发现了化石与现代生物之间的相似之处，有把握地得出了化石是古生物遗迹的结论。

化石分布的奇异性，特别是海生生物的化石出现在高山地层的现象，引起了17世纪地质学家的高度注意。英国的医学教授伍德沃德（1665—1728）依据《圣经》中的摩西大洪水的说法，提出了地质构造的水成论。伍德沃德认为，海生生物化石之所以出现在高山上，完全是大洪水冲积的结果。在出版于1695年的《地球自然历史试探》一书中，他系统地阐述了洪水泛滥对于地层变化的影响，提出了地层的沉积理论。

英国的植物学家雷伊（1627—1705）不同意水成论。他认为，生物化石在地层中新老叠加、一层一层地堆积，用洪水的一次冲积是不能解释的。因此他提出，地层的形成是地球内部火山运动的结果。由于火山的不断爆发，地面上便形成了一层又一层熔岩，每一层中都有生物的遗体，即化石。这就是所谓的火成论。他用地球内部的多次火山爆发而不是一次大洪水来解释地质结构的形成。

到了18世纪，随着地质考察活动的大规模发展，人们掌握了更多的地质知识。水成论和火成论分别掌握了更多的实证材料作为自己的证据，同时也不断修正和补充自己的理论。德国地质学家维尔纳（1749—1817）使伍德沃德的洪水冲积说更为系统、精细。维尔纳认为，地球最初是一片原始海洋，所有的岩层都是在海水中通过结晶、化学沉淀和机械沉积而形成的。通过结晶形成的原始岩石里没有化石，是最古老的。通过沉淀形成的岩石只有少量化石，而通过沉积形成的岩石所含的化石最多。维尔纳的水成论有其岩石学基础，但他更多地注意岩石中的矿物而不是其中的化石。他的水成论也没有解释原始海洋后来是怎么消失的。

维尔纳的学说遭到了英国地质学家赫顿（1726—1797）的反对。在对苏格兰山脉的地质考察中，赫顿发现，那些结晶型的岩石并不像维尔纳所说的在水中结晶，而是熔岩冷却的结果。这使他对水成论产生了怀疑。1785年，赫顿在爱丁堡皇家学会上宣读了他的第一篇地质学论文。文中论述了他的火成论思想。1795年，他出版了《地质学理论》一书，系统阐明了火成论的地质理论。

赫顿认为，地球内部是火热的熔岩，当它们从地缝中迸发出来时就成了火山。熔岩冷却后固化，就形成了结晶岩。结晶岩的表面是沉积岩。沉积岩是地球的内热与地面陆地和海洋的压力相结合形成的。沉积岩的多层次反映了地质形成时间的极度漫长。赫顿相信，地球内部的热量是造成地质变化的主要动力，因此，他属于已有的火成论传统。但他又强调地质变化得异常缓慢，所以是日后渐变论的先驱。

赫顿的地质演化学说与《圣经》显然不相符合，因而遭到了神学家和信教的地质学家的反对。此外，持水成论的学者也从学理上对赫顿学说提出质疑。维尔纳的学生们就认为熔岩不会固化成晶体。赫顿的朋友、爱丁堡的业余科学家霍尔（1761—1832）为此专门做了一个实验。实验表明，让熔融的玻璃非常缓慢地冷却就会变成不透明的晶体，只有快速冷却才能制成透明的玻璃。以熔岩做实验，情况依然如此。这就反驳了维尔纳派的质疑。

二、灾变论与渐变论

1790—1830年间被称为地质学上的"英雄时代"。这一时期，在大量积累资料的基础上，关于岩石的成因及其运动变化规律、地层的排列顺序及其演化历史的理论也相继建立起来，早期的水成论与火成论之争演化成了灾变论与渐变论之争，地球缓慢演变的渐变论思想最终取得了胜利。

1. 灾变论

灾变论的提出者是法国科学家居维叶（G. Cuvier，1769—1832），一位杰出的动物学家和古生物学家，是比较解剖学的创始人。他创造了比较解剖学中的动物肢体的系统性原则和类比性原则，运用这两个原则，可以由动物残存的骨骼神奇地推知其他的骨骼，从而复原整个动物体。他在这方面的能力使同时代人赞叹不已。居维叶在比较解剖学上的卓越建树，使他在古生物学领域大展其才。古生物学的所有证据都在化石里头，而化石往往是残缺不全的。在这里，正需要居维叶的比较解剖学方法。他辨认了150多种哺乳动物的化石并首次对化石进行分类。他发现，不同地层中的生物化石显现出明显的不同。地层越古老，化石越简单；地层越年轻，化石越复杂、越接近现存生物。这事实本来可以使他走向进化论，但他是一位顽固的宗教信徒，物种不变论的坚决信奉者，他提出了"灾变说"来解释这些现象。

居维叶认为，在地球的历史上多次出现过局部地区的自然环境的灾变，如洪水，地震等。每次灾变都将当地生物全部灭绝，其遗骸在相应地层中形成今日所见的化石。灾变过后，从地球上其他地方迁移过来一批新生物。由于不同地方的生物有所不同，导致了同一地区不同地层中生物化石的不同。他推测，历史上共发生过四次灾变，其中最近的一次就是《圣经》上所说的发生于五六千年前的诺亚洪水。由于灾变说符合人们习以为常的《圣经》故事，因此在当时拥有广大的支持者。

2. 渐变论

英国地质学家赖尔（1797—1875）继承和发展了赫顿关于地球在地热作用下缓慢变化的思

想，提出了渐变论。

赖尔生于苏格兰一个贵族家庭，1819年毕业于牛津大学。他本来是学法律的，但他在大学期间对地质学很感兴趣，特别是听了牛津大学地质学教授巴克兰的地质学讲演之后，对之更加着迷。巴克兰也很喜欢这位年轻人，多次带他外出搞地质考察。这个时期，受巴克兰影响，赖尔是一位水成论者。大约在1825前后，赖尔接触到了赫顿的火成论以及拉马克的进化学说，加上更进一步的实地考察，他逐渐接受了赫顿提出的地球在地热作用下缓慢变化的地质渐变的思想。1828年，他来到意大利的西西里岛，考察了著名的埃特纳火山，形成了地质形态在多种自然力作用下缓慢变化的思想。

从1829年开始，历时3年，赖尔将自己的思想记录在3卷本的《地质学原理》中。在这部划时代的著作中，赖尔提出地球缓慢进化的"渐变论"，驳斥了当时居维叶所主张的"灾变论"和他的继承者所宣传的神创说。他指出，地壳的变化不是突如其来的灾难性的剧变，而是在漫长历史进程中由于内力（地震、火山）和外力（风、雨、雪、温度变化等）的长期作用而缓慢发生的。该书的出版，产生了巨大的影响，赫顿的思想被广为传播，地质渐变的思想逐步深入人心。赖尔的渐变论观点，与康德关于太阳系形成的星云假说一样，是打破形而上学自然观的重要科学根据。恩格斯说"赖尔才第一次把理性带进了地质学中"，这是对他的观点中所含唯物主义和辩证法思想的高度评价。

■ 第四节　生物进化论的建立

18世纪以前，由于受到研究条件的限制和形而上学世界观的束缚，人们普遍认为物种起源于上帝创造，物种是不变的。到了18世纪，博物学家所积累的物种数目大大增加，生物学客观上面临着由积累材料向整理材料、由经验向理论概括的过渡。这时候，生物分类学出现了，客观上为研究生物进化创造了前提条件。18世纪中叶，法国博物学家布丰（1707—1788）提出物种是可以变化的思想。18世纪后期，出现了生物物种进化的思想。拉马克建立了第一个用进废退、获得性状遗传的进化理论。但是，进化思想并未得到广泛的接受。地质学与生物学中反进化论的灾变说显赫一时。只是在达尔文发表《物种起源》一书之后，生物普遍进化的思想以及物竞天择、适者生存的进化机制才成为学术界、思想界的公论。

一、生物进化思想的起源

1. 生物分类学：林奈

博物学家林奈（1707—1778）认为："知识的第一步，就是要了解事物本身。这意味着对客观事物要具有确切的理解；通过有条理的分类和确切的命名，我们可以区分并认识客观物体……分类和命名是科学的基础。"早在希腊时期，亚里士多德便提出了"属"和"种"的概念，作为生物分类的依据。近代以来，博物学所积累的材料十分惊人。亚里士多德本人曾描述过约500种植物。到1600年，人们知道约6000种植物。但是仅仅过了一百年，植物学家又发现了12000个新种。动物学也面临着同样的材料"爆炸"问题。虽然17世纪有人提出了人为分类法和自然分类法，但均比较复杂，难以操作。另外各地生物命名繁杂混乱。对生物物种进行科学的分类和命名变得极为迫切。到了18世纪，瑞典博物学家林奈建立了人为分类体系和双名制命名法，使生物分类和命名达到了前所未有的高度，客观上为研究生物进化创造了前提条件。

在初版于1735年，以后多次再版的《自然系统》一书中，林奈继承并发展了人为分类法，提出了自己的人为分类体系，首次提出了依植物的生殖器官为依据的植物分类方法。所谓人为分类法，就是依分类者的方便和考虑，选取植物和动物的少数甚至某一个器官的形态特征作为分类标准，将生物物种人为地划分为界限分明的、不连续的几类。在书中，林奈把自然界分为三界：动物界、植物界和矿物界，林奈依植物生殖器官雄蕊和雌蕊的类型、大小、数量及相互排列等特征，将植物分为24纲、116目、1000多个属和10000多个种，将动物分为六大纲（哺乳纲、鸟纲、两栖纲、鱼纲、昆虫纲及蠕虫纲）。引人注目的是，他发现了人与类人猿在身体构造上的相似性，从而将猿类与人归入同一个属。这大概是近代以来首次尝试确定人类在动物界的位置。纲、目、属、种的分类概念是林奈的首创。

发表于1745年的《欧兰及高特兰旅行记》中，林奈提出了他的双名制命名法，并在1753年的《植物种志》一书中全面推广使用。所谓双名制，即所有的物种均用两个拉丁单词去命名。属名在前，种名在后，学名由属名和种名组成。这种命名方式简明而又精确，很快得到了生物学界的公认，结束了从前在生物命名问题上的混乱局面。一开始，林奈坚信物种是不变的。在《自然系统》初版中，他说："由于不存在新种，由于一种生物总是产生与其同类的生物，由于每种物种中的每个个体总是其后代的开始，因此可以把这些祖先的不变性归于某个全能全知的神，这个神就叫作上帝，他的工作就是创造世界万事万物。"但是随着新种、亚种、杂种和变种的不断发现，物种绝对不变的概念也受到了冲击。林奈本人后来还是在一定程度上承认了种的可变性。

林奈自己意识到人为分类体系的局限性。他说："人为分类体系只有在自然体系尚未发现以前才用得着；人为体系只告诉我们辨识植物，自然体系却能把植物的本性告诉我们。"但他又认为，自然体系过于复杂和随意，很难成功地建立。事实上，直到达尔文进化论创立之后，自然体系才有可能真正建立起来。

2. 进化思想的肇始：布丰

18世纪中叶，生物学进入了大发展的前夜。彼此对立的观点分别成熟起来，物种不变与物种可变的两派观点之间对立亦开始形成。林奈可以看成是神创论、物种不变论的代表，而与林奈同时代的法国生物学家布丰（1707—1788）则在生物学中引入了变化和发展的思想。

1739年布丰被任命为皇家植物园园长。正是在这里，他历时50年写出了鸿篇巨制《自然志》。全书共44卷，布丰生前完成了前36卷，后8卷由他的助手整理出版。这可能是自普林尼以来，人类又一次全面描述自然界的各个方面的百科全书式的著作。《自然志》一书的重要意义，不只是表现在科学普及方面的重大影响，更主要的是它里面所表达的自然界的进化思想。布丰不同意林奈的人为分类体系。在他看来，自然界的万事万物基本上是连续分布的，并不存在明显的间断性。所谓纲、目、属、种纯粹是人为引进的，在自然界并不存在这类东西。

在《自然志》中布丰推测地球可能已经存在了75000年，而地球上的生命至少也在40000年前已经出现，这就是极为了不起的创见。因为当时人们依据《圣经》普遍相信，地球及人类都是在大约6000年前被上帝创造出来的。由于观察到某些动物器官已经失去效用（如猪的侧趾），布丰相信物种是可以变化的。如果物种自创生以来一直不变，那么上帝一开始创造这些无用的器官就不可思议了。这样，布丰实际上提出了一种退化的物种发展观。布丰还猜测到生物变异与环境的相关关系，提出了物种可能拥有共同祖先的看法。

3. 拉马克：进化论的伟大先驱

生物学史上，法国博物学家拉马克（1744—1829）率先系统地提出了生物进化理论。1801年，拉马克出版了《无脊椎动物的分类系统》，第一次提出生物进化的思想。在书中，他首创了"脊椎动物"和"无脊椎动物"的概念，并且首次引进了"生物学"一词。1809年，拉马克的巨著《动物学哲学》出版，系统阐发了拉马克主义的进化理论。

拉马克以他在植物学和动物学方面多年的研究为基础，很有分量地提出了物种进化的学说。首先，他认为生物的进化遵循一条由低级到高级、由简单到复杂的阶梯发展序列，植物和动物的分类也应该遵循这种阶梯序列的原则。其次，他认识到，生物的进化并不是严格的直线发展，而是不断分叉，形成树状谱系。谱系树描画了一幅生物界不断进化的图景。

在进化机制方面，拉马克也提出了他独到的见解。他认为有两种力量推动着生物的进化，一是生物体内部固有的进化倾向，二是外部环境对进化的影响。如果只有前者，那么进化将严格地按一条直线进行。但实际的进化机制并不是直线的，而是充满着缺环和分支。这是由环境变化造成的。正是基于这一点，拉马克提出了他著名的获得性遗传理论。拉马克认为，生活环境的变化必引起动物生活习性的变化，生活习性的变化必导致器官机能的变化，最终导致器官形态结构的变化。器官形态结构的变化被遗传给后代，于是逐渐形成了新的物种。一个最著名的例子是长颈鹿。拉马克设想，由于干旱等原因，古代某种羚羊（可视为长颈鹿的祖先）在低处已找不到食物，为了生存，羚羊不得不伸长脖颈去够高处的树叶，这样长期下去，脖颈就会比原来变长一些。这一变化被传给后代，天长日久、日积月累，古代的羚羊就变成了今日的长颈鹿。

拉马克关于进化机制的设想今天看来是错误的。首先，将进化看成是动物意志的产物不能解释许多进化现象。其次，没有什么证据表明获得性确实可以遗传。尽管如此，拉马克还是首次系统地提出进化思想的人。达尔文赞扬拉马克是第一个在物种起源问题上得出结论的人——"他的卓越工作最初唤起了人们注意到这种可能性，即有机界以及无机界的一切变化都是根据法则发生的，而不是神灵干预的结果。"

二、生物进化论的创立：达尔文

酝酿了近一个世纪的进化思想，终于在达尔文（1809—1882）的手中形成了宏大而有说服力的体系。1831年8月，达尔文作为博物学家随英国海军"贝格尔号"舰开始了历时5年的环球航行和科学考察。

在南美洲的东海岸，达尔文目睹了物种随地域分布而变化的明显的规律性：有亲缘关系的物种总是分布在邻近的地域，随着距离的增大，一个物种为另一个物种所代替；两地距离越远，物种的差异越大。在南美西海岸的加拉帕格斯群岛，达尔文发现此处的大部分生物都与大陆上的类似，但各岛又各有自己特有的物种，即使是同一物种，各岛也呈现出微小的差异。例如有一群燕雀，它们之间十分相似，但由于某一器官特征而被划分为14个亚种。这些亚种分布在不同的岛上，而且在世界其他地方似乎也不存在，这是令人惊异的。

这次航行对于达尔文在科学上作出杰出贡献是极为关键的，他"深深地被栖息在南美洲的生物分布的一些事实以及该洲现存生物和古生物在地质上的一些事实所打动"。物种的巨大丰富性和连续性，使达尔文对流行的物种起源的上帝创造论产生了怀疑。他想到为了创造这么多仅有微小差异的生物物种，上帝要花去多少精力。上帝难道会做这样不经济的事情？航行期间，达尔文阅读了随身带着的赖尔的《地质学原理》。赖尔的地质渐变的思想使达尔文产生了强烈的认同感，赖尔所倡导的地质学研究中的比较历史方法给达尔文以深刻的启迪。赖尔的地质渐变思想和达尔文实地考察所接触到的活生生的事实，使达尔文产生了生物逐渐进化的思想。

1838年，达尔文偶然读到了英国经济学家马尔萨斯（1766—1834）的名著《人口论》。马尔萨斯在书中雄辩地证明，如果放任自由不加干涉，人口将以几何级数增长，而粮食只可能以算术级数增长。这种增长比例上的失调，必导致人口过剩。人们之间为争夺食物，必定会发生饥饿、瘟疫或战争等灾难性竞争以消灭过剩的人口。这种人类为争夺食物而导致的灾难性竞争的观点，给达尔文留下了深刻的印象。达尔文意识到，生物界也存在类似地生存竞争，而且这种生存竞争更为激烈，因为生物界的繁殖能力更为巨大。但是只有那些在生存斗争中有适应能力的物种才能存活下来，并得以有最多的后代，不适应的物种被淘汰。这就是自然选择的过程。

贝格尔舰的环球考察已经使达尔文产生了赖尔地质渐变式的生物渐变进化思想，马尔萨斯的著作更使他对自然选择的进化机制有了领悟。1842年，达尔文将他的一些想法写成了一篇35页纸的提纲。1844年，他又写了一个更长的230页的《物种起源问题的论著提纲》。尽管其中以自然选择为基础的生物进化论已经成型，但达尔文感觉材料还不够，论据还不充分，还想等着收集更多的材料和证据，以写出一部卷帙浩繁、证据确凿的进化论巨著。1858年夏天，身在马来群岛的英国博物学家华莱士（1823—1913）寄来一篇论文请达尔文审阅。该文所持的观点跟达尔文的观点相当一致，这使达尔文很吃惊。在地质学家赖尔和博物学家胡克（1827—1911）的主持下，达尔文的论文摘要与华莱士的论文一起发表在1858年的《林奈学会学报》上。这件事促使了达尔文后来加紧工作，终于在1859年发表了不朽巨著《物种起源》。

在这部划时代的著作中，达尔文建立了以自然选择为基础的生物进化论：生物界普遍存在着变异和生存斗争，通过自然选择，适应的物种生存下来，不适的物种被淘汰，物竞天择、适者生存。达尔文的进化论，不仅说明了物种之间的联系，物种是可变的，对生物的适应性也作了正确的解说。达尔文进化论与拉马克的理论相比，除了在资料占有上的巨大差别之外，最本质的不同在于：拉马克主张生物界中普遍存在一种向上发展的趋势，这不符合近代科学的基本精神，迄今为止拉马克的"用进废退和获得性遗传"两大原则仍然未能得到分子生物学的支持；而达尔文用非目的论的进化机制来说明生命世界中普遍存在的目的性现象，现代遗传学从分子尺度上证明了变异的不确定性。达尔文在《物种起源》中广泛引证了生物在人工培养下的进化现象、在自然选择条件下的多样分布、生物化石所呈现的时间上的生物进化现象，以说明在自然选择作用下的物种进化规律。达尔文认为，家养物种起源于少数几种野生物种，但由于物种本身有遗传和变异两种性质，其中对人类有用的变异就在人工选择过程中被保留了下来。人工选择是在一个相对较短的时间内，造就出符合人类需要的物种，达尔文认为，自然界同样也可以在一个相对缓慢得多的时间内，以其自然条件，造就出与各种环境相适应的物种来，而且由于自然条件在地理和历史上的多样性，自然界所造就的物种远比人工造就的多得多。比如长颈鹿，并不是它经常伸长脖子导致它的后代脖子这么长，而是由于变异的缘故，有些鹿生来颈就长一些。这些长颈的鹿因能吃到更多的树叶，所以更能存活下来。漫长的岁月过去了，那些脖子变长的变异因素在生存竞争中总是保持着优势，因而不断积累，终于形成了我们今天看到的长颈鹿。

达尔文进化论的建立，是生物学领域中的一次重大综合，有力地推动了生物学的发展。恩格斯不仅将其称作19世纪自然科学的三大发现之一，还将达尔文的发现与马克思的功绩相提并论，他写道："正像达尔文发现了有机界的发展规律一样，马克思发现了人类历史的发展规律。"达尔文进化论的创立，不仅是生物学中的一次划时代的事件，而且对于唯物主义哲学的发展产生了深远的影响，它摧毁了各种唯心主义的神造论、目的论和物种不变论，并给予宗教以一次沉重的打击。马克思、恩格斯和列宁都对他作了高度的评价，说他"证明了自然界的历史发展"，为辩证唯物主义的自然观"提供了自然史的基础"，并且是"第一次把生物学放在完全科学的基础之上"。

第五节　生物学与医学

由于实验条件的大大改善，作为一门实验科学的生物学在19世纪有了极大的发展，与作为博物学的生物学的大发展合成双璧。进化论的创立是作为博物学的生物学的最高成就，而细胞学说以及微生物学是这个世纪实验生物学的最伟大成就。它们也使实验医学成为可能。

一、细胞学说

早在17世纪，显微镜刚刚问世的时候，物理学家胡克（1635—1694）等人就用显微镜发现了植物细胞，但他们并没有将其看作是植物世界的独立的、活的基本结构单位。17至18世纪，植物学家格外关注植物的分类和植物整体的生理性能研究，而不是关注植物结构的细节。细胞学说的产生，要归功于德国自然哲学的兴起和消色差显微镜的使用。

19世纪初，盛行的德国自然哲学倾向于在有机生命界寻找共同的基本单位，即所谓的生命"原型"。自然哲学学派著名的代表人物、博物学家奥肯（1779—1851）推测生命起始于一种原始的黏液，这种黏液产生出球状小泡，它就是生命的基本单位。虽然这种推测缺乏实验根据，但它启发了人们去从事生命基本结构单位的研究。

19世纪20年代研制成功的消色差显微镜已基本可以消除在观察中出现的色差现象，观察者能够比较清楚地看到细胞本身的结构细节。1831年，英国医生布朗（1773—1858）发现了植物细胞的细胞核。之后，人们在植物细胞中普遍发现了细胞核，而且在动物体内也发现了细胞。虽然细胞的存在已是众所周知的事实，但是各种细胞形态很不一样，名称也很多，人们对细胞的内在结构和功能以及在生物体中所处的地位还不太清楚。细胞学说最终是由德国植物学家施莱登（1804—1881）和动物学家施旺（1813—1878）完成的。

1838年，施莱登发表了《植物发生论》一文，认为细胞核是植物中普遍存在的基本构造。他提出，无论怎样复杂的植物体，都是由细胞组成的。细胞不仅自己是一种独立的生命，而且作为植物体生命的一部分维持着整个植物体的生命。将细胞学说推广到动物界，从而给出最一般的细胞学说的是施旺。1839年，施旺发表了题为《动植物结构和生长的相似性的显微研究》的论文，指出一切动植物组织，无论彼此如何不同，均由细胞组成。所有的细胞无论植物细胞还是动物细胞，均由细胞膜、细胞质、细胞核组成。这样，他就建立了生物学中统一的细胞学说。

细胞学说，从有机体具有基础结构统一性方面对包括动植物在内的生命给予了统一的解释。这一学说标志着细胞学这门学科的兴起，为揭开有机体产生、成长及其构造的秘密奠定了继续前进的基础。也促进了生物学各分科较快的发展。

细胞学说一旦确立，马上在生命科学中显示出生命力。其最显著的成就就是德国生物学家微耳和（1821—1902）在此基础上建立的细胞病理学，为现代医学奠定了基础。微耳和认识到细胞学说可以用来说明疾病现象，因为疾病组织的细胞是由健康组织的细胞慢慢演变而来的。由此，他开创了细胞病理学这门学科。他还发现，细胞并不能由原生黏液自然形成，相反，所有的细胞似乎都是从已有细胞分裂而来。微耳和将之概括为一句名言："一切细胞来自细胞。"这里暗含着"一切生命均来自生命的信念"。从而有力地反对了生命的自然发生说。

二、实验生理学：伯纳尔

生理学在17世纪曾有过一个辉煌的时期。那个时候，以血液循环理论为代表，生理学家普遍受新兴机械力学影响，将生物体也看成一部机器，并试图发现生物体各器官的物理作用规律。后来发现，生物体比一部机器复杂得多，从而生命科学本身面临着一个根本的原则性选择：生命现象究竟能不能用那些在非生命现象中发现的自然规律来解释？持肯定态度的被称为机械论，持否定态度的被称为活力论。但卓有成效的生理学研究工作主要是由机械论者做出的。

生命科学中的机械论本身也分成物理学派和化学学派两派。物理学派主张生命现象可以用物理规律来解释，化学学派则认为生命现象必须用化学规律来说明，物理规律是不够的。近代早期物理学派占据优势，因为当时物理学正处在大发展时期，是所有学科的带头学科，而化学当时尚未成熟。到了19世纪，生理化学的研究逐渐兴盛起来。实验生理学最终在有着深厚化学基础的法国诞生，应归功于法国生理学家马让迪（1783—1855），这位医学博士起先是有名的解剖学家，后来，运用他高超的解剖技术研究生理学。1825年，他用小狗做实验时发现，脑脊髓的前神经根是运动神经，后神经根是感觉神经；前者引起肌肉运动，后者则引起感觉。他坚信物理化学原理足以解释生命现象，坚决反对各形式的活力论。他还实验了许多药物对人体的作用，开创了实验药理学这门学科。

伯纳尔（1813—1878）是马让迪的助手。在马让迪那里，伯纳尔全面掌握了有关生理学的知识，并将它们推进到一个新的高度。在活体解剖方面，伯纳尔展露出令人惊讶的天才，连权威马让迪也不得不承认伯纳尔胜过自己。

伯纳尔首先通过给活动物人工造瘘（即将其消化管道通往体外），对消化作用进行了研究。他发现，胃并非消化的唯一器官，十二指肠实际上在消化过程中起着更为重要的作用。由胰腺分泌出的液体，在十二指肠里帮助消化许多胃不太能分解掉的食物，特别是肉食。

伯纳尔另一个重要的研究成就是，通过对狗进行活体解剖发现肝脏中糖原的合成和分解对身体的作用。糖原是肝脏中一种淀粉样的物质。他证明，它是由血糖即葡萄糖合成的，但又可以随时分解成葡萄糖，因此，它像是一种保存在肝脏中的储备，微秒地调节体内的平衡，使血液里的糖含量保持稳定。体内平衡还反映在其他方面。伯纳尔发现，有些神经使血管扩张，另一些则使血管收缩，这种扩张和收缩可以控制体热的分布和温度的高低。热的时候，皮肤的血管扩张可以帮助散热，冷的时候，血管收缩可以保存热量。

身体内部的自动平衡使伯纳尔提出了生物体的内环境与外环境概念。所谓内环境是生物体各部分赖以进行生命活动的处所，而外环境是整个生物体所处的场所。他认为，内环境的稳定和恒定是生命赖以维持的条件。

1865年，伯纳尔出版了划时代的巨著《实验医学研究导论》。书中总结了他在实验生理学上的重要成就，同时建立了崭新的生理学思想体系。他明确地指出，所有的生命现象均有其物理学和化学基础，神秘的活力是不存在的。该书在实验生理学史以及整个生命科学史上占有十分重要的位置。

三、遗传学先驱孟德尔

达尔文进化论解释了生物在自然条件选择下，其遗传和变异交互作用，形成进化过程。虽然每一代物种都出现某些变异，但只有那些与环境相适合的变异才被保留下来。达尔文的进化学说确实把遗传问题提了出来，并作为进化得以发生的一个重要因素。但是，达尔文本人在进化机制方面更多地注意到变异，对遗传则语焉不详。事实上，进化论一面世所受到的最有力的打击就是来自遗传方面。自然选择毕竟缓慢，而物种的变异却一代接一代地发生，那些有利的变异会不会在自然选择尚未起作用之前就消失了呢？当时流行着一种融合遗传理论，认为变种在与正常物种交配的过程中，各种性状变异将融合成一种中间状态。很显然，这种向中间状态的融合比起自然选择过程要迅速得多。因此，如果融合遗传理论是对的，那么自然选择对于进化将不起任何作用。

达尔文深知这一困难是极为致命的，所以后期他越来越多地采纳了拉马克的获得性遗传的观点，以此补充他的自然选择学说。但是他不知道，奥地利一位修道士正在从事的工作，完全可以帮助他解决这一致命的困难，而无须回过头去求助于拉马克。这位修道士就是孟德尔（1822—1884）。

1854年，孟德尔在修道院的花园里种植了34个株系的豌豆，开始从事植物杂交育种的遗传研究。豌豆是一种自花授粉的植物，孟德尔同时进行自花授粉（即同一品种自我生殖）和人工杂交授粉（即用不同品种杂交生育）。他将授粉后的植株仔细包扎起来，以免发生其他意外的授粉。下一代生长出来后，继续进行同样的授粉实验。用这种方法，孟德尔能够仔细研究子代与亲本之间的遗传关系。

他首先考察株的高矮这两种性状的遗传情况，结果发现，矮株的种子永远只能生出矮株，因此它属于纯种。高株则不同，约占高株总数三分之一的高株属于纯种，一代代生育高株，其余的高株的种子生出一部分高株、一部分矮株，高矮的比例大约是3∶1。这说明高株有两类，一类是纯种的，一类是非纯种的。将矮株与纯种高株杂交会出现什么现象呢？孟德尔吃惊地发现，杂交生出的全是高株，矮株的性状似乎全都消失了。但是，将这一代杂交出的高株进行自花授粉，结果新一代四分之一是纯矮种，四分之一是纯高种，四分之二是非纯高种。

这种规律性简直是太神奇了。孟德尔认识到，豌豆的高矮性状在遗传时表现不同，前者是显性的，后者是隐性的。也就是说，在它们均存在时，只显现高性状。但矮性状并没有消失，等到再下一代出现没有高性状时，矮性状就表现出来了。

这种显性和隐性的性状遗传是否具有普遍性呢？孟德尔接着考察了其他一些性状，结果发现类似的遗传规律也在起作用。如圆皮豌豆与皱皮豌豆杂交，圆皮是显性性状，皱皮是隐性性状；紫花豌豆与白花豌豆杂交，紫花是显性性状，白花是隐性性状。其性状的分配规律也恰成三比一。

经过多年的育种实验，孟德尔掌握了大量的数据。1865年，他总结了自己多年的研究工作，写出了《植物杂交试验》的实验报告。他在论文中指出，植物种子内存在稳定的遗传因子，它控制着植物的性状。每一性状由来自父本和母本的一对遗传因子所控制。它们只有一方表现出来，另一方不表现出来。不表现的一方并不消失，会在下一代以四分之一的比例重新表现出来。孟德尔的论文首先在布隆的博物学会宣读，并于次年发表在该会的会议录上。

孟德尔的工作是划时代的，其重要之处在于把近代科学的实验加数学的方法运用到遗传问题的研究中。植物杂交试验当时非常普遍，但只有孟德尔对所有的杂交后代进行数学统计，也只有他用纯种进行试验，考察单个性状的遗传规律。正是这种特殊的科学方法使他将理性之光引入到遗传学领域，照亮了这块长期漆黑一团的神秘领域。

由于孟德尔当时并不出名，所以他的实验结果没有引起人们的注意。事实上，孟德尔的文章有许多人读到过，但读者要么是懂数学但不懂植物学，要么是懂植物学但不懂数学，文章都未引起他们的注意。直到1900年，孟德尔的工作才被重新发现，遗传学重新开始大踏步前进。

四、微生物学与现代医学的诞生：巴斯德、科赫

微生物学的建立可能是生物学史上可以与进化论相媲美的伟大成就。它确立了生物界除众所周知的植物、动物之外的另一大类即微生物的存在。更重要的是，它揭示了疾病的原因是微生物在作怪，从而指明了治疗疾病的正确途径。法国化学家和生物学家巴斯德是微生物学的创立者。

1. 微生物学的诞生

微生物是肉眼难以看清，需要借助光学显微镜或电子显微镜才能观察到的一切微小生物的总称。按照细胞结构，微生物分为原核微生物和真核微生物。原核微生物的核质和细胞质之间不存在明显核膜，其遗传物质由单一核酸组成。真核微生物的核质和细胞质之间由核膜将二者分开，细胞核中存在着构造极其精巧的染色体。一般来说，微生物包括细菌、病毒、真菌和原生生物等（但有些微生物是肉眼可以看见的，像属于真菌的蘑菇、灵芝等）。细菌是单细胞原核生物，没有成形的细胞核，真菌是单细胞或多细胞真核生物，有成形的细胞核。病毒是一类由核酸和蛋白质等少数几种成分组成的"非细胞生物"，但是它的生存必须依赖于活细胞。原生生物是由原核生物发展而来的界别最低等的真核生物，比原核生物更大、更复杂，多为单细胞生物，亦有部分是多细胞的，但不具组织分化，是植物、动物、真菌的祖先。大致分为以下三类：藻类：后发展为植物界；原生动物类：后发展为动物界；原生菌类：后发展为真菌界。

微生物的形态观察是从安东尼·列文虎克（1632—1723）开始的，他利用自制的能放大50～300倍的显微镜，清楚地看见了细菌和原生动物。1675年，在一只新瓦罐中盛的雨水里，列文虎克观察到了单细胞有机体，即原生生物。它大约只有肉眼可以见到的水虱子的百分之一大。1683年，列文虎克发现了比原生生物更小的细菌。继列文虎克发现微生物世界以后的200年间，微生物学的研究基本上停留在形态描述和分门别类阶段。直到19世纪中期，以法国的巴斯德和德国的柯赫为代表的科学家才将微生物的研究从形态描述推进到生理学研究阶段，揭露了微生物是造成腐败发酵和人畜疾病的原因，并建立了分离、培养、接种和灭菌等一系列独特的微生物技术。从而奠定了微生物学的基础，同时开辟了医学和工业微生物等分支学科。巴斯德和柯赫是微生物学的奠基人。

1854年，巴斯德（1822—1895）被委任为里尔大学的化学教授和理学院院长。在里尔期间，当地发达的酿酒业促使他研究酒精发酵问题。也正是对发酵问题的研究使他开创了一门崭新的学科：微生物学。

放置久了的葡萄酒和啤酒常常变酸，使法国的酿酒工业蒙受巨大的损失。里尔的一位酿酒商

向巴斯德这位化学家请教。巴斯德从工厂取来了样品，在显微镜下观察，结果发现，未变酸的酒里有一种圆球状的酵母菌，而变酸的酒里的酵母菌变得很长。这表明，在酒里存在有两种不同的酵母菌。前者产生酒精，后者产生乳酸（使酒发酸）。发酵和变酸实际上都是酵母菌导致的。巴斯德在发现了发酵过程的微观机制之后，就着手解决葡萄酒和啤酒发酸问题。道理很简单，酒酿制好后，酒中的杆状酵母菌即乳酸杆菌必须去掉，否则它们会继续使酒变酸。巴斯德经多次实验发现，慢慢将酒加热到55℃，酒中的乳酸杆菌就可以被杀死。将它们密封起来，酒就不会发酸了。这种温热杀菌法今天被称为巴斯德灭菌法。由于它有效而简单，法国酿酒厂家很快就都采用了这种方法。

巴斯德还发现，发酵不需要氧气，但需要活的酵母菌，因此，发酵过程是一种生物学过程，而不是一种化学过程。为了证明这一点，巴斯德建立了一座温室，将他的整个葡萄园全部封起来。等葡萄成熟后，只要不添加酵母菌，它们就不会自动发酵。

1860年，巴斯德通过实验证明，在消毒条件下微生物不可能自动产生出来，空气中微生物的侵入是有机液腐败的原因，从而使自然发生说失去市场。他将一个曲颈烧瓶在火上拉成一个弯曲的长颈，将有机液（如牛奶、肉汤等）放进去加热消毒后自然放置，有机液一直保持完好。但当曲颈被打破后，有机液很快就变质了。巴斯德解释说，在曲颈未被打破前，由于瓶颈是弯曲的，空气虽然可以进入烧瓶内，但空气中带有微生物的小颗粒被挡住了，有机液未受微生物侵害，所以一直保持完好。一旦曲颈被打破，空气中带有微生物的小颗粒就会进入有机液并迅速繁殖，致使有机液很快就变质了。

1865年，巴斯德提出了疾病的病原菌说，揭示了蚕病发生的原因，并提出了解决办法。这一年，法国蔓延着一种丝蚕病，它使法国南部的养蚕业和丝绸工业蒙受巨大的损失。当时任农商部长的法国著名化学家杜马（1800—1884）邀请巴斯德出面解决这个问题。巴斯德带着显微镜来到南方。他从患病的丝蚕以及桑叶中发现了两种微小的寄生物，意识到正是它们导致丝蚕生病的。巴斯德向杜马提出，唯一的办法是将染病的蚕和桑叶全都毁掉。杜马采纳了巴斯德看似激进但简单易行的办法，从而挽救了法国的养蚕业和丝绸工业。

解决了蚕丝病后，巴斯德进一步研究高等动物的传染病。当时法国农村正流行着一种炭疽病，大批患病的马、牛、羊很快死去。有些显微学家已经从病羊的血液里发现了致病细菌是一种丝状体，但学界争论很大。巴斯德很仔细地将这种病菌从动物体内分离出来，将其反复稀释、纯化，得到比较纯粹的炭疽病菌，从而证明了炭疽病的发病病因正是这种炭疽病菌。巴斯德又一次提议，将那些患病的牲口全部杀掉，并烧掉尸体，深埋地下，以制止疾病蔓延。

巴斯德的微生物理论获得了越来越大的影响。在英国，外科医生李斯特（1827—1912）受巴斯德消毒法的启发，在外科手术中发明了石碳酸消毒法，对手术器械和创口消毒，使术后死亡比例从45%降到15%。

2. 现代医学的诞生

细菌学发展到免疫学，是对人类文明的一个巨大贡献。免疫的概念是从预防天花开始的。天花是一种极为常见的流行病，在那个年代，几乎每个人都得过天花。此病危害极大，许多人因此而丧失生命，幸存者有的长满麻子，有的面容毁得不像样子。但人们也发现，那些得过轻微天花的人，一旦病好，日后就永不得此病，也就是说获得了免疫能力。这个现象使人们产生了人为接种的想法。16世纪，中国人就已经开始接种人痘，即从轻微天花病人身上人工接染此病，从而达到预防的目的。这个方法通过阿拉伯人传到了欧洲，一时流行开来。但是，人痘接种极不可靠，因为不能保证被接种者只患轻微的天花。英国医生詹纳（1749—1823）注意到，有些得过牛痘（发生在牛身上类似于天花的一种轻微的病）的人也永不得天花。他大胆地做过几次实验，发现确实如此。1798年，他公布了这一重要的发现。詹纳劝说英国王室率先种了牛痘，于是种牛痘法很快在欧洲推广。

詹纳虽然发明了种牛痘方法，但他并不知道为什么种牛痘就可以预防天花。巴斯德的微生物理论对此提供了根据。他在对鸡霍乱病的研究中发现，有毒病菌经过几代繁殖，毒性可以大大减弱。他还发现，若是用这些毒力极弱的细菌给鸡接种，鸡就获得了对鸡霍乱病的免疫力。巴斯德将这一现象总结为接种免疫原理：接种什么病菌，就可以防治该病菌所引起的疾病，开创了科学免疫学的开端。

在细菌层次上发现了免疫学的基本原理之后，巴斯德重新回到炭疽的防治研究上来。他将自己提纯出来的炭疽病菌放在温热的鸡汤里培养，这样，可以使病菌的毒性更快地减弱。当最终培养出毒性极弱的疫苗，并在实验室里进行反复试验取得成功后，巴斯德决定公开试验。1881年5月5日，巴斯德对48只绵羊中的24只、10头母牛中的6头、两只山羊中的一只进行接种。一开始接种动物出现轻微反应，后来，没接种的动物一个接一个地死去，而接过种的动物全都没问题，试验取得了巨大成功！

巴斯德最辉煌的工作是对狂犬病的征服。根据他的细菌免疫原理，巴斯德起初也认为狂犬病起因于一种细菌，但是在显微镜下，却总也看不到这种特殊的细菌。因此，他就无法将之分离出来加以培养（人们后来认识到，引起狂犬病的不是细菌而是比细菌小得多的病毒）。经过多次试验，巴斯德创造性地发明了活体培养法制取疫苗。他将狂犬的毒液接种到兔子的脑膜下，兔子死后将其脊髓提取出来，再接种到另一只兔子脑膜下，这样经多次培养，得到了毒性极微弱的狂犬病疫苗。巴斯德发现被狂犬咬伤到发病有一至两个月的潜伏期，如果在这段时间内，直接给被咬伤者进行脑膜下接种，疫苗就可以事先发生作用，从而有效抑制狂犬病的发作。

如果说詹纳第一次使人类真正征服了一种疾病，巴斯德则引导人们真正征服了许多种疾病。他使医学在治病救人方面显示出无与伦比的威力。也许正是他，使欧洲人的平均寿命由40岁提高到70岁。科学在征服大自然中的威力，科学对增进人类幸福的作用，在巴斯德这里得到最好的体现。他放弃了能使他获得巨大财富的巴斯德消毒法的专利权，以使之更好地为人类服务。这是科学家高尚品德的生动例证。

在现代医学诞生过程中，德国医生科赫（1843—1910）也做出了重要的贡献。他在细菌学原理和技术方面均做出了开创性的工作。当医学界就炭疽病的原理展开论战时，科赫用自己娴熟的技术分离出了炭疽杆菌，证明炭疽病正是由炭疽杆菌引起的。他研究了该菌的生活规律，发现

15℃以下的干燥土壤可以防止炭疽病菌的传染和危害。

科赫还发展了细菌染色方法和营养明胶培养法，使人们能在实验室里更好地从事细菌学研究。1882年，他运用先进的细菌学技术分离除了结核杆菌。1884年又分离出了霍乱杆菌。这些杆菌极为细小，没有高超的技术根本分离不出来。1905年的诺贝尔生理学或医学奖授予了科赫，以表彰他在肺结核研究方面的成就。

■ 第六节　化学的进展

化学上，19世纪的主要成就是原子–分子论的建立、元素周期律的建立以及有机合成和有机结构理论的研究。

一、原子分子论

原子论是英国化学家道尔顿（1766—1844）于19世纪初提出来的。道尔顿原子论指出：每种元素都以其原子量为最基本的特征，该理论给化学研究提供了一个重要的理论基础。后来，阿伏伽德罗又进一步提出了分子说。到19世纪中叶，分子论终于得到了广泛承认，于是，统一的原子–分子论就建立起来了。

1. 道尔顿的原子论

早在古希腊时，德谟克里特就提出了原子论，但那只是一种哲学思辨。近代机械自然观的形成，特别是牛顿的物质微粒说，对人们的物质构成观念产生重大影响。到18世纪末，人们几乎已普遍接受物质由某种最小微粒所构成的观点。1789年，拉瓦锡在《科学纲要》中给出了科学的元素概念，即通过化学反应所能分析出来的最基本的物质成分，而且按照物质守恒原理，将化学反应用方程式表示。后来的化学家在此基础上进一步发展了定量的化学分析，得出了当量定律（1791—1802）、定比定律（1799）、倍比定律（1800）等。可是，这些经验定律缺乏更深层的理论基础。

1803年，英国化学家道尔顿将希腊思辨的原子论和牛顿的机械微粒说改造成了定量的科学原子论。其基本要点有：

第一，化学元素是由非常微小的、不可再分的物质粒子——原子构成。

第二，原子在化学反应中，仅仅是重新组合排列，本身不发生改变，更不会创生或消失。

第三，原子的质量是原子的基本属性，是元素的基本特征。

第四，元素的不同，主要表现为其原子的质量不同，同种元素的所有原子，其质量和性质都相同，不同元素的原子，其质量和性质各不同。

第五，不同元素发生化合反应时，其原子按简单数目比结合成新的物质微粒——复杂原子，复杂原子是保持化合物性质的最小微粒。复杂原子的质量为组分元素原子质量之和。同一化合物的复杂原子，其质量和性质都相同。

1808年，道尔顿出版《化学哲学的新体系》，系统地阐述了他的化学原子论。道尔顿的原子论使当时的当量定律、定比定律、倍比定律等一些化学基本定律得到了统一的解释，因此很快为化学界所接受和重视。

每一种元素以其原子的质量为其基本的特征，这一点是道尔顿原子论的核心。在当时的条件下，要直接测量原子的真实质量是不可能的，道尔顿用氢原子的质量作为1个质量单位，测定了其他一些元素的相对原子质量，这就是我们今天熟知的原子量，道尔顿也成为化学史上测定原子量的第一人，并且发表了第一张原子量表。另外，道尔顿还发明了元素的化学符号，规定每个符号表示一个原子，化合物的化学式由其组分元素的符号构成，从而能表示化合物的复杂原子中的原子数。

道尔顿提出原子论，标志着近代化学发展时期的开始，因为化学作为一门重要的自然科学，它所要说明的现象本质正是原子的结合（化合）与分离（化分）。没有原子量，原子的物质实体性就得不到表征，原子的物质承担者就仍然没有着落，原子就只能是一种思辨，化学研究就难以深入。虽然道尔顿所得的原子相对质量都与今天的原子量相差甚远，但他极富开创性和科学性的测定方法一直沿用至今。更重要的是他的这项工作在当时为广大化学工作者找到了正确的前进方向，大批化学家纷纷投入测定原子量的行列，使这项工作成为19世纪上半叶化学研究的一个重点。恩格斯对道尔顿的原子论给予高度的评价，认为他的成就是"能给整个科学创造一个中心，并给研究工作打下巩固基础的发现"，并指出"化学中的新时代是随着原子论开始的。"

2. 分子论的建立

道尔顿在他的原子论中提出，不同元素的原子是按简单数目比结合成化合物的原子（复杂原子）的，但如何确定这个数目比，即如何确定化合物原子的组成比，却没有一个好的办法，这导致道尔顿测得的原子量与真实原子量相去甚远。

就在道尔顿考虑其原子学说的同时，法国化学家盖·吕萨克（1778—1850）等正在研究各种气体物质反应时的体积关系。1808年，盖·吕萨克发现气体化合体积简比定律：参加同一反应的各种气体，在同温同压下，其体积成简单的整数比。

当道尔顿发表了原子学说以及关于化合物中原子组成比例及原子量测定等问题的论述后，盖·吕萨克想到，道尔顿的原子学说中所包含的"化学反应中各种原子以简单数目比化合"这一概念与自己所发现的气体物质反应中各气体的体积成简单整数比这一实验定律，两者之间必有内在的联系。他经过一番综合、推理后，于是得出了气体反应的体积定律，即：在同温同压下，相同体积的不同气体，无论是单质还是化合物，都含有相同数目的原子（他和道尔顿一样，把各种元素的简单原子与化合物复杂原子统称为原子）。他认为以自己的实验定律为基础来确定化合物原子的组成比，比道尔顿的武断规定更有依据。但道尔顿本人反对盖·吕萨克的见解，认为盖·吕萨克的假说与自己的原子学说在某些地方有尖锐的抵触。解决这一矛盾的钥匙不久后为阿伏伽德罗所掌握。

阿伏伽德罗（1776—1856）是意大利物理学家和化学家。1811年，他发表了一篇论文，题为《原子相对质量的测定方法及原子进入化合物时数目比例的确定》，所论述的是关于原子量和化学式的问题。他以盖·吕萨克的实验为基础，进行了合理的推理，提出了分子论。其基本要点有：

第一，无论是化合物还是单质，在不断被分割的过程中都有一个分子的阶段。

第二，分子是比原子复杂的粒子，是具有一定化学性质的物质组成的最小单位。

第三，化合物的分子由多个原子组成，单质的分子可以是由多个原子组成。

第四，在同温同压下，相同体积的不同气体，无论是单质还是化合物，都含有相同数目的分子。这被称为阿伏伽德罗定律。

阿伏伽德罗的分子论使道尔顿的原子学说与盖·吕萨克的气体反应实验定律统一起来。

但是，阿伏伽德罗的分子理论长期没有得到化学界的重视。一个原因是他的叙述有些含糊不清，另一个原因是与瑞典化学家柏采留斯（1779—1848）的电化二元论相矛盾。柏采留斯认为，化合物中不同元素的原子带相反电荷，它们靠静电吸引力相互吸引，因此，相同的原子不可能结合成分子。此后近半个世纪，虽然化学家们继续测定原子量，分析技术有了很大提高，但由于对化合物中原子组成比的确定长期没有找到一个科学的办法，另外，各人所用原子量标准也不一样，致使原子量的测定处于混乱状态。

1860年9月，在德国卡尔斯鲁举行了有各国化学家参加的国际化学会议，希望在化学式和原子量测定上达成一致性意见。这是化学史上一次极重要的会议，与会代表就原子量问题展开了热烈的讨论，但彼此意见分歧很大，未取得一致。在这种情况下，意大利化学家康尼查罗（1826—1910）重申和阐发了阿伏伽德罗的分子论，向140多位化学家力陈其正确性。提出必须把分子与原子区别开，强烈建议化学家们放弃化合物的分子可含有不同数目的原子而各种单质的分子都只含一个原子或相同数目原子的错误观念。他用50年来化学发展的事实指出：阿伏伽德罗定律是正确的，即等体积的气体中无论是单质还是化合物，都含有相同数目的分子，但它绝不意味着含有相同数目的原子。只有接受这个定律，化学式问题和原子量问题才能真正解决。由于他据理分析、论据充分、条理清楚、方法严谨，对盖·吕萨克等人的有关错误一一加以澄清，把原子、分子的理论整合为一个协调的系统，把体现这一系统的各种实验方法贯穿一气，为确定原子量提出了一个十分合理的令人信服的途径。在会议结束时，散发了阿伏伽德罗关于论证分子学说的小册子《化学哲理课程大纲》，此后，分子论很快得到了普遍的承认，原子–分子论才算最后确立。这之后，原子量的测定工作走上了正轨，统一的原子量被确定下来，为19世纪60年代元素周期律的发现创造了条件，进而推动了以后整个化学学科的大发展。

二、元素周期律

19世纪上半叶，人们综合运用化学分析法、电解法、光谱分析法等手段，发现了大量的化学元素。到19世纪60年代，被发现的元素已增加到60多种。道尔顿原子论的提出，使原子量的测定成为19世纪上半叶化学发展的一项重点"基本建设"。大量元素的发现以及原子量的精确测定，使人们开始探讨元素性质与原子量的变化关系。在这一过程中，许多科学家都做出了贡献，最终，俄国化学家门捷列夫（1834—1907）提出了元素性质与元素的原子量之间存在着周期性变化的规律，并给出了第一张元素周期表。

早在1829年，德国化学家德贝莱纳（1780—1849）就发现，许多元素能根据化学性质相似三个成组，例如锂、钠和钾便能归为软而活性的金属，且每组的三个元素按原子量大小排列时，中间元素的原子量近似等于前后两个元素原子量的平均值，从而提出"三元素组"分类法。1850年，德国人培顿科弗宣布，性质相似的元素并不一定只有三个，性质相似的元素的原子量之差往往为8或8的倍数。

1862年，法国化学家尚古多（1820—1866）创建了"元素螺旋图"，他创造性地将当时的62种元素，按各元素原子量的大小为序，标注在绕着圆柱上升的螺旋线上。他意外地发现，化学性质相似的元素，都出现在同一条母线上。

1864年，德国化学家迈尔（1830—1895）在一本教材中，根据原子量递增的顺序把性质相似的元素按6种一组进行分族，提出了"六元素表"。1868年，他把56种化学元素列成一张表，其中区分了主族元素和副族元素，以原子量和原子体积为坐标轴绘出了一条曲线。这条曲线已经很好地体现了化学元素的周期性，不过他没有作出进一步的说明，而且他的研究更多地偏向元素的物理性质。

1865年，英国化学家纽兰兹（1837—1898）将56种元素按照化学性质相似的原则区分为11族，同一族的元素化学性质相似，纽兰兹发现当元素按原子量递增的顺序排列时，每隔8个元素，元素的物理和化学性质会重复出现，提出了著名的"元素八音律"。

上述这些工作都在不同程度上从不同角度接触到元素之间的某些联系，为发现化学元素周期律开辟了道路，有的甚至已经走到了发现化学元素周期律的边缘。最终，俄国化学家门捷列夫提出了较为完整的元素周期表。1869年，在俄罗斯化学协会的例会上，门捷列夫请人宣读了他的论文《元素性质与原子量的关系》（他本人因病未能出席），公布了他的相关研究结果：

第一，原子量的大小决定着元素的基本特性。

第二，元素按原子量从小到大排列起来后，其性质会呈现出明显的周期性，即每隔一些元素，就会出现后面元素的性质与前面元素的性质相似的情况。

门捷列夫将他的发现称作"元素周期律"，并制成了第一张元素周期表。他将当时已知的所有63种元素从第一个元素氢开始，按照原子量从小到大的顺序逐行排成一张表，从第一行开始，每行排到与该行第一个元素性质相似的元素时，将该元素作为下一行的第一个元素开始排下一行元素，把化学性质相似的元素放在同一列（为了实现这一点，门捷列夫在同一行的有些元素之间留出了一定的间隔）。门捷列夫除了将当时已知的所有63种元素全部列入表中外，还运用元素周期律预言了新元素的存在及其原子量和化学性质，并为其在周期表中留下了一些空位。

第一张周期表公布之后，门捷列夫继续深入研究，运用新发现的周期律反过来修正了不少元素的原子量。因为，既然原子量决定了元素的化学性质，那么从其化学性质以及它在周期表中的相关位置，可以推测出它的实际原子量。1871年，门捷列夫发表了修正后的第二张元素周期表。

像所有新生事物一样，门捷列夫元素周期表一开始也遭遇了怀疑和嘲笑。但是，没过几年，化学家相继发现了门捷列夫在周期表的空位中所预言的那些元素，人们终于认识到了元素周期表的巨大意义。

门捷列夫提出的元素周期律，把表面上看起来彼此孤立的、各不相关的各种元素整合成一个有内在联系的统一体，为化学的系统发展奠定了坚实的基础。恩格斯指出："这是一个门捷列夫运用量转化为质的规律所完成的科学上的一个勋业。"

三、有机物的人工合成和有机结构理论

1. 有机物的人工合成

有机物，一般指有机化合物，原意是来自生物体的物质，因为早期发现的甲酸、乙酸、苯甲酸、丁二酸、乙二酸、酒石酸、柠檬酸、乳酸、尿素等有机物都是从动植物等生物体内分离出来的。经过实验，化学家发现这类化合物均由碳、氢两种元素组成，因此，早期的有机物指的就是碳氢化合物。

18世纪末，生物学界正流行着活力论，认为动植物等生命机体具有某种神秘的活力，因而来源于动植物等生命机体的有机物中含有生命力，有机化合物只能由生物体合成，不能由没有生命力的无机物合成，有机物与无机物之间有着不可逾越的鸿沟。

1823年，德国化学家弗里德里希·维勒（1800—1882）从动物尿和人尿中分离出尿素，并研究了它的化学性质。1828年，在一次实验中，维勒用氰气和氨水发生反应，得到了两种生成物。其中一种是草酸，另一种是某种白色晶体，但他发现该晶体并不是预料中的氰酸铵。进一步分析表明，它竟然是尿素。这使他大吃一惊，因为按照当时流行的活力论看法，尿素这种有机物含有某种生命力，是不可能在实验室里人工合成出来的。维勒进一步研究，发现可以用多种方法合成尿素。1828年，他很有把握地发表了《论尿素的人工合成》一文，公布了他的重大成果。

维勒用无机物人工合成尿素的实验，填平了长期以来横亘在无机物与有机物之间的鸿沟，打破了有机物只能来源于有机生物体的说法，大大鼓舞了化学家们，他们开始在实验室里用无机物合成有机物。此后，乙酸、醋酸、葡萄酸、柠檬酸、苹果酸、油脂类、糖类等有机物纷纷被化学家们用无机物合成出来，人们对有机物的化学性质了解得越来越多，同时无机化学的已知规律开始向有机物领域渗透，有机化学作为一门实验科学开始形成了。

2. 有机结构理论

有机化合物的大量出现，促使了有机结构理论的产生与发展。因为人们迫切想要知道碳元素和氢元素是如何构成各种有机物的、有机物有哪些种类以及有机物中的各个组分为什么要有一定的比例等。

1832年，德国著名化学家李比希（1803—1873）与维勒一道，共同发现了安息香基，并提出基团理论。他们认为，有机化合物是由一系列"基"组成的。1838年，李比希对"基"进行了定义：基是一系列化合物中共同的、稳定的组成部分；有机物中的基可以被其他简单物取代；基可以与其他简单物结合；基与某简单物结合后，此简单物可被等当量地与其他简单物取代。

1834年，法国化学家杜马系统研究了有机化合物的取代反应，提出了按化学性质和化学式进行分类的"类型论"。1839年，法国化学家热拉尔（1816—1856）提出了渣余理论，他发现当两个分子起反应时，每个分子都消去一部分，化合成简单的化合物（水、氢氯酸等），同时"渣余"或"基"也化合在一起。1843年，他又提出了同系列概念。他认为有机化合物存在多个系列，每个系列都有自己的代数组成式，同系列中任意两个化合物的分子之差为CH_2的整数倍。1853年，热拉尔把当时已知的化合物分为水型、氢型、氯化氢型和氨型四种类型，并认为有机化合物都是由这四种类型衍生出来的。这些理论模型虽然没有触及有机化学反应的内在实质——有机结构，但使庞杂的有机物初步显示出一定的条理性，为有机结构理论的诞生创造了条件。也促进了元素、当量原子和分子等概念的明确。

有机结构理论的产生以原子价概念的建立为标志。所谓原子价就是一种元素的原子结合其他元素的原子生成化合物的能力的数字化。假设氢原子的原子价为1，则原子价为2的元素的1个原子可以与2个氢原子结合，原子价为3的元素的1个原子可以与3个氢原子结合。

原子价的思想最初是由英国化学家弗兰克兰（1825—1899）提出来的。1852年，弗兰克兰在从事金属有机化合物研究中发现，一种金属原子总是与一定数目的有机基团相结合，接着发现无机化合物的形成中，情况也与此类似。基于此，弗兰克兰提出，一种元素的原子吸引其他元素的原子的化合力总是要求相同数目的原子才能满足，并称之为元素的"饱和能力"。

1857年，德国化学家凯库勒（1829—1896）和英国化学家库珀（1831—1892）发展了弗兰克兰的见解，提出了含义更加明确的"亲和力单位"概念，认为不同元素的原子相化合时总是倾向于遵循亲和力单位数等价的原则，这是原子价概念形成过程中最重要的突破。他们把氢的亲和力单位数（即现在的原子价）定为1，从而确定了氯、溴的亲和力单位数也为1；氧、硫为2；氮、磷、砷为3；碳为4，从而提出了碳的四价学说，指出碳原子不仅能与其他种类的原子化合，而且各碳原子之间可以相互结合成碳链。这一学说成为有机化学结构理论的基础。凯库勒的研究为有机化学的结构探索打开了通路。1858年，凯库勒开始使用化合物"构造"概念。1865年，凯库勒提出了苯的环状结构模型，这对于芳香族有机化合物的利用和合成有重要的指导作用，为有机立体化学的建立奠定了基础。

1861年，俄国化学家布特列洛夫（1828—1886）首先系统地提出了化学结构理论。他明确指出，通过物质的性质可以了解物质的结构，反过来，知道了物质的结构就可以预测物质的性质。

到了19世纪70年代，有机结构理论又进一步在研究立体结构上取得了进展，发展起来立体化学。那个时候，人们已经乐观地展望，只要知道了有机化合物的结构，就可以设法合成相应的有机物。

思考题

● 1. 什么是光谱？研究太阳光谱有什么用途？

● 2. 试述发现海王星的意义。

● 3. 试述地质学的灾变说与渐变说。

● 4. 为什么说巴斯德是微生物学的创立者？

第五章

近代技术革命与产业革命

近代技术发展主要表现为两次技术革命，即蒸汽机技术革命与电力技术革命。其中，蒸汽机技术革命主要发生在英国，电力技术革命主要发生在德国和美国。产业革命又称工业革命，一般是指社会生产的结构体系和生产方式的根本性变革，是技术革命的成果在生产中的广泛应用。以两次技术革命为主要标志和动力，近代发生了两次产业革命，第一次产业革命以蒸汽机及大批机器的广泛应用为主要标志；第二次产业革命，以电力技术和内燃机的广泛应用为主要标志。第一次产业革命于18世纪中期至19世纪中期首先发生在英国，随后传播和扩散到法国、德国、美国等国家。第二次技术革命和工业革命发生在德国、美国、法国等多个国家，电力技术革命起源于欧洲，完成于美国。近代技术革命和产业革命促进了资本主义生产方式的形成，极大地提高了劳动生产率，使英国、法国、德国、美国等西方国家先后由农业社会进入工业社会；由工场手工业进入蒸汽机时代，进而进入到电气时代。

■ 第一节　第一次技术革命和产业革命

技术革命指的是人们改造世界的方式的根本性突破和变革，是引起社会生产力巨大发展并推动生产关系变革的世界性的技术突破。一般认为，从18世纪中叶以来，近代发生了两次技术革命。其中，第一次技术革命是指于18世纪中叶从英国开始的、与工业革命伴生的以蒸汽机技术突破——瓦特蒸汽机的发明及大批机器发明为主要标志的根本性的技术突破；第二次技术革命是指始于19世纪30年代的电力与电器、内燃机、炼钢、石油、化工和新交通工具等技术的突破性变革，以电力技术的突破和内燃机的发明为主要标志。第一次技术革命与工业革命几乎是在与理论科学研究无关的情况下（没有直接的科学理论指导），基本由工匠个人的聪明才智进行发明创造的。

18世纪中叶，一系列技术发明创新和近代以来的第一次技术革命，以及由此产生的产业革命，首先在英国发生不是偶然的，而有其政治的、经济的、社会的原因。17世纪后期，英国比较彻底地完成了资产阶级革命，最后确立了君主立宪政体。长期执政的自由党人，通过一系列有利于商业发展的法律；生产的发展，特别是英国采掘业、交通运输业和军事的发展，提出了许多技术问题，从而引起了技术上的兴趣，推动了技术的发展；农业的资本主义化已基本完成，圈地运动使大批农民成为城市无产者，为工业发展提供了人力资源；英国凭借其强大的海军打败了西班牙、荷兰、法国，掌握了海上主导权，从而使英国早期商业资本家在殖民和海外贸易过程中积累了大量的原始资本，他们中的大多数向工业资本家转化；英国的天然资源十分丰富，煤和铁矿储量尤其充足；广大的殖民地保障了广阔的商品市场。这些优越的条件使英国有可能率先发起产业革命和技术革命。

发生于英国的技术革命和产业革命，开始于纺织业的机械化，以蒸汽机的广泛应用为标志，继而扩展到其他轻工业、重工业等各工业行业。产业革命使英国率先变成为工业国，获得了世界性的工业优势，从世界古典文明的边缘地带一跃成为世界近代文明的中心和工业化中心。

一、纺织机的发明与改进

英国的产业革命开始于棉纺织业的机械化。英国的棉纺织业是17世纪从荷兰引进的，棉纺织业包括纺纱和织布两个环节，直到18世纪上半叶，英国纺织业中占主导地位的织布机依然是传统的荷兰织机，这种织机的工作方式是：一条很长的棉纺线拉在主架上，架子上装有若干弹簧片，用它们可以把每一根棉线提起来，这样就可以与纬线交织起来，织出棉布。这种织机由于织工用手来回掷梭子，劳动强度大，效率低，而且因手臂长度有限，布面不能太宽。1733年，约翰·凯伊（1704—1779）发明了飞梭，实现了梭子的机械化操作。飞梭工作方式是：两个装了弹簧的箱子，可以自动地把飞梭极快地从布匹的一端摆动到另一端，而这两个箱子则是通过拉动一根弦来操作。梭子在经线之间来回摆动，到达端点时则被梭箱接住。纺织工人改变簧片，并拉动梭线，循环往复。飞梭的发明改进了织布技术，使织布效率提高一倍，织出的布面也大大加宽。由于织布工的反对和飞梭制造商的抵制，直到1760年飞梭才在全英国得到推广。飞梭的普遍使用，造成了纺纱和织布之间的严重不协调，长期发生"纱荒"。

生产的需要直接推动发明。1751年，英国皇家学会悬赏征求"发明一架出色的能同时纺6根棉纱或麻线而只需一人照管的机器"。1765年，曾当过木工的织布工人哈格里夫斯（约1720—1778）发明了纱锭竖直放置的竖锭纺车，以他女儿珍妮的名字命名为"珍妮纺车"，并于1770年登记了专利。珍妮机一开始就安装了8个纱锭，将纺纱效率提高了8倍，消除了在纺纱和织布之间的瓶颈，成了英国产业革命的火种。珍妮机到1790年已在英国得到广泛应用。

珍妮机带动的纱锭日益增多，使人力作为动力越来越困难，水力纺纱机应运而生。1769年理发师阿克赖特（1732—1793）发明了水力纺纱机，并于1771年建造了第一个水力纺纱机的纱厂。该厂有数千纱锭，300多工人。1779年，塞缪尔·康普顿（1753—1827）将阿克赖特的水力纺纱机与哈格里夫斯的"珍妮机"相结合，发明了新一代的走锭纺纱机。新机器俗称"骡机"，意为通过杂交得来。最初的骡机有12个纱锭，纺得的纱线不仅结实，而且十分精细。后来经过改进，骡机可装400个纱锭。

一系列的新的纺纱机的发明第一次使纺纱的速度超过了织布的速度，又形成了新的不平衡。1785年，水力推动的织布机问世，使生产效率提高了10倍。1791年第一个用这种设备的织布厂建立起来，随后便得到广泛普及。水力机体积大，又必须在特定地区使用，需要建厂房集中大量生产。这就促使了工厂制度的诞生。水力受自然条件的限制，难以常年均衡地供应动力，并且限制了工厂的选址。纺织行业的发展，同时带动了一系列的相关行业的机械发明和改进。大量机械的发展、使用，动力问题又成为亟待解决的社会需要。

英国纺织工业的机械化，带动了所有工业部门的机械化。工作机的技术革命，大机器的运转，需要超人力的驱动力。动力机成为机械化前进最大阻碍。研制动力机成为人们普遍关心的大事。

二、蒸汽机的发明与改进

蒸汽机是利用水蒸气作为介质提供动力的机器。蒸汽用来作为动力古已有之。亚历山大里亚的希罗（10—70）曾利用蒸汽的反冲力做过一个玩具。近代也有许多人动过这方面的脑筋。第一个比较有意义的尝试可能是罗马林琴学院的创始人之一波尔塔（1535—1615）做的。他在1601年出版的《神灵三书》中提出，可以让蒸汽的压力使水提升，而蒸汽冷却后形成的真空又可以将水从低处吸进来。他设计的装置虽然只是一种实验器械，没有什么实际用途，但其叙述的构想以及他当时还未意识到的原理十分重要。

17世纪上半叶，大气压力和真空概念已广为人知，但将这一新的物理概念用于实际用途还不多见。法国工程师巴本（1647—1712）在使蒸汽动力技术实用化方面迈出了一大步。1690年巴本以《一种获取廉价大动力的新方法》为题公开发表了他设计制造的第一台带活塞的蒸汽机。这是一个单缸活塞式蒸汽机，气缸底部放有少量的水，加热气缸时所产生的蒸汽推动活塞至顶端，再将热源撤除，里面的蒸汽必定冷凝形成真空，于是活塞在大气压力作用下下落。这个下落过程可以提供动力。

17世纪末，英国的许多矿井越开越深，越开越大，矿井排水成为一个严重的问题。当时一般只能靠马力转动辘轳来排除积水。据说有的矿井用来排水的马匹达到500匹之多，这种情况迫使人们尽快研制矿井用以排水的动力机械，政府也多次悬赏征求解决办法。在此种情况下，英国军事工程师塞维利（1650—1715）制成了第一台具有实用价值的蒸汽机，并于1698年获得了专利。与巴本的蒸汽机不同，塞维利的蒸汽机没有活塞，因为它的目的只是抽水，因此被称之为"矿工之友"。塞维利的蒸汽提水泵由气缸和三根导管组成，一根导管通往蒸汽锅炉，另两相分别是进水管和出水管。蒸汽提水泵工作时，先打开通往蒸汽锅炉的导管的阀门，将蒸汽引入，然后关闭阀门从外部向气缸喷冷水将蒸汽冷凝，造成气缸中的部分真空，再打开进水管阀门吸入矿井中的积水，然后关闭进水管阀门，第二次打开通往蒸汽锅炉的导管的阀门引入高于大气压的蒸汽，把气缸中的水从出水管压出去。尽管塞维利的蒸汽提水泵不可能将水提得很高（因为那将需要较高的蒸汽压力，而当时的锅炉不能安全地提供这样高压的蒸汽），只可以应用在浅矿井中或小库房作短程提水用，效率也不高，操作很繁杂，但是，它毕竟是第一个可以实际应用的蒸汽水泵。

蒸汽机的下一步改进是由英国工程师纽可门（1663—1729）完成的。塞维利的蒸汽泵问世后，马上吸引了当时还是铁匠的纽可门。为了造出更好的蒸汽机来，纽可门专程拜访了年迈的胡克。胡克向他讲解了有关的物理知识。后来他又与塞维利本人一起探讨改进方案，在总结前人经验的基础上，纽可门最终造出了一台蒸汽机，并于1702年获得"大气蒸汽机"专利。纽可门蒸汽机吸取了巴本蒸汽机和塞维利蒸汽泵的优点，有一个带活塞的气缸，蒸汽气缸和抽水气缸是分开的，蒸汽进入蒸汽气缸后在内部喷水使之冷凝，造成部分真空，受大气压推动使活塞做功，带动水泵吸水。纽可门的最大创造在于，将冷水喷射器安装在气缸内部，提高了蒸汽的冷凝速度，从而大大提高了热效率。经过改进之后，纽可门的蒸汽机马上投入使用，效果良好。到了1712年，英国的煤场和矿场基本上都用上了这种新式蒸汽机。纽可门机对于开发英国的矿业资源，奠定英国工业发展的基础，起了重要的作用。

纽可门蒸汽机只能用于矿山抽水，而且效率不高，不能满足工业生产对于动力机的需要。半个世纪后，英国格拉斯哥大学的机器修理工瓦特（1736—1819）对纽可门机进行了根本性改造。

1763年，瓦特受命修理格拉斯哥大学的一台纽可门蒸汽机，得以仔细研究纽可门机的结构。瓦特发现纽可门机的热量浪费很大，纽可门机每次用冷水喷入气缸使蒸汽冷凝时，气缸本身也冷却了下来，而下一次蒸汽进入后，先得将已冷却的气缸加热才能推动活塞使气缸充满高温蒸汽。在气缸的这一冷一热的过程中，大量热量白白地损失掉了，这就使纽可门蒸汽机的效率很低。在当时已经提出的潜热和比热理论的启发下，瓦特不仅找到了蒸汽机效率低的原因，而且找到了提高蒸汽机效率的途径——要保持气缸不被冷却。1765年，瓦特终于想出了在不使气缸冷却的情况下冷凝蒸汽的办法——在气缸外另加一个冷凝器。冷凝器就是冷凝蒸汽的容器。冷凝器与气缸之间用一个可调节阀门相连。高温蒸汽注入气缸时冷凝器阀门关闭，蒸汽推动活塞做功后关闭进气阀门打开冷凝器阀门，蒸汽马上被引入冷凝器（冷凝器事先用一台抽气机抽成真空）冷凝，之后在冷凝器和气缸内均形成真空。活塞在大气压力下做功，之后关上冷凝器阀门，重新将冷凝器抽成真空，重复前一过程。冷凝器是瓦特蒸汽机的一项最重要的改进。1769年，瓦特造出了第一台样机，他的具有历史意义的专利——"在火力机中减少蒸汽和燃料消耗的一种新方法"获得批准，其中的基本部分是冷凝器的利用。在气缸外加冷凝器后，蒸汽机的效率成倍地提高。1774年，瓦特制成了新型的单向蒸汽机，动作可靠，耗煤量比纽可门机有了明显的减少。他与别人合作兴办了蒸汽机制造厂。在制造蒸汽机的过程中瓦特对蒸汽机继续进行了多项改进。1781年，瓦特发明了曲轴装置，解决了蒸汽机活塞的直线往复运动与实际生产中工具机轮子的旋转运动的连接难题。

1782年，瓦特设计出了双向气缸，把单向作用蒸汽机改进为双向作用蒸汽机，使蒸汽轮流从活塞的两端进入气缸，使热效率进一步得到提高。1784年，瓦特取得了双向蒸汽机的专利。1787年，为了在负荷变化的情况下保证蒸汽机平稳运行，瓦特又发明了离心式调速器。它使输入的蒸汽不致太多或太少：蒸汽驱使一个调节杆转动，转得越快，调节杆上的两个金属球就相互飞离得越远，从而使蒸汽出口变小；蒸汽输出减少后，调节杆转动就慢了，两个金属球就离得近了，它又使蒸汽出口变大。

经过进一步改进后的瓦特蒸汽机，成了切实可用、效率显著、性能可靠、可用于一切动力机械的万能"原动机"。蒸汽机改变整个世界的时代正式到来了。正如马克思在《资本论》中所指出的，直到瓦特发明第二种蒸汽机，即所谓的双向蒸汽机后，才找到一种原动机，它的能力完全受人控制，它可以移动，同时它本身又是推动的一种手段，这种原动机可以使生产集中在城市而不像水车那样使生产分散在农村。古老的人力、畜力和水力被蒸汽动力所代替，大规模生产不仅可能，而且成为必要。蒸汽机在纺织业、采矿业、冶金业、铁路产业和轮船等行业中的广泛应用，使这些产业获得了迅猛发展，而为了制造瓦特机又使机械制造业繁荣起来。到1790年，瓦特机几乎全部取代了老式的纽可门机，普及到英国整个工业领域，成为英国经济部门的通用热机，极大地推动了英国工业化进程。

三、钢铁冶炼技术的革新

钢铁是发展重工业的首要原料。英国钢铁冶炼技术最初是从欧洲大陆引进的。16世纪中期欧洲大陆的炼铁业虽然还是小作坊手工业生产模式，工艺也比较粗糙，但比英国先进，英国的商人、教师、工匠、牧师纷纷来到欧洲大陆学习，引进铸铁等技术。但直到18世纪初，英国的钢铁工业一直未发展起来，每年都要从瑞士和俄罗斯进口大量的钢铁维持五金工业。其实英国并不缺少铁矿，之所以铁产量不高主要是因为用来炼铁的燃料不够。由于冶炼技术的限制，当时炼铁的燃料只能用木炭，而木炭是用木材烧成的。因此炼铁厂也都设在英国南部有森林的地方。用木材来供应炼铁厂，致使每个炼铁厂都对其周围的森林进行了掠夺式的砍伐，并且从来没有人想到过去植树造林。森林在迅速地消失着，以致渔民担心今后连造船的木材也会没有了。人们群起而攻之，于是政府下了各种禁令，限制某些地方钢铁厂的数量，或禁止在某些地方建立钢铁厂。到18世纪初，由于缺乏燃料，整个英国的钢铁工业萎靡不振。

1709年，达比（1677—1717）试验发明了焦炭炼铁法，如同将木材烧成木炭一样，先将煤烧成焦炭，再用焦炭来炼铁，这样就避免了硫化物进入生铁中。后来，他的儿子接管了他的事业，并于1735年改进了制造焦炭的方法。用焦炭炼铁，可以炼出品质优良的铁，而且可以解决木炭短缺问题。因为有这些明显的好处，焦炭炼铁法马上在英国冶金业推广开来。当人们普遍采用煤做燃料冶炼生铁以后，生铁产量大幅度提高，1788年英国生产生铁61000t，到1796年产量翻番，到1806年，产量再次翻番。

在炼铁工业不断改进、发展的同时，炼钢工业也在经历着同样的过程。1740年，林肯郡唐卡斯特的钟表匠亨茨曼（1704—1776）由于在市场上找不到制造钟表发条的好钢，便自己试验炼钢。当时炼钢面临的主要问题是火炉的温度不够高，亨茨曼发明了用耐火泥制的坩埚炼钢。到1750年，亨茨曼获得了成功。亨茨曼将生铁投入坩埚后将坩埚封闭，再用焦炭维持非常高的温度使生铁熔化成铁水，从而得到钢。由于铁水与空气隔绝，这种方法炼出的钢相当纯净。获得成功后，亨茨曼在谢菲尔德开设了一家炼钢厂，他没有申请专利，但是他的秘密很快被其他制造者发现，于是他的炼钢方法很快流传开来。

1760年，工程师斯密顿发明了用水力驱动的鼓风机。鼓风机的运用使焦炭燃烧温度大大升高，从而提高了炼铁的效率，使得一个原来每星期生产10t生铁的高炉，现在能生产40t以上。瓦特蒸汽机发明之后，又被广泛用于鼓风机上，使炼铁水平普遍提高。

在生铁和钢生产发展的同时，把生铁精炼成熟铁的新方法也出现了，使炼铁技术又上一个新台阶。1784年，工程师科特（1740—1800）发明"搅式炼铁法"并取得了的专利。他使用搅炼炉在铁熔化后将其搅拌成团，冷却后锻压即成熟铁。用这种方法炼出的铁，得到船舶专家的高度评价。由于此法省力而有效，许多钢铁厂主跑来请求科特允许他们使用他的专利。1789年，科特由于涉及一项债务纠纷，他的专利被公布于世，工厂主不需要付任何代价就可以使用它，这就更加刺激了"搅式炼铁法"的推广，不久它就成为英国生产精炼铁的主要方法。从此，精炼铁的生产就可以与生铁的生产齐头并进了。这反过来刺激了生铁的生产。

经过钢铁冶炼技术的不断革新，英国的钢铁产量大幅度上升。到18世纪末，英国已成为欧洲重要的钢铁出口国，率先进入钢铁时代。

四、运输工具的蒸汽化革命

瓦特蒸汽机的诞生和广泛使用是产业革命的标志。这种机器一经出现，马上使世界的工业格局和发展速度发生了翻天覆地的变化。使用蒸汽机之后，纺织品、煤炭、钢铁产量成倍甚至成十倍地增长，商品的激增，市场的拓展，社会经济的极大活跃，以及对外扩张的需要，向交通运输业的发展提出了迫切的要求。也正是蒸汽动力的运用，使运输领域发生了一次革命性变革，发明家们相继发明了蒸汽轮船和蒸汽机车，修建了铁路，代替了帆船和马车，将文明社会推向一个热火朝天的新世界。

有史以来的几千年，人类的交通运输工具基本上是两种：水上靠船，陆地靠车；车或用人力或用畜力，而船或借风力或靠人力。制约运输事业发展的主要是动力问题。人力、畜力或风力，它们或者过于弱小（如人力），或者不能随意使用（如畜力之于海运），或者不能加以控制（如风向和风速）。以它们为动力，无法进一步提高车船的载重量和速度。蒸汽机一问世，人们马上想到以之作为车船的动力。在瓦特提交的新式蒸汽机专利书上，曾提到了蒸汽机的各种可能的用途，其中特别指出可用于车辆、船只和锻锤。只是他一心扑在蒸汽机的改进和革新上，并未真地去实现这些可能性。

1. 汽船

第一个将蒸汽动力用于船运的是美国工程师菲奇（1743—1798）。这位美国发明家从1785年开始着手将瓦特刚刚推出的双向式蒸汽机装在帆船上。花了三年的工夫，他终于筹到了资金和有关的专利转让证书，并造出了四艘第一代汽船。不幸的是，他的汽船没有引起公众的关注，投入使用时乘客不多。1790年，他最好的一艘汽船在从费城到特伦顿的途中操作失灵，宣告了这项事业的失败。

真正产生重大影响，并最终使蒸汽动力用于水运的是美国另一位工程师富尔顿（1765—1815）。1786年，富尔顿来到英国并结识了许多工程师，富尔顿跟着工程师们一起去考察英国的运河工程，这期间萌发了制造汽船的想法。1797年，富尔顿到了法国，在法国期间，富尔顿造了一艘木制汽船。它用瓦特蒸汽机作为动力，用明轮桨推进，在塞纳河上逆水行驶，速度可追上岸上行人。这个速度当然不太理想。为了能够继续研制和改进汽船，富尔顿向法国皇帝拿破仑申请资助，但拿破仑未意识到这一重要交通工具在战争和经济中的巨大潜力，没有资助富尔顿。1806年，富尔顿离开法国回到美国，继续寻找合伙人和资金研制汽船。这次他十分幸运，找到了一位富有的农场主列文斯顿。这位富翁本人也是个发明家，他一眼就看出了富尔顿汽船的价值，决定全力支持。富尔顿继续试验，解决了船的吨位与动力的比例等难题，同时用钢铁代替木材作为基本的船体材料，用铁板做船体材料不仅可以大大提高船的排水量和载重量，而且有助于与蒸汽动力机实现有效的动力传动。

1807年，富尔顿成功地造出了一艘汽船。这艘命名为"克莱蒙特号"的新船，在哈德森河上的试航十分成功。试航成功后，该船航行于纽约和奥尔巴尼之间，全程150海里，用时32小时，速度比一般帆船快三分之一。由于它十分平稳，吸引了许多旅客。富尔顿汽船的成功，标志着以蒸汽动力船取代帆船时代的到来。富尔顿一鼓作气，生产了一批汽船投入使用。克莱蒙特号采用的是明轮的推进系统。这种装置本来是模仿陆路上的马车车轮，但在波涛汹涌的水面上，它反而有损于船的稳定性。当时已有人提出螺旋桨的构思，富尔顿便采纳了这个新的设计思想。后来的试验表明，螺旋桨确实比明轮桨优越。汽船的发明开创了航运史上的新时代。它穿梭在河海湖面，将全球连成一体，使人类生活世界的空间距离大大缩小。在风暴面前，人类勇往直前，不再望而却步。

汽船最先由两位美国人发明，不是偶然的。当时的美国身处大洋包围之中，许多物资要从外面运来，自己丰富的自然资源和矿产也需要运出，因此对水上运输技术格外敏感。美国人崇尚技术发明，成功的发明家不仅受人尊重，而且财源滚滚而来。

汽船航运的成功导致汽船制造业的兴盛。继美国之后，1812年，英国人亨利·贝尔造成了英国的第一艘汽船"彗星号"，航行于苏格兰的克莱依特河上。大致同时，法国和德国也造出了自己的汽船。因为汽船的问世，甚至引发了一场开凿运河的热潮。到19世纪二三十年代，汽船成了当时西方国家主要的内河航运工具。

1819年，美国的蒸汽帆船"萨凡纳号"利用蒸汽动力横渡大西洋取得成功。它满载棉花从美国的萨凡纳港出发，用了29天到达英国的利物浦。不过，这是一艘带有风帆的帆船，还不是完全利用蒸汽动力。1838年，英国轮船"天狼星"号和"大西方"号完全利用蒸汽动力横渡大西洋成功。同年，第一条跨大西洋蒸汽轮船航线开通，宣告海上远航进入蒸汽时代。之后不久，英国人成立了几个大航运公司，经营世界的海洋航运，使英国的海运业进入了一个新的时代。

2. 铁路与蒸汽机火车

欧洲历史上，马车一直是主要的陆路运输工具。蒸汽动力用于陆路运输的主要标志是蒸汽机火车的出现。要有火车，先得有铁路。历史上，铁路的确先于火车出现。铁路轨道运输最早出现在矿山。近代以来，采矿特别是采煤业的发展使矿山运输成了一个大问题，在高低不平、满是泥泞的矿井里，用木头铺上路轨，将装满矿石的车厢放在路轨上，用马匹牵引或人力推拉，大大提高了运输效率，这就形成了铁路的原始形态"木路"。以后随着冶金业的发展，铁制品大量出现，矿工们又进一步发现用铁皮包着的木轨摩擦力更小，运输量更大。后来，铁皮包着的木轨又被完全的铁轨代替。就这样，木轨一步步发展成铁轨，木路变成了铁路。这是18世纪前半期的事情。

蒸汽机问世后，自然有人想到将它用于驱动车子。但将铁路与蒸汽机相联系、造出第一辆真正意义的蒸汽机火车的，是英国人特里维西克（1771—1833）。1796年，特里维西克做出了一辆蒸汽机火车模型。1802年，造出了第一辆真正的蒸汽机火车。他用事实证明了，光滑的金属轮子在光滑的金属轨道上完全可以产生足够的牵引力。像所有开创性的发明家一样，特里维西克也面临着一大堆难题：动力不足、车轴断裂、铁轨断裂、振动太大等。由于得不到应有的支持，伟大的发明最后悄无声息地湮没了。

特里维西克虽然没有最后成功，但他的蒸汽机车在伦敦的展览会上展出后，激发了另一位英国发明家史蒂芬逊（1781—1848），他认真研究了车轮与路轨的摩擦力，首次运用凸边轮作为火车的车轮。1814年，他研制的第一辆蒸汽机车在达林顿的矿区铁路上试运行，这台能牵引30多吨货物的蒸汽机车被用来运煤，时速6.5km，速度比较慢，当时还遭到嘲笑说它比马车还慢，而且运行不够稳定，经常熄火，还有噪音太大、振动太大、对铁轨的破坏太厉害，另外，蒸汽机也存在爆炸的危险。

斯蒂芬逊想方设法，不断改进。他在车厢下加减震弹簧，用熟铁代替生铁作路轨材料，在枕木下加铺小石块，增加车轮分散机车的重量，装配大体积的锅炉，将锅炉安在车头以减小万一爆炸后可能造成的危害，等等。这些改进措施，使蒸汽机车运行性能得到很大提高。1823年，斯蒂芬逊主持修建了斯多克顿至达林顿之间的第一条商用铁路。1825年9月27日，斯蒂芬逊亲自驾驶经过他自己改进后设计制造的"旅行号"机车，在新铺好的铁路上试车。为了可靠起见，他还同时采用了马作为动力。机车牵引着6节运煤车厢，20节挤满乘客的载客车厢，载重达90t，时速达15km，试车取得了空前的成功，人们备受鼓舞，这次试车正式将火车推向实用，数月后，蒸汽机车在这条铁路上投入运营。1829年，斯蒂芬逊修建了棉花港口利物浦与工业城市曼彻斯特之间的铁路，这是斯蒂芬逊修建的第二条铁路，全线长130km，这一次，斯蒂芬逊驾驶的"火箭号"机车完全使用了蒸汽动力，平均时速达到了29km。以后，为了改进蒸汽机车，英国发起了蒸汽机车设计竞赛。发明家充分发挥其聪明才智，设计出各种时速、功率和造型的蒸汽机车。最后，人们优中选优，将其应用于铁路运输。

蒸汽机车研制成功后，修建铁路成为头等大事，英国出现了铁路建设热潮到19世纪中期，英国主要的铁路干线大部分建成，拥有长达10000km的铁路线。铁路的建设，吸纳了大量的资本和各种经济资源，创造了大量就业机会，带动了所有其他部门的经济活动的扩张和城镇化的快速发展，一座座新兴城镇拔地而起，人口不断聚集，社会面貌焕然一新。英国经济持续地急剧扩张，在很大程度上归功于铁路的发展。

继英国之后，美国于1828年修建了第一条铁路。法国于1830年，德国于1835年均修建了自己的铁路。此后兴起的"铁路热"在不到20年的时间内，使欧洲发达国家建起了遍布全国的铁路网。铁路使多国经济联成一体，隆隆的火车声宣告了产业革命（指第一次工业革命）的胜利完成。

陆地铁路，海上轮船，使货物、人员的交通运输发生了革命性变化：更多、更快、更远。这种交通运输的变革又带来新的变革：工人招募的地域范围扩大了，铁路的建设和运营对煤炭和钢铁产生了巨大的需求，促进了煤炭业和钢铁业的巨大发展。英国产业革命如火如荼，高歌猛进，经济实力和军事实力急剧扩张，使得西欧其他国家和美国对英国的奇迹刮目相看，并竞相模仿。

五、蒸汽时代的其他技术革新

经过瓦特等人不断改进，蒸汽机越来越完善，广泛应用于纺织业、采矿业、交通运输、冶金、机械、化学等系列工业部门，使社会生产力以前所未有的速度和规模发展起来，这又推动了蒸汽时代的技术进步。蒸汽机的应用，除了促进交通运输技术的进步外，也促进了其他技术的进步。

在钢铁工业上，1790年，首次采用了蒸汽动力鼓气，使冶铁过程的燃料消耗降低很多。英国工程师贝塞麦（1813—1898）发明了大炮炮筒的来复线结构，为了炼出合格的钢铁作炮筒，他转而研究冶炼，1856年发明了转炉炼钢新技术。1864年德国人西门子（1823—1885）和法国人马丁（1824—1870）发明了平炉炼钢法。由于新的炼钢技术的推广应用，在1865—1870年间，世界钢产量增加了70%。

在产业革命推动下，采煤业迅速发展起来。从最初的蒸汽机用于矿井抽水，进入19世纪以后，蒸汽抽水机在矿井中已普遍应用，又加之蒸汽凿井机、煤炭曳运机等的运用，煤产量迅速增长，1835年英国的煤产量达到 3×10^7 t，成为欧洲的第一产煤大国。

煤炭和冶金业的发展，促进了机械制造业的发展。在产业革命初期，机器大都是木质的，多用手工方法制造。到18世纪末，英国开始运用蒸汽锤和简单车床制造金属部件，代替机器上的一部分基本部件；刀架的发明，使刀具的进给运动开始实现了以机械代替人力操作。19世纪初，陆续发明了各种锻压设备和金属加工车床、铣床、磨床、刨床、钻床、齿轮及螺纹加工机床等，机器制造业从此建立起来，并有了一定规模。

纺织品的漂白需要进行酸碱处理，这就刺激了制酸和制碱工艺技术。1746年，英国人发现了铅室法制造硫酸，后来经过不断改进投入了连续生产。1788年法国人发明了以氯化钠为原料的制碱法，尽管这种方法有高温操作、煤耗量大、产品质量不高、设备腐蚀严重等缺点，但这种方法成为工业制碱的一种重要方法，对于化学工业的发展起到了重要作用。

总之，蒸汽技术革命带来了社会生产力的巨大发展。蒸汽动力的广泛运用，带动了纺织工业、冶金工业、煤炭工业、交通运输业、机器制造业的飞跃发展，进而又引起了生产关系的重大变革。工厂制度的确立，完全改变了工人的地位，使资本主义雇佣制度在工业中得到了巩固和发展。第一次产业革命发生地英国，成为世界上资本主义工业最先进的国家，机器大工业生产空前地提高了劳动生产率。1770年到1840年的70年间，英国工业的平均劳动生产率提高了20倍。到了19世纪中期，英国完成了产业革命，继英国之后，法国、德国、美国等也在19世纪完成了产业革命（指第一次工业革命）。

■ 第二节　第二次技术革命和工业革命

第二次技术革命和工业革命指从19世纪60年代后期到20世纪初的电力与电器、内燃机、炼钢、石油、化工和新交通工具等技术的突破性变革，以电力技术和内燃机的广泛应用为主要标志。第二次技术革命和工业革命发生在德国、美国、法国等多个国家，电力技术革命起源于欧洲，完成于美国。第二次技术革命是在先有科学理论，然后才有了相应的技术发明和创造，充分显示了科学理论对生产技术的引领和指导作用。

一、内燃机的发明与改进

随着工业生产的进一步发展，对动力机械的要求也越来越高，相比之下，蒸汽机则越来越暴露出它固有的一系列缺陷。其一，蒸汽机完全通过外燃的方式将热能转化为机械能，热能主要在气缸外流通，锅炉和烟囱几乎将大部分热能都散发出去了，导致蒸汽机的热效率很低下，当时一般蒸汽机的效率在5%～8%；其二，由于要承受高温高压蒸汽，锅炉和气缸必须用结实而厚重的材料制造，导致蒸汽机结构笨重体积庞大，无法成为小型机器的动力源；其三，由于蒸汽的温度和压力很高，蒸汽机的运行也不够安全，存在爆炸的危险，英国在1862—1879年间爆炸事故达到10000多起；此外，为了得到高温高压蒸汽，蒸汽机起动之前还需要一段时间的预热，使用起来很不方便。因此，人们开始寻求各种新的热机与新的动力源。

既然燃料在气缸外面燃烧（即外燃）是蒸汽机热效率低下的主要原因，那么能不能让燃料在气缸里面燃烧呢？其实，早在活塞式蒸汽机出现以前，17世纪70至80年代，惠更斯就已经设想了真空活塞式火药内燃机。蒸汽机的先驱、法国物理学家巴本一开始研究的也是用火药作燃料的内燃动力技术。但是内燃机对气缸材料、活塞加工精度、内燃燃料等均有很高的要求。气缸材料若不结实，则容易发生爆炸。活塞加工若不够精密，则不能产生应有的高压驱动力。当然，最重要的还是燃料，它必须是气体或者至少是易于蒸发的液体，而且燃烧产物也应是气体，以便很容易排出气缸。只有具备了这些条件，制造内燃机才有可能。

从18世纪下半叶到19世纪下半叶，人们对内燃机进行了半个世纪的探索。1792年，英国工程师默多克，在煤的干馏过程中发现了可以燃烧的煤气。不久之后，由于生产技术的提高，煤气成了一种廉价的燃料。发明家们马上想到可以用煤气作内燃机燃料。1799年，法国工程师勒朋设计了一种以煤气作燃料，用电火花点火的内燃机。1820年，英国工程师西塞尔勾画了更完整的设计蓝图。他试图让煤气在气缸内燃烧产生高温气体，而后冷却形成真空由大气对活塞做功。这种设计思想还局限于大气机的框架。1833年，英国另一位工程师赖特提出了单靠燃烧气体的压力推动活塞做功的爆发式内燃机设计蓝图，结束了真空机一统天下的历史。这些设计思想最后在法国发明家勒努瓦（1821—1900）的手里得以实现。1869年，勒努瓦造出了世界上第一台实用内燃机，这是一台二冲程、无压缩、用煤气作燃料、用电火花点火的内燃机。虽然勒努瓦内燃机的效率不高，每马力需要100立方英尺煤气，热效率仅4%，电点火也不可靠，但运行非常平稳。作为小型动力机很受中小企业的欢迎，所以勒努瓦内燃机一经造出就可以投入使用，实现了内燃机的第一次批量生产，1865年法国生产了400台，英国生产了100台。

1862年，法国工程师德罗夏总结卡诺的热机理论和内燃机的研制实践，提出了内燃机的四冲程循环理论。该理论指出，通过如下四个冲程（快速往复的过程）内燃热机可取得最大的热效率：第一冲程是外冲程也即吸气冲程，通过活塞向外运动使气缸内部形成真空将气体燃料吸入气缸；第二冲程是内冲程也即压缩冲程，通过活塞向内运动对进入气缸内部的气体燃料进行压缩，并在最后的瞬间点火，产生高温高压燃烧气体；第三冲程是外冲程即爆发冲程，是由高温高压燃烧气体产生巨大爆发力推动活塞做功的过程；第四冲程是内冲程，即排气冲程，它将已经燃烧的废气从气缸中排出去，为下一次循环的第一冲程做准备。

德罗夏的四冲程理论，使内燃机的发展有了坚实可靠的科学理论基础，1876年，德国工程师奥托（1832—1891）研制成功了第一台以四冲程理论为依据的往复式活塞煤气内燃机。奥托首次发现，利用飞轮的惯性可以使四冲程自动实现循环往复，这就成功地将德罗夏的四冲程理论付诸实践。奥托研制的内燃机是一台单缸卧式、4马力等容燃烧的煤气机。此机小巧紧凑，热效率高达14%，转速高达150～180r/min（转/分），这是空前的。

奥托继续试验和改进，内燃机的性能不断提高。1880年，机器功率已由原来的4马力提高到20马力，1893年达到200马力，并且随工作过程的改善，热效率迅速提高，1886年达到15.5%，1894年达到20%以上。1880年起，奥托公司生产的内燃机开始成为热门货，到1890年，世界各地已经到处是奥托公司的内燃机，大有取代蒸汽机之势。然而奥托内燃机采用的是煤气作为燃料，而煤气必须由煤气发生炉这样大的装置提供，这就使这种内燃机难以作马车、小船这类小型交通工具上的动力，而对于火车、大型轮船这类大型交通工具来说，用奥托内燃机作动力与用瓦特蒸汽机作动力存在一样的缺陷，那就是不够经济。

碰巧的是，19世纪中叶以来，燃料工业正好发生了一次巨大的变革。1854年，美国工程师西里曼成功地发明了石油的分馏技术。1859年，美国人在宾夕法尼亚州打出了世界上第一口油井，从此，人类开始了对石油的大量开采和利用。随着石油工业的蓬勃发展，用汽油、煤油、柴油等优质燃料取代煤气作内燃机的燃料成为可能。

1883年，德国发明家戴姆勒（1834—1900）研制成功了一台以汽油为燃料的内燃机，这是世界上第一台现代四冲程往复式汽油机。由于汽油的燃烧值远远高于煤气，所产生的动力也远大于煤气内燃机，其转速由以往的不超过200r/min，一跃提高到800～1000r/min。汽油机具有马力大、重量轻、体积小、效率高的特点，这就决定了它适合于作交通工具上的动力。接着，

1886年，英国工程师滕特和卜雷斯特曼研制成功以煤油作燃料的内燃机，功率可达100马力，用于农业耕作，获得了英国皇家农学会的银质奖章。

1892年，德国工程师狄塞尔（1858—1913）造出了一台用柴油作燃料的高压缩型自动点火内燃机。柴油机结构更简单、燃料更便宜，热效率更高，达到27%～32%。他采用更高压力来压缩气缸里的空气，使得单靠压缩产生的热就能点着燃料。由于压缩程度更高，柴油机的结构必须造得更加结实，这就使柴油机比汽油发动机要笨重些。在20世纪20年代研制成适用的燃油喷射系统之后，柴油机开始广泛应用于卡车、拖拉机、公共汽车、船舶及机车，成为重型运输工具中无可争议的动力机。狄塞尔柴油机的问世，标志着往复式活塞内燃机的发明基本完成。往后的任务在于它的应用，并在应用中不断改进它的性能。

20世纪为了服务于汽车和飞机的需要，内燃机一直在持续的改进和发展中。最初的20年中，转速提高到了1000～1500r/min，为奥托机的7～10倍。为了降低重量功率比，出现了多缸制。戴姆勒发明汽车时的内燃机的重量功率比为200kg/hp（公斤/马力），到19世纪90年代降至30kg/hp，20世纪初年降到4～6kg/hp，被莱特兄弟用于飞机制造。到了20世纪20年代，重量功率比降到了1kg/hp左右。随着内燃机重量马力比的下降，人类飞上蓝天的千年美梦开始成真。1903年，美国工程师莱特兄弟以一台8马力的汽油内燃机为引擎制造了一架飞机，并成功地在天上停留了59s，飞行260m。飞机使人类进入了航空运输时代。

二、内燃机的应用

正像蒸汽机的发明及其实用化构成了第一次技术革命和产业革命的主要内容一样，内燃机作为一种新的动力机械与电动机一起掀起第二次技术革命和工业革命的高潮。内燃机，特别是汽油机和柴油机一经出现，立即在社会经济的各个部门、国防工业中获得了广泛的应用，使工业生产的产业结构发生了巨大变化，出现了许多新型产业，如汽车、轮船、飞机等各种交通工具的研制与生产、石油的开采与提炼、橡胶的生产、公路及桥梁的建设等，尤其推动了有机化学工业的快速发展。对农业和交通运输业的发展来说，内燃机的重要性甚至超过了电机。

1. 内燃机在工业领域的应用

内燃机的发明导致了汽车制造业的兴起，这在一定意义说可被视作陆路运输的另一场革命。1885—1886年，戴姆勒和德国工程师本茨（1844—1929）以汽油机为动力，各自独立制成了最早的可供实用的汽车。1888年英国发明家邓洛普（1840—1921）发明了充气轮胎，解决了汽车的颠簸问题。1889年，戴姆勒又研制成用于汽车的V型双缸汽油机。1892年，美国人福特也研制了美国第一辆汽车。以后本茨与福特均成立了自己的汽车公司，进行批量生产，从而形成了一个新的产业：汽车产业。

一开始，汽车尽管深受欢迎，但其价格昂贵，而且技术上尚有缺陷，不能适应当时高低不平的公路。使汽车大众化的关键人物是美国人福特。福特认识到，要使汽车业快速发展，必须营造汽车市场，即让汽车大幅降价，使普通人都能买得起，这样就要求产量大幅上升。同时，它的部件应易于更换和修理。为此，福特借鉴惠特尼（1765—1825）生产标准化零件的方法，发明了"流水线作业制"的汽车装配线。

他的工厂只生产一种型号的汽车，即T型车。生产过程被分成许多工段，每个工段都是非常简单的单一工作。汽车就在流水线上逐步被装配出来。流水线作业制大大减少了装配时间，日产1000辆T型汽车，而且对工人的技能没有更高的要求，因而大大降低了生产成本。自1913年采用流水线以来，福特汽车的产量与日俱增。由于产量高，成本低，价格低，所以福特一下子打开了汽车市场。到1915年，福特已经生产了一百多万辆汽车，1927年达到1500万辆。福特使美国成了一个车轮上的国家，美国人最早进入汽车时代。

汽车产业带动了许多其他的产业，如石油工业、钢铁工业、供应轮胎的橡胶工业、供应漆的染料工业以及其他制造业，成了龙头产业。汽车还带动了道路建设。传统的砂土和石子路面不能适应日益提高的汽车速度。19世纪末，英国人马卡达姆最早铺设了沥青和混凝土路面，而后向全世界推广开来。20世纪30年代后期，德国开始修建高速公路。美国奋起直追，到40年代率先形成了自己的高速公路体系。由于公路交通的发达，许多先进国家铁路运输量反而下降。在美国，许多老的铁路被逐步废弃。

继汽油内燃机汽车之后，1913年，第一台装置柴油机的内燃机车诞生，促进了铁路运输技术的革新，以后柴油机和电力机车一道，逐步代替了蒸汽机车。1912年，第一艘柴油机驱动的远洋轮船建成。1903年美国莱特兄弟（W. Wright，1867—1912；O. Wright，1871—1948）驾驶内燃机驱动的飞机首次飞上天空。1909年法国工程师莱里奥特驾驶飞机飞越英吉利海峡。1927年林德伯格实现了从纽约到巴黎的不着陆飞行。全世界都被这一航空成就所震惊，更大更安全的飞机从此得到了发展。

2. 内燃机在农业领域的应用

内燃机的发明使农业生产技术发生了重大革命。在资本主义发展史上，农业耕作生产进展比较缓慢。英国人曾试图以蒸汽机作动力的拖拉机来用于耕作，但由于它太笨重未获成功。美国在19世纪后半叶发明了收割卷轧机和联合收割机，但动力还是马匹。内燃机发明后，很快就在各种农业耕作机（栽种机、中耕机、收割机等）有了广泛的应用，作为农用耕作机中的动力取代了畜力。

三、电力技术革命

19世纪前半叶，电磁学理论得到了巨大的发展。与此相呼应，工程技术专家敏锐地意识到电力对人类生活的意义，纷纷投身于电力开发、传输和应用的研究，电力技术取得了许多突破性成就，发明了电动机、发电机、高压输电、电灯、电话、电报、无线电通讯等。蒸汽机和发电机的结合，使许多大型发电厂拔地而起，电能作为新能源逐渐取代了蒸汽动力而占据统治地位。电能的集中生产与分散使用，为工农业生产提供了稳定、可靠、清洁、强大、方便的动力；电能易于转化为热、光、机械、化学等多种形式的能量，以满足人们在生产、生活中的要求。电力技术广泛应用，使得工业生产的产业结构又一次发生了巨大变化，出现了专门生产电力、电工和各种电气设备的产业部门，又一次推动了工业革命，加快了工业化的发展进程，将人类社会推进到一个更光明、更美好的时代——电气时代。

1. 直流电动机与发电机的发明与改进

奥斯特电流磁效应的发现、法拉第电磁感应现象的发现为电动机和发电机的制造准备了理论基础与研究方向。从逻辑上讲，先得有发电机而后才有电动机，但从历史上看，最先出现的倒是电动机，因为伏打电池已经提供了电能来源。不过，大型的实用电动机与发电机，是在相互促进中不断研制和持续改进的：早期的电动机使用的电源是伏打电池，电流有限，因而电动机的动能也微弱，客观上就要求能产生更大的电流，这就促进了发电机的研制。而发电机的研制与改进，又为大功率电动机的研制和使用创造了条件。由于伏打电池提供的是直流电，早期的电动机都是直流电动机，而发电机又是为电动机提供电流的，所以早期的发电机也是直流发电机。

电动机是把电能转化为机械能的一种装置。电动机的第一个实验模型出自近代电磁学的奠基者法拉第之手。1819年，奥斯特发现了电流的磁效应，这一发现为把电能转化为机械能提供了可能。1821年，法拉第对奥斯特的实验装置进行了改进，设计出使一根小磁针绕通电导线连续转动的装置，这是世界上第一台直流电动机。

一台实用的电动机必须有强大的磁场。早期的玩具式的电动机大多用的是天然的永磁体，磁场强度往往不大。1823年，英国科学家斯特金发现，如果将铜线绕在普通的U型铁棒上，当铜线通电时，U型铁棒就变成了一块磁性很强的磁铁，这就是电磁铁（通电时才有磁性，不通电时没有磁性）。斯特金的电磁铁能吸起比自己重20倍的铁块，1829年，美国电学家亨利（1779—1878）用绝缘导线代替裸铜导线，这样可以紧密地缠绕导线而不会短路，大大地提高了电磁铁的磁场强度，他用一块电磁铁居然吸起了一吨重的铁，世人为之震惊。1931年，亨利试制出了一台电动机的实验模型。这台电动机以伏打电池为电源，通过改变电流方向使得电磁铁产生变化的磁场，按照同性磁极相斥、异性磁极相吸的原理，水平电磁铁在磁极的相斥与相吸的过程中摆动。由于使用了电磁铁，亨利的电动机模型比法拉第的装置产生的动能要大得多，是电动机发展史上的一大进步。

1834年，德国电学家雅可比将亨利的电动机模型中的水平电磁铁改为转动的电枢，加装了脉动转矩和换向器，试制出了第一台实用的电动机。1838年，雅可比在电动机上加装了24个固定的U型电磁铁和12个绕轴转动的电磁铁，研制出了双重电动机，大大提高了电动机的功率。同年，他将这种电动机装载在一艘小艇上，进行了成功的试航。此后，发明家纷至沓来，使电动机研制进入一个高潮。

伴随着电动机研制的成功，电动机的实际应用问题突显出来。由于早期的电动机都是直流电动，由伏打电池提供电流，伏打电池费用极为昂贵，用它作为电能来源的电动机几乎看不到商业价值，这促使人们寻找伏打电池之外的电能来源，于是在继续研制电动机的同时，人们开始研制发电机。与电动机一样，发电机的第一个实验模型也出自法拉第之手。1831年，法拉第发现电磁感应现象——动磁可以生电。在发现感生电流的实验装置的基础上，法拉第试制出一种最初的永磁铁发电机的实验模型。早期的发电机是直流发电机。

1832年，法国青年电学工程师皮克希（1808—1835）试制成功一台手摇永磁铁旋转式发电机，其转子为永磁铁。这台发电机上安装了一种最原始的换向器，使得发电机所产生的交流电可以转变为当时工业生产所需要的直流电。1836年，皮克希研制出了第一代可供实用的永磁发电机。随后，许多发明家相继作出了各种改进，使得发电机的运转部分重量减轻，将手摇柄改为转轴，人手摇动改为蒸汽机带动，这样大大提高了转速，发电量因而也随之上升。到1844年前后，法、德、英等国已经有了庞大而笨拙的发电机提供新的电解电源，并通过雅可比双重电动机提供动力，永磁发电机和雅可比双重电动机配套使用开始投入实际应用。

1854年，丹麦电学工程师乔尔塞发明了混激式的发电机，即发电机中除了装有永磁铁外，又加装了电磁铁，明显地提高了发电机的功率。1857年，英国电学家惠斯通（1802—1875）发明了自激式发电机。这种发电机完全由电磁铁供磁，而电磁铁的电力则由一个独立的伏打电池来提供，其发电的功率又远高于混激式发电机。但是这种发电机也存在不足，由于依赖伏打电池为电磁铁励磁，所以在结构、效益和发电量上均受制于伏打电池：既笨重，又不经济，而且功率不高。

1867年，德国著名电学工程师西门子（1816—1892）发明了真正具有普遍应用价值的发电机——自馈式发电机。这位电业大王在电气技术的许多方面都做出过贡献。他曾经发明了电镀法，将电能引入化学工业，并从事电报机的研制和生产。1847年，他创办了以生产电器设备为主的西门子公司，公司附设从事研究和开发的科学实验室，这是历史上最早的工业实验室。西门子在发明电镀法时，曾使用过伏打电池、皮克希和惠斯通的发电机作为电源。西门子发现，提高发电机功率的关键在于加强电磁铁的磁场，而这又依赖于加强电磁铁的电源，可是伏打电池的电流总是有限的，如果增加电池组的个数，固然可以增强电流，但这会使发电机过于笨重。经过反复摸索，西门子终于试制出第一台自馈式发电机，即将发电机所产生的电流分出一小部分引到电磁铁上，这样就能极大地提高发电机的功率，使发电量大大提高。另外，由于甩掉了伏打电池，发电机本身也变得轻巧。自此以后，电能开始以大量、廉价而赢得青睐。如同瓦特发明蒸汽机，西门子发明的自馈式发电机，使电能成为一种支配社会经济生活的主要能量形式，具有划时代的意义。

电动机械的好处是明显的，它机动性好、噪音小、无污染。由于发电机和电动机机理上完全相同，大型发电机的开发所积累的经验可以为电动机所用。1880年前后，电动机已被大量地用于各行各业，电动机械出现在各种各样的企业和工厂中，从电锯、钻床、磨床、车床，到起重机、电梯、电水泵、电动压缩机，都装备上了电动机。随之而来的是用电量的增加和用电区域的扩大，此时，直流发电机的局限性开始表现出来：为了减少在传输过程中的损耗，必须通过高压输电，而在当时的技术条件下，无法对直流电升压。在这样的情况下，交流电重新进入人们的视野之中。

2. 交流电技术

到了19世纪80年代末，直流电机已经不能满足社会的用电需要。1888年，俄国电工学家多里沃—多勃罗沃尔斯基研制成功第一台旋转磁场式三相交流发电机，交流电开始登上舞台。其实，早在1867年，也就是西门子发明真正具有普遍应用价值的自馈式发电机之前，英国科学家外耳德就已经制成第一台独立激磁的交流发电机。9年后的1876年，俄国科学家亚布洛契可夫也制成了一台供给他所发明的弧光灯的交流发电机。但由于早期的电动机均使用直流电，方向不断变化的交流电不能在直流电动机上使用，所以外耳德与亚布洛契可夫的交流发电机没有引起人们的重视。交流电重新进入人们的视野，引起人们的重视主要有两方面原因，其一是远距离输电，其二是交流电动机的发明。

交流电替代直流电的一个很重要的原因是，交流电能够有效地解决远距输电问题。人们早就知道，在远距输电中，为了减少路耗必须提高输电压。但是对直流电而言，高压发电机和高压电动机在设计上均有无法克服的困难，况且高压电动机械不仅设计上有困难，而且使用起来不安全。于是人们想到了久被遗忘的交流电，由于它非常容易实现变压，所以是最适合远距传输的电能形式。法拉第于1831年发现的自感现象为变压器提供了理论依据。在同一个铁芯上绕上两组线圈，当一组线圈上通有交变电流时，在另一组线圈上便会感应上同样交变的电动势来。线圈匝数不同，感应到的电动势便会不同。根据这一原理，就可以制成变压器，使电压变高或变低。当然，所通电流必须是交变电流。1883年，法国人高拉德和英国人吉布斯制成了第一台实用的变压器。1890年，多里沃—多勃罗沃尔斯基发明了三相交流变压器。

交流电替代直流电的另一个很重要的原因是交流电动机的发明。交流电动机起源于旋转磁场原理。1885年，意大利物理学家、电工学家费拉里斯（1847—1897）根据不同相位的光可以产生干涉现象，提出不同相位的电流磁场相互作用可以产生旋转磁场，为交流电动机的研制提供了理论基础和研究方向。同年，费拉里斯和美国物理学家特斯拉各自独立地依据旋转磁场原理，发明了交流感应电动机。1889年，多里沃—多勃罗沃尔斯基在柏林制成第一台实用的三相交流鼠笼异步电动机，并取得专利。交流电动机的发明打开了交流电应用的通道，极大地推动了交流电的发展。

1891年，在德奥地区建成了世界上第一个三相交流输电系统。奥地利劳芬水电站发出的三相交流电经升压至1.5×10^3V通过170km的线路，传到德国法兰克福的变电所降压，再供给法兰克福正在举办的国际工业展览会照明用。8月25日初次运行成功，输电效率达到80%。这就充分显示了三相交流电在远距输电中的优越性。三相交流电系统已成为近代发电、输电、供电的基本形式。

交流电能够有效地解决远距输电问题，而交流电动机又打开了交流电的应用通道，至此，交流电力无可比拟的优越性就充分显示出来了。交流电力可以大规模集中生产，然后通过高压线传送到一切需要电的地方。交流电转化效率高，易于管理和控制。交流电的这些优点，使得交流电在19世纪的最后十几年获得了快速发展并逐步取代了直流电。

3. 其他电力技术发明

家庭照明和信息传输是电力技术革命的另外两个重要方面。

1879年，美国著名发明家爱迪生完成了实用白炽灯的发明。1881年，他在巴黎博览会上，把蒸汽机与发电机连接起来，同时点亮了1000盏电灯，震惊了世界。1882年，爱迪生建立了世界上第一座直流发电厂，6台发电机点燃了9000盏功率为15W的灯泡，标志着世界上第一个民用电照明系统的诞生，电力从此进入寻常百姓的生活中。

1837年，美国发明家莫尔斯（1791—1872）发明了有线电报并建成了电报线路。1876年，美国的另一位发明家贝尔（1847—1922）发明了电话并取得了发明专利。1895年5月，俄国电工学家波波夫（1859—1906）首次公开了他所发明的无线电信号接收机和记录信号，并于1896年3月用无线电信号发送莫尔斯电报获得成功。1895年秋，意大利物理学家马可尼（1874—1937）成功进行了2.5km的无线电报的传送实验，并于1896年取得了发明专利。无线电通信的诞生为后来的无线电广播、电视机的研制奠定了基础和指明了研究方向。

20世纪被称为电的世纪，电能渗透到工业生产、社会生活的各个方面。每一个城市都完全建立在供电系统之上，停电就意味着社会生活的停顿。电力系统越来越庞大，发电量成了发展的标志。1937年，全世界发电总量为455.8亿kW·h，1950年为956.8亿kW·h，1980年为8021.6亿kW·h，2000年为155009亿kW·h。

第一次技术革命与工业革命几乎是在与理论科学研究无关的情况下（没有直接的科学理论指导），基本由工匠个人的聪明才智进行发明创造的。第二次工业革命，是在先有科学理论，然后才有了相应的技术发明和创造，理论科学和实验科学第一次走到了应用技术的前面，成为技术发明与革新的理论基础和研究方向，充分显示了科学理论对生产技术的引领和指导作用。另外，生产技术的提高明显缩短了科学成果转化为直接社会生产力的时间。从1680年巴本发明蒸汽泵到1782年瓦特发明双向式蒸汽机花了100年；从1831年法拉第发现电磁感应定律到1867年西门子发明自馈式发电机，用了36年时间；而从赫兹1888年用实验证实电磁波存在到1895年无线电报的发明，只用了7年的时间。

思考题

● 1. 为什么说纺织技术的革新是第一次工业革命的源头？

● 2. 简述蒸汽机的发明、改进与推广使用。

● 3. 简述内燃机在第二次工业革命中的应用。

● 4. 在第二次工业革命中，直流电为什么被交流电替代？

第 三 篇

现代自然科学选编

第六章 | 世纪之交的
物理学革命

■ 第一节　爱因斯坦与相对论

1905年，爱因斯坦（1879—1955）在德国《物理学年鉴》上发表了五篇论文，其中三篇是划时代的成就。

第一篇论文是关于光电效应的。爱因斯坦将普朗克（1858—1947）在此之前提出的量子观点大胆推广，指出光是由一定能量的光量子组成的。正是这些光量子激发了金属内部的电子，而且，只有一定能量的光量子能被金属吸收，并激发一定能量的电子。这就解释了光电效应。由于这篇论文，爱因斯坦获得了1921年的诺贝尔物理学奖。

第二篇论文是关于布朗运动的。布朗运动是1827年英国植物学家布朗（1773—1858）发现的显微镜下花粉颗粒的无规则运动，长期以来得不到解释。分子运动论建立之后，曾有人用大量分子无规则运动的观点解释布朗运动，但爱因斯坦首次从数学上详尽地解释了这一问题。

最伟大的成就是第三篇论文《论动体的电动力学》。在这篇论文中，爱因斯坦提出了相对性理论，即相对论。这是他多年来思考以太与电动力学问题的结果。他以同时性的相对性这一点作为突破口，建立了全新的时间和空间理论，并在新的时空理论基础上给动体的电动力学以完整的形式。以太概念不再是必要的，以太飘移问题也不再存在。如果迈克尔逊的实验导致了零结果，那么它正是一次成功的实验，证明所谓以太漂移根本就是虚幻的。

爱因斯坦相对论所引起的物理学革命首先是时间空间观革命。这场革命的本质是恢复了物理时间作为测度时间的的测度本性：时间必须是一个可观测量。时间作为一个可观测量具体体现在"同时性"的可操作性方面。相对论放弃了相互独立的绝对时间和绝对空间概念，但并没有放弃"绝对性"本身，在相对论中起绝对作用的是四维空一时。

正在人们忙于理解狭义相对论时，爱因斯坦正接近完成广义相对论。1916年，爱因斯坦在老同学格罗斯曼的帮助下，运用黎曼几何完成了广义相对论的最终形式。爱因斯坦将相对性原理推广到引力场中，指出引力场就相当于一个非惯性系。原则上人们对一个物体是正被加速还是正处在引力场中无法做出区分。这一原则被称为等效原理。惯性质量与引力质量相等是等效原理的一个自然推论。广义相对论还指出，由于有物质的存在，空间和时间会发生弯曲，引力场实际上是一个弯曲的时空。广义相对论首先解释了水星近日点的进动。其次，广义相对论预言了引力红移，即在强引力场中光谱应向红端移动。20世纪20年代，天文学家在天文观测中证实了这一点。

再次，广义相对论预言引力场使光线偏转，这一预言最为引人注目，因为它很快得到了天文验证。当时的皇家学会会长汤姆逊致辞说："爱因斯坦的相对论是人类思想史上最伟大的成就之一，也许就是最伟大的成就，它不是发现一个孤岛，而是发现了新的科学思想的新大陆。"

狭义和广义相对论的诞生革新了物理科学的基本概念框架。由于近代世界图景主要由物理科学提供，也可以说相对论革新了世界图景。世界图景不再是"筐子装东西"式的"时空+物质"模式。由于时空与物质及其运动之间发生了关联，世界图景成了"时空–场–物质–流形"。经典物理学中时空与物质之间的二分消解了，物质运动与时间空间成为一体。爱因斯坦说："空间–时间未必能被看作是一种可以离开物理实在的实际客体而独立存在的东西。物理客体不是在空间之中，而是这些客体有着空间的广延。因此，'空虚空间'这个概念就失去了它的意义。"

相对论在时空观方面的革命完全奠基于对希腊古典科学精神的再度弘扬。这种精神就是对世界普遍性的追求，对宇宙和谐的追求，对数学简单性的追求。在狭义相对论中，"光速不变原理"起到重要的作用，它的功能在于统一电动力学与牛顿力学。在广义相对论中，"等效原理"即引力场与加速系的等效是一个关键，它的功能也是为物理学的大统一奠定基础。可以说，为物理学奠定新的统一的概念基础，是相对论的重要贡献，它也是导致物理学革命的主要原因。

对数学简单性的追求是爱因斯坦创立相对论的动机。他在一次报告中说："相对论是要从逻辑经济上来改善世纪交替所存在的物理学基础而产生的。"希腊时代毕达哥拉斯学派所倡导的追求"宇宙的数学和谐"的精神，是西方科学最具支配作用的基因。带动近代科学诞生的哥白尼的工作和开普勒的工作，均属于这一希腊精神的弘扬。

■ 第二节 X射线、放射性和电子的发现

1895年11月8日晚，德国物理学家伦琴（1845—1923）在做阴极射线实验时，意外地发现了一种新的射线。它具有极强的穿透力，但因为不了解其本性，伦琴权且称它为X射线。伦琴由于发现X射线而成为世界上第一个荣获诺贝尔物理学奖（1901年颁发）的人。

对X射线的关注引发了科学界对放射性现象的关注。将放射性的研究推向一个新高度的是波兰女科学家居里夫人（1867—1934）。1898年，居里夫人宣布钍像铀一样具有放射性，从而表明放射性绝对不只是某个元素独有的现象。同年，居里夫人发现了两种比铀的放射性更强的元

素——钋和镭。其中钋的放射性比铀强400倍，为了测定镭的原子量，居里夫人花了3年时间，提炼出了0.12g纯氯化镭，测定出镭的原子量为225，放射性比铀强200多万倍。

X射线不仅导致了放射性物质的发现，也促进了电子的发现。阴极射线的本性问题在物理学界争论已久，德国物理学家大多认为是一种以太波，英国人则认为是一种带电粒子流。1897年，英国物理学家J. J. 汤姆逊（1856—1940）用实验证明了阴极射线在电场和磁场作用下均可发生偏转，其偏转方式与带电粒子相同，这就证明了阴极射线确实是一种带负电的粒子流。1898年，汤姆逊进一步证明了该粒子流所带电荷与氢离子属同一量级，这就表明，其质量只有氢离子的千分之一。汤姆逊将之命名为"微粒"，后来又称"电子"，意即它是电荷的最小单位。汤姆逊指出，它比原子更小，是一切化学原子的共同组分。

X射线以及随之而来的放射性与电子的发现，给新世纪的人们打开了一个新的奇妙的微观世界。世纪之交的量子力学，就是在原子物理学的基础上建立起来的。

■ 第三节　量子理论简介

一、紫外灾难与量子理论的提出

导致量子论出现的倒不是原子世界的新鲜事物，而是一个古典热力学难题，即黑体辐射问题。1900年，英国物理学家瑞利（1856—1940）根据经典统计力学和电磁理论，推出了黑体辐射的能量分布公式。该理论在长波部分与实验比较符合，但在短波部分却出现了无穷值，而实验结果趋于零。这部分严重的背离，被称为"紫外灾难"（紫外指短波部分）。

不久，德国物理学家普朗克采用拼凑的办法得出一个在长波和短波部分均与实验相吻合的公式，虽然该公式的理论依据尚不清楚。但普朗克发现，只要假定物体的辐射能不是连续变化的，而是以一定的整数倍跳跃式变化，就可以对该公式做出合理的解释。普朗克将最小的不可再分的能量单元称作"能量子"或"量子"。1900年12月14日，普朗克将这一假说报告给德国物理学会，宣告了量子论的诞生。

量子假说与物理学界几百年来信奉的"自然界无跳跃"的原则直接矛盾，因此量子论出现之后，许多物理学家不予接受。普朗克本人也非常动摇，后悔当初的大胆举动，甚至放弃量子论，转而继续用能量的连续变化来解决辐射问题，但是，历史已经将量子论推上了物理学新纪元的开路先锋的位置，量子论的发展已是锐不可当。

第一个意识到量子概念的普遍意义，并将其运用到其他问题上的是爱因斯坦。他建立了光量子论以解释光电效应中出现的新现象。光量子论的提出使关于光的本性的历史争论进入了一个新的阶段。自牛顿以来，光的微粒说和波动说此起彼伏。爱因斯坦的理论重新肯定了微粒说和波动说对于描述光的行为的意义。它们均反映了光的本质的一个侧面，因为光的确有时表现出波动性，有时表现出粒子性。但它既非经典的粒子，也非经典的波，这就是光的波粒二象性。主要由于爱因斯坦的工作，量子论在最初的十年得以进一步发展。

二、量子力学的建立

量子力学起源于原子结构的研究。

玻尔（1885—1962）的量子化的原子结构理论明显违背了古典理论，不过，它在解释光谱分布的经验规律方面的意外成功，使它赢得了很高的声誉，大大推动了量子理论的发展。当时，玻尔的理论只能用于氢原子这样比较简单的情形，对于多电子的原子光谱尚无法解释。之后，玻尔又想出了一些办法以弥补这些缺陷，但结果是使理论基础变得更加逻辑不一致，以致有人认为量子论也出现了危机。

旧量子论确实面临着困境，但不久就被突破。

1923年，法国物理学家路易·德布罗意（1892—1987）提出了物质波理论，将量子理论推进到一个新的高度。德布罗意在长期思考后，突然意识到爱因斯坦的光量子理论应该推广到一切物质粒子，特别是电子。1923年9月至10月，他连续发表了三篇论文，提出了电子也是一种波的理论。他还预言，电子束穿过小孔时也会发生衍射现象。没过几年，实验物理学家果真观测到了电子的衍射现象，证明了德布罗意物质波的存在。

沿着物质波概念继续前进并创立了波动力学的，是奥地利物理学家薛定谔（1887—1961）。薛定谔经过反复的思考，于1925年推出了电子的一个相对论性的波动方程，但与实验不太符合。1926年他转而处理非相对论性的电子问题，得出的波动方程与实验证据非常吻合。波动力学就此诞生。

1925年，德国青年物理学家海森堡（1901—1976）创立了解决量子理论的矩阵方法。他完全抛弃了玻尔理论中的电子轨道、运行周期这种古典的却不可观测的概念，代之以可观察的量，如辐射频率和强度。在英国，另一位年轻人狄拉克（1902—1984）改进了矩阵力学的数学形式，使其成为一个概念完整、逻辑自洽的理论体系。

量子力学更激烈地改变了世界图景的构造。如果说相对论只是把时空框架与物质运动融为一体，还保留了牛顿力学固有的严格决定论的数学微分方程，保留了因果律，保留了定域性（拒绝超距作用），那么这一切在量子世界图景中都或多或少地遭到了破坏。量子概念是量子力学的首要概念，它的引入导致了一系列基本概念的改变：连续轨迹的概念被打破，代之以不连续的量子跃迁概念；严格决定论的概念被打破，代之以概率决定论；定域的概念被打破，代之以整体论的概念。伴随着这些基本概念的变化，量子世界出现了波粒二象性、测不准原理、定域性破坏等奇妙的现象。

思考题

● 1. 如何理解爱因斯坦相对论中同时性的相对性？

● 2. 什么是黑体辐射问题中的"紫外灾难"？

● 3. 简述玻尔的量子化原子模型。

第七章 | 现代宇宙学的建立

20世纪的天文学，由于观测手段更为先进，将人类的视野扩展到了150亿光年的空间距离。传统的光学望远镜随着光学材料的改进和加工能力的提高，出现了空前大的口径。无线电接收技术的发展，导致了可见光之外各波段的天文观测。射电望远镜冲破了银河系内星云尘埃等设置的光学屏障，把目光投向了河外星系。天文学进入了全波时代。

天体物理学在20世纪发展成了天文学的主流。最引人注目的成就是诞生了将整个宇宙作为研究现象的现代宇宙学。以爱因斯坦的相对论为理论基础，以大尺度的天文观测，特别是河外星系的普遍红移和宇宙背景辐射为事实依据，宇宙学展示了宇宙整体的物理特征。

■ 第一节　河外星系的观测与红移的发现

1924年，美国天文学家哈勃（1889—1953）利用威尔逊山的大望远镜观察仙女座大星云，第一次发现它实际上由许多恒星组成。由于其中恰好有造父变星，就可以运用光度方法来确定它的距离了。计算的结果表明仙女座星云位于70万光年之外，远远超出了银河系的范围，这就证明了某些星云确实是遥远的星系。哈勃一鼓作气，此后10年致力于观测河外星云，并找到了测定更远距离的新的光度标准，将人类的视野扩展到了5亿光年的范围。

与此同时，美国另一位天文学家斯莱弗（1875—1969）正致力于恒星的光谱研究。从1912年开始，他将视线对准了河外星云，发现他们的光谱线普遍存在着向红端移动的现象。随着观测的进展，积累的数据越来越多，除个别例外，几乎所有的河外星系（此时哈勃已经表明这些星云确实是河外星系）的光谱都有红移现象。如果按照多普勒效应解释，这就意味着这些星系都在远离地球而去。观测表明，星系退移的速度相当快，比如仙女座星云的速度达到了每秒1000km。这样快的速度是令人惊奇的。

1929年，哈勃考察了斯莱弗的工作，并结合自己对河外星系距离的测定，提出了著名的哈勃定律：星系的红移量与它们离地球的距离成正比。这一定律被随后的进一步观测所证实。哈勃定律指出了河外星系的系统性红移，反映了整个宇宙的整体特征。特别是，当红移作多普勒效应解释时，哈勃定律就展示了一幅宇宙整体退移也就是整体膨胀的图景：从宇宙中任何一点看，观察者四周的天体均在四处逃散，就像是一个正在膨大的气球，气球上任何两点之间的距离均在变大。

■ 第二节　现代宇宙学的兴起

红移带来了宇宙学研究的勃兴，但现代宇宙学的源头还得从牛顿宇宙学讲起。

建立在牛顿力学基础上的古典宇宙模型，原则上是一个无限空旷的宇宙空间。尽管牛顿力学只涉及一个太阳系，可它却预设了宇宙的无限性。这一点是由它的绝对时空观来保证的，因为无限的绝对空间是新物理学内在的必然要求。牛顿惯性定律说，一个不受外力的物体将保持其静止或匀速直线运动状态；牛顿的万有引力定律也暗含了以无限远处的引力势为零作为边界条件。无限宇宙理论是新物理学的宇宙理论，是纯粹的观念革命的产物，但它为天文学走出太阳系进入恒星宇宙奠定了思想基础。

就在思想界默认牛顿力学预设的这个无限空旷的空间时，也有人发现，这个预设其实并不是没有毛病。这些发现之中最著名的是所谓"夜黑佯谬"，又称"奥尔伯斯佯谬"，因为据说是德国人奥尔伯斯于1820年最先提出来的。奥尔伯斯说，如果宇宙空间是无限的，如果恒星均匀地分布在这无限的空间之中，如果每个恒星都向太阳那样发光，那么，我们就不应该有黑夜，我们的黑夜就应该像白天一样亮，而太阳就应该陷于一片光亮的背景之中，不为我们看到。理由是这样的：恒星虽然离我们远从而光度减小，但只要它们均匀地分布，那么越远的地方恒星的数目也会越多，光度的减少量正好能被它们数目的增加所弥补。这就像一个人站在一片大森林里，四目望去，到处都是黑压压的树一样。

可是我们的经验却分明是：一旦太阳下山，天空就开始变黑，如果没有月亮，有时甚至会伸手不见五指。

还有一个与无限空间有关的悖论叫作"引力佯谬"，又称"西利格佯谬"，是德国人西利格（1849—1924）于1894年提出来的。按照万有引力定律，对某一给定点而言，离它越远的地方引力势（与距离成反比）越小，直至无限远处为零。这意味着牛顿理论得以适用的宇宙，实际上是一个有限的宇宙。如果无限宇宙中处处均匀地存在着恒星，那么，宇宙中任何一点的引力势都会成为无穷大，所有的物质都会在这样强大的引力中被撕得粉碎，而这显然是不可能的。

夜黑佯谬和引力佯谬引起了人们对宇宙无限性的重新思考。一个物理理论如何能够处理一个无限的"实体"呢？问题的解决需等待现代宇宙学。

现代宇宙学有两个来源，它的理论来源是爱因斯坦的广义相对论，它的观测方面的来源是大尺度红移现象的发现。

在牛顿理论中，时间和空间只是一个空空如也的筐子，是用来装物质的。因为它完全是空的，所以丝毫不影响物质及其运动。另一方面，由于它是空的，物质及其运动也不会影响到它，所以，牛顿的时间和空间是绝对时间和绝对空间。

爱因斯坦在他的狭义相对论中，打破了时间空间的绝对性，将它们与运动相联系。在广义相对论中，爱因斯坦进一步将物质与时间空间相关联，提出空间弯曲的概念，认为物质的质量将决定空间的弯曲程度。所谓引力究其实质是空间发生的弯曲。行星在太阳引力作用下围绕太阳旋转，在广义相对论看来应该理解为，太阳引力使其附近的空间发生了强烈的弯曲和封闭，行星在弯曲了的空间中做直线运动，但实际上围绕着太阳转动。

爱因斯坦在得出了他的引力场方程之后，马上联想到将整个宇宙作为考虑对象。宇宙论在落寞了几百年后，又开始复活，这要归功于近代科学骨子里的希腊基因。爱因斯坦像开普勒一样，相信宇宙间的神秘的和谐，相信整个宇宙一定是一个和谐的整体。他要重新恢复希腊的宇宙概念，即cosmos，一个和谐的整体。

爱因斯坦注意到牛顿理论用于一个无限的宇宙必定会引起上面提到的引力悖论，而等级宇宙模型继续沿用牛顿的空间与物质不相干的古典概念不符合相对论精神。按照广义相对论，只要宇宙空间的平均物质密度不为零，它的大尺度空间就不可能是平直的欧几里得空间，空间必定发生弯曲。据此，爱因斯坦设想了一个最简单的情形，即封闭的球面模型。爱因斯坦的宇宙模型不仅是有限无界的，还是静态的。他当时相信，宇宙整体上应该是静态的，但它的引力场方程只能得出一个动态解，所以他人为地加上了一个宇宙常数，以维持宇宙的静态。

爱因斯坦的广义相对论问世之后，马上就有许多人据此构造宇宙模型。几乎与爱因斯坦同时，荷兰天文学家德西特（1872—1934）得出了一个膨胀宇宙模型。1922年，苏联物理学家弗里德曼（1888—1925）得出了均匀各向同性的膨胀或收缩模型。1927年，比利时天文学家勒梅特（1894—1966）再次独立地得到这一模型。弗里德曼后来发现，满足广义相对论、只有引力存在的宇宙模型必定是不稳定的，基于爱因斯坦的引力场方程所得到的宇宙模型必定是动态的，或膨胀，或收缩，而且膨胀和收缩的速度与距离成正比。

以弗里德曼模型为代表的相对论宇宙学一开始并不为人重视，因为它主要是一些数学推导，看不到物理内容。到了1929年，哈勃定律公布后，人们惊喜地发现，它所展示的宇宙大尺度膨胀现象正是弗里德曼模型所预言的现象。科学界一下子被震动了，原来研究整个宇宙的宇宙学确实是可能的。它的预言居然被证实了。

既然宇宙是膨胀的，那么越往早去，宇宙体积就越小。在某一个时间之前，宇宙应该极为密集，以致现有的天体都不可能以目前的状态存在。按照哈勃提供的数据估计，这个时间大概是20亿年。

当时地质学已经能够利用放射性同位素来测定地球上岩石的年龄。初步估计，这个年龄当在20亿到50亿年之间。相比之下，宇宙膨胀的年限就显得太短了。这使许多宇宙学家感到很为难。爱因斯坦也认为："既然有这些矿物所测定的年龄在任何方面都是可靠的，那么，如果发觉这里所提出的宇宙理论同任何这样的结果有矛盾，它就要被推翻。"

为了既保留宇宙膨胀的概念，又回避年龄困难，英国天文学家邦迪（1919—2005）、戈尔德（1920—2004）和霍伊尔（1915—2001）在1948年分别提出了稳恒态宇宙模型。他们认为，宇宙虽然在不断膨胀，但其中的物质密度并不变小，因为有物质不断地凭空产生出来。由于物质密度不变，所以不存在一个宇宙的密集时期，因而也不存在星体的年龄上限问题。

1948年，美国帕洛马山天文台建成了当时世界最大的光学望远镜，其口径达到5m，远远超过了此前哈勃使用的威尔逊山天文台的2.5m口径。天文学家利用新的望远镜继续证明了哈勃定律，但对哈勃常数提出了疑问，经过认真仔细地校订，天文学家发现哈勃常数只有55，差不多是哈勃当年估计的常数的十分之一。按新的常数估算，宇宙年龄约有200亿年，这样星体年龄的问题就迎刃而解了。

年龄问题解决后，理论宇宙学家当即着手研究宇宙早期的密集状态。从20世纪40年代末开始，俄裔美国物理学家伽莫夫（1904—1968）提出了热大爆炸宇宙模型。他们认为，宇宙起源于一次巨大的爆炸，之后不仅连续膨胀，而且温度也是由热到冷地逐步降低。在宇宙早期，不仅密度很高，温度也很高，所有的天体以及化学元素都是在膨胀过程中逐步生成的。

大爆炸模型有一个重要的预言，即随着宇宙的不断膨胀，温度不断下降，各类元素开始形成，但原初辐射与物质元素脱离耦合后仍保持黑体谱。黑体辐射的温度大约是5K。1964年，在贝尔电话实验室工作的射电天文学家彭齐亚斯（1933—　）和威尔逊（1936—　）果然意外地观测到了这种宇宙微波背景辐射。这次意外的发现，使大爆炸宇宙模型得到了广泛的认可，成为宇宙学界的标准模型。

现代宇宙论并未真正结束，即使是标准宇宙论也面临多方面的挑战。红移究竟能不能用多普勒效应来解释，一直存在争议。但是，由于大爆炸宇宙模型如此有魅力，又如此具有包容性，大多数宇宙学家都倾向于把它作为一个基本的工作平台，而不再怀疑曾经作为它的实证基础的红移问题。如果说红移问题的新解释会对大爆炸模型提出挑战的话，那么，这样的挑战也将轻而易举地被回避。因为大爆炸宇宙模型已经成了一个"原理"。对许多宇宙学家来说，大爆炸理论今天成了天体物理学的聚合力量，它使天体物理学与粒子物理学相关联，也使整个天文学成为一个统一的整体。所以，无论如何估计大爆炸宇宙模型对今日天文学的意义都不过分。

■ 第三节　射电望远镜与20世纪60年代的四大发现

1924年，在一次测定电离层高度的无线电试验中，人们偶然发现，当发射的电波波长小于40m时，电波便一去不回了。开始大家以为是被大气吸收了，后来才知道它透过地球大气层飞到了外层空间。既然地球内部的电波可以跑出去，宇宙空间中的电波也就可以飞进来。天文观测的另一个窗口就这样不知不觉地被打开了。

窗口虽然已经打开，但由于仪器的灵敏度不高，一直也没有接收到来自天外的电磁信号。1932年，美国电信工程师央斯基（1905—1950）在做无线电通信干扰实验时，偶然发现来自银河系中心人马座的电磁波信号，但未引起人们的注意。

第二次世界大战后迅速兴起的射电天文学成了天文学中最有活力的新领域。20世纪60年代的四大天文发现就是在射电天文学观测中做出的。

第一个发现是宇宙微波背景辐射。1964年，贝尔电话实验室在新泽西州的克劳福德山上建立了一架供人造卫星用的天线。射电天文学家彭齐亚斯和威尔逊正在调试这架天线，以测定银河系平面以外区域的射电波强度。当他们想出办法避免地面噪声，而且提高了灵敏度后，发现总有一个原因不明的噪声消除不掉。该噪声十分稳定，相当于3.5K的射电辐射温度（次年订正为3K）。消息传到普林斯顿大学，那里的天体物理学家迪克（1905— ）等人立即断定，这个无法消除的噪声就是宇宙背景辐射。他们通力协作，继续观测，终于证实了彭齐亚斯和威尔逊的观测结果。观测到的背景辐射是黑体谱且各向同性，与大爆炸宇宙学的预言完全相符。这就强烈地支持了大爆炸宇宙理论，使宇宙学的理论研究掀起了一个新的高潮。

第二个发现是类星体。1963年，天文学家发现了一种新的奇异星体。它体积极小，但辐射能量极大。更为奇特的是，它们的红移量都相当巨大。这类新天体的发现给红移问题带来了麻烦。如果按红移的多普勒效应解释，类星体应该离我们极为遥远，有些类星体甚至远在上百亿光年以外。但它们的亮度又很大，这样远的天体向我们辐射出如此巨大的能量，用我们已知的任何物理规律都无法解释。由于类星体发现得越来越多，红移量也越来越大，以致许多人开始怀疑红移的本性究竟是不是多普勒效应造成的。在红移方面出现的争论至今也没有平息。

第三个发现是脉冲星。1967年，天文学家用射电望远镜发现了又一种新型的天体。它以很短的周期有规律地发出短促的射电脉冲。天体物理学家已经证实，它是一种超高温、超高压、超高密、超强磁场、超强辐射的中子星。脉冲星的发现对于进一步了解宇宙的物理本质有很高的价值。

第四个发现是星际分子。1963年，射电天文学家在仙后座发现了羟基分子的光谱。1968年又在人马座方向发现了氨分子的发射谱线。更值得注意的是，1969年，在人马座上还发现了一个多原子的有机分子：甲醛分子。这个发现引起了科学界的高度重视。因为甲醛分子在适当的条件下可以转化为氨基酸，而氨基酸是生命物质的基本组成形式。这个发现可能意味着，在宇宙空间确实存在着生命产生的适宜条件。随着星际分子发现得越来越多，星际分子天文学也诞生了。

思考题

● 1. 什么是哈勃定律？根据多普勒效应，哈勃定律展现了一幅怎样的宇宙图景？

● 2. 试述"奥伯斯佯谬"与"西利格佯谬"。

● 3. 简述20世纪60年代的四大射电天文学发现。

第八章 │ 探粒子之微

20世纪的理论科学在至大和至小两个方向上深入探究物质的奥秘。在天文学领域，望远镜为人类打开了越来越大的空间视野。在原子物理学中，高能实验揭示了越来越深层的物质结构和物理规律。

原子物理学所涉及的领域空间尺寸很小。一个原子的直径大约是10^{-8}cm，原子核就更小了，只有原子直径的万分之一那么大。这样微小的粒子用普通的光学显微镜是看不见的，就是用威力大上千倍的电子显微镜也难以直接看到。因此需要借用特殊的仪器。实验物理学已经发明了云室、气泡室、火花室，用以记录粒子的运动轨迹；还发明了盖革计数器、闪烁计数器，用以记录粒子的数目。正是借助这些仪器，原子物理学家揭开了原子世界一个又一个奥秘。

■ 第一节　质子、中子的发现

在早期的放射性研究中，卢瑟福（1871—1937）已经发现放射性物质所发出的射线实际上属于不同的几种。他把带正电的命名为α射线，把带负电的命名为β射线，把那些不受磁场影响的电磁波称为γ射线。1910年，卢瑟福用α粒子轰击原子，发现了原子核的存在，从而建立了原子的有核模型。

如果原子有核，那么原子核是由什么构成的呢？由于原子表现出电中性，它一定是带正电的，其带电量应与核外电子所带负电量一样。1914年，卢瑟福用阴极射线轰击氢，结果使氢原子的电子被打掉，变成了带正电的阳离子。后来知道，它实际上就是氢的原子核。卢瑟福推测，这个带正电的阳离子就是人们从前发现的与阴极射线相对的阳极射线。它的电荷量为一个单位，质量也为一个单位。卢瑟福将之命名为质子。

发现了电子和质子之后，人们一开始猜测原子核由电子和质子组成，因为α粒子和β粒子都是从原子核里放射出来的。但卢瑟福的学生莫塞莱（1887—1915）注意到，原子核所带正电数与原子序数相等，但原子量却比原子序数大，这说明，如果原子核仅由质子和电子组成，它的质量将是不够的，因为电子的质量相比起来可以忽略不计。基于此，卢瑟福早在1920年就猜测可能还存在一种电中性粒子。

按照这种思路，卢瑟福的另一位学生查德威克在卡文迪许实验室加紧寻找这种电中性粒子。他一直在设计一种加速办法使质子获得高能，从而撞击原子核，以发现有关中性粒子的证据。1929年，他准备对铍原子进行轰击，因为它在α粒子的撞击下不发射质子，有可能分裂成两个α粒子和一个中子。

与此同时，德国物理学家波特（1891—1957）及其学生贝克尔已经先走一步，从1928年开始，他们就在做对铍原子核的轰击实验，结果发现，当用α粒子轰击它时，它能发射穿透力极强的射线。由于该射线呈电中性，所以他们断定这是一种特殊的γ射线。在法国，居里夫人的女婿和女儿也做了类似的实验，用这种射线轰击石蜡，从中打出了质子。1932年，见到德国和法国同行的实验结果后，查德威克意识到这种新射线很可能就是自己寻找多年的中子。他立即着手实验，花了不到一个月的时间，就发表了《中子可能存在》的论文。他指出，γ射线没有质量，根本就不可能将质子从原子核里撞出来，只有那些与质子质量大体相当的粒子才有这种可能。此外查德威克还用云室方法测量了中子的质量，确证了中子确实是电中性的。中子就这样被发现了。查德威克由于发现中子获得了1935年的诺贝尔物理学奖。

第二节　原子核结构的研究与强、弱相互作用理论

就在查德威克发现中子的当年，海森堡即提出，原子核是由质子和中子组成的。从前的质子–电子模型不能解释许多实验现象，而质子–中子模型可以很好地说明原子量与原子序数问题。新模型很快被人们接受，质子和中子统称为核子。

核子是如何组成原子核的呢？这又是一个新的问题。起初人们相信，核内没有中心，中子和质子以弥漫的云雾状均匀地分布于核内。1936年，玻尔（1885—1962）发现原子核的密度几乎都相同，因此提出了液滴模型。他认为每个核子就像液滴那样紧密地压在一起，就像水由水滴组成那样。这个模型比较好地解释了核裂变现象。

第二次世界大战后，物理学家在实验室里发现了一个奇妙的现象，即当核内质子和中子数等于某些特定的数值，如2、8、20、50时，原子核表现得特别稳定。为了解释这一现象，美国物理学家迈耶尔（1906—1972）和詹森（1907—1973）分别提出了原子核的壳层结构模型理论。他们认为质子和中子以壳层方式层层相套，当层的数目与上述特定数值相等时，核就表现得特别稳定。可是，该模型不能说明原子核的放射性是如何可能的。

1953年，玻尔的儿子建立了一个综合模型，认为当核子数等于某数值时，核表现为壳层结构，而其他时候则表现为液滴结构。之所以会出现各种不同的原子结构模型，最主要的原因是人们尚不知道核子的相互作用情况。目前我们已经知道宇宙中有两种普遍的相互作用，一个是引力，一个是电磁力，但这两种力均不足以解释核内质子与中子的结构情况。中子是电中性的，因此，它们之间不可能有电磁相互作用，而引力过于微弱，靠它绝不可能保持原子核的稳定性。在核内部必定存在着一种新的作用力，它具有吸引性，而且与电荷无关。

1935年，日本物理学家汤川秀树（1907—1981）提出了"交换粒子"的概念，作为新相互作用理论的基本概念。他认为，电磁相互作用的本性在于电磁场之间相互交换场量子γ粒子，而核力也是通过这种方式进行的，只不过交换的是一种新粒子，其质量约为电子的200倍，介于质子和电子之间，因此可以称为介子。1947年，英国物理学家鲍威尔（1903—1969）在宇宙射线中发现了一类介子，其质量为电子的273倍，经反复检测，确定是汤川秀树所预言的介子，被命名为π介子。

汤川秀树的理论被确立之后，原子核内相互作用的理论研究开始活跃起来。人们发现，以π介子传递方式产生的相互作用具有这样的特点：强度极大、独立于电荷、作用距离和作用时间均极短。这种相互作用被称为强相互作用。1933年，意大利物理学家费米（1901—1954）在研究原子核的β衰变时，发现了另一种不同性质的相互作用，后来被称为弱相互作用。

现在我们知道了宇宙间的四种相互作用力：引力、电磁力、强相互作用和弱相互作用。这四种力之间是否存在一种更深层次的统一性呢？爱因斯坦生前致力于统一电磁力与引力，由于条件不具备而收效甚微。1961年至1968年，美国物理学家格拉肖（1932—　）、温伯格（1933—2021）和巴基斯坦物理学家萨拉姆（1926—1996）先后提出了弱相互作用与电磁力的统一模型。这个模型很好地解释了已知的许多基本规律，而且给出了后来得到实验验证的预言，被认为是一个成功的统一。格拉肖、温伯格和萨拉姆共同荣获了1979年的诺贝尔物理学奖。

■ 第三节　基本粒子群的发现与夸克模型

20世纪30年代初，构成原子以及在原子层次上活跃的那些微小粒子的只有电子、质子、中子和光子几个，人们称它们为基本粒子。但没过多久，先是在宇宙射线中，后是在高能加速器中，一大批基本粒子被发现了。到目前为止，比较稳定、寿命长的基本粒子有30多个，而那些不太稳定，寿命比较短的基本粒子则有400多个。

最先发现的是正电子。早在1928年，狄拉克在建立相对论性电子运动方程时就从理论上预见了正电子的存在。所谓正电子就是除了带正电外，其余性质与电子完全一样。1932年，美国物理学家安德森（1905—1991）在宇宙射线的研究中证实了正电子的存在。不久又发现，正负电子相遇即迅速湮灭，而转化为两个光子。

正电子的发现提示人们思考，是否所有的粒子均有其反粒子。高能加速器的问世揭示了微观领域一大批新现象，其中包括许多粒子的反粒子。迄今为止，几乎所有粒子的反粒子都被找到。

第二项重要的发现是中微子。1922年，在研究原子核的β衰变时发现有能量莫名其妙地消失了。为此，玻尔曾一度猜想能量守恒定律是否在微观领域不再适用。但大多数物理学家不同意玻尔的意见。1931年，玻尔的学生，奥地利物理学家泡利（1900—1985）提出了中微子假说，认为在衰变中放出了一种静止质量为零、电中性、与光子有所不同的粒子，所以出现了能量亏损。由于这种新粒子质量为零，又不带电，所以很难被观测到。20世纪50年代，高能实验室发展起来了，中微子终于被观测到了，泡利的假说最终得到证实。

20世纪60年代以后，大型和超大型的高能加速器相继建立起来，人们有可能观测那些寿命较短的粒子（所谓的共振态粒子），这样，一大批基本粒子被发现。今天，随着高能加速器的改进和发展，几乎每年都有新的粒子被发现。

20世纪50年代，美国物理学家在用高能电子轰击质子时，发现质子的电荷分布并不均匀。这意味着质子也有内部结构，但究竟有什么样的内部结构呢？早在1949年，费米和杨振宁（1922—　）就提出了基本粒子的复合结构模型，指出π介子由质子和中子复合而成。当然，这个模型过于简单，与不少新出现的现象矛盾，但"复合"的概念被认为是有意义的。1956年，日本物理学家坂田昌一（1911—1970）改进了费米–杨模型，与试验取得更大的一致。但人们也同时发现，由该模型复合出来的基本粒子与作为复合基础的粒子在性质上非常相似，很难说哪个更基本。看起来，复合必须在更深层次上进行。

1961年，美国物理学家盖尔曼（1922—　）等人排出了一张基本粒子的"周期表"。这张表揭示了基本粒子在许多性质上存在着的对称性，所以是一张对称图。有意义的是，依据对称图对有关空位做出的预言，于1964年被实验证明是成立的。1964年，盖尔曼正式提出了基本粒子结构的"夸克模型"。

在这一模型中，三种不同类型（被称为具有三种"气味"）的夸克（上夸克、下夸克和旁夸克）及其反夸克，代替了坂田昌一模型中的基础粒子。经巧妙组合，所有的强子（静质量比较大的基本粒子）均可以由这三种夸克组成，在相互作用中强子的生成、湮灭和转化均可以归结为夸克的重新组合。该模型还指出了某些不允许出现的组合，而且这些被禁止的组合果然没在实验中发现。夸克模型出现后，很快吸引了理论物理学家的注意，被认为是统一基本粒子的一个卓有成效的方向。

新的实验事实层出不穷，夸克模型也就一直处在修改完善之中。模型刚提出不久，夸克就被认为性征过于单一，于是又增加了一维参数，称为"颜色"。这个色性征让每个夸克都拥有红、蓝、绿三种基色。当然，这里的"色"均是一种借喻，并非它真有什么我们人类能看得见的颜色。正像电子拥有"电荷"而出现了"电"动力学以及量子"电"动力学一样，关于夸克的"色荷"也出现了一门量子"色"动力学。

1974年，美国物理学家格拉肖发现必须再加一种夸克才能解释新的实验现象，于是在上、下、旁之外又出现了一种"粲夸克"。1977年，新的事实迫使人们提出第五种夸克"底夸克"，1994年又发现第六种夸克"顶夸克"。

众多夸克的出现，使人们觉得在这一物质层次上，物理性质似乎也不是单纯的，似乎还存在着另一更深层次的规律在起作用。但是这只是事情的一个方面。事情的另一方面是，尽管人们提出了那么多的夸克，但这些夸克究竟是什么东西并没有搞清楚。盖尔曼起初并没有把夸克当成物质实体，只不过是些数学模型而已，但由于夸克模型在解释实验事实上越来越成功，人们开始越来越相信夸克确实就是存在于更深层次的物质实体。但可惜的是，高能实验中从未发现有单个的自由夸克。也即是说，虽然人们提出可这么多的夸克，但实验中从未发现过一个。

如果夸克确实是更深层次的粒子，为什么实验总是发现不了呢？为此有人提出了夸克禁闭假说。这种假说认为之所以看不到单独的夸克，也许是因为自然界中根本就不可能有自由夸克。所有的夸克都有色，但由它们复合形成的强子却是无色的。从实验中只可能看到不带色的粒子，因此所有的夸克均因其"色"而被禁闭在强子之中。也有人认为，之所以没有发现自由夸克，是由于现今的高能粒子能量还不够高，还不足以从强子中打出自由夸克来，只有继续发展高能加速器，大大提高能量，才有可能找到自由夸克。今天多数物理学家倾向于认为，由于夸克间的相互结合力随距离的增大而急剧增大并趋向无穷，夸克可能永远被禁闭。

夸克禁闭理论是对物质无限可分理论的一个挑战，也是对单向线性思维的一个挑战。有一种单向线性思维方式认为，自然科学不断取得进步的标志就是宏观视野越来越大，看到的东西越来越多，空间尺度越来越大，永无止境；微观视野越来越小，看到的东西越来越多，空间尺度越来越小，也永无止境。这种思维方式有它的历史根据，即在某特定的历史时期，科学的进步的确是以这种线性增长的方式进行。但是，他们把在有限情境中总结出来的科学发展模式推广到科学发展的全过程，完全忽视了理论范式的变化，忽视了科学思想中质的变化。夸克禁闭宣告了经典原子论模型的终结。

高能粒子物理学已经表明，物理学家不再能找到质量和尺寸更小的粒子来充当更深层次的基础。海森堡对此有一个简明通俗的解释："为什么物理学家主张他们的基本粒子不能分成更小的部分？论证过程如下：人们怎样才能分裂一个基本粒子？当然只有利用极强的力和非常锐利的工具。唯一适用的工具是其他基本粒子。可见，两个非常高能的基本粒子间的碰撞是能够实际分裂粒子的唯一过程。实际上，它们在这样的过程中能够被分裂，有时分成许多碎片；但碎片仍然是基本粒子，而不是它们的任何更小的部分，这些碎片的质量是由两个相互碰撞的粒子的非常巨大的动能产生的。换句话说，能量转换成为物质，使得基本粒子的碎片仍然能够是同样的基本粒子。"

"分割"需要能量，分割越小的粒子，所需要的能量也越高。这都是从前人们未加考虑的新现象。如果我们能够确定分割越来越小的粒子所需要的能量至少呈线性增长，那么，无限地分割一个粒子至少在物理上是行不通的。况且，以上的考虑还没有顾及能量与质量之间的转化问题。如果考虑到能量与质量之间的转化，我们首先就会发现，找到越来越小的质量的粒子是不可能的。此外，在夸克禁闭模型中，所有的有色粒子都是禁闭的。这就是说，为了从核子中打出夸克就需要无限大的能量。夸克已经成了分割的极限。

思考题

- 1. 简述中子的发现过程。

- 2. 试述宇宙间的四种相互作用力。

- 3. 简述盖尔曼关于基本粒子结构的"夸克模型"。

第 四 篇

现代高技术

第九章 | 现代高技术的崛起及其特点

现代高技术是伴随着20世纪中叶电子计算机的问世和原子能的利用而兴起的。进入20世纪50、60年代后，在科学技术的自身驱使和各种社会因素的拉动下，大批在现代最新科学研究成果基础上迅速发展起来的高技术相继崛起，并最终形成了以电子信息技术为先导，以新材料技术为基础，以新能源技术为支柱，沿微观领域向生物技术开拓，沿宏观领域向海洋技术与空间技术扩展的一大批相互关联、成群成族的高技术群落。现在，这些高技术群落仍以雪崩之势向前发展，对世界经济和社会发展产生了并将继续产生着广泛而深刻的影响。

■ 第一节　高技术的定义

在今天，高技术是一个在文献与媒体中使用频率极高的词汇，然而，这一词汇出现的历史并不很长。20世纪60年代，当一座座大型建筑拔地而起时，有两位美国女建筑师写了一本叙述这些建筑的书，名为《高格调技术》。有人认为，这大概是高技术概念的最早原型。70年代，高技术开始出现在各种媒体上，人们把那些通过利用最新科学技术成果开发、生产出来的新型产品称为高技术产品，把生产、制造这些高技术产品的新型产业称之为高技术产业。1981年，美国出版了以高技术为主题的专业刊物《高技术》月刊，高技术一词开始广泛地流传开来。1985年，美国商务部出版了《美国高技术贸易与竞争能力》，开始对高技术产业进行分类、统计与分析。

然而，究竟何谓高技术？迄今为止，在国际上还没有一个公认的定义。目前比较流行的观点有如下几种：

①高技术是指基本原理主要建立在最新科学成就基础上的技术。如美国国会图书馆在为美国第95届国会提供的《科学政策工作词汇汇编》中指出，高技术是指一些"比其他技术具有更高科学输入的某些技术创新"。

②高技术是"尖端"的、"前沿"的、"先进"的技术。如中国大百科全书对高技术的定义是，高技术是一系列新兴的尖端技术的泛称。

③高技术是从经济角度对一类产品、企业或产业的评价术语，凡是技术所占比重超过一定标准或比例时就可称为高技术产品、企业或产业。如美国商务部对高技术产业的定义是，研究与开发费用在总附加值中所占的比重为10%以上，或者科学技术人员在总职工中所占的比重为10%以上的产业。

尽管高技术的定义众说纷纭，但人们对高技术的认识与理解实际上是比较一致的。这就是高技术的出现体现了现代技术进步对经济、社会发展的巨大促进作用。高技术从本质上说是指那些对一个国家或地区的经济、政治和军事等各方面的进步产生深远影响，并能形成产业的先进技术群落。而由高技术所形成的产业，即所谓的高技术产业，则是一种技术密集度高、技术创新速度快、具有高附加值、节约资源并能对相关产业产生较大波及效果的新型产业。在此基础上，人们逐渐明确了一些比较公认的高技术领域：

①电子信息技术。电子信息技术是电子计算机技术与通信技术的综合，它是一门随着微电子、计算机以及其他相关技术的发展而发展起来的，涉及信息的获取、存储、传递与处理等的新的综合技术。电子信息技术分为两部分：第一部分是研究和设计计算机硬件、软件、外部设备、通信网络设备等，以及计算机生产、应用和服务等，称为信息工程技术；第二部分是利用计算机硬件、软件及数字传输网，对信息进行文字、图形、特征识别、信息采集、信息处理和传递等，称为信息处理技术。电子信息技术是现代日益向前发展的高技术群落的先导与主角，是现代社会特别是未来社会发展的技术基础。

②新材料技术。新材料技术包括对超导材料、高温材料、人工合成材料、陶瓷材料、非晶态材料、智能材料等的开发利用，它是支持和促进现代高技术发展的基本条件，是人类社会生产赖以向前发展的物质基础。

③新能源技术。新能源技术包括核能技术、太阳能技术、海洋能技术、地热能技术等，是替代传统的化石燃料能源的新途径，它是现代高技术赖以发展的支柱，是维持和发展社会生产和生活的动力源泉。

④生物技术。生物技术源于人类对生命现象以及生物形态和环境的探求，是直接或间接利用生物体及其组分和功能的技术实践，包括基因工程、细胞工程、酶工程和发酵工程等。生物技术是揭示生命过程创造新生物的全新领域，它代表着现代高技术发展的前景。

⑤海洋技术。海洋技术是人类将自身的活动范围与生存空间拓向深海的结果，它是人类对地球陆地以外的占地球表面积71%的洋面及海底资源的开发与利用，包括深海挖掘、海水淡化和海洋资源的开发利用等。

⑥空间技术。空间技术是人类将自身的活动范围与生存空间拓向星际的结果，它是人类探索、开发和利用地球以外的天体以及太空的综合性工程技术，包括大型运载火箭、卫星、宇宙飞船、空间站、航天飞机等技术的研究与开发。

■ 第二节　现代高技术的崛起

一般认为，1942年12月2日世界上第一座核反应堆的运行，标志着现代高技术的产生。从此，一系列建立在现代科学技术基础上的高技术日益崛起，形成了一股前所未有、至今尚在奔涌的高技术浪潮。

1945年7月16日，在第一个核反应堆出现三年后，第一颗原子弹在美国本土爆炸成功，第二颗与第三颗分别于同年8月6日和8月9日投落在日本的广岛和长崎。核能尽管首先应用于军事，但它后来向民用的转变打破了以石油、煤炭为主体的传统能源格局，开启了新能源技术的端倪。1946年ENIAC——世界上第一台通用电子数字计算机的成功运行，1947年半导体晶体管在贝尔实验室的发明，1958年第一块集成电路的制成，以及1971年第一台微处理器的问世，为20世纪的电子信息技术革命铺平了道路。1973年分子遗传基因的首次剪接和重组拉开了生物技术的序幕。1957年苏联第一颗人造地球卫星的成功发射和1969年美国"阿波罗号"宇宙飞船登上月球，标志着人类开始迎来了一个空间技术的新时代。到20世纪80年代，世界各国已围绕信息、新材料、新能源、生物、空间、海洋六大高技术领域，相继开发出一大批相互关联的高技术群落：微电子、计算机、激光、光导纤维、光电子、卫星通信；非晶态、多晶薄膜、碳纤维、记忆合金、分离膜超导体；核能、太阳能、风能、生物能、海洋能、地热能；微生物、酶、细胞、基因；空间探测、空间工业、航天运输、空间军事；海底采掘、海水淡化、海水提铀等。这些雪崩式滚滚推进的高技术群落给人类社会的发展带来了巨大的影响。

高技术在20世纪中叶以来的崛起，从根本上说是源于现代自然科学的突破性发展。近代自然科学通过哥白尼、伽利略、牛顿而成为真正的科学后，便开始逐渐发挥它对技术的直接推动作用。热力学的发展，促进了蒸汽机的发明，形成了近代第一次技术革命。电磁理论的发展，使发电机、电动机、无线电的发明成为现实，从而使人类由蒸汽机时代进入电气化时代。这些事实说明，科学已开始跑到技术的前面，它的突破往往成为技术革命与产业革命的先导。进入20世纪，以三大发现和量力论、相对论为中心内容的物理学革命，带来了自然科学的飞速发展，使人们对物质世界的认识拓展到宇观和微观领域，并为现代高技术的产生与发展提供了理论基础。纵观现代高技术的发展，无一不是建立在自然科学发展的基础之上的。1905年爱因斯坦提出的质能关系式（$E=mc^2$）揭开了原子能的奥秘，在此基础上，1942年美国首先实现了人工控制的链式核反应，开创了原子能的新时代。可以说，现代高技术的崛起，是以20世纪以来自然科学的突破为基础的。而这种高技术对科学的依赖及其关系，既反映了现代高技术的科学化特点，也反映了20世纪以来自然科学发展的超前作用。

如果说现代自然科学的突破性发展为现代高技术的崛起奠定了理论基础，那么，社会的需要则直接构成了现代高技术产生与发展的根本动因。20世纪以来，人类的生存与发展进入到了一个崭新的历史阶段。一方面，人类的生产与生活提高到了一个前所未有的新水平，另一方面，人类也面临着一种前所未有的生存与发展压力，如人口问题、能源问题、粮食问题等。可以说，现代高技术正是在人类这种不断地发展生产、缓解生存与发展压力的过程中产生与发展的。如由于人口增长所带来的能源、粮食等资源的匮乏问题，推动了新能源技术、生物技术、海洋技术等高技术的发展。又如现代物质生产与海洋、空间开发所碰到的高温、高速、高压与剧烈腐蚀等问题，推动了新材料技术等高技术的发展。

另外，20世纪以来，世界范围内的战争与军备竞赛，刺激与加速了高技术的产生与发展。回顾历史，我们能够看到，一些与军事有关的高技术总是得以优先、加速发展。如第二次世界大战时第一台电子计算机的问世与原子弹的研制成功，冷战时期的卫星上天、载人航天等。军事的需要主要推动着军事高技术的加速发展，但同时也带动了其他技术的发展，如美国以军事为目的的空间技术的发展，极大地推动了新材料技术、新能源技术的发展。军事高技术的发展，对整个现代高技术体系的形成起到了重大的促进作用。

■ 第三节　高技术的特点

关于高技术的特点，可以归纳为如下几点：

①高群落。现代高技术开发，不像以往历史上的几次重大技术变革那样，是由比较单一的技术发展起来的。如18世纪到20世纪初的几次重大技术发明，先出现了纺织机；后来出现蒸汽机，以后又出现了电力技术。与此不同，现代高技术的崛起是群落式的，亦即它是以一群一群的方式出现的。现代高技术崛起的这种特点，意味着一种高技术的兴起将相应引起和促进一大批相关联的高技术问世，从而形成"雪崩式的连锁反应"。

②高智力。高技术主要依赖人才及其智力和知识。国外高技术企业中，具有工程和科学学位的人员占企业职工总数的40%～65%，相当于传统技术产业部门的5倍。以机器人技术为例，它涉及机械工程技术、动力学、计算机技术、信息处理技术、自动化技术、传感技术、思维逻辑、人工智能、微型电视摄影技术、光技术、语言分析合成和发送技术等，可以说，集现代各种科学技术知识之大成，成为各种最新知识高度密集的产品。

③高投资。高技术是资金密集型技术。高投资既是高技术充分发展的支撑条件，也是高技术得以崭露头角的显著特征之一。近20年来，西方主要经济发达国家投入研究与发展的资金大多占其国民生产总值的2%左右，有的国家甚至接近3%，这个比例从绝对数量来说几乎相当于许多发展中国家的国民生产总值。

④高风险。由于高技术是新兴的、高层次的技术，尚未完全成熟定型，发展变化快，不确定性高。因此，高技术企业比普通企业风险大。高技术开发的高风险性主要表现在两方面：一是研究创造活动的不确定性，失败率高；二是投资回收的波动性，投资的收益起伏很大，高技术开发的失败率高达80%左右。

⑤高收益。高技术开发成功后收益很大。不仅高技术开发主体本身能够取得很好的经济效

益，而且还能够取得很好的社会效益。高技术产品的广泛使用，可以提高社会劳动生产率，节约资源，改造传统产业，增加整个产业的活力，取得较好的宏观经济效益。

⑥高竞争。高技术具有鲜明的国际性，其原料供应和市场竞争是国际性的。只有经受严酷的国际竞争的考验、挑选，才能生长出真正的高技术。同时，高技术的产品目标、技术指标及性能价格比，也必须到国际市场上去较量。

⑦高渗透。高技术处在综合性、交叉性较强的技术领域，因而它能广泛地渗透到传统产业中，带动社会各产业的技术进步。

⑧高战略。高技术对一个国家、一个地区的经济、技术、政治、军事来说具有很高的战略性。它是一个国家或地区技术实力和技术优势的标志，关系到国家或地区的政治、经济与军事地位。

■ 第四节　高技术产业

从其定义来说，高技术的含义不仅指高技术本身，而且也包括高技术化了的产业。的确，高技术与高技术产业是密不可分的。随着现代科学技术革命的迅速发展，从科研到生产的过程日趋缩短甚至一体化，现代生产日益成为科学技术物化的过程。这点在高技术与高技术产业之间表现得尤为突出。高技术的研究与生产是如此紧密地结合在一起，高技术成果转移到生产应用的速度是如此之——像Intel微处理器的研制与生产，以至于我们很难区分高技术与高技术产业了。事实上，高技术一词已不限于字面上的含义。高技术经常被直接用来指高技术产业。

所谓高技术产业，通常是指那些不断将生产过程和最终产品建立在高技术基础上的新兴产业。亦即，高技术产业是围绕高技术形成的，知识高度密集、技术含量大的高附加值产业。尽管目前对高技术产业的认识并不完全统一，但人们通常认为，高技术产业应具备的条件是：①产品的技术性能复杂；②科技人员在职工中的比例较大；③设备、生产工艺建立在尖端技术基础上；④工业增长率和劳动生产率高。

由此，高技术产业具有如下几个方面的主要特征：

①R&D的投入比例相对于传统产业要高得多，这是高技术产业获得其竞争优势的根本保证。

②技术密集度很高，这是保证高技术产业获得其竞争优势的核心因素。

③技术创新速度快、产品生命周期短。

④市场国际化程度很高，因而竞争也是世界范围的。

思考题

● 1. 什么是高技术？高技术包括哪些领域？

● 2. 试述高技术在20世纪中叶以来崛起的原因。

● 3. 高技术具有哪些特点？

第十章 | 计算机技术

■ 第一节　计算机技术概述

在人类历史上，计算工具的发明和创造走过了漫长的道路。在原始社会，人们曾使用绳结、垒石或枝条作为计数和计算的工具。我国在春秋战国时期有了筹算法的记载，到了唐朝已经有了至今仍在使用的计算工具——算盘。欧洲16世纪出现了对数计算尺和机械计算机。

在20世纪50年代之前，人工手算一直是主要的计算方法，如算盘、对数计算尺、手摇或电动的机械计算机一直是人们使用的主要计算工具。到了20世纪40年代，一方面由于近代科学技术的发展，对计算量、计算精度、计算速度的要求不断提高，原有的计算工具已经满足不了应用的需要；另一方面，计算理论、电子学以及自动控制技术的发展，也为现代电子计算机的出现提供了可能，在20世纪40年代中期诞生了第一代电子计算机。

对计算机（Computer）人们往往从不同角度提出不同的见解，有多种描述："计算机是一种可以自动进行信息处理的工具""计算机是一种能快速而高效地自动完成信息处理的电子设备""计算机是一种能够高速运算、具有内部存储能力、由程序控制其操作过程的电子装置"等。

一、第一台计算机的诞生

1946年2月，正式交付使用的、由美国宾夕法尼亚大学研制的ENIAC（Electronic Numerical Integrator And Calculator即电子积分计算机）标志着第一代电子计算机的诞生。它是为了解决新武器弹道问题中的许多复杂计算而研制的。它采用电子管作为计算机的基本元件，由18000多个电子管，1500多个继电器，10000多只电容器和7000多只电阻构成，占地170m²，重量30t，每小时耗电30万kW，是一个庞然大物，每秒能进行5000次加法运算。由于它使用电子器件来代替机械齿轮或电动机械进行运算，并且能在运算过程中不断进行判断，做出选择，过去需要100多名工程师花费1年才能解决的计算问题，它只需要2个小时就能给出答案。

二、计算机的特点

计算机不同于以往任何计算工具，其主要特点如下：

第一，在处理对象上，它已不再局限于数值信息，而是可以处理包括数字、文字、符号、图形、图像乃至声音等一切可以用数字加以表示的信息。

第二，在处理内容上，它不仅能做数值计算，也能对各种信息做非数值处理，例如进行信息检索、图形处理；不仅可以做加、减、乘、除算术运算，也可以做是、非逻辑判断。

第三，在处理方式上，只要人们把处理的对象和处理问题的方法步骤以计算机可以识别和执行的"语言"事先存储到计算机中，计算机就可以完全自动地对这些数据进行处理。

第四，在处理速度上，它运算高速。目前一般计算机的处理速度都可以达到每秒百万次的运算，巨型机可以达到每秒百亿亿（10^{18}）次运算。

第五，它可以存储大量数据。目前一般微型机都可以存储几十万、几百万、几千万到上亿个数据。计算机存储的数据量越大，可以记住的信息量也就越大。需要时，计算机可以从浩如烟海的数据中找到这些信息，这也是计算机能够进行自动处理的原因之一。

第六，多个计算机借助于通信网络互连起来，可以超越地理界限，互发电子邮件，进行网上通讯，共享远程信息和资源。

计算机具有超强的记忆能力、高速的处理能力、很高的计算精度和可靠的判断能力。人们进行的任何复杂的脑力劳动，如果可以分解成计算机可以执行的基本操作，并以计算机可以识别的形式表示出来，存放到计算机中，计算机就可以模仿人的一部分思维活动，代替人的部分脑力劳动，按照人们的意愿自动地工作。所以，有人也把计算机称为"电脑"，以强调计算机在功能上和人脑有许多相似之处。例如人脑的记忆功能、计算功能、判断功能。电脑终究不是人脑，它也不可能完全代替人脑；但是说电脑不能模拟人脑的功能也是不对的，尽管电脑在很多方面远远比不上人脑，但它也有超越人脑的许多性能，人脑与电脑在许多方面有着互补作用。

三、计算机的组成和工作原理

1. 计算机系统由硬件系统和软件系统两部分组成

计算机硬件指的是计算机系统中由电子、机械和光电元件组成的各种计算机部件和设备，其基本功能是接受计算机程序的控制来实现数据输入、运算、数据输出等一系列操作。

虽然目前计算机的种类很多，其制造技术发生了极大的变化，但在基本的硬件结构方面，一直沿袭着冯·诺依曼的体系结构，从功能上都可以划分为五个基本组成部分，即输入设备、输出设备、存储器、运算器和控制器。计算机各部件间的联系通过信息流动来实现。原始数据和程序通过输入设备送入存储器，在运算处理过程中，数据从存储器读入运算器进行运算，运算结果存入存储器，必要时再经输出设备输出。指令也以数据形式存于存储器中，运算时指令由存储器送入控制器，由控制器控制各部件的工作。

计算机软件是指计算机程序及其有关文档。从第一台计算机上第一个程序出现到现在，计算机软件已经发展成为一个庞大的系统。从应用的观点看，软件可以分为三类，即系统软件、支撑软件和应用软件。系统软件是计算机系统中最靠近硬件的软件，它与具体的应用无关，其他软件一般都通过系统软件发挥作用，是软件系统的核心。支撑软件是支持其他软件的编制和维护的软件。应用软件是为计算机在特定领域中的应用而开发的专用软件。

2. 计算机五大组成部分功能

输入设备的功能是将要加工处理的外部信息转换为计算机能够识别和处理的内部形式，以便于处理；输出设备的功能是将信息从计算机的内部形式转换为使用者所要求的形式，以便能为人们识别或被其他设备所接收；存储器的功能是用来存储以内部形式表示的各种信息；运算器的功能是对数据进行算术运算和逻辑运算；控制器的功能则是产生各种信号，控制计算机各个功能部件协调一致地工作。

运算器和控制器在结构关系上非常密切，它们之间有大量信息频繁地进行交换，共用一些寄存单元，因此将运算器和控制器合称为中央处理器（CPU），中央处理器和内存储器合称为主机，输入设备和输出设备称为外部设备。由于外存储器不能直接与CPU交换信息，而它与主机的连接方式和信息交换方式与输出设备和输入设备没有很大差别，因此，一般地把它列入外部设备的范畴，外部设备包括输入设备、输出设备和外存储器；但从外存在整个计算机的功能看，它属于存储系统的一部分，称之为外存储器或辅助存储器。

计算机软件指的是为了告诉计算机做些什么和按什么方法、步骤去做，是以计算机可以识别和执行的操作表示的处理步骤和有关文档。在计算机术语中，计算机可以识别和执行的操作表示的处理步骤称为程序。计算机软件是计算机程序和有关文档。

在计算机中，硬件和软件的结合点是计算机的指令系统。计算机的一条指令是计算机硬件可以执行的一步操作。计算机可以执行的指令的全体称为该机的指令系统。任何程序，必须转换成该机的硬件能够执行的一系列指令。

3. 现代计算机的基本工作原理

①计算机的指令和数据均采用二进制表示；②把指令组成的程序和将处理的数据一起存放在存储器中。机器一启动，控制器按照程序中指令的逻辑顺序，把指令从存储器中读出来，逐条执行；③由输入设备、输出设备、存储器、运算器、控制器五个基本部件组成计算机的硬件系统，在控制器的统一控制下，协调一致地完成由程序所描述的处理工作。

在计算机中，硬件和软件是不可缺少的两个部分。硬件是组成计算机系统的各部件的总称，它是计算机系统快速、可靠、自动工作的物质基础，是计算机系统的执行部分。这个意义上讲，没有硬件就没有计算机，计算机软件也不会产生任何作用。但是一台计算机之所以能够处理各种问题，具有很大的通用性，能够代替人们进行一定的脑力劳动，是因为人们把要处理这些问题的方法，分解成为计算机可以识别和执行的步骤，并以计算机可以识别的形式存储到了计算机中。也就是说，在计算机中存储了解决这些问题的程序。目前所说的计算机一般都包括硬件和软件两个部分，而把不包括软件的计算机称为"裸机"。

■ 第二节　计算机的发展

电子计算机的发展，像任何新生事物一样，也经历了一个不断完善的过程。1938年J. 阿诺索夫首先制成了电子计算机的运算部件。1943年，英国外交部通讯处制成了"巨人"计算机，专门用于密码分析。1946年2月美国宾夕法尼亚大学制成的ENIAC最初也专门用于火炮弹道计算，后经多次改进才成为能进行各种科学计算的通用计算机，这就是人们常常提到的世界上第一台电子计算机。但是，这种计算机的程序仍然是外加式的，存储容量也太小，尚未完全具备现代计算机的主要特征。计算机发展史的再一次重大突破是由数学家冯·诺依曼领导的设计小组完成的。他们提出的存储程序原理，即程序由指令组成，并和数据一起放在存储器中，机器一经开动，就能按照程序指令的逻辑顺序把指令从存储器中读出来，逐条执行，自动完成由程序所描述的处理工作，这是计算机发展史上的一个里程碑，也是计算机与其他计算工具的根本区别。真正实现内存储程序式原理的第一台计算机EDSAC于1949年5月在英国制成。

根据计算机所采用的物理器件，一般把电子计算机的发展分成几个时期，也称为几代。

第一代计算机是采用电子管作为逻辑元件，用阴极射线管或汞延迟线作为主存储器，外存主要使用纸带、卡片等，程序设计主要使用机器指令或符号指令，应用领域主要是科学计算。

第二代计算机用晶体管代替了电子管，主存储器均采用磁芯存储器，磁鼓和磁盘开始用作主要的外存储器，程序设计使用了更接近于人类自然语言的高级程序设计语言，计算机的应用领域也从科学计算扩展到了事务处理、工程设计等多个方面。

第三代计算机采用中小规模的集成电路块代替了晶体管等分立元件，半导体存储器逐步取代了磁芯存储器的主存储器地位，磁盘成了不可缺少的辅助存储器，计算机也进入了产品标准化、模块化、系列化的发展时期，计算机的管理、使用方式也由手工操作完全改变为自动管理，使计算机的使用效率显著提高。

第四代计算机（采用大规模和超大规模集成电路）。20世纪70年代以后，计算机使用的集成电路迅速从中、小规模发展到大规模、超大规模的水平，大规模、超大规模集成电路应用的一个直接结果是微处理器和微型计算机的诞生。微处理器是将传统的运算器和控制器集成在一块大规模或超大规模集成电路芯片上，作为中央处理单元（CPU）。以微处理器为核心，再加上存储器和接口等芯片，以及输入输出设备便构成了微型计算机。微处理器自1971年诞生以来几乎每隔二至三年就要更新换代，以高档微处理器为核心构成的高档微型计算机系统已达到和超过了传统超级小型计算机水平，其运算速度可以达到每秒数亿次。由于微型计算机体积小、功耗低、成本低，其性能价格比占有很大优势，因而得到了广泛的应用。微处理器和微型计算机的出现不仅深刻地影响着计算机技术本身的发展，同时也使计算机技术渗透到了社会生活的各个方面，极大地推动了计算机的普及。随着微电子、计算机和数字化声像技术的发展，多媒体技术也得到了迅速发展。这里所说的媒体是指表示和传播信息的载体，例如文字、声音、图像都是媒体。在80年代以前人们使用计算机处理的主要是文字信息，80年代开始用于处理图形和图像。随着数字化音频和视频技术的突破，逐步形成了集声、文、图、像一体化的多媒体计算机系统。它不仅使计算机应用更接近人类习惯的信息交流方式，而且开拓了许多新的应用领域。

计算机网络技术是在20世纪60年代末、70年代初开始发展起来的，计算机与通信技术的结合使计算机应用从单机走向网络，由独立网络走向互联网络。把分布在不同地理区域的计算机与专门的外部设备用通信线路互联成一个规模大、功能强的网络系统，可以使众多的个人计算机不仅能够同时处理文字、数据、图像、声音等信息，而且还可以使这些信息四通八达，及时地与全国乃至全世界的信息进行交换。从而使众多的计算机可以方便地互相传递信息，共享硬件、软件、数据信息等资源。通过网络服务器，一台台计算机就像人类社会的一个个神经单元被联系起来，从而组成信息社会的一个重要的神经系统Internet。计算机发展阶段示意表见表10-1所示。

表10-1　计算机发展阶段示意表

器件	年代			
	第一代 1946—1957	第二代 1958—1964	第三代 1965—1969	第四代 1970—至今
电子器件	电子管	晶体管	中、小规模集成电路	大规模和超大规模集成电路
主存储器	磁芯、磁鼓	磁芯、磁鼓	磁芯、磁鼓、半导体存储器	半导体存储器
外部辅助存储器	磁带、磁鼓	磁带、磁鼓	磁带、磁鼓、磁盘	磁带、磁盘、光盘
处理方式	机器语言 汇编语言	监控程序 连续处理作业 高级语言编译	多道程序 实时处理	实时、分时处理 网络操作系统
运算速度	5000 ~ 30000 次 /s	几十万 ~ 百万次 /s	百万 ~ 几百万次 /s	几百万 ~ 千亿次 /s

总之，计算机从第一代发展到第四代，已由仅仅包含硬件的系统发展到包括硬件和软件两大部分的计算机系统。计算机的种类主要包括微型计算机、小型计算机、通用计算机（包括巨型、大型、中型计算机）以及各种专用机等。由于技术的更新和应用的推动，计算机一直处在飞速发展之中。依据信息技术发展功能价格比的莫尔定律（Moore'Law），计算机芯片的功能每18个月翻一番，而价格减一半。该定律的作用从60年代以来，已持续40多年。集文字、图形、图像、声音为一体的多媒体计算机的发展正方兴未艾。各国都在计划建设自己的"信息高速公路"。通过各种通信渠道，包括有线网和无线网，把各种计算机互联起来，已经实现了信息在全球范围内的传递。用计算机来模仿人的智能，包括听觉、视觉和触觉，以及自学习和推理能力是当前计算机科

学研究的一个重要方向。与此同时，计算机体系结构将会突破传统的冯·诺依曼提出的原理，实现高度的并行处理。为了解决软件发展方面出现的复杂程度高、研制周期长和正确性难于保证的"软件危机"而产生的软件工程也出现新的突破。新一代计算机的发展将与人工智能、知识工程和专家系统等研究紧密相连，并为其发展提供新的基础。

■ 第三节 未来计算机技术的发展趋势

随着计算机应用的广泛和深入，又向计算机技术提出了更高的要求。要想提高计算机的工作速度和存储量，关键是实现更高的集成度。传统的计算机的芯片是用半导体材料制成的，这在当时是最佳的选择。但随着集成的提高，它的弱点也日益显现出来。专家们认识到，尽管随着工艺的改进，集成电路的规模越来越大，但在单位面积上容纳的元件是有限的，在1毫米见方的硅片上最多不能超过25万个，并且它的散热、防漏电等因素制约着集成电路的规模，现在的半导体芯片发展即将达到理论上的极限。因此，世界各国研究人员正在加紧研究开发新一代计算机，从体系结构的变革到器件与技术革命都要产生一次量的乃至质的飞跃。计算机的发展趋势表现为四个方面，即巨型化、微型化、网络化和智能化。未来新一代的计算机可分为模糊、量子、超导、光子和DNA5种类型。

一、计算机的发展趋势

1. 巨型化

巨型化是指计算机速度更快、存储容量更大、功能更强、可靠性更高的计算机。其运算能力一般在每秒百亿次以上，内存容量在几百G字节以上。巨型计算机主要用于尖端科学技术和军事国防系统的研究开发。巨型计算机的发展集中体现了计算机科学技术的发展水平。

2. 微型化

微型化是指发展体积更小、功能更强、可靠性更高、携带更方便、价格更便宜、适用范围更广的计算机系统。因为微型机可渗透到诸如仪表、家用电器、导弹弹头等中、小型机无法进入的领域，所以20世纪80年代以来发展异常迅速。预计微型机今后将逐步发展到对存储器、通道处理机、高速运算部件、图形卡、声卡的集成，进一步将系统的软件固化，达到整个微型机系统的集成。

3. 网络化

网络化是指利用通信技术，把分布在不同地点的计算机互联起来，按照网络协议相互通信，以达到所有用户都可共享软件、硬件和数据资源的目的。目前计算机联网已经非常普遍，但计算机网络化仍然有许多工作要做。如网络上资源虽多，利用却并不方便；联网的计算机虽多，计算机特别是服务器的利用率并不高；网络虽然方便，但是却不安全，等等。计算机网络化在提供方便、及时、可靠、安全、高效的信息服务方面还有很多的工作要做。

目前各国在开发三网合一的系统工程，即将计算机网、电信网和有线电视网合为一体。将来通过网络能更好地传送数据、文体资料、声音、图形和图像，用户可随时随地在全世界范围拨打可视电话和收看任意国家的电视和电影。

4. 智能化

智能化是指让计算机具有模拟人的感觉和思维过程的能力。智能计算机具有解决问题和逻辑推理的功能，以及知识处理和知识库管理的功能等。人与计算机的联系是通过智能接口，用文字、声音、图像等与计算机自然对话。智能化的研究领域很多，其中最有代表性的领域是专家系统和机器人。在21世纪，以计算机为基础的人工智能技术将得到极大发展，各种智能机器人会大量出现，要使计算机能代替人类做更多的工作，就要使计算机有更接近人类的思维和智能。未来的计算机将能接受自然语言的命令，有视觉、听觉和触觉。将来的计算机可能不再有现在计算机这样的外形，体系结构也会不同。目前已研制出的机器人有的可以代替人从事危险环境的劳动，有的能与人下棋，这都从本质上扩充了计算机的能力。

二、未来新一代计算机

硅芯片技术的高速发展同时也意味着硅技术越来越接近其物理极限，为此，世界各国的研究人员正在加紧研究开发新型计算机。计算机从体系结构的变革到器件与技术革命都要产生一次量的乃至质的飞跃。新型的量子计算机、光子计算机、生物计算机、纳米计算机等将会走进我们的生活，其应用将遍布各个领域。

1. 模糊计算机

1956年，英国人查德创立了模糊信息理论。依照模糊理论，判断问题不是以是和非两种绝对的值或0与1两种数码来表示，而是要取许多值，如接近、几乎、差不多、差得远等模糊值来表示。用这种模糊的、不确切的判断进行工程处理的计算机就是模糊计算机。模糊计算机是建立在模糊数学基础上的计算机。模糊计算机除具有一般计算机的功能外，还具有学习、思考、判断和对话的能力，可以立即辨识外界物体的形状和特征，甚至可帮助人从事复杂的脑力劳动。日本科学家把模糊计算机应用于地铁管理上。日本东京以北320km的仙台市的地铁列车，在模糊计算机控制下，自1986年以来一直安全、平稳地行驶着。车上的乘客可以不必攀扶拉手吊带，这是因为，在列车行进中模糊逻辑计算机芯片工作，使得列车运行甚为平稳。此外，人们又把模糊计算机装在吸尘器里，可以根据灰尘量以及地毯的厚实程度调整吸尘器的功率。模糊计算机还能用于地震灾情判断、疾病医疗诊断、发酵工程控制、海空导航巡视等多个方面。

2. 生物计算机（分子计算机）

生物计算机的运算过程就是蛋白质分子与周围物理化学介质的相互作用过程，微电子技术和生物工程这两项高科技的互相渗透，为研制生物计算机提供了可能。计算机的转换开关由酶来充当，而程序则在酶合成系统本身和蛋白质的结构中极其明显地表示出来。20世纪70年代，人们发现脱氧核糖核酸（DNA）处于不同状态时可以代表信息的有或无。联想到逻辑电路中的0与1、晶体管的导通或截止、电压的高或低、脉冲信号的有或无等，激发了科学家们研制生物元件的灵感。DNA分子中的遗传密码相当于存储的数据，DNA分子间通过生化反应，从一种基因代码转变为另一种基因代码。反应前的基因代码相当于输入数据，反应后的基因代码相当于输出数据。如果能控制这一反应过程，那么就可以制作成功DNA计算机。蛋白质分子比硅晶片上电子元件要小得多，彼此相距甚近，生物计算机完成一项运算，所需的时间仅为10微微秒，比人的思维速度快100万倍。DNA分子计算机具有惊人的存储容量，1立方米的DNA溶液，可存储1万亿亿的二进制数据。远超当前全球所有电子计算机的总存储量。DNA计算机消耗的能量非常小，只有电子计算机的十亿分之一。由于生物芯片的原材料是蛋白质分子，所以生物计算机既有自我修复的功能，又可直接与生物活体相连。

1995年，来自各国的200多位有关专家共同探讨了DNA计算机的可行性，认为生物计算机是以生物电子元件构建的计算机，而不是模仿生物大脑和神经系统中信息传递、处理等相关原理来设计的计算机。其生物电子元件是利用蛋白质具有的开关性，用蛋白质分子制成集成电路，形成蛋白质芯片、红血素芯片等。利用DNA化学反应，通过和酶的相互作用可以使某基因代码通过生物化学反应转变为另一种基因代码，反应前的基因代码可以作为输入数据，反应后的基因代码可以作为运算结果。利用这一过程可以制成新型的生物计算机。科学家们认为生物计算机的发展可能要经历一个较长的过程。

3. 光子计算机

光子计算机即全光数字计算机，以光子代替电子，光互连代替导线互连，光硬件代替计算机中的电子硬件，光运算代替电运算。与电子计算机相比，光计算机的无导线计算机信息传递平行通道密度极大。一枚直径5分硬币大小的棱镜，它的通光能力超过全世界现有电话电缆的许多倍。光的并行、高速，天然地决定了光计算机的并行处理能力很强，具有超高速运算速度。超高速电子计算机只能在低温下工作，而光计算机在室温下即可开展工作。光计算机还具有与人脑相似的容错性。系统中某一元件损坏或出错时，并不影响最终的计算结果。

光子计算机是一种用光信号进行数字运算、信息存储和处理的新型计算机，运用集成光路技术，把光开关、光存储器等集成在一块芯片上，再用光导纤维连接成计算机。1990年1月底，贝尔实验室研制成第一台光子计算机，尽管它的装置较粗糙，由激光器、透镜、棱镜等组成，只能用来计算。但是，它毕竟是光子计算机领域中的一大突破。正像电子计算机的发展依赖于电子器件，尤其是集成电路一样，光子计算机的发展也主要取决于光逻辑元件和光存储元件，即集成光路的突破。近十年来CD–ROM光盘、VCD光盘和DVD光盘的接踵出现，是光存储研究的巨大进展。网络技术中的光纤信道和光转换器技术已相当成熟。光子计算机的关键技术，即光存储技术、光互联网、光集成器件等方面的研究都已取得突破性的进展，为光子计算机的研制、开发和应用奠定了基础。现在，全世界除了贝尔实验室外，日本和德国的其他公司都投入巨资研制光子计算机，预计未来将出现更加先进的光子计算机。

4. 超导计算机

1911年昂尼斯发现纯汞在4.2K低温下电阻变为零的超导现象。超导线圈中的电流可以无损耗地流动。在计算机诞生之后，超导技术的发展使科学家们想到用超导材料来替代半导体制造计算机。早期的工作主要是延续传统的半导体计算机的设计思路，只不过是将半导体材料制备的逻辑门电路改为用超导体材料制备的逻辑门电路。从本质上并没有突破传统计算机的设计构架，而且，在20世纪80年代中期以前，超导材料的超导临界温度仅在液氦温区，实施超导计算机的计划费用昂贵。然而，在1986年左右出现重大转机，高温超导体的发现使人们可以在液氮温区获得新型超导材料，于是超导计算机的研究又获得了各方面的广泛重视。超导计算机具有超导逻辑电路和超导存储器，运算速度是传统计算机无法比拟的。所以，世界各国科学家都在研究超导计算机，但还有许多技术难关有待突破。

5. 量子计算机

量子计算机是基于量子效应基础上开发的，它利用一种链状分子聚合物的特性来表示开与关的状态，利用激光脉冲来改变分子的状态，使信息沿着聚合物移动，从而进行运算。量子计算机中数据用量子位存储。由于量子叠加效应，一个量子位可以是0或1，也可以既存储0又存储1。因此一个量子位可以存储2个数据，同样数量的存储位，量子计算机的存储量比通常计算机大许多。同时量子计算机能够实行量子并行计算。其运算速度可能比目前个人计算机的PentiumM晶片快10亿倍。目前正在开发中的量子计算机有3种类型：核磁共振（NMR）量子计算、硅基半导体量子计算机、离子阱量子计算机。预计2030年将普及量子计算机。

现在放在我们面前的高速现代化的计算机与计算机的祖先"ENIAC"机相比并没有什么本质的区别，尽管计算机体积已经变得更加小巧，而且执行任务也非常快，但是计算机的任务却并没有改变，即对二进制位0和1的编码进行处理并解释为计算结果。每个位的物理实现是通过一个肉眼可见的物理系统完成，例如从数字和字母到我们所用的鼠标或调制解调器的状态等都可以用一系列0和1的组合来代表。传统计算机与量子计算机之间的区别是传统计算机遵循着众所周知的经典物理规律，而量子计算机中，用"量子位"来代替传统电子计算机的二进制位。二进制位只能用0和1两个状态表示信息，而量子位则用粒子的量子力学状态来表示信息，两个状态可以在一个"量子位"中并存。量子位既可以用与二进制位类似的0和1，也可以用这两个状态的组合来表示信息。正因如此，量子计算机被认为可以进行传统电子计算机无法完成的复杂计算，其运算速度将是传统电子计算机无法比拟的。

2011年5月15日，由华裔科学家艾萨克·张领衔的IBM公司科研小组向公众展示了迄今为止最尖端的5比特量子计算机。研究量子计算机的目的不是要用它来取代现有的计算机，而是要使计算的概念焕然一新，这是量子计算机与其他计算机，如光子计算机和生物计算机等的不同之处。目前，关于量子计算机所应用的材料研究仍然是其中的一个基础研究问题。

6. 纳米计算机

纳米是一个计量单位，一个纳米等于10^{-9}米，大约是氢原子直径的10倍。纳米技术是从20世纪80年代初迅速发展起来的新的前沿科研领域，最终目标是人类按照自己的意志直接操纵单个原子，制造出具有特定功能的产品。现在纳米技术正从MEMS（微电子机械系统）起步，把传感器、电动机和各种处理器都放在一个硅芯片上而构成一个系统。应用纳米技术研制的计算机内存芯片，其体积如数百个原子大小，相当于人的头发丝直径的千分之一。纳米计算机不仅几乎不需要耗费任何能源，而且其性能要比今天的计算机强大许多倍。

7. 云端计算机

顾名思义就是计算在云端完成，用户面前只有输入输出，所以说未来消费者面前没有实体电脑，只有接收设备、显示设备和输入设备，那么就需要强大的网络支持，随着5G技术的发展和全息投影技术的发展，云端计算机技术也许在10至20年内可以实现。

三、信息技术的发展

信息社会的到来给全球带来了信息技术飞速发展的契机。半个多世纪以来，人类社会正由工业社会全面进入信息社会，其主要动力就是以计算机技术、通信技术和控制技术为核心的现代信息技术的飞速发展和广泛应用。纵观人类社会发展史和科学技术史，信息技术在众多的科学技术群体中越来越显示出强大的生命力。随着科学技术的飞速发展，各种高新技术层出不穷，日新月异，但是最主要的、发展最快的仍然是信息技术。

1. 数据与信息

数据（data）是表征客观事物的、可以被记录的、能够被识别的各种符号，包括字符、符号、表格、声音和图形、图像等不同形式。简而言之，一切可以被计算机加工、处理的对象都可以被称之为数据。数据可在物理介质上记录或传输，并通过外围设备被计算机接收，经过处理而得到结果。

数据能被送入计算机加以处理，包括存储、传送、排序、归并、计算、转换、检索、制表和模拟等操作，以得到满足人们需要的结果。数据是信息的载体，经过解释并赋予一定的意义后，便成为信息。另一种形式称为机器可读形式的数据，简称为机读数据。如印刷在物品上的条形码、录制在磁带、磁盘、光盘上的数码、穿在纸带和卡片上的各种孔等，都是通过特制的输入设备将这些信息传输给计算机处理，它们都属于机器可读数据。显然，机器可读数据使用了二进制数据的形式。

一般来说，信息即是对各种事物的变化和特征的反映，又是事物之间相互作用和联系的表征。人通过接受信息来认识事物，从这个意义上来说，信息是一种知识，是接受者原来不了解的知识。信息同物质、能源一样重要，是人类生存和社会发展的三大基本资源之一。可以说信息不仅维系着社会的生存和发展，而且在不断地推动着社会和经济的发展。

数据与信息的区别：数据处理之后产生的结果为信息，信息有针对性、时效性。尽管人们在许多场合把这两个词互换使用。信息有意义，而数据没有。例如，当测量一个病人的体温时，假定病人的体温是39℃，则写在病历上的39℃实际上是数据。39℃这个数据本身是没有意义的，39℃是什么意思？什么物质是39℃？只有当数据以某种形式经过处理、描述或与其他数据比较时，才赋予了意义。例如，这个病人的体温是39℃，这才是信息，信息是有意义的。

2. 信息技术

随着信息技术的发展，其内涵也在不断变化，因此，至今仍没有统一的定义。一般来说，信息采集、加工、存储、传输和利用过程中的每一种技术都是信息技术，这是一种狭义的定义。在现代信息社会中，技术发展能够导致虚拟现实的产生，信息本质也被改写，一切可以用二进制进行编码的东西都被称为信息。因此，联合国教科文组织对信息技术的定义是：应用在信息加工和处理中的科学、技术与工程的训练方法和管理技巧；上述方法和技巧的应用；计算机及其与人、机的相互作用；与之相应的社会、经济和文化等诸种事物。在这个目前世界范围内较为统一的定义中，信息技术一般是指一系列与计算机等相关的技术。该定义侧重于信息技术的应用，对信息技术可能对社会、科技、人们的日常生活产生的影响及其相互作用进行了广泛的研究。

信息技术不仅包括现代信息技术，还包括在现代文明之前的原始社会和古代社会中与那个时代相对应的信息技术。不能把信息技术等同为现代信息技术。

3. 现代信息技术的内容

一般来说，信息技术（INFORMATION TECHNOLOGY，IT）包含信息基础技术、信息系统技术和信息应用技术三个层次的内容。

①信息基础技术。信息基础技术是信息技术的基础，包括新材料、新能源、新器件的开发和制造技术。近几十年来，发展最快、应用最广泛、对信息技术以及整个高科技领域的发展影响最大的是微电子技术和光电子技术。

②信息系统技术。信息系统技术是指有关信息的获取、传输、处理、控制的设备和系统的技术。感测技术、通信技术、计算机与智能技术和控制技术是它的核心和支撑技术。

③信息应用技术。信息应用技术是针对种种实用目的，如由信息管理、信息控制、信息决策

而发展起来的具体的技术群类，如工厂的自动化、办公自动化、家庭自动化、人工智能和互联网通信技术等。它们是信息技术开发的根本目的所在。

信息技术在社会的各个领域得到广泛的应用，显示出强大的生命力。纵观人类科技发展的历程，还没有一项技术像信息技术一样对人类社会产生如此巨大的影响。电子商务、消费购物、电子银行、电子货币、电子政务、生物特征的身份认证以及个人生活中的信息技术应用将恒久地改变我们的工作、消费、学习和沟通的方式。在社会生产力发展、人类认识和实践活动的推动下，信息技术将会得到更深、更广、更快的发展，其发展趋势可以概括为数字化、多媒体化、高速化、网络化、宽频带、智能化等。

四、移动计算机技术与系统

随着因特网的迅猛发展和广泛应用、无线移动通信技术的成熟以及计算机处理能力的不断提高，新的业务和应用不断涌现。移动计算正是为提高工作效率和随时能够交换和处理信息所提出，业已成为产业发展的重要方向。

移动计算包括三个要素：通信、计算和移动。这三个方面既相互独立又相互联系。移动计算概念提出之前，人们对它们的研究已经很长时间了，移动计算是第一次把它们结合起来进行研究。它们可以相互转化，例如，通信系统的容量可以通过计算处理（信源压缩、信道编码、缓存、预取）得到提高。

移动性可以给计算和通信带来新的应用，但同时也带来了许多问题。最大的问题就是如何面对无线移动环境带来的挑战。在无线移动环境中，信号要受到各种各样的干扰和衰落的影响，会有多径和移动，给信号带来时域和频域弥散、频带资源受限、较大的传输时延等问题。在这样一个环境下，会引出很多在移动通信网络和计算机网络中未遇到的问题。第一，信道可靠性问题和系统配置问题。有限的无线带宽、恶劣的通信环境使各种应用必须建立在一个不可靠的、可能断开的物理连接上。在移动计算网络环境下，移动终端位置的移动要求系统能够实时进行配置和更新。第二，为了真正实现在移动中进行各种计算，必须要对宽带数据业务进行支持。第三，如何将现有的主要针对话音业务的移动管理技术拓展到宽带数据业务。第四，如何把一些在固定计算网络中的成熟技术移植到移动计算网络中。

面向全球网络化应用的各类新型微机和信息终端产品将成为主要产品。便携计算机、数字基因计算机、移动手机和终端产品，以及各种手持式个人信息终端产品，将把移动计算与数字通信融合为一体，手机将被嵌入高性能芯片和软件，依据标准的无限通信协议（如蓝牙）上网，观看电视，收听广播。在Internet上成长起来的新一代自然不会把汽车仅作为代步工具，汽车将向用户提供上网、办公、家庭娱乐等功能，成为车轮上的信息平台，跨平台而且兼容不同移动计算终端的软件系统必将应运而生。

■ 第四节　先进计算技术

　　未来的计算机技术将向超高速、超小型、并行处理、智能化的方向发展。计算机将具备更多的智能成分，它将具有多种感知能力、一定的思考与判断能力及一定的自然语言能力。除了提供自然的输入手段（如语音输入、手写输入）外，让人能产生身临其境感觉的各种交互设备已经出现，虚拟现实技术是这一领域发展的集中体现。进入信息时代以来，人工智能、物联网、数字经济等新技术和新业态在推动社会数字化转型的同时，产生的海量数据给全球数据存储、处理和分析能力带来新的压力，推动着云计算、边缘计算和超级计算机等计算技术的迭代更新。2019年，先进计算技术稳步发展，全球超级计算机开始向百亿亿次级的运算能力迈进，将进一步提升人类对数据的处理能力；量子计算机研究进展超出业界预期；世界首款异构融合类脑芯片成功研发，为搭建通用性人工智能计算平台创造条件；系统硬件和软件工程的发展推动了信息技术与传统产业的深度融合。

一、超级计算机

　　超级计算机是计算机中功能最强、运算速度最快、存储容量最大的一类计算机，多用于国家高科技领域和尖端技术研究，是国家科技发展水平和综合国力的重要标志，对于国家安全、经济和社会发展具有举足轻重的战略意义。各个国家和地区争先恐后地提升超级计算机性能，推动超级计算机在前沿科技领域的应用。

1. 美国阿贡国家实验室、英特尔和克雷公司拟共建下一代超级计算机

　　2019年3月，美国阿贡国家实验室、芯片制造商英特尔和超级计算机制造商克雷公司拟共建美国下一代超级计算机"极光"。该超级计算机的浮点运算能力将达每秒百亿亿次级，可通过结合高性能计算和人工智能来解决现实问题，可用于模拟核爆炸、改善极端天气预报、加速医疗研发、绘制人类大脑图谱及开发新材料等领域。

2. 欧盟斥资8.4亿欧元新建8个超级计算中心

　　2019年6月，欧盟宣布拟在保加利亚、捷克、芬兰、意大利、卢森堡、葡萄牙、斯洛文尼亚和西班牙建设8台超级计算机，其中3台将具备每秒15亿亿次浮点运算能力，其余5台将具备每秒4000万亿次浮点运算能力。兴建超级计算机是"欧洲高性能计算共同计划"的一部分，项目总预算高达8.4亿欧元。这些超级计算机将用于个性化医疗、药物和材料设计、生物工程、天气预报及气候变化等领域。于2020年下半年投入使用。

3. 美国国家地理空间情报局使用超级计算机构建全球3D地图

2019年8月，美国国家地理空间情报局（National Geospatial-Intelligence Agency，NGA）与美国伊利诺伊大学、美国明尼苏达大学和美国俄亥俄州立大学的研究人员合作，共同开展全球3D地图项目"Earth DEM"。研究人员将不同区域、不同角度的卫星图像发送至"蓝水"（Blue Waters）超级计算机，对图片进行分析并建立高度数据，最终拼接成全球3D地图。此前，美国明尼苏达大学的研究人员已与美国高校的研究人员合作制作了南极与北极的3D地图。研究人员表示，该项目仅使用卫星采集的平面图像即可生成3D模型。

4. 印度提出"国家超级计算机任务"，拟研发60台超级计算机

2019年9月，印度提出"国家超级计算机任务"，拟研发60台超级计算机。印度超级计算机建造计划分3个阶段：第一阶段，制造6台超级计算机，初步掌握主板层面的集成与组装；第二阶段，制造10台超级计算机，将大部分集成和组装工作本土化；第三阶段，制造44台超级计算机，实现处理器以外所有部件的本土化。该项目将耗资6.27亿美元，旨在提升国家科研实力、保护国家安全。

5. 日本新一代超级计算机"富岳"初步交付

2019年12月，日本新一代超级计算机"富岳"初步交付日本理化学研究所计算科学研究中心。"富岳"由日本理化学研究所和富士通公司合作开发，其运算速度将达到上一代超算"京"（Kei）的100倍，可用于推进材料开发和自然现象分析等科学研究，预计将于2021年完成交付并投入运行。日本希望借助超级计算机推动自然灾害研究、生产技术创新及新药的开发。

二、量子计算

量子计算机遵循量子力学规律处理量子信息，具备远超传统计算机的数学和逻辑运算能力，能为科学研究提供巨大的算力支持。当前，量子计算机仍然处于实验室研发阶段，通用量子计算机的研究仍面临消除量子噪声、减少数据丢失和纠错等问题，但全球范围内对量子计算的重视程度日益提升，量子计算技术科研攻关也在不断获得突破。

1. 美国IBM公司推出全球首台量子计算一体机

IBM Q System One。该一体机包含启动一个量子计算实验所需的全部装置，如量子计算硬件冷却设备等，这是通用近似超导量子计算机（Universal Approximate Superconducting Quantum Computer）首次脱离实验室实现商用。但一些业界人士认为，该机器并不是一般意义上的商用量子计算机，其算力还远不如手机，主要将用于研究和教育方向。

2. 日本理化学研究所提出混合量子位架构以解决量子计算关键障碍

2019年1月，日本理化学研究所领导的国际研究小组为量子计算设计了一个新的架构，通过将两种不同类型的量子位组合使用，构造出一个可以快速初始化和读取，且具有高准确度的量子计算设备。研究人员将单自旋量子位与单态—三重态自旋量子位同量子门结合起来，可使纠缠量子的自旋态在较长时间内保持相干性，为量子计算机的可扩展性研究提供重要的参考。

3. 美国IBM公司研发出可提升量子计算准确性的新方法

2019年3月，美国IBM公司研发出名为"零噪声外推"的方法，该方法可减轻量子计算机产生的噪声，提升量子计算的准确性。量子计算机运行时的噪声会影响计算结果，导致计算出现误差，因此，降低噪声及减少误差是提高量子计算机实用性的关键。采用"零噪声外推"，研究人员无须改进硬件设备，而是通过在不同噪声水平下进行重复计算，对量子计算机在没有噪声干扰下的计算结果进行估测，以此提升计算结果的准确性。

4. 英法联合研究团队用硅基电子元件构建量子计算机

2019年9月，英国剑桥大学、英国伦敦大学学院和法国电子和信息技术研究院联合团队证实可用传统硅基电子元件构建量子计算机。现阶段，量子计算机的开发仍然处于起步期，最先进的原型机仍处于实验室阶段，距离量产还有比较远的距离。联合团队的研究人员开发出一种可在接近绝对零度的状态下工作的电路，并用商用晶体管代替量子比特和量子桥，在硅基电子元件上模拟量子计算。该研究或将为量子计算机的量产铺平道路。

5. 美国IBM公司发布一系列简化量子计算访问的新工具

2019年9月，美国IBM公司发布一系列简化量子计算访问的新工具。借助美国IBM公司最先进的系统和软件，研究人员可以通过网络访问IBM量子计算服务器，并展开测试。与此同时，教育工作者也能够直接借助美国IBM公司开发的工具，在课堂上动态展示硬件上的量子计算概念。此外，美国IBM公司还公开发布了量子计算相关教科书和视频教程，帮助研究人员理解并使用其量子计算最新成果。

6. 谷歌在《自然》期刊发表其量子计算机最新成果

2019年10月，谷歌在《自然》期刊发表关于量子计算机最新成果的文章。谷歌的研究人员开发出新型54比特量子处理器Sycamore，以此构建的量子计算机能在200s完成特定计算任务，而目前最先进的超级计算机需要一万年才能完成该任务。该研究成果首次证明了量子计算机远超传统计算机的优越性能，是计算机领域的里程碑事件，但量子计算机从实验室到实际应用仍然有很长的路要走。

7. 中国量子计算研究团队突破量子计算模拟算法

2019年11月，国防科技大学、解放军信息工程大学等高校及科研机构组成的量子计算研究团队提出一种依赖量子纠缠度的量子计算模拟算法，并利用该算法开发出通用量子线路模拟器，实现了对随机量子线路采样问题的模拟。研究人员在"天河二号"超级计算机上测试了49、64、81和100等不同数目量子比特在不同量子线路深度下的问题实例，结果显示，该算法的计算性能达到国际领先水平。研究人员表示，该量子线路模拟器可用于评测量子计算机性能，将促进量子计算进一步发展。

三、新型计算

人类进入数字时代以来，社会生产生活方式的变革及其对数据运算能力日益高涨的需求，推动着云计算、边缘计算和类脑计算等计算技术的产生。以云计算为代表的新型计算方式，在提升算力水平、优化算力分布和降低计算成本等方面发挥了不可替代的作用，也将推动大数据、物联网和人工智能等信息技术快速发展和传统产业数字化转型。

1. 大众汽车和亚马逊联手开发工业云计算平台

2019年3月，大众汽车和亚马逊联手开发工业云计算平台，以管理汽车生产设施产生的所有数据。该平台将以亚马逊云服务技术为基础，把大众汽车所有工厂、机器和系统的数据集中起来，有助于大众汽车及早发现供应瓶颈和流程问题，优化机器和设备的运行，提高生产力。大众汽车与亚马逊还将拓展平台应用范围，把供应商和整个供应链上的合作伙伴纳入进来。大众汽车和亚马逊表示，该平台后续将面向其他汽车制造商开放。

2. 微软与甲骨文整合云计算服务

2019年6月，微软和甲骨文（Oracle）达成一项协议，计划通过在两家公司的数据中心之间建立高速连接，使双方的云计算服务协同工作，以争取更多大型企业用户，同亚马逊的云服务技术竞争。两家公司表示将共同努力，帮助双方共同的企业客户能够以单个用户名登录两家公司中任何一家公司的云服务，并从两家公司获得技术支持。微软与甲骨文表示，数据中心之间的高速连接将从美国东部设施开始实施，然后再扩展到其他地区设施。

3. 澳大利亚皇家墨尔本理工大学使用计算机芯片模拟人类大脑

2019年7月，澳大利亚皇家墨尔本理工大学的研究人员使用芯片模拟人类大脑，并成功使用光线操纵神经元。研究使用的新型芯片由一种超薄材料制成，可根据不同波长的光线改变电阻，进而能够模拟神经元在大脑中存储和删除信息的工作方式。该技术使得计算机芯片能更好地模拟大脑的工作方式，有助于科学家更好地研究人工智能。

4. 英特尔开发出拥有800万个数字神经元的计算机

2019年7月，英特尔开发出一个拥有800万个数字神经元的计算机系统，该系统可用于模拟人类大脑的研究。该系统名为Pohoiki Beach，拥有64个英特尔"罗希"（Loihi）芯片。该系统的数字神经元能够模拟轴突、树突和突触，并像传递神经刺激一样传递信号，在模拟真实大脑方面迈出了重要一步。英特尔表示，研究人员已将该系统用于模拟皮肤的触觉感应、控制假肢和玩桌上足球等任务。

5. 美国密歇根大学开发出全球首个可编程忆阻器芯片

2019年7月，美国密歇根大学的研究人员开发出可直接在内存中执行计算的全球首个可编程忆阻器芯片。研究人员设计的忆阻器芯片集成了OpenRISC处理器、数模转换器、模数转换器和混合信号接口器，可将数据在忆阻器和主处理器之间转换。该芯片可在内存中执行计算，避免了处理器和内存间传输数据的功耗和延迟问题。在最高频率下，该芯片功耗仅为300毫瓦。研究人员表示，目前在内存中进行计算还面临计算速度低、稀疏编码难等问题。若这些问题得到解决，此类芯片将在边缘计算领域发挥重要作用。

6. 清华大学开发出异构融合类脑芯片

2019年8月，清华大学的研究团队开发出异构融合类脑芯片"天机芯"。该芯片结合类脑架构和高性能算法，具有多个高度可重构的功能性核，可同时支持机器学习算法和现有类脑计算算法。研究人员通过在无人自行车的控制系统中整合一块"天机芯"，实现了自行车的自平衡、动态感知、目标探测、跟踪、自动避障、过障、语音理解和自主决策等功能，展现了"天机芯"对实时复杂指令的处理能力。该芯片有助于推动通用型人工智能计算平台发展。

四、系统硬件与软件工程

计算设备不仅需要芯片和存储器等硬件设备提供高速运算能力，也需要算法和软件来实现最优运算路径和最快运算效率。计算设备整体算力的增长以系统硬件性能的提升和算法及软件的优化为基础。系统硬件和软件工程不仅保障超级计算机、量子计算机和新型计算机的正常运转，其应用场景的拓展也推动了信息技术与传统产业的深度融合。

1. 英国贝尔法斯特女王大学设计出一套新的运算系统以降低智能设备的延迟

2019年1月，英国贝尔法斯特女王大学设计出一套新的运算系统，该系统可降低智能设备的延迟。目前的智能设备普遍需要通过互联网访问云端进行数据处理，导致智能设备普遍存在延迟问题。研究人员使用边缘计算技术开发出一个软件框架，该框架可以将智能设备的数据请求引入到在地理位置上更接近用户的服务端，加快数据访问和获取速度，进而为智能设备提供更快的解决方案。

2. 美国斯坦福大学开发出用于超级计算机的新型编程语言

2019年7月，美国斯坦福大学研究小组开发出一种新型编程语言Regent，Regent可使超级计算机更易于操作。研究人员可利用Regent在概念层编写程序，超级计算机则可将程序编译至软件层Legion，并生成机器代码以执行精确指令，Regent和Legion之间的紧密集成使程序员能够更容易地完成操作。研究人员表示，超级计算机随着性能的提高，其复杂程度也今非昔比，Regent则能够降低超级计算机的使用难度。

3. SK海力士开发出新存储芯片，其数据处理速度较上代提高50%

2019年8月，SK海力士开发出业界处理速度最快的存储芯片HBM2E。与上代产品HBM2相比，HBM2E的数据处理速度提高了50%，单颗芯片容量提升至16吉比特。与采用模块封装形式并安装在系统板上的传统动态存储器产品不同，HBM系列芯片可以与图形处理器（GPU）和逻辑芯片等处理器紧密互连，其间距仅为几微米，可实现更快的数据传输，而HBM2E芯片将应用于数据吞吐量极大的高端GPU、超级计算机、机器学习和人工智能系统等尖端领域。

4. 美国普渡大学开发出新型铁电场效应晶体管

2019年12月，美国普渡大学成功开发出新型铁电场效应晶体管，该晶体管可用于构建同时处理和储存信息的单个芯片器件。铁电材料和硅材料的性质冲突，导致科学家无法在单个芯片中同时实现计算和存储。美国普渡大学的研究人员在铁电材料中加入α−硒化铟，解决了常规铁电材料中"带隙"引起的绝缘问题，从而实现了材料的半导体特性，制成了铁电场效应晶体管。研究人员表示，利用该晶体管研制的"铁电存储器"可在单个芯片中实现数据的存储和处理，将大幅提升信息与通信技术系统的计算效率。

思考题

- 1. 结合工作中的实例，理解数据和信息的本质及其区别是什么？

- 2. 结合计算机的发展趋势，思考对人类工作和生活的影响是什么？

- 3. 世界各国争先恐后地发展超级计算机的战略意义是什么？

第十一章 | 信息网络技术

■ 第一节　计算机网络基础

自20世纪60年代计算机网络问世以来，计算机网络已经深入到人们工作、学习和生活的各个方面。计算机网络技术实质上是计算机技术和通信技术相结合并不断发展的过程。

1965年，美国兰德公司的一份内部报告中首次提出了后来被广泛应用于计算机网络通信的核心技术——存储转发技术，开启了计算机网络的发展之路，在计算机网络技术复杂的演变过程中，至少有四个重要的里程碑。

第一个里程碑以报文或分组交换技术为标志。其最具代表性的网络是1968年美国国防部的高级研究计划局开始建设的以TCP/IP为技术的ARPANET。

第二个里程碑以1980年出现的开放式系统互联参考模型OSI/RM为标志。OSI/RM的重要意义在于为网络界讨论与研究网络问题提供了完整、有效的体系结构框架，全面界定了实现系统互联的诸多功能要素。

第三个里程碑以Internet的迅速发展与推广为特征。特别是1989年出现的WWW和1993年出现的基于图形化用户界面的浏览器，因其操作简便，能十分便捷地访问图文并茂的多媒体信息，彻底改变了Internet的使用模式与用户群。从那时起，Internet开始"飞入寻常百姓家"。

第四个里程碑以高速计算机网络为标志。20世纪80年代末，局域网技术发展成熟，出现了光纤及高速网络技术，整个网络就像一个对用户透明的、大的计算机系统，发展以Internet为代表的因特网，这就是直到现在的第四代计算机网络时期。

一、计算机网络的定义

抽象地讲，计算机网络是节点和链路的集合。它可以为两个或多个特定节点建立连接，以在这些节点之间进行通信。

一般将计算机网络定义为相互连接、彼此独立的计算机系统的集合。相互连接指两台或多台计算机通过信道互联，从而可进行通信；彼此独立则强调在网络中，计算机之间不存在明显的主从关系，即网络中的计算机不具备控制其他计算机的能力，每台计算机都具有独立的操作系统。

二、计算机网络的功能

目前，计算机网络的应用范围不断扩大，功能不断增强，计算机网络可概括为以下6个方面。

1. 数据通信

数据通信是计算机网络最基本的功能，主要完成计算机网络中各节点之间的系统通信。用户可以在网上收发电子邮件，发布新闻消息，进行电子购物、电子贸易、远程教育等。

2. 资源共享

资源共享是指用户可以在权限范围内共享网络中各计算机所提供的共享资源，包括软件、硬件和数据等。这种共享不受实际地理位置的限制。资源共享使得网络中分散的资源能够互通有无，大大提高了资源的利用率。它是组建计算机网络的重要目的之一。

3. 均衡负荷

在计算机网络中，如果某台计算机的处理任务过重，可通过网络将部分工作转交给较"空闲"的计算机来完成，均衡使用网络资源。

4. 分布处理

对于较大型综合性问题的处理，可按一定的算法将任务分配给网络，由不同计算机进行分布处理，提高处理速度，有效利用设备。采用分布处理技术往往能够将多台性能不一定很高的计算机连成具有高性能的计算机网络，使解决大型复杂问题的费用大大降低。

5. 数据信息的综合处理

通过计算机网络可将分散在各地的数据信息进行集中或分级管理，通过综合分析处理后得到有价值的数据信息资料。例如政府部门的计划统计系统，银行、财政及各种金融新数据的收集和处理系统，人口普查的信息管理系统等。

6. 提高计算机的安全可靠性

计算机网络中的计算机能够彼此互为备用机，一旦网络中某台计算机出现故障，故障计算机的任务就可以由其他计算机来完成，不会出现由于单机故障使整个系统瘫痪的现象，增加了计算机的安全可靠性。

由于计算机网络的功能特点，使得计算机网络应用已经深入到社会生活的各个方面，如办公自动化、信息金融管理、网上教学、电子商务、网络通信等。社会的信息化、数据的分布处理、计算机资源的共享等各种应用的要求都推动了计算机技术朝着群体化方向发展，促使计算机技术与通信技术紧密结合。这代表着当前计算机通信结构发展的一个重要方向。

三、计算机网络的分类

计算机网络可按不同的方式分类，下面简要进行介绍。

1. 按网络的覆盖范围分类

按网络的通信距离和作用范围，计算机网络可分为局域网、城域网、广域网。

（1）局域网

局域网（LAN，Local Area Network）指将有限的地理区域内的各种通信设备互连在一起的通信网络。它具有比较高的传输速率，其覆盖范围一般不超过几十千米，通常将一座大楼或一个校园内分散的计算机连接起来构成LAN。

（2）城域网

城域网（MAN，Metropolitan Area Network），覆盖范围通常为一个城市或地区，距离从几十千米到上百千米。城域网中可包含若干个彼此互连的局域网，可以采用不同的系统硬件、软件和通信传输介质构成，从而使不同类型的局域网能有效地共享信息资源。城域网通常采用光纤或微波作为网络的主干通道。

（3）广域网

广域网（WAN，Wide Area Network）也称为远程网，指实现计算机远距离连接的计算机网络，可以把众多的城域网、局域网连接起来，也可以把全球的城域网、局域网连接起来。广域网涉及的范围较大，一般从几百千米到几万千米，能实现大范围内的资源共享。

2. 按数据传输方式分类

按数据传输方式（网络连接方式）的不同，计算机网络又可以分为"广播网络"和"点对点网络"两大类。

（1）广播网络

广播网络（Broadcasting Network）中的计算机或设备使用一个共享的通信介质进行数据传播，网络中的所有节点都能收到任何节点出发的数据信息。广播网络中的传输方式目前有以下3种：

①单播（Unicast）。发送的信息中包含明确的目的地址，所有节点都检查该地址。如果与自己的地址相同，则处理该信息；如果不同，则忽略。

②组播（Multicast）。将信息传输给网络中的部分节点。

③广播（Broadcast）。在发送的信息中使用一个指定的代码标识目的地址，将信息发送给所

有的目标节点。当使用这个指定代码传输信息时，所有节点都接受并处理该信息。

（2）点对点网络

点对点网络（Point to Point Network）中的计算机或设备以点对点方式进行数据传输，两个节点间可能有多条单独的链路。这种传播方式应用于广域网中。以太网和令牌环网属于广播网络，而ATM和帧中继网属于点对点网络。

3. 按交换方式分类

按交换方式，计算机网络分为电路交换网、报文交换网和分组交换网。

（1）电路交换网

电路交换网（Circuit Switching）类似于传统的电话交换方式，用户在开始通信前必须申请建立一条从发送端到接收端的物理信道，并且双方在通信期间始终占用该信道。

（2）报文交换网

报文交换网（Message Switching），报文交换方式的数据单元是要发送的一个完整报文，其长度并无限制。报文交换采用存储——转发原理，就像古代的邮政通信，邮件由途中的驿站逐个存储转发一样。报文中含有目的地址，每个中间节点要为途经的报文选择适当的路径，使其最终能到达目的端。

（3）分组交换网

分组交换网（packet switching network）其交换方式也称为包交换方式，1969年首次在ARPANET上使用，现在人们都公认ARPANET是分组交换网之父，并认为分组交换网开启了计算机网络的新时代。采用分组交换方式进行通信前，发送端先将数据划分为一个个等长的单位（即分组），这些分组逐个由各中间节点采用存储—转发方式进行传输，最终到达目的端。由于分组长度有限，因此可以在中间节点机的内存中进行存储处理，从而使其转发速度大大提高，是当今广泛采用的网络形式，如熟知的Internet。

4. 按网络组件的关系分类

按照网络中各组件的关系来划分，常见的有两种类型的网络，对等网络和基于服务器的网络。

（1）对等网络

对等网络是网络的早期形式，它使用的典型操作系统有DOS、Windows95/98、WindowsXP、Windows7。网络上的计算机在功能上是平等的，没有客户机与服务器之分，每台计算机既可以提供服务，又可以索取服务，每台计算机分别管理自己的资源和用户，同时又可以作为客户机访问其他计算机的资源。这类网络具有各计算机地位平等，网络配置简单，网络的可管理性差等特点。

（2）基于服务器的网络

基于服务器的网络采用客户机/服务器模式，在这种模式中，服务器提供服务，不索取服务；客户机节点索取服务，不提供服务。服务器在网络中起管理作用，根据服务器所提供的服务，又可以将服务器分为文件服务器、打印服务器、应用服务器和通信服务器等。这类网络具有网络中计算机地位不平等，网络管理集中，便于网络管理，网络配置复杂等特点。

5. 按网络拓扑结构分类

计算机网络的物理连接方式叫作网络的拓扑结构。按照网络的拓扑结构，计算机网络可分为总线、星状、环状、树状和网状网络。

（1）总线型拓扑结构

总线型拓扑（bus topology）结构采用一种传输媒体作为共用信道，所有站点都通过相应的硬件接口直接连接到这一公共传输媒体上，该公共传输媒体称为总线。任何一个站点发送的信号都沿着传输媒体传播，而且能被所有其他站点接收，如图11-1所示。为了防止信号到达总线两端的回声，总线两端都要安装吸收信号的端接器。著名的以太网（Ethernet）就是总线网的典型实例。

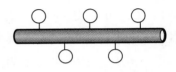

图11-1 总线型拓扑结构

总线型结构投资少，安装布线容易、可靠性较高，总线网是常用的局域网拓扑结构之一。由于所有站点共享一条公用的传输信道，因此一次只能由一个站点占用信道进行传输，为了防止争用信道产生的冲突，出现了一种在总线型网络中使用的媒体访问方法，即带有冲突检测的载波侦听多路访问方式CSMA/CD。

（2）星型拓扑结构

星型拓扑（star topology）结构是由一个中央节点和若干从节点组成，如图11-2所示。中央节点可以与从节点直接通信，而从节点之间的通信必须经过中央节点的转发。

星型拓扑结构简单，建网容易，传输速率高。每个节点独占一条传输线路，消除了数据传送堵塞现象。一台计算机及其接口的故障不会影响到网络，扩展性好，配置灵活，增、删、改一个站点容易实现，网络易管理和维护。网络可靠性依赖于中央节点，中央节点一般为功能强大的计算机，既有独立的信息处理能力，又具备信息转接能力。目前的星型网络的中央节点多采用诸如交换机、集线器等网络转接、交换设备。

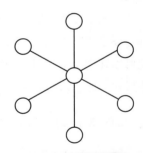

图11-2 星型拓扑结构

必须特别注意，网络的物理拓扑和逻辑拓扑之间的区别。物理拓扑是网络布线的连接方式，而逻辑拓扑是指网络的访问控制方式。自20世纪90年代，网络的物理拓扑大多向星状网演化。常见的采用星型物理拓扑的网络有100BaseT以太网、令牌环网和ATM网络。

（3）环型拓扑结构

环型拓扑（ring topology）结构是由站点和连接站点的链路组成的一个闭合环，如图11-3所示。每个站点能够接收从一条链路传来的数据，并以同样的速率串行地把该数据沿环送到另一端链路上。环型结构的特点是，每个端用户都与两个相邻的端用户相连，因而存在着点到点链路，但总是以单向方式操作。

环型拓扑传输路径固定，无路径选择问题，故实现简单。但任何节点的故障都会导致全网瘫痪，可靠性较差。网络的管理比较复杂，投资费用较高。当环型拓扑结构需要调整时，如节点的增、删、改，一般需要将整个网络重新配置，扩展性、灵活性差，维护困难。

环型网络一般采用令牌（一种特殊格式的帧）来控制数据的传输，只有获得令牌的计算机才能发送数据，因此避免了冲突现象。环型网有单环和双环两种结构。双环结构常用于以光导纤维

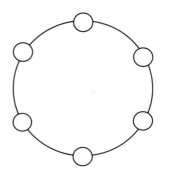

图11-3　环型拓扑结构

作为传输介质的环型网中，目的是设置一条备用环路，当光纤环发生故障时，可迅速启用备用环，提高环型网的可靠性。最常见的环型网有令牌环网和FDDI（光纤分布式数据接口）。

（4）树型拓扑结构

树型拓扑（tree topologic）结构是从总线拓扑演变而来的，形状像一棵倒置的树，顶端是树根，树根以下带分支，每个分支还可再分支，如图11-4所示。树根接收各站点发送的数据，然后再广播发送到全网的特点大多与总线拓扑的特点相同，但也有一些特殊之处。

树状网易于扩展，这种结构可以延伸出很多节点和子分支，这些新节点和新分支都能很容易地加入网内。故障隔离较容易，如果某一分支的节点或线路发生故障，很容易将故障分支与整个系统隔离开来。

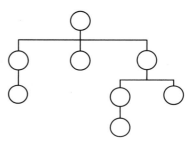

图11-4　树型拓扑结构

树状网的缺点是各个节点对根的依赖性太大，如果根发生故障，则全网不能正常工作。从这一点来看，树型拓扑结构的可靠性类似于星型拓扑结构。

（5）网状拓扑结构

网状拓扑（net topology）结构分为如图11-5和图11-6所示两种。一般网状拓扑结构中每个节点至少与其他两个节点直接相连。全连接网状拓扑结构中的每个节点都与其他所有节点相连通。

网状拓扑结构的容错能力强，如果网络中一个节点或一段链路发生故障，信息可通过其他节

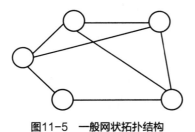

图11-5　一般网状拓扑结构

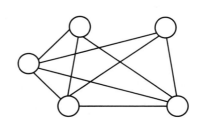

图11-6　全连接网状拓扑结构

点和链路到达目的结点，故可靠性高。但其建网费用高，布线困难。网状网的最大特点是其强大的容错能力，因此主要用于强调可靠性的网络中，如ATM网、帧中继网等。

四、计算机网络的组成

从资源构成的角度讲，计算机网络是由硬件和软件组成的。硬件包括各种主机、终端等用户端设备，以及交换机、路由器等通信控制处理设备，而软件则由各种系统程序和应用程序以及大量的数据资源组成。

从逻辑功能上来看，将计算机网络划分为资源子网和通信子网。如图11-7所示给出了典型的计算机网络结构。

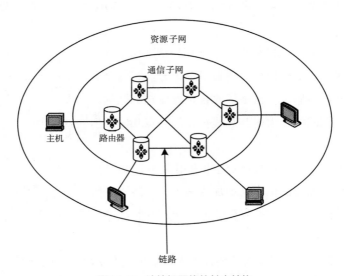

图11-7　计算机网络的基本结构

1. 通信子网

通信子网由通信控制处理机（CCP）、通信线路与其他通信设备组成，负责完成网络数据传输、转发等通信处理任务。

通信控制处理机一方面作为与资源子网的主机、终端连接的接口，将主机和终端连入网内；另一方面它又作为通信子网中的分组存储转发节点，完成分组的接收、校验、存储、转发等功能，实现将源主机报文准确发送到目的主机的作用。目前通信控制处理机一般为路由器和交换机。

通信线路为通信控制处理机与通信控制处理机、通信控制处理机与主机之间提供通信信道。计算机网络采用了多种通信线路，如电话线、双绞线、同轴电缆、光缆、无线通信信道、微波与卫星通信信道等。

2. 资源子网

资源子网由主机系统、终端、终端控制器、连网外部设备、各种软件资源与信息资源组成。资源子网实现全网的面向应用的数据处理和网络资源共享，它由各种硬件和软件组成。

①主机系统。是资源子网的主要组成单元，装有本地操作系统、网络操作系统、数据库、用户应用系统等软件。它通过高速通信线路与通信子网的通信控制处理器相连接。

②终端。可以是简单的输入、输出终端，也可以是带有微处理器的智能终端。终端可以通过主机系统连入网内，也可以通过终端设备控制器、报文分组组装与拆卸装置或通信控制处理机连入网内。

③网络操作系统。是建立在各主机操作系统之上的一个操作系统，用于实现不同主机之间的用户通信，以及全网硬件和软件资源的共享，并向用户提供统一的、方便的网络接口，便于用户使用网络。

④网络数据库。是建立在网络操作系统之上的一种数据库系统，可以集中驻留在一台主机上（集中式网络数据库系统），也可以分布在每台主机上（分布式网络数据库系统），它向网络用户提供存取、修改网络数据库的服务，以实现网络数据库的共享。

⑤应用系统。是建立在上述部件基础上的具体应用，以实现用户的需求。

3. 网络协议

网络协议是通信双方通过网络进行通信和数据交换时必须遵循的规划、标准或约定。这些网络协议用于控制主机与主机、主机与通信子网中各节点之间的通信。

■ 第二节　计算机网络体系结构

计算机网络体系结构就是为了实现计算机间的通信合作，把计算机互联的功能划分成明确定义的层次，并规定同层次实体通信的协议及相邻层之间的接口服务。

一、OSI/RM参考模型

OSI/RM参考模型是国际标准化组织（ISO）为网络通信制定的模型，根据网络通信的功能要求，它把通信过程分为7层，从低到高分别为物理层、数据链路层、网络层、传输层、会话层、表示层和应用层，每层都规定了完成的功能及相应的协议，如图11-8所示。

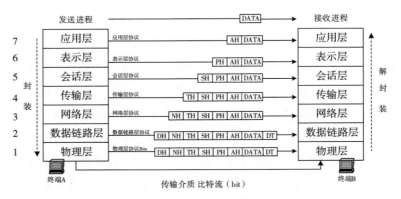

图11-8　OSI/RM参考模型

图中给出了一个完整的OSI数据传递与流动过程：

①当发送进程需要发送数据（data）至网络中另一节点的接收进程时，应用层为数据加上本层控制报头AH后，传递给表示层。

②表示层接收到这个数据单元后，加上本层的控制报头（PH），然后传送到会话层。

③同样，会话层接收到表示层传来的数据单元后，加上会话层自己的控制报头（SH），送往传输层。

④传输层接收到这个数据单元后，加上本层的控制报头（TH），形成传输层的协议数据单元PDU，然后传送给网络层。通常，将传输层的PDU称为报文（message）。

⑤由于网络层数据单元长度的限制，从传输层接收到的长报文有可能分为多个较短的数据字段，每个较短的数据字段在加上网络层的控制报头（NH）后，形成网络层的PDU，网络层的PDU又称为分组（packet）。这些分组也需要利用数据链路层提供的服务，送往其接收节点的对等层。

⑥分组被送到数据链路层后，加上数据链路层的报头（DH）和报尾（DT），形成了一种称为帧（frame）的链路层协议数据单元，帧将被送往物理层处理。

⑦数据链路层的帧传送到物理层后，物理层将以比特流的方式通过传输介质将数据传输出去。

⑧当比特流到达目的节点后，再从物理层依次上传。每层对其相应层的控制报头（和报尾）进行识别和处理，然后将去掉该层报头（和报尾）后的数据提交给上层处理。最终，发送进程的数据传到了网络中另一节点的接收进程。

尽管发送进程的数据在OSI环境中经过复杂的处理过程才能送到另一节点的接收进程，但对于每台计算机的接收进程来说，OSI环境中数据流的复杂处理过程是透明的。发送进程的数据好像是"直接"传送给接收进程，这是开放系统在网络通信过程中最主要的特点。

OSI/RM参考模型中的每一层都有自己的一套功能集，并与紧邻的上层和下层交互作用。各层的主要功能如下：

①物理层。提供机械、电气、功能和过程特性。例如，规定电缆和接头的类型，确定传送信号的电压等。在这一层，数据仅作为原始的位流或电器电压处理。

②数据链路层。在物理层提供的服务上，负责在两个相邻节点间的链路上无差错地传输帧（frame），其数据传输单位是帧，每一帧都包括一定的数据和必要的协议控制信息。数据链路层还要协调收发双方的数据传输速率，即进行流量控制，以防止接收方因来不及处理发送方送来的高速数据而导致缓冲区溢出及线路拥塞。

③网络层。用于解决如何将分组从源主机传送到目的主机的问题。网络中通信的两个计算机之间可能要经过多个节点和多段链路，也可能经过几个通信子网，网络层的主要功能是进行路由选择，即为了分组的传输，而选择一条从源主机到目的主机的最佳路由。另外，网络层还可以提供拥塞控制、网络互联等功能。

④传输层。利用差错控制、流量控制和拥塞控制来提供可靠的端到端的数据传输服务。传输层向高层屏蔽了下层数据通信的细节。传输层只存在于端系统（主机）中，它以上的层就不用处理信息传输问题了。传输层的数据传输单位是传输协议数据单元（TPDU）。

⑤会话层。会话层不参与具体的数据传输，只是对传输的数据进行管理。会话是指两个应用进程之间为交换信息而按一定规则建立起来的一个暂时联系。会话层向相互合作的表示进程之间提供一套会话设施，组织和同步它们的会话活动，并管理它们的数据交换过程。

⑥表示层。用于处理两个OSI系统之间交换信息的表示方法，以确保一个系统的应用层发送的信息能够被另一个系统的应用层正确读取。其主要功能包括数据格式变换、数据的加密和解密、数据压缩和恢复等。

⑦应用层。用于确定应用进程之间通信的性质以满足用户的需要，负责为应用进程与网络之间提供接口服务，从而使应用进程使用网络服务。应用层包括了大量人们普遍需要的协议，例如文件传输协议，远程登录协议，电子邮件协议等。

OSI参考模型每一层的功能可以简单描述如下：

a. 物理层，计算机之间使用何种介质进行连接；

b. 数据链路层，数据采用什么方式进行传输；

c. 网络层，走哪一条路由才可以到达对方；

d. 传输层，对方在什么地方；

e. 会话层，对方是谁；

f. 表示层，对方看起来像什么；

g. 应用层，对方应该做什么。

OSI参考模型研究的初衷是希望为计算机网络体系结构与协议提供一种国际标准。但是OSI参考模型只是获得了一些理论研究成果，在市场化方面，OSI则事与愿违地失败了。现今规模最大的覆盖全世界的因特网并未使用OSI标准，而是采用了TCP/IP协议。TCP/IP协议并不是国际标准，但是却被公认为是当前的工业标准或"事实上的标准"。

二、TCP/IP参考模型

TCP/IP是由IETF（The Internet Engineering Task Force，因特网工程任务组）推出的网络互联协议簇，它性能卓越，并且在因特网中得到了广泛应用。如图11-9所示。TCP/IP网络协议定义了4个层次，它们是网络接口层、网络层、传输层和应用层。TCP/IP与OSI/RM在网络层次上并不完全对应，但是在概念和功能上基本相同。

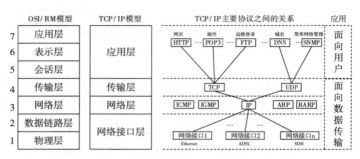

图11-9 TCP/IP参考模型

①网络接口层。处于TCP/IP参考模型的最低层，其主要功能是为网络提供物理连接，将数据包按比特（bit）一位一位地从一台主机（计算机或网络设备）通过传输介质（双绞线或光纤）送往另一台主机，实现主机之间的比特流传送。

②网络层。主要功能是为网络内任意两台主机之间的数据交换提供服务，并进行路由选择和流量控制。网络层传输的信息以报文分组为单位，分组是将较长的报文按固定长度分成若干段，每个段按规定格式加上相关信息，如路由控制信息和差错控制信息等。网络层接收到主机的报文后，把它们转换为分组，然后根据路由协议确定送到指定目标主机的路由。当分组到达目标后，再还原成报文。IP（网际协议）、ICMP（Internet控制消息协议）、ARP（地址解释协议）、RARP（反向地址解释协议）、IGMP（Internet组管理协议）等协议都属于网络层协议，这些协议用来处理数据报的路由信息，以及进行地址解析等操作。

③传输层。该层与OSI参考模型的传输层功能类似。主要是提供在应用进程之间的端到端的数据包传输服务。TCP/IP参考模型定义了传输控制协议TCP（Transport Control Protocol）和用户数据报UDP（User Datagram Protocol）。TCP协议是一种可靠的面向连接的协议，能够将一台主机的字节流无差错地传送到目的主机，传输性能较低；UDP协议是一种不可靠的无连接协议，但传输性能较高。

④应用层。该层的功能负责两个应用程序进程之间的通信，涉及为用户提供网络应用，并为这些应用提供网络支撑服务，把用户的数据发送到低层，为应用程序提供网络接口。由于TCP/IP将所有与应用相关的内容都归为一层，所以在应用层要处理高层协议、数据表达和对话框控制等任务，由于TCP/IP协议提供的网络服务繁多，因此这层的网络协议也非常多。为网络用户之间的通信提供专用的应用程序，如网页浏览、即时通信、电子邮件、文件传输、数据库查询等。

■ 第三节　常用网络设备

一、常用网络传输介质

在计算机的网络中，用于网络设备的传输介质很多，一般分为有线传输介质和无线传输介质两大类。有线传输介质包括双绞线、同轴电缆和光导纤维等常用的三种。无线传输介质包括无线电、微波和卫星通信等。它们具有不同的传输速率和传输距离，分别支持不同的网络类型。各种有线传输介质的连接方法不同，如双绞线使用RJ-45连接器，同轴电缆使用T型头等连接器，光纤的连接器种类很多，如FC型光纤连接器、SC型管线连接器等。

二、常用网络硬件

①中继器。物理层网络设备，是最简单的局域网延伸设备，主要作用是放大传输介质上传输的信号，以便在网络上传输得更远。不同类型的局域网采用不同的中继器。

②集线器。物理层网络设备，又称HUB，是对网络进行管理的最小单元，其实质是一个多接口的中继器，其主要功能是对接收到的信号进行再生放大，以扩大网络的传输距离。

③网卡。数据链路层网络设备，又称为"网络适配器NIC"用于计算机与网络的连接。目前的计算机主板都集成了标准的以太网卡，不需要另外安装网卡。但是在服务器主机、防火墙等网络设备内，网卡还有它独特的作用。

④网桥。数据链路层网络设备，能够实现在物理层或数据链路层使用不同协议网络间的链接。网桥是连接两个局域网的一种存储/转发设备，它能将一个大的LAN分割为多个网段，或将两个以上的LAN互联为一个逻辑LAN，使LAN上的所有用户都可访问服务器。

⑤交换机。数据链路层网络设备，它的主要功能是增加传输带宽、降低网络传输的延迟、进行网络管理以及选择网络传输线路等。交换机有多个端口，所有端口都可以建立并行、独立和专用速率的链接。各端口节点均可以得到专用的传输速率，整个网络的传输速率为各个节点专用传输速率之和。每个端口都有一条独占的带宽，当交换机工作的时候，只有发出请求的端口和目的端口之间相互响应，但不影响其他端口。因此，交换机就能够隔离冲突域和有效地抑制广播风暴的产生。交换机可以工作在半双工模式或全双工模式下。

⑥路由器。网络层网络设备，用于连接局域网和广域网，它有判断网络地址和选择路径的功能。其主要负责将数据分组从源端主机经最佳路径传送到目的端主机，它的两个最基本的功能是最佳路径和完成信息分组的传送，即路由选择和数据转发。

⑦网关。是在传输层及以上层次实现网络互连的设备，又称为协议转换器。网关的功能是保证在传输层实现网络连接，使采用不同高层协议的主机仍然能够互相合作，完成分布式应用。实际上网关主要用于连接不同体系结构的网络或LAN与主机的连接，是互连设备中最复杂的一种。

■ 第四节　因特网中地址的某些概念

Internet本意是互联网，全国科学技术名词审定委员会推荐的译名是"因特网"。它是一个建立在网络互联基础上的、最大的、开放的全球性网络。所有采用TCP/IP协议的计算机都可以加入Internet，实现信息共享和互相通信。

一、因特网的编址方式

在因特网中要保证数据正确地从源站传输到目的站，必须对连接到因特网的每一个节点都能够正确地识别，因此因特网中的地址的概念至关重要。

使用TCP/IP协议的互联网使用3个等级的地址，即物理（链路）地址、互联网IP地址及端口地址。每一层地址都与TCP/IP体系结构中的特定层相对应。这3个等级地址与TCP/IP协议体系结构中的层次关系如图11-10所示。

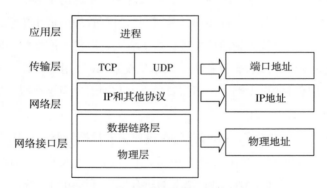

图11-10　TCP/IP中各种地址与层次的关系

1. 物理地址

物理地址（也叫MAC地址）是网络接口层地址，由它属于的局域网或广域网定义，包含在数据链路层使用的帧中，是最低一级的地址。直接管理网络，长度和格式根据网络可变。物理地址可以是单播、多播或广播地址。以太网中的物理地址就是48位的网卡地址。

2. 因特网地址（IP地址）

IP地址是网络层地址，因为因特网中的不同网络可以使用不同的地址格式，需要有一种通用的编址系统，用来唯一地标识每一台主机。IP地址包含在IP数据报中，同样可以是单播、多播或广播地址。

3. 端口地址

端口地址是传输层地址。因为计算机是多进程设备，给一个进程指派的标号叫端口地址，使一个进程能够和另一个进程通信。端口地址包含在传输层报文中。

4. 因特网中的设备与地址关系

IP地址是唯一的，但一个设备却可以拥有多个IP地址。

①多接口设备。一个设备为连接到的每一个网络都有一个不同的地址，一台连接到不同网络的计算机叫作多接口计算机。多接口计算机拥有一个以上的地址，每一个地址可以属于不同的类。

路由器必须连接到一个以上的网络，否则它就不能转发分组。因此，路由器是多接口设备，肯定拥有一个以上的IP地址，每一个地址对应一个接口。

②位置不是名字。因特网地址定义了一个设备的网络位置，而不是标识一个设备。当一台计算机从一个网络改接到另一个网络时，其IP地址必须改变。

二、IP地址

因特网中的每一台主机，都分配有一个全球唯一的IP地址。IP地址是通信时每台主机的名称Hostname，它是一个32位的标识符，一般采用"点分十进制"的方法表示。

1. IP地址类型

IETF国际互联网工程任务组早期将IP地址分为A、B、C、D、E共5类，其中A、B、C是主类地址，D类为组播地址，E类地址用于实验和保留给将来使用。IP地址的分类如图11-11和表11-1所示。

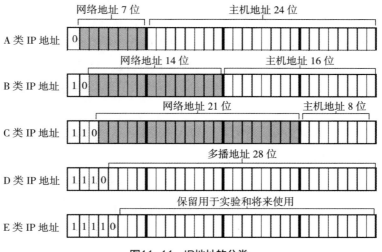

图11-11　IP地址的分类

IP地址的分类是经过精心设计的，它能适应不同的网络规模，具有一定的灵活性。表11-1简要地总结了A、B、C三类IP地址可以容纳的网络数和主机数。

表11-1　A、B、C类IP地址网络号及主机号范围

类型	起始网络号	结束网络号	起始主机号	结束主机号	最大网络数	最大主机数
A	1.Y.Y.Y	126.Y.Y.Y	X.0.0.1	X.255.255.254	126	16777214
B	128.0.Y.Y	191.255.Y.Y	X.X.0.1	X.X.255.254	16382	65534
C	192.0.0.Y	223.255.255.Y	X.X.X.1	X.X.X.254	2097152	254

注：X代表不确定的网络号，Y代表不确定的主机号。

2. 子网掩码

子网掩码又称网络掩码、地址掩码，用来指明一个IP地址的哪些位标识的是主机所在的子网地址，哪些位标识的是主机地址。子网掩码不能单独存在，它必须结合IP地址一起使用。

子网掩码与IP地址相同，也是一个32位的二进制数。对于子网掩码的取值，通常是将对应IP地址中网络地址的所有位设置为1，主机地址的所有位设置为0。对于A、B、C 3类网络掩码的表示，如表11-2表示。

表11-2　A、B、C类网络的掩码

类型	掩码二进制表示	掩码点分十进制表示
A	11111111.00000000.00000000.00000000	255.0.0.0
B	11111111.11111111.00000000.00000000	255.255.0.0
C	11111111.1111111.11111111.00000000	255.255.255.0

IP地址掩码与IP地址结合使用，可以区分出一个网络地址的网络号和主机号。例如，C类IP地址192.9.200.13，则其网络号和主机号可按以下步骤得到：

将IP地址192.9.200.13转换为二进制11000000 00001001 11001000 00001101。

将子网掩码255.255.255.0转换为二进制11111111 11111111 11111111 00000000。

将两个二进制数进行逻辑与AND运算后得出的结果为11000000 00001001 11001000 000000（192.9.200.0）该值就是网络号。

将子网掩码取反再与IP地址进行逻辑与AND运算后得到的结果为00000000 00000000 00000000 00001101（0.0.0.13），即可得到主机号为13。

三、IPv6网络地址

IPv4定义IP地址的长度为32位，因特网上每台主机至少分配1个IP地址，同时为提高路由器

效率将IP地址进行分类，造成了IP地址的浪费。网络用户和节点的增长不仅导致IP地址的短缺，也导致路由表的迅速膨胀。为了彻底解决IPv4存在的问题，因特网工程部IETF从1991年开始着手研究开发下一代IP协议，即IPv6。IPv6的地址格式和长度以及分组的格式都改变了。相关一些协议，如ICMP也修改了。在网络层的其他一些协议，如ARP、RARP和IGMP被取消或包含在ICMP之中。某些路由协议如RIP、OSPF也作了少量的修改以适应这些变化。

1. IPv6相比IPv4所具有的优点

①超大的地址空间。IPv6将IP地址从32位增加到128位，包含的地址数目高达$2^{128} \approx \approx 10^{40}$个地址，是IPv4的296倍。如果所有地址平均散布在整个地球表面，大约每平方米有10^{24}个地址，远远超过了地球上的人数。

②更好的首部格式。IPv6采用了新的首部格式、将选项与基本首部分开，并将选项插入到首部与上层数据之间。首部具有固定的40字节的长度，简化和加速了路由选择的过程，但是也导致了IPv4不兼容。

③增加了新的选项。IPv6有一些新的选项可以实现附加的功能。

④允许扩充。留有充分的备用地址空间和选项空间，当有新的技术或应用需要时允许协议进行扩充。

⑤支持资源分配。在IPv6中删除了IPv4中的服务类型字段，但增加了流标记字段，可用来标识特定的用户数据流或通信量类型，以支持实时音频和视频等需要实时通信的通信量。

⑥IPv6还简化了协议，提高了网络服务质量。

⑦增加了安全性考虑。扩展了对认证、数据一致性和数据保密的支持。另外还在优先级、支持移动通信等方面进行了提升。

2. IPv6的地址的特点

IPv6地址是128bit，128位的地址的表示方法如果仍然采用IPv4的点分十进制表示法，会有16个点分隔，则太长了。IPv6采用了将地址表示成由8个"："分开的4位十六进制数。两组间用冒号分隔，如x:x:x:x:x:x:x:x，地址中的前导0可以不写，如2026:0000:0000:0000:0009:0A00:500D:826E。

为了进一步简化，IPv6规定了一种速记表示法。速记表示法规定，对于连续的多个"0"可以省略，用两个冒号表示（::），省略的0个数可以通过十六进制的总位数32减去现有的位数得到。对于上例的IPv6地址，用速记表示法为：2026::0009: 0A00:500D:826E。可以容易地计算出来，在"::"间省略了12个0。

省略的方法在一个IPv6地址中只能使用一次。

IPv6掩码采用类似IPv4中CIDR的前缀表示法，前缀长度用十进制表示。即表示成：IPv6地址/前缀长度。如上述IPv6地址如前缀长度60bit时可以表示成：

2026:0000:0000:0000:0009:0A00:500D:826E/60

或者2026::0009: 0A00:500D:826E/60表示前缀为60位的地址空间，其后的68位可分配给网络中的主机，共有2的68次方个地址。

3. IPv6地址的类型

IPv6定义了3种地址类型：单播、组播和任播。

单播地址是点对点通信时使用的地址，该地址仅标识一个接口。网络负责把对单播地址发送的分组发送到这个接口上。

组播地址表示主机组，它标识属于不同系统的多个接口的一组接口，发送给组播的分组必须交付到该组中的每一个成员。

任播地址也表示主机组，但它标识属于同一个系统的多个接口的一组接口，发送给该组的分组只交付给地址标识最近的一个接口，再转发。

与IPv4不同的是IPv6不采用广播地址，为了达到广播的效果，可以使用能够发往所有接口组的组播地址。

4. 从IPv4到IPv6的转换

IPv4向IPv6的过渡需要相当长的时间才能完成，为此因特网工程部IETF组建了专门的Ngtrans工作组开展对于IPv4向IPv6过渡问题和高效无缝互通问题的研究。IETF的Ngtrans工作组提出了从IPv4过渡到IPv6的3种主要迁移机制：双IP协议栈、隧道技术和网络地址转换/协议转换技术。

①双IP协议栈。IPv4和IPv6网络层协议功能相近，都基于相同的物理平台，加载于其上的传输层协议TCP和UDP又没有任何区别。因此如果一台主机同时支持IPv4和IPv6两种协议，那么该主机既能与支持IPv4协议的主机通信，又能与支持IPv6协议的主机通信，这就是双协议栈技术的工作原理。对现有路由节点设备进行升级，使其成为IPv4/ IPv6路由器，这样IPv6的连接就成为本地链路，相当于IPv4/ IPv6存在于相同的物理网络上。但双栈方案需要为网络上的每个节点（包括主机和路由器）分配一个IPv4地址和一个IPv6地址。

②隧道技术。当两个IPv6网络中间需要经过IPv4网络传输时，可以采用隧道技术。在IPv4网络的一端将IPv6的数据包封装在IPv4包里，然后在IPv4网络的另一端将其解封，得到IPv6数据包封装时，将其作为无结构意义的数据，封装在IPv4数据包中，被IPv4网络传输。IPv4分组的源地址和目的地址分别是隧道入口和出口的IPv4地址。

③网络地址转换/协议转换技术（NAT/PT）。网络地址转换/协议转换（network address translation/ protocol translation）是一种纯IPv4终端和纯IPv6终端之间的互通方式，也就是说，原IPv4用户终端不需要进行升级改造，包括地址、协议在内的所有转换工作都由网络设备来完成。在这种情况下，网关路由器要向IPv6域中发布一个路由前缀PREFIX::/96，凡是具有该前缀的IPv6数据包都被送往网关路由器。网关路由器为了支持NAT/PT功能，需要具有IPv4地址池，在从IPv6向IPv4域中转发数据包时使用。

四、DNS域名系统

因特网上的计算机是通过IP地址来定位的，给出1个IP地址，就可以找到因特网上的某台主机。由于IP地址难于记忆，又发明了域名来代替IP地址。因特网上主机的域名就是该主机在因特网上的唯一的名称，它与给定的IP地址对应。例如中国的百度网的域名为www.baidu.com，其对应的IP地址为202.108.22.5。但通过域名并不能直接找到要访问的主机，需要执行一个从域名查找地址的过程，这个过程就是域名解析。

域名系统DNS是指在因特网或任何一个TCP/IP构架的网络中查询域名或IP地址的目录服务系统，其层次结构如图11-12。

DNS是一个非常重要而且常用的系统，主要的功能是将易于人记忆的域名与人不容易记忆的IP地址进行转换。执行DNS服务的网络主机，被称之为DNS服务器。当接收到请求时，DNS服务器可将1台主机的域名翻译为IP地址（称为正向解析），或将IP地址转换成域名（称为逆向解析）。大部分域名系统都维护着一个大型的数据库，它描述了域名与IP地址的对应关系，并且这个数据库被定期地更新。翻译请求通常来自网络上的另一台需要IP地址以便进行路由选择的计算机。因特网DNS固定，域名格式为：

节点名.三级域名.二级域名.顶级域名

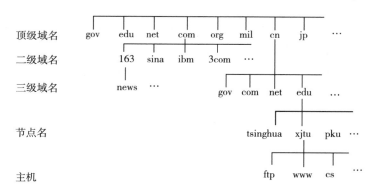

图11-12 DNS层次结构示意图

顶级域名目前分为两类：行业性顶级域名和地域性顶级域名。常见顶级域名如表11-3所示。

表11-3 常见顶级域名

域名	应用	域名	应用	域名	应用
com	商业组织	areo	航运公司、机场	au	澳大利亚
edu	教育机构	arts	文化艺术	ca	加拿大
net	网络中心	rec	消费娱乐	cn	中国内地
gov	政府组织	ac	学术单位	de	德国

域名	应用	域名	应用	域名	应用
mil	军事组织	biz	商业组织	jp	日本
org	非盈利性组织	coop	商业合作组织	hk	中国香港
int	国际组织	nom	个人	uk	英国
firm	公司企业	name	个人域名	kr	韩国
shop	销售企业	pro	律师、医生等专业人员	fr	法国
web	因特网网站	coop	商业合作组织	tw	中国台湾
info	信息服务	museum	博物馆及文化遗产组织	mo	中国澳门

■ 第五节 计算机网络安全与防范

随着计算机网络技术的不断发展，计算机网络成为重要信息交换手段和信息共享平台，并渗透到了社会的各个领域。但由于计算机网络具有连接形式多样性、终端分布不均匀性及网络的开放性、共享性特征，致使网络易受黑客、恶意软件和其他恶意攻击。因此，分析、认识网络的脆弱性和潜在威胁，采取强有力的安全策略，并全方位地针对各种不停的安全威胁和系统的脆弱性采取相应的安全措施，才能确保网络信息的保密性、完整性和可用性。

一、网络安全概述

1. 网络提供的安全服务

对于一个安全的网络，它应该为用户提供如下安全服务。

①身份认证。验证某个通信参与者的身份与其所申明的一致，确保该通信参与者不是冒名顶替。身份认证服务是其他安全服务如授权、访问控制和审计的前提。

②访问控制。保证网络资源不被未经授权的用户访问和使用（如非法地读取、写入、删除、执行文件等）访问控制和身份认证通常是紧密结合在一起的，在一个用户被授予访问某些资源的权限前，它必须首先通过身份认证。

③数据保密。防止信息被未授权用户获知。

④数据完整。确保收到的信息在传递的过程中没有被修改、插入、删除等。

⑤不可否认。防止通信参与者事后否认参与通信。不可否认既要防止数据的发送者否认曾经发送过数据，又要防止数据的接收者否认曾经收到数据。

2. 网络面临的安全性威胁

①伪装。威胁源成功地假扮成另一个实体，随后滥用这个实体的权力。

②非法连接。威胁源以非法的手段形成合法的身份，在网络实体与网络资源之间建立非法连接。

③非授权访问。威胁源成功地破坏访问控制服务，如修改访问控制文件的内容，实现了越权访问。

④拒绝服务。阻止合法的网络用户或其他合法权限的执行者使用某项服务。

⑤抵赖。网络用户虚假地否认递交过信息或接收到信息。

⑥信息泄露。未经授权的实体获取到传输中或存放着的信息，造成泄密。

⑦通信量分析。威胁源观察通信协议中的控制信息，或对传输过程中信息的长度、频率、源及目的进行分析。

⑧无效的信息流。对正确的通信信息序列进行非法修改、删除或重复，使之变成无效信息。

⑨篡改或破坏数据。对传输的信息或存放的数据进行有意的非法修改或删除。

⑩推断或演绎信息。由于统计数据信息中包含原始的信息踪迹，非法用户利用公布的统计数据，推导出信息源的来源。

⑪非法篡改程序。威胁源破坏操作系统、通信软件或应用程序。

以上所描述的种种威胁大多由人为造成，威胁源可以是用户，也可以是程序。除此之外，还有其他一些潜在的威胁，如电磁辐射引起的信息失密、无效的网络管理等。研究网络安全的目的就是尽可能地消除这些威胁。

3. 安全攻击的形式

网络攻击可以从攻击者对网络系统的信息流干预进行说明。在正常情况下，信息从信源平滑地到达信宿，中间不应出现任何异常情况，如图11-13（a）所示。

①中断。攻击者破坏网络系统的资源，使之变成无效的或无用的，如图11-13（b）所示。切断通信线路、瘫痪文件系统、破坏计算机硬件、禁用文件管理系统等都属于中断。

②截取。攻击者非法访问网络系统的资源，如图11-13（c）所示。窃听网络中传递的数据、非法拷贝网络的文件和程序等都属于截取攻击。

③修改。攻击者不但非法访问网络系统的资源，而且修改网络中的资源，如图11-13（d）所示，修改一个正在网络中传输的报文内容、篡改数据文件中的值等都属于修改攻击。

④假冒。攻击者假冒合法用户的身份，将伪造的信息非法插入网络，如图11-13（e）所示，在网络中非法插入伪造的报文、在网络数据库中非法添加伪造的记录等都属于假冒攻击。

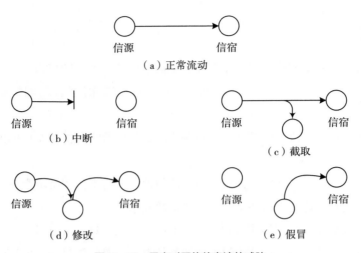

图11-13　黑客对网络信息流的威胁

上述4种对网络的威胁可划分为被动攻击和主动攻击两大类。

被动攻击是在网络上进行监听，截取网络上传输的重要敏感信息。被动攻击因为不改变数据很难被检测到，处理被动攻击的重点是预防。截取属于被动攻击。防止被动攻击的主要方法是加密传输的信息流。利用加密机制将口令等敏感信息转换成密文传输，即使这些信息被监听，攻击者也不知道这些密文的具体意义。

主动攻击包括中断、修改、假冒等攻击方式，是攻击者利用网络本身的缺陷对网络实施的攻击。主动攻击比被动攻击容易检测，但很难完全预防，重点应该放到检测上。在有些情况下，主动攻击又以被动攻击获取的信息为基础，常见的主动攻击有IP欺骗、服务拒绝等。

二、入侵形式

1. 黑客

黑客一般指入侵者即攻击者，怀着不良企图闯入远程计算机系统，甚至破坏远程计算机系统完整性的人。入侵者利用获得的非法访问权，破坏重要数据，拒绝合法用户的服务请求，或为了自己的目的故意制造麻烦。入侵者的行为是恶意的，入侵者可能技术水平很高，也可能是个初学者。黑客是利用通信软件通过网络非法进入他人系统，截获或篡改计算机数据，危害信息安全的电脑入侵者。黑客们通过猜测程序对截获的用户账号和口令进行破译，以便进入系统后做更进一步的操作。

黑客攻击的步骤如下：

①收集目标计算机的信息。信息收集的目的是为了进入所要攻击的目标网络的数据库。黑客会利用下列的公开协议或工具，收集驻留在网络系统中的各个主机系统的相关信息。常用的公开协议或其他工具有：SNMP协议、TraceRoute程序、WHOIS协议、DNS服务器、Finger协议、Ping

程序、自动Wardialing软件等。

②寻求目标计算机的漏洞和选择合适的入侵方法。在收集到攻击目标的一批网络信息之后，黑客会探测网络上的每台主机，以寻求该系统的安全漏洞或安全弱点。攻击方法有两种：一是，通过发现目标计算机的漏洞进入系统或者利用口令猜测进入系统；二是，利用和发现目标计算机的漏洞，直接顺利进入。发现计算机漏洞的方法最多的是缓冲区溢出法，或平时参加一些网络安全列表，或采用IP地址欺骗等手段。

③留下"后门"，在系统运行的同时运行特洛伊木马程序，而且能在系统以后的重新启动时自动运行这个程序。

④清除入侵记录，是把入侵系统时的各种登录信息都删除，以防被目标系统的管理员发现。

2. 扫描

扫描是网络攻击的第一步，通过扫描可以直接截获数据包进行信息分析、密码分析或流量分析等。通过扫描查找漏洞如开放端口、注册用户及口令、系统漏洞等。扫描分为手工扫描和端口扫描技术。手工扫描是利用各种命令，如Ping、Tracert、Host等。端口扫描技术是一种自动探测本地或远程系统端口开放情况的策略及方法，它使用系统用户可以了解系统目前向外界提供的服务，从而为系统用户管理提供了一种手段。使用端口扫描软件是利用扫描器进行扫描，它向目标主机的服务端口发送探测数据包，并记录目标主机的响应。通过分析端口扫描的相应信息可判断相应的服务端口是打开还是关闭，从而提供目标主机所提供网络服务清单、监听端口上开放的服务类型及对应的软件版本，甚至是被探测主机所使用的操作系统类型。

扫描器是自动检测远程或本地主机安全性弱点的程序。通过使用扫描器可以不留痕迹地发现远程服务器的各种TCP端口的分配、提供的服务和软件版本，这就能间接地或直观地了解到远程主机所存在的安全问题。

真正的扫描器是TCP端口扫描器，通过扫描器可以搜集到关于目标的有用信息（比如，一个匿名用户是否可以登录等）。而其他所谓的扫描仅仅是Unix平台上通用的rusers和host命令就是这类程序。扫描器通过选用远程TCP/IP不同的端口的服务，并记录目标给予的回答，通过这种方法，可以搜集到很多关于目标主机的各种有用信息。按照端口连接情况，常见的端口扫描技术可以分为TCP connect扫描（全连接扫描）、TCP SYN扫描（半连接扫描）和秘密扫描三种类型。除了这些基于TCP的端口扫描技术之外，还有其他的一些端口扫描技术，主要有：UDP扫描、IP分片扫描、慢速扫描等。

3. 特洛伊木马

"特洛伊木马"简称"木马"，是一种计算机程序，它驻留在目标计算机里。在目标计算机系统启动的时候，自动启动，在某一端口进行侦听。如果在该端口收到数据，对这些数据进行识别，然后按识别后的命令，在目标计算机上执行一些操作，比如，窃取口令，拷贝或删除文件或重新启动计算机。特洛伊木马隐藏着可以控制用户计算机系统、危害系统安全的功能，它可能造成用户资料泄露，破坏或使整个系统崩溃。完整的木马程序一般由两个程序组成，一个是服务器程序，一个是控制程序。"中了木马"就是安装了木马的服务器程序，若你的电脑被安装了服务器程序，则拥有控制器程序的人就可以通过网络控制你的电脑为所欲为，这时你电脑上的各种文件、程序，以及在你电脑上使用的账号、密码就无安全可言了。

4．常见的黑客攻击方法

信息收集是突破网络系统的第一步是各种形式的信息收集，然后黑客就可以采取进一步的攻击步骤。

（1）口令攻击

计算机用户通过口令来维护它的安全，通过口令来验证用户的身份，以此维护安全。发生在Internet上的入侵，许多都是因为系统没有口令，或者用户使用了一个容易猜测的口令，或者口令被破译。对付口令攻击的有效手段是加强口令管理，选取特殊的不容易猜测的口令，口令长度不要少于8个字符，有大小写的区分。

（2）拒绝服务的攻击

拒绝服务的攻击是指占据了大量的系统资源，没有剩余的资源给其他用户，系统不能为其他用户提供正常的服务。拒绝服务攻击降低资源的可用性，这些资源可以是处理器、磁盘空间、CPU使用的时间、打印机、调制解调器，甚至是系统管理员的时间。攻击的结果是减低或失去服务。

两种类型的拒绝服务的攻击，第一种是攻击试图去破坏或者破坏资源，使得无人可以使用这个资源，例如删除Unix系统的某个服务，这样也就不会为合法的用户提供正常服务；第二种是过载一些系统服务，或者消耗一些资源，这样阻止其他用户使用这些服务，例如填满一个磁盘分区，让用户和系统程序无法再生成新的文件。

拒绝服务攻击，目前还没有好的解决办法。限制使用系统资源，可以部分防止拒绝服务。管理员还可以使用网络监视工具来发现这种类型的攻击，甚至发现攻击的来源。这时候可以通过网络管理软件设置网络设备丢弃这种类型的数据包。

（3）网络监听

网络监听工具是黑客们常用的一类工具。使用这种工具，可以监视网络的状态、数据流动情况以及网络上传的信息。网络监听可以在网上的任何一个位置，如局域网中的一台主机、网关上，路由设备或交换设备上，或远程网的调制解调器之间等。黑客用得最多的是通过监听截获用户的口令。当前，网上的数据绝大多数都是以明文的形式传输。而且，口令通常都很短，容易辨认。当口令被截获，则可以非常容易地登录到另一台主机。对付监听有效办法是采取加密手段。

（4）缓冲区溢出

缓冲区溢出是一个非常普遍、非常危险的漏洞，在各种操作系统、应用软件中广泛存在。产生缓冲区溢出的根本原因在于，将一个超出缓冲区长度的字符串拷贝到缓冲区。缓冲区溢出带来的后果，一是过长的字符串涵盖了相邻的存储单元，引起程序运行失败，严重的可引起宕机、系统重新启动等后果；二是利用这种漏洞可以执行任意指令，甚至可以取得系统特权，在Unix系统中，利用SUID程序中存在这种错误，使用一类精心编写的程序，可以很轻易地取得系统的超级用户权限。

（5）电子邮件攻击

电子邮件系统面临着巨大的安全风险，它不但要遭受前面所述的许多攻击，如恶意入侵者破坏系统文件，或者对默认SMTP端口25进行SYN-Flood攻击，它们还容易成为某些专门面向邮件攻击的目标。这些攻击有：

①窃取/篡改数据。通过监听数据包或者截取正在传输的信息，攻击者能够读取，甚至修改数据。

②伪造邮件。因为SMTP本身对发送方黑客伪造电子邮件，使它们看起来似乎发自某人/某地。

③拒绝服务。黑客可以让你的系统或者网络充斥邮件信息（即邮件炸弹攻击）而瘫痪。这些邮件信息塞满队列，占用宝贵的CPU资源和网络带宽，甚至让邮件服务器完全瘫痪。

④病毒。现代电子邮件可以使得传送文件附件更加容易。如果用户毫不设防地去执行文件附件，病毒就会感染他们的计算机系统。

⑤其他攻击方法。其他的攻击方法主要是利用一些程序进行攻击，比如后门程序中有逻辑炸弹和时间炸弹、病毒、蠕虫、特洛伊木马程序等。陷门和后门是一段非法的操作系统程序，其目的是为闯入者提供入口。逻辑炸弹和时间炸弹是当满足某个条件或到预定时间时发作，破坏计算机系统。

三、预防攻击

目前，造成网络不安全的主要因素是：操作系统、网络协议、数据库管理系统等软件自身设计的缺陷，或者人为因素产生的各种安全漏洞。提高网络安全的主要技术有：

①数据加密。数据加密的目的是保护信息系统的数据、文件、口令和控制信息等，同时也可以提高网上传输数据的可靠性。这样，即使黑客截获了网上传输的信息包，一般也无法得到正确的信息。

②身份认证。通过密码、特征信息、身份认证等技术，确认用户身份的真实性，只对确认了的用户给予相应的访问权限。

③访问控制。系统设置入网访问权限、网络共享资源的访问权限、目录安全等级控制、网络端口和节点的安全控制、防火墙的安全控制等多种控制策略，通过各种访问控制机制的相互配合，才能最大限度地保护系统免受黑客的攻击。

④审计。把系统中和安全有关的事件记录下来，保存在相应的日志文件中。例如，记录网络用户的注册信息（如注册来源、注册失败的次数等），记录用户访问的网络资源等各种相关信息。当遭到黑客攻击时，这些数据可以用来帮助调查黑客的来源，并作为证据来追踪黑客，也可

以通过对这些数据的分析来了解黑客攻击的手段以找出应对的策略。

⑤入侵检测。入侵检测是近年来出现新型网络安全技术，目的是提供实时的入侵检测及采取相应的防护手段，如记录证据用于跟踪和恢复、断开网络连接等。

⑥其他安全防护措施。不运行来利不明的软件，不随便打开陌生人发来的电子邮件中的附件；经常运行专门的反黑客软件，在系统中安装具有实时监测、拦截和查找黑客攻击程序功能的工具软件；经常检查用户的系统注册表和系统启动文件中的自启动程序项是否有异常；做好系统的数据备份工作，及时安装系统的补丁程序等。

四、防火墙

在网络中，防火墙是一种用来加强网络之间访问控制的特殊网络互联设备，如路由器、网关等，如图11-14所示，它对两个或多个网络之间传输的数据包和连接方式按照一定的安全策略进行检查，以决定网络之间的通信是否被允许。其中被保护的网络成为内部网络，另一方则成为外部网络或公用网络。它能有效地控制内部网络与外部网络之间的访问及数据传送，从而达到保护内部网络的信息不受外部非授权用户的访问和过滤不良信息的目的。

防火墙是一个或一组在两个网络之间执行访问控制策略的系统，包括硬件和软件，目的是保护网络不被可疑人侵扰。本质上，它遵从的是一种允许或阻止业务往来的网络通信安全机制，也就是提供可控的过滤网络通信，只允许授权的通信。

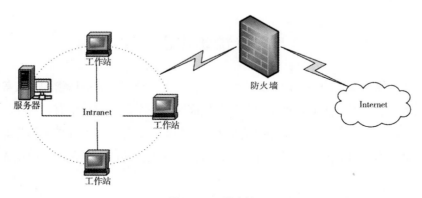

图11-14　防火墙

通常，防火墙就是位于内部网络或Web站点与Internet之间的一个路由器或一台计算机，又称为堡垒主机。其目的如同一个安全门，为门内的部门提供安全，控制哪些可被允许出入该受保护环境的人或物。就像工作在前门的安全卫士，控制并检查站点的访问者。在逻辑上，防火墙是一个分离器，一个限制器，也是一个分析器，有效地监控了它所隔离的网络之间的任何活动，保证了所保护的网络的安全。

1. 防火墙的功能

防火墙是由管理员为保护自己的网络免遭外界非授权访问，但又允许与Internet连接而发展起来的。从实际角度，防火墙可以看成是安装在两个网络之间的一道栅栏，根据安全计划和安全策略中的定义来保护其后面的网络。

防火墙是一种功能，它使得内部网络和外部网络或Internet互相隔离，以此来保护内部网络或主机。简单的防火墙可以由Router，3Layer Switch的ACL（access control list）来充当，也可以用一台主机，甚至是一个子网来实现。复杂的可以购买专门的硬件防火墙或软件防火墙来实现。

防火墙具有以下功能：

①过滤掉不安全服务和非法用户。

②控制对特殊站点的访问。

③提供监视因特网安全和预警的方便端点。

实现防火墙的技术大体上分为两类，一类作用于数据链路层或网络层之上，保护整个网络不受非法用户侵入，这类防火墙可以通过包过滤技术实现；另一类防火墙作用于应用层之上，控制对应用程序的访问。

2. 防火墙的安全控制模型

根据防火墙的作用的不同，可将防火墙的安全控制模型分为以下两种：

①禁止没有被列为允许的访问。在防火墙看来，允许访问的站点是安全的，开放这些服务并封锁没有被列入的服务。这种模型安全性较高，但较保守，即提供的能穿越防火墙的服务数量和类型均受到很大限制。

②允许没有被列为禁止的访问。在防火墙看来，只有被列为禁止的站点才是不安全的。其他站点均可以安全地访问。这种模型比较灵活，但风险较大，特别是网络规模扩大时，监控比较困难。

3. 防火墙的分类

目前，根据防火墙在ISO/OSI模型中的逻辑位置和网络中的物理位置及其所具备的功能，可以将其分为两大类：基本型防火墙和复合型防火墙。基本型防火墙有包过滤路由器和应用型防火墙。复合防火墙将以上两种基本型防火墙结合使用，主要包括主机屏蔽防火墙和子网屏蔽防火墙。

①包过滤路由器。包过滤路由器在一般路由器的基础上增加了一些新的安全控制功能，是一个检查通过它的数据包的路由器，包过滤路由器的标准由网络管理员在网络访问控制表中设定，以检查包的源地址、目的地址及每个IP包的端口。它是在7层协议的下3层中实现的，包的类型可以拦截和登录，因此，此类防火墙易于实现对用户透明的访问，且费用较低。但包过滤路由器无法有效地区分统一IP地址的不同用户，因此安全性较差。

②代理防火墙。代理防火墙，也称应用型防火墙或双宿主网关或应用层网关，其物理位置与包过滤路由器一样，但它的逻辑位置在OSI7层协议的应用层上，所以主要采用协议代理服务。就是在运行防火墙软件的堡垒主机上运行代理服务程序Proxy。代理防火墙不允许网络间的直接业务联系，而是以堡垒主机作为数据转发的中转站。堡垒主机是一个具有两个网络界面的主机，每一个网络界面与它所对应的网络进行通信。它既能作为服务器接收外来请求，又能作为客户转发请求。

③主机屏蔽防火墙。主机屏蔽防火墙是由一个只需单个网络端口的应用型防火墙和一个包过滤路由器组成。将它物理地连接在网络总线上，它的逻辑功能仍工作在应用层上，所有业务通过它代理服务。Intranet不能直接通过路由器和Internet相联系，数据包要通过路由器和堡垒主机两道防线。这个系统的第一个安全设施是过滤路由器，对到来的数据包而言，首先要经过包过滤路由器的过滤，过滤后的数据包被转发到堡垒主机上，然后由堡垒主机上应用服务代理对这些数据包进行分析，将合法的信息转发到Intranet的主机上。外出的数据包首先经过堡垒主机上的应用服务代理检查，然后被转发到包过滤路由器，最后由包过滤路由器转发到外部网络上。主机屏蔽防火墙设置了两层安全保护，因此相对比较安全。

④子网屏蔽防火墙。子网屏蔽防火墙的保护作用比主机屏蔽防火墙更进了一步，它在被保护的Intranet和Internet之间加入了一个由两个包过滤路由器和一台堡垒机组成的子网。被保护的Intranet和Internet不能直接通信，而是通过各自的路由器和堡垒主机打交道。两台路由器也不能直接交换信息。子网屏蔽防火墙是最为安全的一种防火墙体系结构。它具有主机屏蔽防火墙的所有优点，并且比之更加优越。

4．防火墙的局限性

虽然防火墙具有多重防范功能用以提高网络的安全性，但由于因特网的开放性，防火墙也有一些防范不到的地方，不可能保证网络的绝对安全。

①防火墙不能防止后门攻击。防火墙是粗粒度的网络访问控制，某些基于网络隐蔽通道的后门能绕过防火墙的控制，例如http tunnel等。

②防火墙不能防止基于数据驱动式的攻击。当有些表面看来无害的数据被邮寄或复制到主机上并被执行发起攻击时，就会发生数据驱动攻击效果，防火墙对此无能为力。

③防火墙不能完全防止感染病毒的软件或文件传输。防火墙网络通信的瓶颈，因为已有的病毒、操作系统以及加密和压缩二进制文件的种类太多，以至于不能指望防火墙逐个扫描每个文件查找病毒，而只能在每台主机上安装反病毒软件。

五、网络的安全防范建议

Internet是一个公共网络，网络中有很多不安全的因素。一般局域网和广域网应该有以下安全措施：

①系统要尽量与公网隔离，要有相应的安全连接措施。

②不同的工作范围的网络既要采用防火墙、安全路由器、保密网关等相互隔离，又要在政策循序时保证互通。

③为了提供网络安全服务，各相应的环节应根据需要配置可单独评价的加密、数字签名、访问控制、数据完整性、业务流填充、路由控制、公证、鉴别审计等安全机制，并有相应的安全管理。

④远程客户访问重要的应用服务要有鉴别服务器严格执行鉴别过程和访问控制。

⑤网络和网络安全设备要经受住相应的安全测试。

⑥在相应的网络层次和级别上设立密钥管理中心、访问控制中心、安全鉴别服务器、授权服务器等，负责访问控制以及密钥、证书等安全材料的产生、更换、配置和销毁等相应的安全管理活动。

⑦信息传递系统要具有抗侦听、抗截获能力能对抗传输信息的篡改、删除、插入、重放、选取密码破译等主动攻击和被动攻击，保护信息的机密性，保证信息和系统的完整性。

⑧涉及保密的信息在传输过程中，在保密装置以外不以明文形式出现。

思考题

● 1. 什么是计算机网络？比较计算机网络的几种拓扑结构。

● 2. 描述TCP/IP模型及各层次所完成的主要功能。

● 3. 传输层地址与IP地址有什么不同？两者之间有什么关系？

● 4. 计算机面临哪些安全威胁？对计算机网络安全有哪些攻击方式？

第十二章 | 大数据和云计算

在电影《黑客帝国》中，主人公尼奥在服下了蓝色药丸之后就发现所有在他身边的一切其实都是数字化的幻想而已，他的工作、伙伴、住的高楼，看到的天空大地，甚至于他的情绪都不例外。电影的创作可以天马行空，真实世界尽管不是如此，但不可否认的是它也在朝着数字化的方向高速前进。

■ 第一节　大数据概述

数字化社会中，每个人口袋里都揣着一部手机，每个办公桌上都放着一台计算机，每间办公室内都连接到互联网。半个世纪以来，随着计算机技术全面和深度地融入社会生活，信息爆炸已经积累到了一个开始引发变革的程度，它不仅使世界充斥着比以往更多的数据，而且其增长速度也在加快，被誉为21世纪的石油和黄金的大数据，几乎应用到了所有人类致力于发展的领域。

一、大数据时代的到来

最先经历信息爆炸的学科，如天文学和基因学，创造出了"大数据"（Big Data）这个概念。以天文学为例，2000年斯隆数字巡天项目启动的时候，位于新墨西哥州的望远镜在短短几周内收集到的数据，就比世界天文学历史上总共收集的数据还要多，到了2010年，信息档案已经高达 $1.4 \times 2^{42}B$。基因学上，2003年，人类第一次破译人体基因密码的时候，辛苦工作了十年才完成了三十亿对碱基对的排序；大约十年之后，世界范围内的基因仪每15分钟就可以完成同样的工作。

天文学和基因学领域发生的变化在社会各个领域都在发生。金融领域，美国股市每天的成交量高达70亿股，而其中三分之二的交易都是由建立在数学模型和算法之上的计算机程序自动完成的，这些程序运用海量数据来预测利益和降低风险。互联网公司更是要被数据淹没了。谷歌公司每天要处理超过24PB的数据，这意味着其每天的数据处理量是美国国家图书馆所有纸质出版物所含数据量的上千倍。Facebook（脸书）这个创立不过十来年的公司，每天更新的照片量超过1000万张，人们在网站上单击"喜欢"按钮或者写评论大约有三十次，这就为Facebook公司挖掘用户喜好提供了大量的数据线索。与此同时，谷歌子公司Youtube每月接待多达8亿的访客，平均每一秒钟就会有一段长度在一小时以上的视频上传。推特（Twitter）上的信息量几乎每年翻一番，每天都会发布超过4亿条微博。

从科学研究到医疗保险，从银行业到互联网，各个不同的领域都在讲述着一个类似的故事，那就是爆发式增长的数据量。这种增长超出了人们创造机器的速度，甚至超出了人们的想象。当我们改变规模时，事物的状态也会发生改变，即量变引起质变。随着以博客、社交网络、基于位置服务（Location Based Service，LBS）为代表的新型信息发布方式的不断涌现，以及云计算、物联网等技术的兴起，数据正以前所未有的速度在不断增长和积累，大数据时代已经到来。为了方便读者阅读，下面列出数量量级单位之间的进制关系。

1B=8bit

1KB=1024B≈1000byte

1MB=1024KB≈1000000byte

1GB=1024MB≈1000000000byte

1TB=1024GB≈1000000000000byte

1PB=1024TB≈1000000000000000byte

1EB=1024PB≈1000000000000000000byte

1ZB=1024EB≈1000000000000000000000byte

1YB=1024ZB≈1000000000000000000000000byte

二、大数据的概念及特征

1. 大数据的定义

大数据（Big Data）术语早在20世纪80年代就被提出，直到2008年科学家在*Nature*杂志上撰写文章Big Data: Science in the Petabyte Era，大数据概念逐渐被人们所熟知。2011年*Science*杂志推出专刊Dealing with Data，围绕科学研究中的大数据问题展开讨论。《纽约时报》把2012年称为"大数据的跨界年度"，也就在这一年开始了大数据的研究热潮，全球的许多学术会议均围绕大数据议题展开。虽然大数据的研究与应用获得全球各个国家的高度重视，并取得令人惊叹的成绩，促进了社会经济的快速发展，但是大数据的定义至今未有统一的描述形式，各大研究机构和科研院所，从大数据的各个角度进行阐述得到各自相应的定义形式。

全球著名的管理咨询公司麦肯锡，也是大数据研究先驱者之一，在其研究报告《大数据：创新、竞争和生产力的下一个前沿领域》（James，2011）给出大数据的定义：大数据是指无法通过传统的存储管理和分析处理软件进行采集、存储、管理和分析的数据对象集合。同时该报告还强调，大数据不一定要求数据量一定要到TB级别才叫大数据。

研究机构Gartner给出了这样的定义：大数据是需要新处理模式才能具有更强的决策力、洞察发现力和流程优化能力的海量、高增长和多样化的信息资产。

国际数据公司（IDC）从4个方面来描述大数据，即数据规模量大、数据快速动态可变、类型丰富和巨大的数据价值，具有这些特征的数据集合即称为大数据。

维基百科关于大数据的定义是指在合理的时间内，无法通过现有软、硬件体系结构对数据资料进行收集、存储和处理，并帮助决策者进行决策服务。

全球最大的电子商务公司亚马逊关于大数据的定义更为简单直接，大数据就是指超越一台计算机处理能力的数据量。

综合以上几个代表性的定义可知，大数据概念较为宽泛，具备"仁者见仁、智者见智"的特点。大数据除具备数据量大，还具有数据的多样性特点，关键是利用现有技术水平和处理模式，无法在一个合理的时间范围内得到所需要的信息资产。这也说明在大数据时代，我们要关心大数据本身的特点，更要关心大数据所具备的功能特性，即能够帮助人们做什么。

在信息科技发展道路上，与大数据相近的另一个术语是海量数据（Vast Data），它们都是数据化时代出现的一种现象。它们具有的共同特点是数量大，但两者之间也存在某些显著差异。大数据包含海量数据，但在形式多样性、内容复杂性方面远远超越海量数据，因此在理解大数据时可以认为是由"海量数据+复杂类型"的数据构成。

事实上在大数据中，"大"和"数据"都不重要。其中最重要的是政府和企业该如何去驾驭这些大数据，对其进行分析，以及在此基础上采取的业务改进才是最为关键的。大数据本身是没有任何价值可言的。即便是一个人比另一个人拥有更多的数据，这也不代表什么。任何一个数据集，它们或大或小，本身都没有价值可言。如果不懂得如何去使用收集来的数据，那些数据不会比地下室里的垃圾更有用，不付诸使用的话，数据的意义就不存在了。

2. 大数据的基本特征

目前在描述大数据特征时，一般均是按照国际数据公司（IDC）所提的"4V"模型来刻画，即体量大（Volume）、多样性（Variety）、速度快（Velocity）和价值（Value）。

（1）体量大（Volume）

当前数据正以前所未有的速度快速聚集和增长，在电商、社交网络、能源、制造业和服务业等领域都已积累了TB级、PB级甚至EB级的数据量。全球著名连锁超市沃尔玛每小时处理100多万条用户记录信息，维护着超过2.5PB的客户关系数据库；在科学实验方面，2008年投入使用的大型强子对撞机每年产生25PB的数据；社交网络Facebook存储的照片已超过500亿张。在大数据时代，数据存储单位逐渐被PB、EB、ZB、YB所替代。

（2）多样性（Variety）

大数据除了体量大外，另一个最重要的特征就是数据类型的多样化，即数据存在形式包括结构化数据、半结构化数据和非结构化数据。在早期，数据类型主要是以结构化数据为主，这类型数据存储方便、处理简单、相关的技术非常成熟。随着互联网应用的深入，特别是社交网络、电子商务、流媒体应用环境中所出现的文本数据、交互数据、图像、视频和音频等，这些非结构化数据大量涌现加剧大数据环境中数据存储、检索和分析的难度。在2012年非结构化数据占有量占整个互联网数据量的75%以上。有统计表明，全球结构化数据增长率大约是32%，而非结构化数据增长率达到63%。相信在今后数据存储方面仍然以非结构化数据为主，因此，针对非结构化数据的处理技术和模型研究将是大数据时代数据分析的重点。

（3）速度快（Velocity）

大数据环境中速度快有两层含义：一是数据产生快；二是分析处理速度快。随着各种高性能存储设备的出现，人们对于数据产生后的高效处理有了物质基础。据统计，每秒人们通过互联网平台发送电子邮件290封；亚马逊公司每秒需要处理72.9笔客户订单。另外，在日常生活中各种监控网络每时每刻均在产生大量的数据信息，如道路交通监控网络、智慧城市等。大量的数据快速产生，信息价值稍纵即逝。因此要想从高速、体量大的大数据中获取有效信息，要求相应的大数据分析处理模型具有较高的处理速度，以满足实时性需求。针对各种应用分析实时性要求，可以把大数据分析分为在线分析和离线分析，常用的分析工具有Excel、SPSS、SAS、Matlab、R、Python等。

（4）价值（Value）

大数据拥有大量有价值信息，通过提炼的信息，能够在更高的层面和视角，更大的范围帮助用户提高决策力，洞察未来创造出更大的价值和商机，在社会、经济和科学研究等方面具有重要的战略意义。

2008年受美国次贷危机的影响，席卷全球的金融危机悄无声息地发生，马云通过整合旗下电子商务网站中询盘数据和订单数据等信息，发现海外企业近期的询盘数量和采购量在急剧下滑，基于这些海量数据的分析，马云提前六个月准确预测出世界外贸经济走势，得出将爆发金融危机的结论，提醒企业做好准备、抵御金融危机所带来的影响，成功渡过经济发展的冬天。美国高级文具制造商万宝路过去是凭经验和直觉来决定商品陈列布局的，现在尝试利用监控摄像头对顾客在店内的行为进行分析，通过分析监控摄像机的数据，将最想卖出去的商品移动到最容易吸引顾客目光的位置，使得销售额提高了20%。2009年互联网巨头Google保存历年来人们的网上搜索记录的相关词条，如治疗咳嗽、发热等，然后依据特定的检索记录频率和时间、空间建立分析预测系统，当甲型H1N1流感爆发，Google利用其数据汇聚的优势，凭借分析预测系统，准确及时发出预警信息。2010年，医疗科技公司CardioDX通过对1亿个基因样本的分析，得出能够预测冠心病的23个主要基因信息，在该领域取得了重大突破。纽约警局的脸书监测小组能够利用脸书中的信息，在没有任何目击者的状况下，追查帮派斗争中杀害无辜青少年的犯人，并将其定罪。社交媒体也能用于预测选举结果，2016年，融文集团准确预测了英国脱欧公投的结果，以及特朗普在大选中的胜出，而传统的民意调查在上述两项调查中都获得了相反的结果，这表明网络大数据分析能够更准确地分析局势。大数据还可以将个性化教育、社会监管、舆情监测预警等以往无法实现的环节变得简单、可操作。

通常情况下，大数据背后的价值信息分布毫无规律，隐藏较深。发现大数据价值势必为大数据的分析预测环节带来挑战，并要求预测分析系统具备高性能、实时性、可扩展性等特征。纵观大数据特征和分析环境可知，要想实现大数据价值的有效分析需具备三大要素，即大分析（Big Analytic）、大带宽（Big Bandwidth）、大内容（Big Content）。大分析是指通过新的方法实现对大数据快速、高效、实时的分析计算，旨在得出数据之间的隐含规律，帮助用户掌握事件背后的机理、预测发展趋势，得到更大的价值；大带宽是指提供良好的通信设施基础，以便能够在更大的范围、较复杂的环境中，使各节点之间的数据高安全传输，为大分析奠定基础；大内容是指价值信息隐匿较深，需要足够多、足够大的数据才能更加有效地挖掘出其具有的规律。因此，大分析是技术实现途径，大带宽是物质保障，大内容是获取大价值的前提条件。

三、大数据带来的变革

大数据时代，经济发展、社会治理、国家管理、人民生活在被大数据重构，它为我们描绘了一幅美丽壮阔的社会图卷。国民生产总值不断增大的数值让我们觉得更富裕，AAA级信用评级让我们觉得投资稳妥无风险，价格指数、股市指数、基尼系数……甚至幸福都可以用指数衡量。当大家都在对大数据带来的巨大福利额手相庆的时候，我们更需要把大数据放在人的背景中加以透视，理解它作为时代变革力量的重要作用。

1. 对价值的变革

未来十年，决定一个国家是不是有大发展的核心是国民幸福。一体现在民生上；二体现在生态上，通过大数据让有意义的事变得更加明晰。大数据可以提升治理效率、重构治理模式，通过全息数据呈现，使政府从主观主义、经验主义的模糊治理方式，迈向实事求是、数据驱动的精准治理方式，实现了大数据助力决策科学化，公共服务个性化、精准化，达到信息共享融合，推动治理结构变革，从一元主导到多元合作，让我们从以前的意义混沌时代，进入未来的意义明晰时代。

2. 对经济的变革

数据已经成为一种商业资本，一项重要的经济投入，可以用来激发新产品和新服务、创造新的经济利益。生产者是有价值的，消费者是价值的意义所在。大数据帮助我们从消费者这个源头识别意义，从而帮助生产者实现价值，这就是启动内需的原理。从经济增长角度看，大数据是全球经济低迷环境下的产业亮点，可以催生社会发展和商业模式变革，加速产业融合；构建大数据产业链，推动公共数据资源开放共享，将大数据打造成经济体制增效的新引擎。

3. 对组织的变革

随着具有语义网特征的数据基础设施和数据资源发展起来，组织的变革就越来越不可避免。大数据使组织的垂直边界重组，水平边界融合，组织结构被打散，将推动网络结构产生无组织的组织力量。最先反映这种结构特点的，是各种各样去中心化的Web2.0应用，如RSS、Wiki（维基）、博客等。大数据之所以成为时代变革力量，在于它通过追随意义而获得智慧。

4．对思维的变革

舍恩伯格在《大数据时代：生活、工作与思维的大变革》一书中指出，大数据时代对社会的最大影响就是对人们思维方式的三种转变，即：

一是全样而非抽样。在过去，由于缺乏获取全体样本的手段，人们发明了"随机调研数据"的方法。理论上，抽取样本越随机，就越能代表整体样本。但问题是获取一个随机样本代价极高，而且很费时。人口调查就是典型例子，一个稍大一点的国家甚至做不到每年都发布一次人口调查，因为随机调研实在是太耗时耗力了。但有了云计算和数据库以后，获取足够大的样本数据乃至全体数据，就变得非常容易了。谷歌可以提供谷歌流感趋势的原因就在于它几乎覆盖了七成以上的北美搜索市场，这些数据完全没有必要抽样调查，所有记录都在那里等待人们挖掘和分析。

二是效率而非精确。过去使用抽样的方法，就需要在具体运算上非常精确，即所谓"差之毫厘，谬以千里"。设想一下，一个总样本为1亿人随机抽取1000人，如果在抽取的1000人中运算出现错误的话，那么放大到1亿人会有多大的偏差。但全样本时，有多少偏差就是多少偏差而不会被放大。谷歌人工智能专家诺维格，在他的论文中写道：大数据基础上的简单算法比小数据基础上的复杂算法更加有效。数据分析的目的并非仅仅就是数据分析，而是有其他用途，故而时效性也非常重要。精确的计算是以时间消耗为代价的，但在小数据时代，追求精确是为了避免放大的偏差而不得已为之。但在样本=总体的大数据时代，"快速获得一个大概的轮廓和发展脉络，就要比严格的精确性重要得多"。

三是相关而非因果。相关性表明变量A和变量B有关，或者说A变量的变化和B变量的变化之间存在一定的正比（或反比）关系。但相关性并不一定是因果关系。亚马逊的推荐算法非常有名，它能够根据消费记录告诉用户可能会喜欢什么，这些消费记录有可能是别人的，也有可能是该用户历史上的。但它不能说出你为什么会喜欢的原因。难道大家都喜欢购买A和B，就一定等于你买了A之后就是买B吗？未必，但的确需要承认相关性很高，或者说概率很大。舍恩伯格认为，大数据时代只需要知道是什么，而无须知道为什么，就像亚马逊推荐算法一样，知道喜欢A的人很可能喜欢B但却不知道其中的原因。

今天，大数据是人们获得新认知、创造新价值的源泉，也是改变市场、组织机构，以及政府与公民关系的工具，通过线上与线下、虚拟与现实、软件与硬件、跨界融合，重塑人类的认知与实践，开启人类社会的变革之旅。

四、大数据的相关技术

大数据本身是一个现象而不是一种技术，伴随着大数据的采集、传输、处理和应用的相关技术就是大数据处理技术，是一系列使用非传统的工具来对大量的结构化、半结构化和非结构化数据进行处理，从而获得分析和预测结果的一系列数据处理技术，或简称大数据技术。大数据技术主要包括数据采集、数据存取、基础架构、数据处理、数据分析、数据挖掘、模型预测、结果呈现等。大数据技术内容框架如图12-1所示。

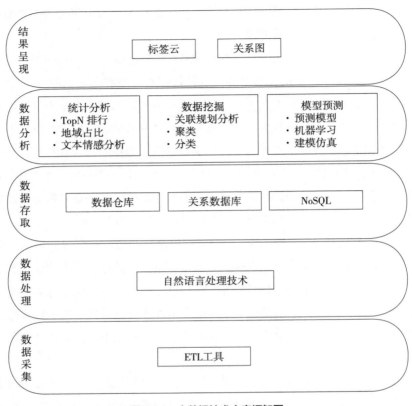

图12-1　大数据技术内容框架图

1. 大数据的处理流程

　　大数据的数据来源广泛，应用需求和数据类型都不尽相同，但是最基本的处理流程一致。海量Web数据的处理是一类非常典型的大数据应用，从中可以归纳出大数据处理的最基本流程，如图12-2所示。

　　整个大数据的处理流程可以定义为：在合适工具的辅助下，对广泛异构的数据源进行抽取和集成，结果按照一定的标准进行统一存储，并利用合适的数据分析技术对存储的数据进行分析，从中提取有益的知识并利用恰当的方式将结果展现给终端用户。具体来说，可以分为数据抽取与集成、数据分析以及数据解释。

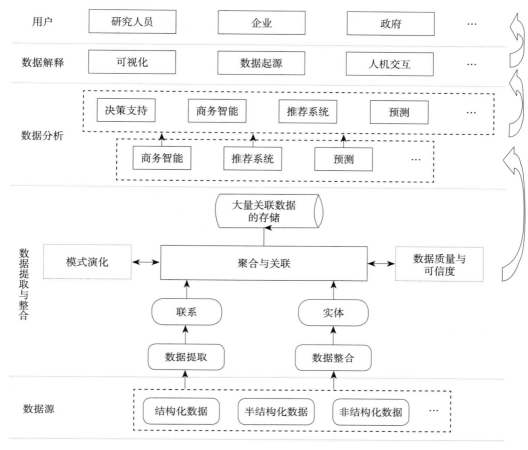

图12-2　大数据处理的基本流程

2. 大数据的处理工具和平台

关系数据库在很长的时间里成为数据管理的最佳选择，但是在大数据时代，数据管理、分析等的需求多样化使得关系数据库在很多场景不再适用。这里对现今主流的大数据处理工具进行一个简单的归纳和总结。雅虎公司研发出的Hadoop是目前最为流行的大数据处理平台。Hadoop最先是Doug Cutting模仿GFS、Mapreduce实现的一个云计算开源平台，已经发展成为包括文件系统（HDFS）、数据库（Hbase、Cassandra）、数据处理（Mapreduce）等功能模块在内的完整生态系统（Ecosystem）。某种程度上可以说Hadoop已经成为大数据处理工具事实上的标准。对Hadoop改进并将其应用于各种场景的大数据处理已经成为新的研究热点，主要的研究成果集中在对Hadoop平台性能的改进、高效的查询处理、索引构建和使用、在Hadoop之上构建数据库、Hadoop和数据库系统的连接、数据挖掘、推荐系统等。除了Hadoop，还有很多针对大数据的处理工具，这些工具有些是完整的处理平台，有些则是专门针对特定的大数据处理应用。表12-1归纳总结了现今一些主流的处理平台和工具，这些平台和工具或是已经投入商业使用，或是开源软件。在已经投入商业使用的产品中，绝大部分也是在Hadoop基础上进行功能扩展，或者提供与Hadoop的数据接口。

表12-1　目前主要大数据处理平台

类别		示例
平台	本地	Hadoop、MapR、Cloudera、Hortonwork、ASTERIX、InfoSphere BigInsights
	云端	AWS、Google compute Engine、Azure
数据库	关系型数据库 SQL	Greenphum、Aster Data、Vetica
	非关系型数据库 NoSQL	HBase、Cassandra、MongoDB、Redis
	分布式数据库 NewSQL	Spanner、Megastore、F1
数据仓库		Hive、HadoopDB、Hadapt
数据处理	批处理	MapReduce、Dryad
	流处理	Storm、S4、Kafka
查询语言		HiveQL、Pig Latin、DryadLINQ、MRQL、SCOPE
统计与机器学习		Mahout、Weka、R
日志处理		Splunk、Loggly

3. 大数据在云端

现在数据量在不断增长，越来越多的数据以照片、推文、点赞以及电子邮件的形式出现，这些数据又有与之相联系的其他数据；而机器生成的数据则以状态更新及其他信息（包括源自服务器、汽车、飞机、移动电话等设备的信息）的形式存在，处理所有这些数据的复杂性也随之升高。因此，企业正将计算和处理数据的环节转移到云端，这就意味着企业不必购买硬件和软件，只需将其安装到自己的数据中心，然后对基础设施进行维护，就可以在网上获得想要的功能。巨大的商机催生了谷歌云、阿里云、百度云、腾讯云等一系列的云平台，所有这些云服务胜过传统服务的优势在于，顾客只为使用的东西付费，这尤其对创业公司有利，它们可以避免高昂的先期投入，而这通常涉及购买、部署、管理服务器和存储基础设施。

（1）什么是云计算

摩尔定律在过去的几十年书写了奇迹，并且奇迹还在延续。在这奇迹的背后是越来越廉价、越来越高效的计算能力。有了强大的计算能力，人类可以处理更为庞大的数据，而这又带来对存储的需求。再之后，就需要把并行计算的理论搬上台面，更大限度地挖掘IT基础设施的潜力。于是，网络也蓬勃发展起来。由于硬件已经变得前所未有的复杂，专门管理硬件资源、为上层应用提供运行环境的系统软件也顺应历史潮流，迅速发展壮大。

所谓"云计算"（Cloud Computing），是一种基于互联网的计算方式，通过这种方式，共享的软硬件资源和信息可以按需求提供给计算机和其他设备。云计算为我们提供了跨地域、高可靠、按需付费、所见即所得、快速部署等能力，这些都是长期以来IT行业所追寻的。随着云计算的发展，大数据正成为云计算面临的一个重大考验。

云是网络、互联网的一种比喻说法。过去往往用云来表示电信网，后来也用来表示互联网和底层基础设施的抽象。云计算是继20世纪80年代大型计算机到客户/服务器的大转变之后的又一种巨变。用户不再需要了解"云"中基础设施的细节，不必具有相应的专业知识，也无须直接进行控制。云计算描述了一种基于互联网的新的IT服务增加、使用和交付模式，通常涉及通过互联网来提供动态易扩展，而且经常是虚拟化的资源，它意味着计算能力也可作为一种商品通过互联网进行流通。

美国国家标准与技术研究院（NIST）的定义是：云计算是一种按使用量付费的模式，这种模式提供可用的、便捷的、按需的网络访问，进入可配置的计算资源共享池（资源包括网络、服务器、存储、应用软件、服务），这些资源能够被快速提供，只需投入很少的管理工作，或与服务供应商进行很少的交互。

云计算是分布式计算、并行计算、效用计算、网络存储、虚拟化、负载均衡等传统计算机和网络技术发展融合的产物。

（2）云计算的服务

云计算按照服务的组织、交付方式的不同，有公有云、私有云、混合云之分。公有云向所有人提供服务，典型的公有云提供商是亚马逊，人们可以用相对低廉的价格方便地使用亚马逊EC2的虚拟主机服务。私有云往往只针对特定客户群提供服务，比如一个企业内部IT可以在自己的数据中心搭建私有云，并向企业内部提供服务。目前也有部分企业整合了内部私有云和公有云，统一交付云服务，这就是混合云。

云计算包括以下几个层次的服务：基础设施级服务（IaaS），平台级服务（PaaS）和软件级服务（SaaS）。这里，分层体系架构意义上的"层次"IaaS、PaaS和SaaS分别在基础设施层、软件开放运行平台层和应用软件层实现。

IaaS提供计算能力和存储能力，相当于一个云上的服务器，用户能够在其基础上部署和运行任意软件，比如阿里云支撑着"12306"75%的查询业务。SaaS直接提供软件服务，通过互联网即可使用相关软件应用，不需要本地安装，比如人们所熟悉的搜索、邮箱、各类企业管理系统等。而PaaS则提供软件运行的平台环境，在平台上针对开发者提供服务，使开发者能够快速获得某一能力，比如网易云信支持着众多APP的即时通信功能，热门的视频直播功能也可以通过网易云轻松搭建等。

三种模式中，作为基础的IaaS起步最早，在中国发展最为完善，阿里云、腾讯云、盛大、华为等已经占据优势地位。而作为未来发展方向的PaaS虽然2009年就已经在中国出现，但至今仍处于发展初期，市场认知度较低。据艾瑞网统计，2014年我国云计算整体市场规模约为1174亿，PaaS仅占4.11%。也正是因为当下最弱，所以相对于已成气候的IaaS和SaaS，PaaS最具有发展潜力。尤其2015年以来，随着国家对"互联网+"和"万众创业"的扶持倡导，新形式的互联网产品和APP极速增加，加上阿里、腾讯、网易为代表的巨头入局带来的技术突破，PaaS模式的云计算很可能将在未来进入快速发展期。

（3）云计算与大数据

信息技术的发展主要解决的是云计算中结构化数据的存储、处理与应用。结构化数据的特征是"逻辑性强"，每个"因"都有"果"。然而，现实社会中大量数据事实上没有"显现"的因果关系，如一个时刻的交通堵塞、天气状态、人的心理状态等，它的特征是随时、海量与弹性的，如一个突变天气分析会有几百PB数据。而一个社会事件如乔布斯去世瞬间所产生的数据（微博、纪念、文章、视频等）也是突然爆发出来的。

传统的计算机设计与软件都是以解决结构化数据为主，对"非结构"数据要求一种新的计算架构。互联网时代，尤其是社交网络、电子商务与移动通信把人类社会带入一个以"PB"为单位的结构与非结构数据信息的新时代，它就是"大数据"时代。

云计算和大数据在很大程度上是相辅相成的，最大的不同在于：云计算是你在做的事情，而大数据是你所拥有的东西。以云计算为基础的信息存储、分享和挖掘手段为知识生产提供了工具，而通过对大数据分析、预测会使得决策更加精准，两者相得益彰。从另一个角度讲，云计算是一种IT理念、技术架构和标准，而云计算也不可避免地会产生大量的数据。所以说，大数据技术与云计算的发展密切相关，大型的云计算应用不可或缺的就是数据中心的建设，大数据技术是云计算技术的延伸。

大数据为云计算大规模与分布式的计算能力提供了应用的空间，解决了传统计算机无法解决的问题。国内有很多电商企业，用小型计算机和Oracle公司对抗了好几年，并请了全国最牛的Oracle专家不停地优化其Oracle和小型计算机，初期发展可能很快，但是后来由于数据量激增，业务开始受到严重影响，一个典型的例子就是某网上商城之前发生的大规模访问请求宕机事件，因此他们开始逐渐放弃了Oracle或者MS-SQL，并逐渐转向MySQL×86的分布式架构。目前的基本计算单元常常是普通的×86服务器，它们组成了一个大的云，而未来的云计算单元里可能有独立的存储单元、计算单元、协调单元，总体的效率会更高。

海量的数据需要足够的存储来容纳它，快速、低廉价格、绿色的数据中心部署成为关键。Google、Facebook、Rackspace等公司都纷纷建设新一代的数据中心，大部分都采用更高效、节能、订制化的云服务器，用于大数据存储、挖掘和云计算业务。

数据中心正在成为新时代知识经济的基础设施。从海量数据中提取有价值的信息，数据分析使数据变得更有意义，并将影响政府、金融、零售、娱乐、媒体等各个领域，带来革命性的变化。

■ 第二节　大数据应用

新一代信息技术的快速发展、信息化程度的不断提升、全球网民及移动电话用户数的不断增加以及物联网的大规模应用等使人类不可避免地进入了大数据时代，现在我们每天的衣食住行都与大数据有关。在电子商务、智慧城市、两化融合、智能制造等浪潮的推动下，政府机构、公司企业、科研部门、教育医疗、互联网行业等沉淀了大量的数据资源。大数据的广泛应用开启着一个全新的大智能时代。云计算、物联网与大数据技术深度融合，有效地提升了大数据采集、存取、计算等环节的技术水平，使得大数据应用的门槛降低、成本减少，而自然语言理解、机器学习、深度学习等人工智能技术与大数据技术融合，有效地提升数据分析处理能力、知识发现能力和辅助决策能力，让大数据成为人类认识世界、推动智能化的有效工具。因为蕴含着社会价值和商业价值，大数据已成为一项重要的生产要素，其应用也由互联网领域向制造业、医疗卫生、金融商业等各个领域渗透，对产业和传统商业模式的升级起到关键作用。

一、大数据提升政府服务的能力与水平

2015年8月，我国发布的《促进大数据发展行动纲要》指出："大数据成为提升政府治理能力的新途径。""建立用数据说话、用数据决策、用数据管理、用数据创新的管理机制，实现基于数据的科学决策，将推动政府管理理念和社会治理模式进步，加快建设与社会主义市场经济体制和中国特色社会主义事业发展相适应的法治政府、创新政府、廉洁政府和服务型政府，逐步实现政府治理能力现代化。"从服务型政府建设的视角来看，大数据在服务型政府建设中主要应用在以下几个方面。

1. 市场服务与监管

每年度国家统计局发布的上年度国家统计数据对于我国经济社会发展战略具有举足轻重的作用；每季度公布的上季度包括GDP增速在内的经济发展指标对于国家的货币政策、股市等金融领域，甚至消费趋势都有重要影响。2014年开始，国家统计局不仅同百度、腾讯、阿里巴巴在内的10多家企业签订了发展大数据的战略合作协议，还尝试了直接利用网络搜索数据预测房价走势、利用银行卡刷卡数据检验消费数据走势、利用重工设备的开工率数据检验投资数据走势。传统统计和大数据统计的双轨数据来源已经成为国家统计局的重点工作。2015年开始，国家统计局进一步深化大数据在贸经统计、价格统计、人口和就业统计、投资统计以及农业、工业、服务业等行业统计的应用，积极利用大数据预测经济社会发展趋势。

2. 社会公共服务

第一，大数据技术提升政府的教育服务水平。大数据技术能使政府的教育规划和教育政策更具客观性、科学性。传统的教育规划和教育政策制定在掌握全国、全省相关情况时具有很强的滞后性，而且相关数据的客观性也往往受到质疑。大数据技术为政府的教育规划、教育政策提供了更强的客观性和科学性。2015年1月，百度公司推出了《2014中国教育行业大数据白皮书》。依托百度海量的用户搜索浏览数据，深度观察2014年教育行业发展趋势，解读职业教育、语言教育、K12教育、留学出国、早期教育、在线教育等6个重要的教育培训领域用户的行为变化。百度公司对我国教育领域的大数据挖掘，有助于政府对相关教育领域现状的把握，对于政府及时调整相关教育政策与规划具有重要意义。

第二，大数据技术提升政府的医疗健康服务水平。国务院2015年颁发的《促进大数据发展行动纲要》指出："构建电子健康档案、电子病历数据库，建设覆盖公共卫生、医疗服务、医疗保障、药品供应、计划生育和综合管理业务的医疗健康管理和服务大数据应用体系。探索预约挂号、分级诊疗、远程医疗、检查检验结果共享、防治结合、医养结合、健康咨询等服务，优化形成规范、共享、互信的诊疗流程。鼓励和规范有关企事业单位开展医疗健康大数据创新应用研究，构建综合健康服务应用。"2013年，北大人民医院临床数据中心（CDR）有281万患者的6000多万条医嘱和1.9亿条医疗文书，另有30多个T的影像数据，这些都是结构化好的有质量的数据，对于医院的临床与科研都具有重要价值。健康大数据不仅涉及疾病医疗，还包括了过劳死、亚健康、营养、身体指数、药物反应等许多数据，健康大数据更能反映整个社会的健康状况。健康大数据不仅来自医院，还来自各种体检中心、生产和销售健康设备的企业、健康问题研究机构等很多数据收集渠道。健康大数据不是得了病之后再采集的数据，而是生病就医之前采集的普通人的日常健康数据。健康大数据不仅对于公共健康理论与实践、医疗健康保险制度设计具有基础价值，而且对于预测医学的发展也具有重要意义。

3. 智慧城市建设

大数据是智慧城市运行系统的基础要素，智慧城市是基于云计算、物联网、移动互联网、大数据等基础信息形成的人群聚合体，智慧城市不间断地通过数据的互动交流为居民提供服务。智慧城市的应用包括：智慧公共服务、智慧城市综合体、智慧政务城市综合管理运营平台、智慧安居服务、智慧教育文化服务、智慧服务应用（智慧物流、智慧贸易）、智慧健康保障体系建设、智慧交通等。2013年国家的智慧城市建设试点达193个，工信部公布试点名单也达140多个。武汉市的智慧城市管理就是在北京东城区的"网格化城市管理"的基础上发展起来的新型社会管理服务系统：智慧社区——网格化创新社会管理服务平台。该系统以网格化作为管理手段，实现了"人、地、事、物、情、组织"等全要素信息的精细化管理，以GIS技术为位置服务，实现物联网的接入，整合社区信息服务资源，强调社区服务理念。将人口综合服务管理系统、房屋管理系统、矛盾纠纷排查调处管理系统、社会治安防控管理系统、社会组织管理服务系统、社区通系统、舆情管理系统、物联网接入系统、人口计生管理系统和视频监控系统等10个子系统整合在一起，形成新型的智慧城市管理综合系统。类似的大数据智慧城市管理系统还有"三维网格化社会管理服务平台""社会管理创新网格化系统""网格化社会管理创新系统"等。智慧城市是城市信息化发展到一定阶段的产物，随着技术、经济和社会的发展不断持续完善。

4. 公共危机防控

2017年11月，北京连发数起火灾事故，社会影响大，教训深刻。从大兴"118"火灾的危害和施救情况看，"人海战术""运动战术"的火灾防控模式越来越不适应火灾事故发生原因和环境的复杂变化，也越来越不适应超大城市发展的日新月异。火灾防控需要我们转变思维方式，运用数据思维和大数据、互联网和云计算技术提升火灾防控能力。

从北京市实际出发，在摸清北京市建筑物分布及火灾安全隐患数据的基础上，运用数据挖掘技术建立北京市火灾预防数据库，统筹协调消防、公安、住建、安监、城管及网格化管理等人力物力资源，一是建立北京市建筑物数据库；二是形成建筑物火灾风险评估系统，针对程度不同风险区域配置不同的火灾防控资源；三是用大数据物联网技术实现火警火情与"区域火灾预警中心""全市消防指挥中心"的实时联动；四是构建火灾防控群防共治生态，使火灾防控制度化、可持续；五是在火灾群防共治的社会治理方面，构建城市火灾管控数字地图；六是开放北京市建筑物数据库及火灾防控大数据，增加火灾预警案例，加强火灾防控的宣传教育，调动全体市民火灾管控的积极性，有效预测火警、预警火灾高发区、减少火灾发生率和降低火灾破坏程度。

5. 刑事案件的预防与侦破

预防犯罪是服务型政府在社会建设领域中的一项重要内容，直接影响到社会各界对政府服务能力的评价。北京市怀柔区于2012年开始建设的"犯罪预测时空定位信息管理系统"共收录了怀柔近9年来1.6万余件犯罪案件数据，通过标准化分类后导入系统数据库，同时采用地图标注方法将怀柔分成16个警务辖区，抓取4748个犯罪空间坐标实施空间网格编号，通过由数学专家建立的多种预测模型，自动预测未来某段时间、某个区域可能发生犯罪的概率以及犯罪的种类，为打击防范可防性案件提供前瞻性指导。以历史数据为基础，"设立主观修正系数，将现实生活中随机、动态的变量纳入预测系统之中并与之拟合，便可以得到我们期望的预测犯罪行为发生概率的可能性系数"。自"犯罪预测时空定位信息管理系统"使用以来，在案件多发的龙山、泉河、怀柔镇派出所辖区2013年刑事案件发案率分别下降了10.7%、9.3%和8.8%。2014年1月至5月份，全区接报110刑事和秩序类警情同比下降27.9%，立现案同比下降14.7%。

二、大数据带来经营理念的转变

一部关于奥克兰运动家棒球队的电影《点球成金》中就有球队通过统计学和数学建模的方式来获得比赛胜利的桥段，故事来源于迈克尔·刘易斯的小说《魔球——逆境中制胜的智慧》。小说讲述的是一个关于奥克兰运动家棒球队真实的故事，主要介绍了棒球队的经理比利·比恩的经营哲学，他在经营球队的过程中摒弃了以往挑选球员的传统方法，换用了一种依靠数学建模和电脑程序的数据来挑选球员的做法。他的这个方法看似很奇怪，有些类似于"上垒率"的标准，而不是以往所用的"棒球击球率"的惯用标准。比利所推行的"赛伯计量学"尽管招来了众多的质疑，但还是在奥克兰运动家棒球队中被严格执行着。比利和当年用"太阳中心说"来挑战天主教权威的伽利略一样，打破了所有惯例。最后，比利的奥克兰运动家棒球队在2002年的美国联盟西部赛中摘得桂冠，此外还取得了20场不败的骄人战绩。也就是从那时起，球探不再吃香，取而代之的是统计学家，他们成为棒球专家，不少球队都将"赛伯计量学"用于球队的运作。

大数据所做出的贡献还包括了从依赖自身判断转化为依赖数据做判断。统计学家和数据分析家的出现使得很多行业专家和技术专家的光芒黯淡了许多，前者摆脱了传统观念的束缚，依靠数据进行统计分析得出判断。麻省理工学院商学院的教授埃里克·布伦乔尔森曾与自己的同事们进行了一项专题研究，研究结果表明依赖数据进行决策的公司比传统依赖直觉进行决策的公司运营情况要好得多，生产率可以提高将近6%左右。从竞争力来看，随着越来越多的公司开始引进大数据，依赖大数据的公司竞争力会显著增强。

三、大数据激发创造力

大数据在确定设计改变是否可以帮助更多人完成他们的任务或实现更高的转换方面，可谓大有裨益。福特汽车的首席大数据分析师约翰·金德认为，汽车企业坐拥海量的数据信息，"消费者、大众及福特自身都能受益匪浅"。2006年左右，随着金融危机的爆发，以及新任首席执行官的就职，福特公司开始更加乐于接受基于数据得出的决策，而不再单纯凭直觉做出决策。公司在数据分析和模拟的基础上提出了更多新的方法。

福特公司的不同职能部门都会配备数据分析小组，如信贷部门的风险分析小组、市场营销分析小组、研发部门的汽车研究分析小组。数据在公司发挥了重大作用，因为数据和数据分析不仅可以解决个别战术问题，而且对公司持续战略的制定来说也是一笔重要的资产。公司强调数据驱动文化的重要性，这种自上而下的度量重点对公司的数据使用和周转产生了巨大的影响。

福特还在硅谷建立了一个实验室，以帮助公司发展科技创新。公司采用以人为本的汽车设计理念，获取的数据主要来自于大约四百万辆配备有车载传感设备的汽车。通过对这些数据进行分析，工程师能够了解人们驾驶汽车的情况、汽车驾驶环境及车辆响应情况。所有这些数据都能帮助改善车辆的操作性、燃油的经济性和车辆的排气质量。利用这些数据，公司对汽车的设计进行了改良，降低了车内噪声，还能确定扬声器的最佳位置，以便接收语音指示。

四、大数据预测分析

奥利·阿什菲尔特是普林斯顿大学的一位经济学家，他的日常工作就是琢磨数据，利用统计学，他从大量的数据资料中提取出隐藏在数据背后的信息。他曾花费心思研究的一个问题是，如何通过数字评估波尔多葡萄酒的品质。与品酒专家通常所使用的"品砸并吐掉"的方法不同，奥利使用数字指标来判断能卖出高价的酒所应该具有的品质特征。

"其实很简单，"他说，"酒是一种农产品，每年都会受到气候条件的强烈影响。"因此奥利采集了法国波尔多地区的气候数据加以研究，他发现如果收割季节干旱少雨且整个夏季的平均气温较高，该年份就容易生产出品质上乘的葡萄酒。当葡萄熟透、汁液高度浓缩时，波尔多葡萄酒是最好的。夏季特别炎热的年份，葡萄很容易熟透，酸度就会降低。炎热少雨的年份，葡萄汁也会高度浓缩。因此，天气越热越干燥，越容易生产出品质一流的葡萄酒。熟透的葡萄能生产出口感柔润（即低敏度）的葡萄酒，而汁液高度浓缩的葡萄能够生产出醇厚的葡萄酒。

奥利把这个葡萄酒的理论简化为下面的方程式：

葡萄酒的品质=12.145+0.00117×冬天降雨量+0.0614×葡萄生长期平均气温−0.00386×收获季节降雨量

把任何年份的气候数据代入上面这个式子，奥利就能够预测出任意一种葡萄酒的平均品质。如果把这个式子变得再稍微复杂精巧一些，他还能更精确地预测出一百多个酒庄的葡萄酒品质。他承认"这看起来有点儿太数字化了"，"但这恰恰是法国人把他们葡萄酒庄园排成著名的1855个等级时所使用的方法"。

然而，当时传统的评酒专家并未接受奥利利用数据预测葡萄酒品质的做法。但是，奥利从对数字的分析中能够得出气候与酒价之间的关系，对数据的分析使奥利可以预测葡萄酒未来的品质——这是品酒师有机会尝到第一口酒的数月之前，更是在葡萄酒卖出的数年之前。奥利成功地预测了1989年的葡萄酒是世纪佳酿，1990年的葡萄酒将会更好，因为自1986年以来，法国的天气连续二十多年温暖和煦，每年葡萄生长期的气温都高于平均水平。对于葡萄酒爱好者而言，这显然是生产柔润的波尔多葡萄酒最适宜的时期。在葡萄酒期货交易活跃的今天，奥利的预测能够给葡萄酒收集者极大的帮助。

今天，大数据已经被广泛应用于各个方面，既提升了政府决策和管理水平，促进多规融合，推动公众参与，又转变了商业模式，解决了商业中的营销响应率、客服细分资源规划、预测性维修、社交媒体监测、情感分析等关键问题。

第三节　大数据发展趋势与展望

大数据在未来的发展中挑战和机遇并存，将从膨胀阶段、炒作阶段转入理性发展期。目前，大数据已成为继云计算之后信息技术领域的另一个信息产业的增长点，各国政府都在积极推动着大数据技术的发展。虽然数据对于人类发展十分重要，但它却是一把双刃剑，大数据的使用与滥用，一旦渗透到社会、经济等领域，将会把人类推向不可预知的未来。

一、大数据安全与隐私保护

大数据给信息安全带来了新的挑战。随着云计算、社交网络和移动互联网的兴起，对数据存储的安全性要求也随之增加。互联网给人们的生活带来方便的同时，也使个人信息的保护变得更加困难。各种在线应用中共享数据的比例在增大，这种大量数据共享的一个潜在问题就是信息安全。近些年，信息安全技术发展迅速，然而企图破坏和规避信息保护的技术和工具也在发展，各种网络犯罪的手段更加不易追踪和防范。

"棱镜门"事件的爆发引起了人们对个人隐私的高度关注。一方面可以通过对大量用户数的分析，公司、企业、政府都可以更好地了解用户行为、消费习惯等，从而提供更优质的服务。但是另外一方面，这又不可避免地对用户的隐私构成威胁和挑战。很多人已经意识到在数据的应用方面，相关法律法规的制定变得越来越重要。与传统的信息安全问题相比，大数据安全面临的挑战性问题主要体现在以下几个方面。

1. 大数据中的用户隐私保护

大量事实表明，大数据未被妥善处理会对用户的隐私造成极大的侵害。根据需要保护的内容不同，隐私保护又可以进一步细分为位置隐私保护、标识符匿名保护、连接关系匿名保护等。目前用户数据的收集、存储、管理与使用等均缺乏规范，更缺乏监管，主要依靠企业的自律，用户无法确定自己隐私信息的用途。而在商业化场景中，用户应有权决定自己的信息如何被利用，实现用户可控的隐私保护。

2. 大数据的可信性

关于大数据的一个普遍的观点是：一切以数据说话，数据本身就是事实。但实际情况是，如果不加以甄别，数据也会欺骗用户，就像我们有时候会被眼见为实所欺骗一样。大数据可信性的威胁之一是伪造或刻意制造的数据，而错误的数据往往会导致错误的结论。例如，一些点评网站上的虚假评论，混杂在真实评论中使得用户无法分辨，可能误导用户选择某些劣质商品或服务。大数据可信性的威胁之二是数据在传播中的逐步失真。例如，企业或政府部门电话号码已经变更，但早期的信息已经被其他搜索引擎或应用收录，所以用户可能看到矛盾的信息而影响其判断。

3. 如何实现大数据访问控制

由于大数据应用范围广泛，它通常要为来自不同组织或部门、不同身份与目的的用户所访问，实施访问控制是基本需求。大数据访问控制的特点与难点一方面在于难以预设角色，实现角色划分；另一方面难以预知每个角色的实际权限。以医疗领域应用为例，医生为了完成其工作可能需要访问大量信息，但对于数据能否访问应该由医生来定，不应该需要管理员对每个医生做特别的配置。但同时又应该能够提供对医生访问行为的检测与控制，限制医生对病患数据的过度访问。

当前急需针对大数据面临的隐私保护、数据内容可信验证、访问控制等安全挑战，展开大数据安全关键技术研究，包括：数据发布匿名保护技术、社交网络匿名保护技术、数据水印技术、数据溯源技术、角色挖掘、风险自适应的访问控制等。只有通过技术手段与相关政策法规相结合，才能更好地解决大数据安全与隐私保护问题。

二、大数据共享

目前，大数据被各大企业视为实现竞争力的有力武器，其原因是大数据能够运用数据挖掘技术，实现海量数据的综合分析处理，帮助企业更好地理解和满足客户需求和潜在需求，更好地应用在业务运营智能监控、精细化企业运营、客户生命周期管理、精细化营销、经营分析和战略分析等方面。企业实现大数据的前提是信息资源共享，但目前企业中普遍存在的现象是各类系统邻立，不同的信息标准，将企业陷入一个个信息孤岛中，无法对海量数据进行综合利用，由此成为企业实现大数据的桎梏。因此，解决信息孤岛问题，实现数据共享成为企业实现大数据首先要解决的问题。

在数据开放共享过程中必须高度重视数据安全这一涉及国家利益的重大问题。由于各种国家信息基础设施和重要机构所承载着的庞大数据信息，都有可能成为被攻击的目标，特别是我国各级政府部门掌握大量能源、金融、电信和交通数据资源。这些数据的开放、交易涉及个人隐私、商业秘密、公共安全，乃至国家安全。

数据开放共享涉及若干重大问题，包括数据跨境流动和数据主权，数据开放安全风险、数据开放隐私保护，数据开放的体制机制保障要求、法律法规保障措施、资源配置模式、政策框架体系，以及在全球数据开放进程中我国数据开放的战略选择。

数据隐私与保护是数据开放共享的基本权利。数据立法安全为数据开放共享"保驾护航"。目前，我国大数据法治建设明显滞后，用于规范、界定"数据主权"的相关法律还有待进一步完善，有效的大数据思维和法律框架还有待进一步建设。数据立法与安全保障是数据开放共享的首要前提。数据分析、数据安全、数据质量管理等技术标准，数据处理平台、开放数据集、数据服务平台类新型产品和服务形态的标准较为缺乏，急需研制。

大数据越关联越有价值，越开放越有价值。尤其是公共事业和互联网企业的开放数据越来越多。我国的一些城市和部门也在逐渐开展数据开放的工作。未来需要采取建立信息资源共享平台，建立"用数据说话、用数据决策、用数据管理"的管理机制，完善组织实施机制，加快法规制度建设，建立标准规范体系等措施和机制，进一步加强数据共享，加强顶层设计，依托于信息化共享平台，借助制度建设与规范，进一步加快数据共享体系建设。同时明确监管的重点领域、数据内容和范围，制定重点领域数据安全管理制度，建立起国家、公民、社会数据安全保障体系。

三、数据科学

大数据时代在科学领域里的表现是数据科学的兴起。数据科学是一门新兴学科，它所依赖的两个因素是数据的广泛性和多样性，以及数据研究的共性。现代社会的各行各业都充满了数据，而且这些数据也是多种多样，不仅包括结构型数据，也包括非结构型数据。

数据科学的广义概念主要包括两个方面：用数据的方法来研究科学和用科学的方法来研究数据。前者包括像生物信息学、天体信息学、数字地球等领域。后者包括统计学、机器学习、数据挖掘、数据库等领域。这些学科都是数据科学的重要组成部分。数据科学的人才都是复合型人才，需要具备三项基本技能：数学/统计、计算机能力、在特定业务领域的知识。

目前，具有丰富经验的数据分析人才将成为稀缺的资源，数据驱动型工作将呈现爆炸式的增长。数据科学对大数据发展提供了前所未有的机遇和挑战。国务院印发《促进大数据发展行动纲要》中指出，鼓励高校设立数据科学和数据工程相关专业，重点培养专业化数据工程师等大数据专业人才。鼓励采取跨校联合培养等方式开展跨学科大数据综合型人才培养，大力培养具有统计分析、计算机技术、经济管理等多学科知识的跨界复合型人才。鼓励高等院校、职业院校和企业合作，加强职业技能人才实践培养，积极培育大数据技术和应用创新型人才。依托社会化教育资源，开展大数据知识普及和教育培训，提高社会整体认知和应用水平。

思考题

- 1. 简述大数据的定义及特征。
- 2. 结合实际谈一谈大数据给社会发展和人民生活带来的巨大变革。
- 3. 举例说明大数据的具体应用情况。
- 4. 简述大数据人才应当具备的技能和培养方式。

第十三章 | 人工智能

人工智能是在计算机科学、控制论、信息论、神经心理学、哲学、语言学等多个学科的研究成果基础上发展起来的综合性很强的交叉学科，是一门新思想、新观念、新理论、新技术不断出现的新兴学科以及正在迅速发展的前沿学科。自1956年著名的达特茅斯会议正式提出人工智能这个概念，并把它作为一门新兴学科的名称以来，人工智能得到了迅速发展，并取得了惊人的成就，引起了人们的高度重视，受到了很高的评价。它与空间技术、原子能技术一起被誉为20世纪三大科学技术成就；有人称它为继三次工业革命后的又一次工业革命，认为前三次工业革命主要是扩展了人手的功能，把人类从繁重的体力劳动中解放出来，而人工智能则拓展了人脑的功能，实现了脑力劳动的自动化。

本章首先介绍人工智能的基本概念以及人工智能的发展简史，然后简要介绍当前人工智能的主要研究内容及主要应用领域，以开阔读者的视野，使读者对人工智能极其广阔的研究与应用领域有总体的了解。

■ 第一节 人工智能的定义

一、人工智能的定义

对于人工智能我们并不陌生，它就在我们身边，比如智能搜索引擎、智能助理、机器翻译、机器写作、机器视觉、自动驾驶、机器人等都是人工智能。但并非所有人都能留意到它的存在。2016年3月，阿尔法狗（AlphaGo）与围棋世界冠军、职业九段棋手李世石进行了围棋人机大战，以4:1的总比分获胜。激起了人们对人工智能的极大热情，一时间，似乎人人都在谈人工智能。那么，到底什么是人工智能？历史上，人工智能的定义历经多次转变，一些肤浅的、未能揭示内在规律的定义很早就被研究者抛弃。但直到今天，被广泛接受的定义仍有很多种，具体使用哪种定义，通常取决于人们讨论问题的语境和关注的焦点。这里列举三种目前流行的或有代表性的定义。

1. 第一种定义

第一种定义，人工智能就是让计算机按照人类的思考方式和行为模式进行思考和行动。这是人工智能发展早期非常流行的一种定义方式。从根本上讲，这是一种类似仿生学的直观思想。既然叫人工智能，那让计算机模拟人的智慧就是最直截了当的做法。但历史经验证明，仿生学的思想在科技发展中不一定可行。一个最好也最著名的例子就是飞机的发明。在几千年的时间里，人类一直梦想着按照鸟类扑打翅膀的方式飞上天空，但反讽的是，真正带着人类在长空翱翔，并打破了鸟类飞行速度、飞行高度纪录的，是飞行原理与鸟类差别极大的固定翼飞机。

人类思考方式——人究竟是怎样思考的？这本身就是一个复杂的技术和哲学问题。要了解人类自身的思考方式，哲学家们试图通过反省与思辨，找到人类思维的逻辑法则，而科学家们则通过心理学和生物学实验，了解人类在思考时的身心变化规律。这两条道路都在人工智能的发展历史上起到过极为重要的作用。

思维法则，或者说，逻辑学，是一个人的思考过程是不是理性的最高判定标准。从古希腊的先贤们开始，形式逻辑、数理逻辑、语言逻辑、认知逻辑等分支在数千年的积累和发展过程中，总结出大量规律性的法则，并成功地为几乎所有科学研究提供了方法论层面的指导。让计算机中的人工智能程序遵循逻辑学的基本规律进行运算、归纳或推演，是许多早期人工智能研究者的最大追求。

世界上第一个专家系统程序Dendral是一个成功地用人类专家知识和逻辑推理规则解决一个特定领域问题的例子。这是一个由斯坦福大学的研究者用Lisp语言写成的，帮助有机化学家根据物质光谱推断未知有机分子结构的程序。Dendral项目在20世纪60年代中期取得了令人瞩目的成功，衍生出一大批根据物质光谱推断物质结构的智能程序。Dendral之所以能在限定的领域解决问题，一是依赖于化学家们积累的有关何种分子结构可能产生何种光谱的经验知识；二是依赖符合人类逻辑推理规律的大量判定规则。Dendral的成功事实上带动了专家系统在人工智能各相关领域的广泛应用，从机器翻译到语音识别，从军事决策到资源勘探。一时间，专家系统似乎就是人工智能的代名词，其热度不亚于今天的人工学习。

但是人们很快就发现了基于人类知识库和逻辑学规则构建人工智能系统的局限。一个解决特定的、狭小领域问题的专家系统很难被扩展到稍微宽广一些的知识领域中，更别提扩展到基于世界知识的日常生活里了。一个著名的例子是早期人们用语法规则与词汇对照表来实现机器翻译时的窘境。1957年苏联发射世界上第一颗人造卫星后，美国政府和军方急于使用机器翻译系统了解苏联的科技状态，但用语法规则和词汇对照表实现的从俄语到英语的机器翻译系统笑话百出，曾把"心有余而力不足"（The spirit is willing but the flesh is weak）翻译为"伏特加不错而肉都烂掉了"（The vodka is good but the meat is rotten）。完全无法处理自然语言中的歧义和丰富多样的表达方式。在后起的统计模型、深度学习等技术面前，专家系统毫无优势可言，因而从20世纪90年代开始就备受冷落。科研机构甚至不得不解雇过时的语言学家，以跟上技术发展的脚步。

另一方面，从心理学和生物学出发，科学家们试图弄清楚人的大脑到底是怎么工作的，并希望按照大脑的工作原理构建计算机程序，实现"真正"的人工智能。这条道路上同样布满荆棘。最跌宕起伏的例子，非神经网络莫属。

生物学家和心理学家很早就开始研究人类大脑的工作方式，其中最重要的一环，就是大脑神经元对信息（刺激）的处理和传播过程。早在通用电子计算机出现之前，科学家们就已经提出了有关神经元处理信息的假想模型，即人类大脑中的数量庞大的神经元共同组成一个相互协作的网络结构，信息（刺激）通过若干层神经元的增强、衰减或屏蔽处理后，作为系统的输出信号，控制人体对环境刺激的反应（动作）。20世纪50年代，早期人工智能研究者将神经网络用于模式识别，用计算机算法模拟神经元对输入信号的处理过程，并根据信号经过多层神经元后得到的输出结果对算法参数进行修正。

早期神经网络技术没有发展太久就陷入低谷。这主要有两个原因：一是当时的人工神经网络算法在处理某些特定问题时有先天局限，亟待理论突破；二是当时的计算机运算能力无法满足人工神经网络的需要。20世纪70年代到80年代，人工神经网络的理论难题得到解决。20世纪90年代开始，随着计算机运算能力的飞速发展，神经网络在人工智能领域重新变成研究热点。但直到2010年前后，支持深度神经网络的计算机集群才开始得到广泛应用，供深度学习系统训练使用的大规模数据集也越来越多。神经网络这一仿生学概念在人工智能的新一轮复兴中，真正扮演了至关重要的核心角色。

客观地说，神经网络到底在多大程度上精确反映了人类大脑的工作方式，这仍然存在争议。在仿生学的道路上，最本质的问题是，人类至今对大脑如何实现学习、记忆、归纳、推理等思维过程的机理还缺乏认识，况且，我们并不知道，到底要在哪一个层面（大脑各功能区相互作用的层面？细胞之间交换化学物质和电信号的层面？还是分子和原子运动的层面？）真实模拟人脑的运作，才能制造出可以匹敌人类智慧的智能机器。

2. 第二种定义

第二种定义，人工智能就是让计算机完成以往只有人才能够做的智能工作。也就是说，无论机器以何种方式实现某一功能，只要该功能表现的与人在类似环境下的行为相似，就可以说，这台机器拥有该领域的人工智能。与第一种定义不同，这一定义从近似于人类行为的最终结果出发，而忽略达到这一结果的手段，是一种实用主义的思想，这种思想的目标是用机器实现人类的部分智能，使机器能够胜任一些通常需要人类智能才能完成的复杂工作。著名的图灵测试是这一思想的先驱。

1950年10月，英国数学家图灵发表了一篇名为《计算机械和智能》（Computing Machinery and Intelligence）的论文，试图探讨到底什么是人工智能。在文章中，图灵提出了一个有趣的实验：

假如有一台宣称自己会"思考"的计算机，人们该如何辨别计算机是否真地会思考呢？一个好方法是让测试者和计算机分别待在两个房间里，两者可以通过键盘和屏幕进行对话，但彼此都看不到对方。如果通过对话，测试者分不清与之对话的是人还是机器，即如果计算机在测试中的表现与人无法区分，那么，就可以认为这台计算机拥有了人工智能。

这种实用主义的思想在今天仍有很强的现实意义。比如今天的深度学习模型在处理机器翻译、语音识别、主题抽取等自然语言相关的问题时，基本上都是将输入的文句看成由音素、音节、字或词组成的信号序列，然后将这些信号一股脑塞进深度神经网络里进行训练。深度神经网络内部，每层神经元的输出信号可能相当复杂，复杂到编程者并不一定清楚这些中间信号在自然语言中的真实含义，但没有关系，只要整个模型的最终输出满足要求，这样的深度学习算法就可以工作得很好。在研究者看来，深度学习模型是不是真地跟人类大脑神经元理解自然语言的过程类似，这一点儿都不重要，重要的是，整个模型可以聪明地工作，最终结果看起来就像人做的一样。

需要注意的是，随着时代的发展和技术的进步，这种定义下的人工智能的具体目标也自然会发展变化，一方面不断获得新的进展；另一方面又转向更有意义、更加困难的目标。例如繁重的科学和工程计算本来是要人脑来承担的，如今计算机不但能完成这种计算，而且能够比人脑做得更快、更准确，但是当代人已不再把这种计算看作是"需要人类智能才能完成"的人工智能。

3. 第三种定义

第三种定义，人工智能就是会学习的计算机。没有哪个完美主义者会喜欢这个定义。这一定义几乎将人工智能与机器学习等同了起来。但这的确是最近这拨人工智能热潮里，人工智能在许多人眼中的真实模样。谁让深度学习一枝独秀，几乎垄断了人工智能领域里所有流行的技术方向呢？

20世纪80年代到90年代，人们还在专家系统和统计模型之间摇摆不定，机器学习固守着自己在数据挖掘领域的牢固阵地远远观望。从2000年至2010年，短短十几年过去，机器学习开始逐渐爆发出惊人的威力，并最早在计算机视觉领域实现了惊人的突破。2010年至今，使用深度学习模型的图像算法在ImageNet竞赛中显著降低了对象识别、定位的错误率。2015年，ImageNet竞赛中领先的算法已经达到了比人眼更高的识别准确率。就在同一年，语音首识别依靠深度学习获得了大约49%的性能提升。机器翻译、机器写作等领域也在同一时期逐渐被深度学习渗透，并由此获得了大幅改进。

"无学习，不AI"，这几乎成了人工智能研究在今天的核心指导思想。许多研究者更愿意将自己称为机器学习专家，而非泛泛的人工智能专家。谷歌的AlphaGo因为学习了大量专业棋手棋谱，然后又从自我对弈中持续学习和提高，因此才有了战胜人类世界冠军的本钱。微软的小冰因为学习了大量互联网上的流行语料，才能用既时尚，又活泼的聊天方式与用户交流。媒体上，被宣传为人工智能的典型应用大多都拥有深度学习的技术基础，是计算机从大量数据资料中通过自我学习掌握经验模型的结果。

这一定义似乎也符合人类认知的特点——没有哪个人是不需要学习、从小就懂得所有事情的。人的智慧离不开长大成人过程里的不间断学习。因此，今天最典型的人工智能系统通过学习大量数据训练经验模型的方法，其实可以被看成是模拟了人类学习和成长的全过程。如果说人工智能未来可以突破到与人类智能相等甚至超过人类智能的层次，那从逻辑上说，在所有人工智能技术中，机器学习最有可能扮演核心推动者的角色。

当然，机器目前的主流学习方法和人类的学习还存在很大的差别。举个最简单的例子：目前的计算机视觉系统在看过数百万张或更多自行车的照片后，很容易辨别出什么是自行车，什么不是自行车，这种需要大量训练照片的学习方式看上去还比较笨拙。反观人类，给一个三四岁的小孩子看一辆自行车之后，再见到哪怕外观完全不同的自行车，小孩子也十有八九能做出那是一辆自行车的判断。也就是说，人类的学习过程往往不需要大规模的训练数据。这一差别给人类带来的优势是全方位的。面对繁纷复杂的世界，人类可以用自己卓越的抽象能力，仅凭少数个例，就归纳出可以举一反三的规则、原理，甚至更高层次上的思维模式、哲学内涵等。最近，尽管研究者提出了迁移学习等新的解决方案，但从总体上说，计算机的学习水平还远远达不到人类的境界。如果人工智能是一种会学习的机器，那未来需要着重提高的，就是让机器在学习时的抽象或归纳能力向人类看齐。

二、人工智能的分类

人工智能大体可分为专用人工智能和通用人工智能两类。目前的人工智能主要是面向特定任务（如下围棋）的专用人工智能，处理的任务需求明确，应用边界清晰，领域知识丰富，在局部智能水平的单项测试中往往能够超越人类智能。例如，阿尔法狗（AlphaGo）在围棋比赛中战胜人类冠军，人工智能程序在大规模图像识别和人脸识别中已经超越人类的水平，人工智能系统识别医学图片等已达到专业医生水平。

相对于专用人工智能的发展，通用人工智能尚处于起步阶段。事实上，人的大脑是一个通用的智能系统，可处理视觉、听觉、判断、推理、学习、思考、规划、设计等各类问题。人工智能的发展方向应该是从专用智能向通用智能发展。

■ 第二节　人工智能的诞生和发展

一、人工智能的诞生

制造出具有人的智能的机器，这是人类长期以来的梦想。20世纪中叶以后，随着电子计算机的问世和控制论、信息论等学科的发展，为人工智能的正式诞生提供了技术上和理论上的条件。特别是计算机技术的发展对人工智能起到了重要的支撑作用。

1956年夏，在美国新罕布什尔州达特茅斯大学的麦卡锡（J. McCarthy）的倡议下，在这所大学举行了一次为期两个月的人工智能研讨会，讨论机器智能问题。这次会议被称为达特茅斯会议。参加这次会议的有麦卡锡的朋友明斯基（M. L. Minsky）、洛切斯特（N. Rochester）、香农（C. E. Shannon），IBM公司的摩尔（T. Moore）、塞缪尔（A. L. Samuel），麻省理工学院的塞尔夫里奇（O. Selfridge）、索罗莫夫（R. Solomonff）和兰德公司与卡内基大学的纽厄尔（A. Newell）、西蒙（H. A. Simon）等人，包括了数学、神经生理学、信息论和计算机方面的学者。经麦卡锡提议，会议正式提出了Artificial Intelligence（人工智能）这一术语。会议从不同学科的角度探讨了人类智能活动的特征，以及用计算机进行模拟的可能性，确立了一些人工智能的目标和技术方法，使人工智能获得了计算机科学界的承认，成为一个独立的新兴科研领域，极大地推动了人工智能的研究。达特茅斯会议是一次具有历史意义的会议，标志着人工智能的正式诞生。麦卡锡因而被称为"人工智能之父"。达特茅斯会议以后，美国形成了多个人工智能研究组织，如以纽厄尔和西蒙为首的卡内基大学研究组，以麦卡锡和明斯基为首的麻省理工学院MIT研究组和以塞缪尔为首的IBM公司研究组。这几个研究组在人工智能研究的开创时期做出很大的贡献。其中，塞缪尔研制的具有自适应、自学习、自组织的跳棋程序曾轰动一时。

二、人工智能的发展

1. 第一次人工智能研究热潮

20世纪50年代到60年代，伴随着通用电子计算机的诞生，以图灵测试为标准，以达特茅斯会议为标志，掀起了第一拨人工智能研究热潮，在机器学习、定理证明、模式识别、问题求解、专家系统及人工智能语言等方面都取得了许多引人瞩目的成就，例如：

①在机器学习方面，1957年，罗森勃拉特（F. Rosenblatt）研制成功了感知器。这是一种将神经元用于识别的系统，它的学习功能引起了人工智能学者广泛的兴趣，推动了连接机制的研究。但人们很快发现了感知器的局限性。

②在定理证明方面，美籍华人数理逻辑学家王浩于1958年在IBM-704计算机上用3～5min证明了罗素的《数学原理》中有关命题演算的全部定理（220条），并且证明了该书中有关谓词演算的150条定理中的85%；1965年鲁滨逊（J. A. Robinson）提出了归结原理，为定理的机器证明做出了突破性的贡献。

③在模式识别方面，1959年，塞尔夫里奇推出了一个模式识别程序；1965年，罗伯特（F.Roberts）编制了可分辨积木构造的程序。

④在问题求解方面，1960年，纽厄尔等人通过心理学试验总结了人们求解问题的思维规律，编制了通用问题求解程序GPS，可以用来求解11种不同类型的问题。

⑤在专家系统方面，美国斯坦福大学的费根鲍姆（E. A. Feigenbaum）领导的研究小组自1965年开始了专家系统DENDRAL的研制，这是世界上第一个专家系统。1968年该专家系统完成并投入使用。该专家系统能根据质谱仪的实验，通过分析推理确定化合物的分子结构，其分析能力已

接近，甚至超过一些化学专家的水平，在美、英等国得到了实际应用。它不仅是一个实用的专家系统，而且对知识表示、存储、获取、推理及利用等技术进行了一次非常有益的探索，为以后专家系统的建造树立了榜样，对人工智能的发展产生了深刻的影响，其意义远远超过了该专家系统本身的价值。

⑥在人工智能语言方面，1960年，麦卡锡研制的人工智能语言LISP，成为建造智能系统的重要工具。

虽然这些早期的人工智能项目承载着研究者巨大的热情和期望，但在那个年代，无论是计算机的运算速度，还是相关的程序设计与算法理论，都远不足以支撑人工智能的发展需要。人工智能领域的研究者越来越意识到他们所遇到的瓶颈和困难。特别是对于人们寄予厚望的机器翻译，远没有人们想象的那么容易。最初人们以为，只要一部双向词典及一些词法知识，就可以实现两种语言文字间的互译。后来人们发现，机器翻译远非这么简单。给计算机一个句子，计算机能够实现的方法只是进行句法分割，然后对分割后的成分进行词典翻译，很容易产生歧义，甚至会出现十分荒谬的错误，如第一节所述"心有余而力不足"之类的翻译笑话。由于机器翻译出现了许多问题，1960年，美国政府顾问委员会的一份报告作出以下结论："还不存在通用的科学文本机器翻译，也没有很近的实现前景。"因此，美国逐渐中断了对大部分机器翻译项目的资助。在其他方面，如问题求解、神经网络、机器学习等也都遇到了困难。1973年，著名数学家拉特希尔向英国政府提交了一份关于人工智能的研究报告，对当时的机器人技术、语言处理技术和图像识别技术进行了严厉批评，尖锐地指出人工智能那些看起来宏伟的目标根本无法实现。人工智能的实际价值遭到质疑。随后，各国政府和机构也停止或减少了资金投入。从20世纪60年代末70年代初开始，无论是专业研究者还是普通大众，对人工智能的热情迅速消退，人工智能发展陷入低谷。

2. 第二次人工智能研究热潮

20世纪70年代末到90年代的第二次人工智能热潮，是研究者和产品开发者的一个黄金时代。首先是70年代末到80年代，以知识推理和专家系统为代表的人工智能技术取得重大突破，随后是概论统计模型技术的兴起，并在语音识别、机器翻译等领域取得不俗的进展，人工神经网络也在模式识别等应用领域开始有所建树，再加上1997年深蓝计算机战胜人类棋王卡斯帕罗夫，人工智能再度引发了人们的热情。

1977年，费根鲍姆在第五届国际人工智能联合会议上提出了"知识工程"的概念，对以知识为基础的智能系统的研究与建造起到了重要的作用。大多数人接受了费根鲍姆关于以知识为中心展开人工智能研究的观点。从此，人工智能的研究又迎来了以知识为中心的蓬勃发展的新时期。这个时期也称为知识应用时期。

在这个时期，专家系统的研究在多个领域取得了重大突破，各种不同功能、不同类型的专家系统如雨后春笋般地建立起来，产生了巨大的经济效益及社会效益。例如，地矿勘探专家系统PROSPECTOR拥有15种矿藏知识，能根据岩石标本及地质勘探数据对矿藏资源进行估计和预测，能对矿床分布、储藏量、品位及开采价值进行推断，制订合理的开采方案。应用该系统成功地找到了价值超过1亿美元的钼矿。专家系统MYCIN能识别51种病菌，正确地处理23种抗生素，可协助医生诊断、治疗细菌感染性血液病，为患者提供最佳处方。该系统成功地处理了数百个病例，显示出较高的医疗水平。美国DEC公司的专家系统XCON能根据用户要求确定计算机的配置，由人类专家做这项工作一般需要3h，而该系统只需要0.5min。 DEC公司还建立了其他一些专家系统，由此每年产生的净收益超过4000万美元。信用卡认证辅助决策专家系统American Express每年可节省大约2700万美元的运营开支。

专家系统的成功使人们越来越清楚地认识到知识是智能的基础，对人工智能的研究必须以知识为中心来进行。如第一节所述，人们不久就发现了基于人类知识库和逻辑学规则构建人工智能系统的局限。一个解决特定的、狭小领域问题的专家系统很难被扩展到稍微宽广一些的知识领域中，更别提扩展到基于世界知识的日常生活里了。除了前文机器翻译"心有余而力不足"之类的笑话之外，另一个著名的例子是语音识别。让计算机听懂人们说的每一句话、每一个字词，这是人工智能这门学科诞生第一天科学家就努力追求的目标。但专家系统方法严重依赖于人的语言学知识，基本说无法扩展，只能识别很少的一组单词，也无法适应不同人的语音特点。于是，科学家们摒弃依靠人类经验知识和模仿人类思维方式总结知识规则的专家系统方法，选择使用依赖于问题本身数据特征的概率统计模型破解语音识别难题，将语音识别从以专家系统为代表的符号主义推进到统计时代，使语音识别率提升了一个层次，大大促进了语音识别技术的进步。

虽然第二次人工智能热潮取得了很大成就，但是，那个时代技术进步还不够好，不足以超过人类对智能机器的心理预期。拿语音识别来说，统计模型虽然让语音识别技术前进了一大步，但还没有好到让普通人接受的程度，测试环境稍稍变化就会造成识别效果大幅下降。开发的产品更多被用于演示和宣传，实用价值有限。从整体上看，第二次人工智能热潮仍然笼罩着浓厚的学术研究和科学实验色彩，虽然激发了大众的热情，但更像是跌入谷底前的泡沫期，远没有达到与商业模式、大众需求接轨并稳步发展的地步。

3. 第三次人工智能研究热潮

2010年前后，准确地说是从2006年开始，随着深度学习技术的成熟以及计算机运算速度的大幅增长，加上互联网时代积累起来的海量数据，人工智能在算法、算力和算料（数据）方面取得了重要突破，直接为图像分类、语音识别、知识问答、人机对弈、无人驾驶等人工智能的复杂应用提供了支撑，人工智能迎来了以深度学习携手大数据为引领的第三次热潮。

2006年，针对BP学习算法训练过程存在严重的梯度扩散现象、局部最优和计算量大等问题，深度学习泰斗杰弗里·辛顿及其合作者用一篇名为《一种深度置信网络的快速学习算法》的论文宣告了深度学习时代的到来。深度学习取得重大进展，解决了人工智能界努力了很多年仍没有取得突破的问题。首先在计算机视觉领域，帮助计算机认识人脸，认识图片和视频中的物体，然后冲入语音识别、机器翻译、数据挖掘、自动驾驶等几乎所有人工智能的技术领域大展身手。

例如，2012年到2015年，在代表计算机智能图像识别最前沿发展水平的ImageNet竞赛（ILSVRC）中，参赛的人工智能算法在识别准确率上突飞猛进。2014年，在识别图片中的人、动物、车辆或其他常见对象时，基于深度学习的计算机程序超过了普通人类的肉眼识别准确率。

人们在ImageNet竞赛（ILSVRC）中取得的非凡成就是人工智能发展史上一个了不起的里程碑，也是当今这拨人工智能热潮由萌芽到兴起的关键节点。随着机器视觉领域的突破，深度学习迅速开始在语音识别、数据挖掘、自然语言处理等不同领域攻城略地，甚至开始将以前被人们视为科幻的自动驾驶技术带入现实。此外，基于深度学习的人工智能科研成果还被推向了各个主流商业应用领域，如银行、保险、交通运输、医疗、教育、市场营销等，第一次实现了人工智能技术与产业链条的有机结合。

人工智能之所以有今天的成就，深度学习技术居功至伟。谷歌最杰出的工程师杰夫·迪恩说："我认为在过去5年，最重大的突破应该是对于深度学习的使用。这项技术目前已经成功地被应用到许许多多的场景中，从语音识别到图像识别，再到语言理解。而且有意思的是，目前我们还没有看到有什么是深度学习做不了的。希望在未来，我们能看到更多更有影响力的技术。"

今天，人工智能领域的研究者，几乎无人不谈深度学习。很多人甚至高喊出了"深度学习=人工智能"的口号。毋庸讳言，深度学习绝对不是人工智能领域的唯一解决方案，二者之间也无法画上等号。但说深度学习是当今乃至未来很长一段时间内引领人工智能发展的核心技术，则一点儿也不为过。

另外，深度学习理论本身也不断取得重大进展。针对广泛应用的卷积神经网络训练数据需求大、环境适应能力弱、可解释性差、数据分享难等不足，2017年10月，辛顿等进一步提出了胶囊网络。其工作机理比卷积神经网络更接近人脑的工作方式，能够发现高维数据中的复杂结构。2019年，牛津大学博士生科西奥雷克（R. Kosiorek）等提出了堆叠胶囊自动编码器（Stacked Capsule Auto-Encoder，SCAE）。对此，深度学习创始人、图灵奖得主辛顿称赞它是一种非常好的胶囊网络新版本。

与前两次人工智能热潮相比，第三次人工智能热潮具有以下特点：

①前两次是学术研究主导的，而第三次是现实商业需求主导的。

②前两次多是市场宣传层面的，而第三次是商业模式层面的。

③前两次多是学术界在劝说、游说政府和投资人投钱，而第三次多是投资人主动向热点领域的学术项目和创业项目投钱。

④前两次更多是提出问题，而第三次更多是解决问题。

目前，全球产业界充分认识到人工智能技术引领新一轮产业变革的重大意义，把人工智能技术作为许多高技术产品的引擎，占领人工智能产业发展的战略高地。大量的人工智能应用促进了人工智能理论的深入研究。

■ 第三节　人工智能研究的基本内容

人工智能研究的基本内容主要包括以下几个部分：

（1）知识表示

世界上的每一个国家或民族都有自己的语言和文字。语言和文字是人们表达思想、交流信息的工具，促进了人类社会文明的进步。语言和文字是人类知识表示的最优秀、最通用的方法，但人类语言和文字的知识表示方法并不适合用计算机处理。

人工智能研究的目的是建立一个能模拟人类智能行为的系统，而知识是一切智能行为的基础，因此首先要研究知识表示方法。只有这样才能把知识存储到计算机中，供求解问题使用。

对于知识表示方法的研究离不开对知识的研究与认识。由于目前学术界对人类知识的结构及机制还没有完全搞清楚，因此关于知识表示的理论及规范尚未建立起来。尽管如此，人们在研究及建立智能系统的过程中，还是结合具体研究提出了一些知识表示方法——符号表示法和连接机制表示法。

符号表示法是用各种包含具体含义的符号，以各种不同的方式和顺序组合起来表示知识的一类方法。它主要用来表示逻辑性知识，目前用得较多的知识表示方法有一阶谓词逻辑表示法、产生式表示法、框架表示法、语义网络表示法、状态空间表示法、神经网络表示法、脚本表示法、过程表示法、Petri网络表示法及面向对象表示法等。

连接机制表示法是用神经网络表示知识的一种方法。它把各种物理对象以不同的方式及顺序连接起来，并在其间互相传递及加工各种包含各种具体意义的信息，以此来表示相关的概念及知识。相对于符号表示法而言，连接机制表示法是一种隐式的知识表示方法。在这里，知识并不像在产生式系统中那样表示为若干条规则，而是将某个问题的若干知识在同一个网络中表示出来。该方法特别适用表示各种形象性的知识。

（2）机器感知

所谓机器感知，就是使机器（计算机）具有类似于人的感知能力，其中以机器视觉与机器听觉为主。机器视觉是让机器能够识别并理解文字、图像、实景等，机器听觉是让机器能识别并理解语言、声音等。

机器感知是机器获取外部信息的基本途径，是使机器智能化不可缺少的组成部分，正如人的智能离不开感知一样，为了使机器具有感知能力，就需要为它配置能"听"、会"看"的感觉器官。为此，人工智能中已经形成了两个专门的研究领域，即模式识别与自然语言理解。

（3）机器思维

所谓机器思维，是指对通过感知得来的外部信息及机器内部的各种工作信息进行有目的的处理。正如人的智能来自大脑的思维活动一样，机器智能也主要是通过机器思维实现的。因此，机器思维是人工智能研究中最重要、最关键的部分。它使机器能模拟人类的思维活动，既可以进行逻辑思维，又可以进行形象思维。

（4）机器学习

知识是智能的基础，要使计算机有智能，就必须使它有知识。人们可以把有关知识归纳、整理在一起，并用计算机可接收、可处理的方式输入计算机，使计算机具有知识。显然，这种方法不能及时地更新知识，特别是计算机不能适应环境的变化。为了使计算机具有真正的智能，必须使计算机像人类那样，具有获得新知识、学习新技巧并在实践中不断完善、改进的能力，实现自我完善。

机器学习研究如何使计算机具有类似于人的学习能力，使它能通过学习自动地获取知识。计算机可以直接向书本学习，通过与人谈话学习，通过对环境的观察学习，并在实践中实现自我完善。

机器学习是一个难度较大的研究领域，它与脑科学、神经心理学、机器视觉、机器听觉等都有密切联系，依赖于这些学科的共同发展。经过近些年的研究，机器学习研究虽取得了很大的进步，提出了很多学习方法，特别是深度学习的研究取得了长足的进步。

（5）机器行为

与人的行为能力相对应，机器行为主要是指计算机的表达能力，即"说""写""画"等能力。智能机器人还应具有人的四肢的功能，即能走路、能取物、能操作等。

■ 第四节　人工智能的主要应用领域

目前，随着智能科学与技术的发展和计算机网络技术的广泛应用，人工智能技术已经应用到越来越多的领域。下面简要介绍人工智能的主要应用领域。

（1）自动定理证明

自动定理证明是人工智能中最先进行研究并得到成功应用的一个研究领域，同时它也为人工智能的发展起到了重要的推动作用。实际上，除了数学定理证明以外，医疗诊断、信息检索、问题求解等许多非数学领域问题也都可以转化为定理证明问题。

定理证明的实质是证明由前提P得到结论Q的永真性。但是，要直接证明P→Q的永真性一般来说是很困难的，通常采用的方法是反证法。在这方面海伯伦（Herbrand）与鲁滨逊先后进行了卓有成效的研究，提出了相应的理论及方法，为自动定理证明奠定了理论基础，尤其是鲁滨逊提出的归结原理，使定理证明得以在计算机上实现，对机器推理做出了重要贡献。我国吴文俊院士提出并实现的几何定理机器证明方法——吴氏方法，是机器定理证明领域的一项标志性成果。

（2）博弈

诸如下棋、打牌、战争等竞争性智能活动称为博弈（game playing）。下棋是一个斗智的过程，不仅要求下棋者具有超凡的记忆能力、丰富的下棋经验，而且要求有很强的思维能力。能对瞬息万变的随机情况迅速地作出反应，及时采取有效的措施。对于人类来说，博弈是一种智能性很强的竞争活动。

著名人工智能研究者、图灵奖获得者约翰·麦卡锡在20世纪50年代就开始从事计算机下棋方面的研究工作，并提出了著名的$\alpha-\beta$剪枝算法。在很长时间内，该算法一直是计算机下棋程序的核心算法，著名的国际象棋程序"深蓝"采用的就是该算法的框架。

人工智能领域研究博弈的目的并不是为了让计算机与人玩下棋、打牌之类的游戏，而是通过对博弈的研究来检验某些人工智能技术是否能实现对人类智慧的模拟，促进人工智能的深入研究。正如俄罗斯人工智能学者亚历山大·克隆罗德所说的那样："象棋是人工智能中的果蝇。"他将象棋在人工智能研究中的作用类比于果蝇在生物遗传研究中作为实验对象所起的作用。

（3）模式识别

模式识别（patten recognition）是一门研究对象描述和分类方法的学科。分析和识别的模式可以是信号、图像或者普通数据。

模式是对一个物体或者某些其他感兴趣实体定量的或者结构化的描述，而模式类是指具有某些共同属性的模式集合。用机器进行模式识别的主要内容是研究一种自动技术，依靠这种技术，机器可以自动地或者尽可能少用人工干预地把模式分配到它们各自的模式类中。

传统的模式识别方法有统计模式识别与结构模式识别等。近年来迅速发展的模糊数学及人工神经网络技术已经应用到模式识别中，形成模糊模式识别、神经网络模式识别等方法，其应用领域包括手写体识别、指纹识别、虹膜识别、医学图片识别、语音识别、生物特征识别、人脸识别等，展示了巨大的发展潜力。特别是基于深度学习等人工智能技术的X光、核磁、CT、超声等医疗影像多模态大数据的分析技术，能够提取二维或三维医疗影像隐含的疾病特征，辅助医生识别诊断。

（4）计算机视觉

计算机视觉（computer vision）或者机器视觉（machine vision）是用机器代替人眼进行测量和判断，是模式识别研究的一个重要方面。计算机视觉通常分为低层视觉与高层视觉两类。低层视觉主要执行预处理功能，如边缘检测、移动目标检测、纹理分析，以及立体造型、曲面色彩等，其主要目的是使得看见的对象更突出，这时还不是理解阶段。高层视觉主要是理解对象，需要掌握与对象相关的知识。计算机视觉的前沿课题包括：实时图像的并行处理，实时图像的压缩、传输与复原，三维景物的建模识别，动态和时变视觉，等等。

计算机视觉系统通过图像摄取装置将被摄取的目标转换成图像信号，传送给专用的图像处理系统，根据像素分布和宽度、颜色等信息，将其转换成数字信号，再对这些信号进行各种运算，抽取目标的特征，进而根据判别的结果来控制现场的设备动作。机器视觉的主要研究目标是使计算机具有通过二维图像认知三维环境信息的能力，能够感知与处理三维环境中物体的形状、位置、姿态、运动等几何信息。

计算机视觉与模式识别存在很大程度的交叉。两者的主要区别是：机器视觉更注重三维视觉信息的处理，而模式识别仅仅关心模式的类别。此外，模式识别还包括听觉等非视觉信息。

目前计算机视觉的应用相当普及，主要集中在半导体及电子、汽车、冶金、食品饮料、零配件装配及制造等行业。计算机视觉系统在质量检测的各个方面已经得到广泛应用。在国内，由于近年来计算机视觉产品刚刚起步，目前主要集中在制药、印刷、包装、食品饮料等行业。随着国内制造业的快速发展，对于产品检测和质量要求不断提高，各行各业对图像和机器视觉技术的工业自动化需求将越来越大，在未来的制造业中将会有很大的发展空间。

（5）自然语言处理

目前人们在使用计算机时，大多用计算机的高级语言（如C、Java等）编制程序来告诉计算机"做什么"以及"怎么做"。这给计算机的利用带来了诸多不便，严重阻碍了计算机应用的进一步推广。如果能让计算机"听懂""看懂"人类语言（如汉语、英语等），那将使计算机具有更广泛的用途，特别是将大大推进机器人技术的发展。自然语言处理（natural language processing）研究能够实现人与计算机之间用自然语言进行交互的理论与方法。具体地说，它要达到如下4个目标：计算机能把用某种自然语言表示的信息自动地翻译为用另一种自然语言表示的相同信息，也就是机器翻译（machine translation）；计算机能"听懂"人类语言，也就是语音识别（speech recognition）；计算机能正确理解人们用自然语言输入的信息，并能正确回答其中的有关问题；对输入的自然语言信息，计算机能够产生相应的摘要，能用不同词语复述输入信息的内容。

①机器翻译。关于机器翻译的研究可以追溯到20世纪50年代初期。当时由于通用计算机的出现，人们开始考虑用计算机把一种语言翻译成另一种语言的可能性。在此之后的10多年中，机器翻译一直是自然语言处理中的主要研究课题。起初，研究方向主要是进行"词对词"的翻译。当时人们认为，翻译工作只要查词典及进行简单的语法分析就可以了，即对一篇要翻译的文章，首先通过词典找出两种语言间的对应词，然后经过简单的语法分析调整词序，就可以实现翻译。出于这一认识，人们把主要精力用于在计算机内构造不同语言的词汇对照关系的词典上，但是这种方法并未达到预期的效果，甚至闹出了一些阴差阳错、颠三倒四的笑话，正像在第一节中列举的"心有余而力不足"的例子那样。

进入20世纪70年代后，一批采用语法—语义分析技术的自然语言处理系统脱颖而出，在语言分析的深度和广度方面都比早期的系统有了长足的进步。这期间，有代表性的系统主要有维诺格拉德（T. Winograd）于1972年研制的SHRDLU、伍德（W. Woods）于1972年研制的LUNAR等。SHRDLU是一个在"积木世界"中进行英语对话的自然语言处理系统。该系统模拟一个能操作桌子上一些玩具积木的机器人手臂，用户通过与计算机对话命令机器人操作积木，例如让它拿起或放下某个积木等。LUNAR是一个用来协助地质学家查找、比较和评价阿波罗11飞船带回来的月球岩石和土壤标本化学分析数据的系统，是第一个实现了用普通英语与计算机对话的人机接口系统。

进入20世纪80年代后，相关研究更强调知识在自然语言处理中的重要作用。1990年8月，在赫尔辛基召开的第13届国际计算机语言学大会首次提出了处理大规模真实文本的战略目标，并组织了"大型语料库在建造自然语言系统中的作用""词典知识的获取与表示"等专题讲座。语料库语言学（corpus linguistics）认为语言学知识来自语料，人们只有从大规模语料库中获取有助于处理语言的知识，才能真正实现对语言的处理。

2006年以来，深度学习成为人工智能研究领域发展最为迅速、性能最为优秀的技术之一。应用深度学习方法构造的神经网络机器翻译系统与概率统计机器翻译系统相比，翻译速度与准确率均大幅度提高，机器翻译进入了神经网络机器翻译阶段。

②语音识别。语音识别分三种情况，第一种情况是判断说话的人是谁，也就是语音识别中的特定人识别；第二种情况是"听懂"某个指定的人说话的内容，也就是特定语者连续语音识别；第三种情况是"听懂"随机出现的任何人说话的内容，也就是非特定语者连续语音识别。

相对于机器翻译，语音识别是更加困难的问题。机器翻译系统的输入通常是印刷文本，计算机能清楚地区分词和词串。而语音识别系统的输入是语音，其复杂度要大得多，特别是口语有很多的不确定性。人与人交流时，往往是根据上下文提供的信息猜测对方所说的是哪一个单词，还可以根据对方的音调、面部表情和手势等得到很多信息。特别是说话者会经常更正说过的话，而且会使用不同的词重复某些信息。显然，要使计算机像人一样识别语音是很困难的。

语音识别在早期按照符号主义学派建立专家系统的思路进行研究，收效甚微。20世纪90年代统计模型开始用于语音识别，使语音识别率明显提升了一个层次，但始终无法满足实际需要。2011年以后，深度学习成为语音识别的主流技术，语音识别取得了巨大成功。今天语音识别已经完全可以满足大多数人的使用要求，人工智能在语音识别领域走进了业界的真实应用场景，与商业模式紧密结合。例如，我们可以直接对着手机说话以录入文字信息，用语音识别系统来写大段的文章，还可以用语音识别系统交谈聊天。

（6）智能信息检索

数据库系统是存储大量信息的计算机软件系统，随着计算机应用的发展，存储在计算机中的信息量越来越庞大，研究智能信息检索系统具有重要的理论意义和实际应用价值。智能信息检索系统应具有下述功能：

①能理解自然语言，允许用户使用自然语言提出检索要求和询问。

②具有推理能力。能根据数据库中存储的事实，通过推理产生用户要求的检索结果和询问的答案。

③系统拥有一定的常识性知识。系统根据这些常识性知识和专业知识能演绎推理出专业知识中没有包含的答案。例如，某单位的人事档案数据库中有下列事实："张强是采购部工作人员"，"李明是采购部经理"。如果系统具有"部门经理是该部门工作人员的领导"这一常识性知识，就可以对询问"谁是张强的领导"演绎推理出答案"李明"。

站在智能信息检索研究最前沿的自然是各类商业搜索引擎，如百度、谷歌和必应等。随着知识图谱（knowledge graph/vault）相关技术的快速发展，近年来，学术界和产业界也开始对知识图谱在搜索引擎中的应用进行积极的探索。知识图谱旨在描述客观世界的概念、实体、事件及它们之间的关系，例如，谁是谁的父亲，中国有哪些省份，等等。

如果说知识是人类进步的阶梯，那么知识图谱可能就是人工智能进步的阶梯。知识图谱和传统搜索引擎中使用的数据有很大的不同。首先，知识图谱是图结构式的数据，而传统搜索引擎中使用的数据多为网页或文本；其次，知识图谱中的信息更加语义化。在智能信息检索中使用知识图谱，需要把知识图谱（即语义中的实体）和搜索引擎对接起来。

（7）数据挖掘与知识发现

随着计算机网络的飞速发展，计算机处理的信息量越来越大。数据库中包含的大量信息无法得到充分的利用，造成信息浪费，甚至变成大量的数据垃圾。因此，人们开始考虑以数据库作为新的知识源。数据挖掘（data mining）和知识发现（knowledge discover）是20世纪90年代初期崛起的一个活跃的研究领域。

知识发现系统通过各种学习方法自动处理数据库中大量的原始数据，提炼出具有必然性的有意义的知识，从而揭示出蕴涵在这些数据背后的内在联系和本质规律，实现知识的自动获取。知识发现是从数据库中发现知识的全过程，而数据挖掘则是这个过程中的一个特定的、关键的步骤。

数据挖掘的目的是从数据库中找出有意义的模式。这些模式可以是用规则、聚类、决策树、依赖网络或其他方式表示的知识。一个典型的数据挖掘过程可以分成4个阶段，即数据预处理、建模、模型评估及模型应用。数据预处理主要包括数据的理解、属性选择、连续属性离散化、数据中的噪声及缺失值处理、实例选择等；建模包括学习算法的选择、算法参数的确定等；模型评估是进行模型训练和测试，对得到的模型进行评价；在得到满意的模型后，就可以用此模型对新数据进行解释。

知识获取是人工智能的关键问题之一。因此，知识发现和数据挖掘成为当前人工智能的研究热点。

（8）专家系统

专家系统（expert system）是目前人工智能中最活跃、最有成效的一个研究领域，自费根鲍姆等研制出第一个专家系统DENDRAL以来，专家系统已获得了迅速的发展，广泛地应用于医疗诊断、地质勘探、石油化工、教学及军事等各个方面，产生了巨大的社会效益和经济效益。

专家系统是一种智能的计算机程序，它运用知识和推理步骤来解决只有专家才能解决的困难问题。因此，可以这样来定义：专家系统是一种具有特定领域内大量知识与经验的程序系统，它应用人工智能技术，模拟人类专家求解问题的思维过程来求解特定领域内的各种问题，其水平可以达到甚至超过人类专家的水平。

在1991年的海湾危机中，美国军队将专家系统应用于自动的后勤规划和运输日程安排，这项工作同时涉及50000个车辆、货物和人，而且必须考虑到起点、目的地、路径，还要解决所有参数之间的冲突。人工智能规划技术使得一个计划可以在几小时内产生，而用传统的方法需要花费几个星期。

（9）自动程序设计

自动程序设计是将自然语言描述的程序自动转换成可执行程序的技术。自动程序设计与一般的编译程序不同，编译程序只能把用高级程序设计语言编写的源程序翻译成目标程序，而不能处理自然语言类的高级形式语言。

自动程序设计包括程序综合与程序正确性验证两个方面的内容。程序综合用于实现自动编程，即用户只需要告诉计算机"做什么"，无须说明"怎么做"，计算机就可自动实现程序的设计。程序正确性验证是运用一套验证理论和方法证明程序的正确性。目前常用的验证方法是用一组已知其结果的数据对程序进行测试，如果程序的运行结果与已知结果一致，就认为程序是正确的。这种方法对于简单程序来说未尝不可，但对于一个复杂系统来说就很难行得通。因为复杂程序总存在着纵横交错的复杂关系，形成难以计数的通路，用于测试的数据即使很多，也难以保证对每一条通路都能进行测试，这样就不能保证程序的正确性。程序正确性的验证至今仍是一个比较困难的课题，有待进一步开展研究。自动程序设计是人工智能与软件工程相结合的课题。

（10）机器人

机器人是指可以模拟人类行为的机器。最初它的任务是协助或取代人类从事高重复性、高风险或者人类不能胜任的工作。自20世纪60年代初以来，机器人的研究已经从低级到高级经历了程序控制机器人、自适应机器人、智能机器人3代的发展历程。

第一代机器人是程序控制机器人，它完全按照事先装入机器人存储器中的程序安排的步骤进行工作。如果任务或环境发生了变化，则要重新进行程序设计。这一代机器人能成功地模拟人的运动功能，它们会拿取和安放、会拆卸和安装、会翻转和抖动，能尽心尽职地看管机床、熔炉、焊机、生产线等，能有效地从事安装、搬运、包装、机械加工等工作。目前国际上商品化、实用化的机器人大都属于这一类。这一代机器人的最大缺点是只能刻板地完成程序规定的动作，不能适应变化的情况，环境情况略有变化（例如装配线上的物品略有倾斜），就会出现问题。更精糕的是它可能会对现场的人员构成危险，由于它没有感觉功能，以致有时会出现机器人伤人的情况。日本就曾经出现过机器人把现场的一个工人抓起来塞到刀具下面的事件。

第二代机器人的主要标志是自身配备了相应的感觉传感器，如视觉传感器、触觉传感器、听觉传感器等，并用计算机对之进行控制。这种机器人通过传感器获取作业环境、操作对象的简单信息，然后由计算机对获得的信息进行分析、处理，控制机器人的动作。由于它能随着环境的变化而改变自己的行为，故称为自适应机器人。目前，这一代机器人也已进入商品化阶段，主要从事焊接、装配、搬运等工作，第二代机器人虽然具有一些初级的智能，但还没有达到完全自治的程度，有时也称这类机器人为人–眼协调型机器人。

第三代机器人是智能机器人。这代机器人在传统的机械机器人的基础上，应用人工智能技术，使得机器人具备与人相似的智能能力和自我控制能力。具有感知环境的能力，配备了视觉、听觉、触觉、嗅觉等感觉器官，能从外部环境中获取有关信息；具有思维能力，能对感知的信息进行处理，以控制自己的行为；具有作用于环境的行为能力，能通过传动机构使自己的"手""脚"等肢体行动起来，正确、灵巧地执行思维机构下达的命令；具有规划、协同等能力。近几十年里，智能机器人获得了迅猛的发展。例如，1988年，日本东京电力公司研制了具有自动越障能力的巡检机器人；1994年，中国科学院沈阳自动化研究所等单位研制了我国第一台无缆水下机器人"探索者"；1999年，美国直觉外科公司研制了达·芬奇机器人手术系统；2000年，日本本田技研公司研制了第一代仿人机器人阿西莫。从2005年开始；美国波士公司研制了四足机器人大狗、双足机器人阿特拉斯、两轮人形机器人Handle。2008年，深圳大疆公司研制了无人机，德国Festo公司研制了SmartBird、机器蚂蚁、机器蝴蝶等。2015年，情感机器人Papper问世。据专家预测，到2026年，首台人工智能机器将作为决策工具加入公司董事会。人工智能可吸取过去的经验，并根据数据和过去的经验进行科学决策。

随着社会的发展，人们的需求也不断增多，对智能机器人的要求也越来越高。许多人工智能技术已经应用到智能机器人中，提高了机器人的智能化程度。事实上，几乎所有人工智能技术都可在机器人身上集成和使用。同时，智能机器人是人工智能技术的综合试验场，可以全面检验人工智能技术的实用性，促进人工智能理论与技术的深入研究。

（11）自动驾驶（无人驾驶）

毫无疑问，自动驾驶是最能激起普通人好奇心的人工智能应用领域之一。由计算机算法自动驾驭的汽车、飞机、宇宙飞船曾是绝大多数科幻小说中最重要的未来元素。2010年代以来，自动驾驶逐渐走向实用化。2012年3月1日，美国内华达州立法机关允许自动驾驶车辆上路。2012年5月7日，内华达州机动车辆管理局批准了美国首个自动驾驶车辆许可证。

谷歌的自动驾驶技术在过去若干年里始终处在领先地位，不仅获得了在美国数个州合法上路测试的许可，也在实际路面上积累了上百万英里的行驶经验。但截至2016年年底，谷歌自动驾驶团队独立出来，成立名为Waymo的公司时，迟迟没有开始商业销售的谷歌自动驾驶汽车似乎离普通人的生活还很遥远。

相比谷歌的保守，特斯拉在推广自动驾驶技术时就比较激进。早在2014年下半年，特斯拉就开始在销售电动汽车的同时，向车主提供可选配的名为Autopilot的辅助驾驶软件。计算机在辅助驾驶的过程中依靠车载传感器实时获取的路面信息和预先通过机器学习得到的经验模型，自动调整车速，控制电机功率、制动系统以及转向系统，帮助车辆避免来自前方和侧方的碰撞，防止车辆滑出路面，这些基本技术思路与谷歌的自动驾驶是异曲同工的。

当然，严格地说，特斯拉的Autopilot提供的还只是"半自动"的辅助驾驶功能，车辆在路面行驶时，仍需要驾驶员对潜在危险保持警觉并随时准备接管汽车操控。2016年5月7日，一起发生在佛罗里达州的车祸是人工智能发展史上的第一起自动驾驶致死事故。当时，一辆开启Autopilot模式的特斯拉电动汽车没有对驶近自己的大货车做出任何反应，径直撞向了大货车尾部的拖车并导致驾驶员死亡。事故之后，特斯拉强调，在总计1.3亿英里的Autopilot模式行驶记录中，仅发生了这一起致死事故，据此计算的事故概率远比普通汽车平均每9400万英里发生一起致死事故的概率低。同时，特斯拉也指出，事故发生时，由于光线、错觉等原因，驾驶员和Autopilot算法都忽视了迎面而来的危险。2017年年初，美国国家公路交通安全管理局（NHTSA）出具调查报告，认为特斯拉的Autopilot系统不应对此次事故负责，因为该系统的设计初衷是需要人类驾驶员来监控路况并应对复杂情况。事故发生时，特斯拉的驾驶员有7秒钟的时间对驶近的大货车做出观察和反应，可惜驾驶员却什么都没有做。美国国家公路交通安全管理局同时还强调说，特斯拉在安装了Autopilot辅助驾驶系统后，事故发生率降低了40%。这表明，自动驾驶系统的总体安全概率要高于人类驾驶员，自动驾驶的商业化和大范围普及只是时间的问题。据专家预测，到2026年，无人驾驶汽车将占全美汽车总量的10%；到2050年，大多数货车将实现无人驾驶。

另外，人工智能还广泛应用于组合优化问题、智能控制、智能仿真、智能通信、智能CAD、智能CAI、智能操作系统、智能网络系统、智能计算机系统、智能多媒体系统、智能管理和智能决策、人工生命等领域。

思考题

● 1. 什么是人工智能?

● 2. 人工智能的主要研究内容有哪些?

● 3. 人工智能有哪些主要应用领域?

第十四章 ｜ 物联网

随着国内互联网的发展，物联网相关概念也随之进入了人们的视线。所谓物联网是指把所有物品通过射频识别等信息传感设备与互联网连接起来，从而实现智能化识别和管理，是继计算机、互联网和移动通信之后的一次信息产业的革命性发展。以信息感知为特征的物联网被称为世界信息产业的第三次浪潮，在人类生活和生产服务中具有更加广阔的应用前景。物联网已经成为我国的战略性新兴产业。

本章主要对物联网进行基本的介绍，包括物联网的基本概念、发展历史、体系架构、与物联网相关的几个方面及物联网的发展与应用。

■ 第一节　物联网概述

一、物联网的定义

1. 通用定义

物联网（Internet of Things，IOT；也称为Web of Things）是指通过各种信息传感设备，如传感器、射频识别（Radio Frequency Identification，RFID）技术、全球定位系统、红外感应器、激光扫描器、气体感应器等各种装置与技术，实时对任何需要监控、连接、互动的物体或过程，采集其声、光、热、电、力学、化学、生物、位置等各种需要的信息，与互联网结合形成的一个巨大网络。其目的是实现物与物、物与人，所有的物品与网络的连接，方便识别、管理和控制。

2.“中国式”定义

在中国，物联网通常指的是将无处不在的末端设备和设施，包括具备“内在智能”的传感器、移动终端、工业系统、楼控系统、家庭智能设施、视频监控系统等和“外在智能”，如贴上RFID的各种资产、携带无线终端的个人与车辆等“智能化物件”或“智能尘埃”，通过各种无线和有线的长距离或短距离通信网络实现互联互通、应用大集成，以及基于云计算的SaaS营运等模式，在内网、专网和互联网环境下，采用适当的信息安全保障机制，提供安全可控乃至个性化的实时在线监测、定位追溯、报警联动、调度指挥、预案管理、远程控制、安全防范、远程维保、在线升级、统计报表、决策支持、领导桌面等管理和服务功能，实现对"万物"的"高效、节能、安全、环保"的"管、控、营"一体化。

3. 欧盟的定义

2009年9月，在北京举办的"物联网与企业环境中欧研讨会"上，欧盟委员会信息和社会媒体司RFID部门负责人Lorent Ferderix博士给出了欧盟对物联网的定义：

物联网是一个动态的全球网络基础设施，它具有基于标准和互操作通信协议的自组织能力，其中物理的和虚拟的"物"具有身份标识、物理属性、虚拟特性和智能的接口，并与信息网络无缝整合。物联网将与媒体互联网、服务互联网和企业互联网一道构成未来的互联网。

二、物联网的发展历史

物联网的实践最早可以追溯到1990年施乐公司的网络可乐贩售机（Networked Coke Machine）。

1999年，在美国召开的移动计算和网络国际会议首先提出了物联网（Internet of Things）这个概念；它是1999年由麻省理工学院Auto-ID中心的Ashton教授在研究RFID时最早提出来的。Ashton教授提出了结合物品编码、RFID和互联网技术的解决方案，基于当时互联网、RFID技术、EPC标准，在计算机互联网的基础上，利用射频识别技术、无线数据通信技术等，构造了一个实现全球物品信息实时共享的实物互联网"Internet of Things"（简称物联网）。这也是2003年掀起的第一轮物联网热潮的基础。

2005年11月17日，在突尼斯举行的信息社会世界峰会（WSIS）上，国际电信联盟（ITU）发布《2005年度互联网报告：物联网》，引用了"物联网"的概念。物联网的定义和范围发生了变化，覆盖范围有了较大的拓展，不再只是指基于RFID技术的物联网。

2008年后，为了促进科技发展，寻找经济新的增长点，各国政府开始重视下一代的技术规划，将目光放在了物联网上。

2009年1月28日，就任美国总统后的奥巴马与美国工商业领袖举行了一次"圆桌会议"，作为仅有的两名代表之一，IBM首席执行官彭明盛首次提出"智慧地球"这一概念，建议新政府投资新一代的智慧型基础设施。同年，美国将新能源和物联网列为振兴经济的两大重点。

2009年2月24日，在"2009IBM"论坛上，IBM大中华区首席执行官钱大群公布了名为"智慧的地球"的最新战略。

2009年8月，温家宝总理在视察中科院无锡物联网产业研究所时，对于物联网应用也提出了一些看法和要求。自温家宝总理提出"感知中国"以来，物联网被正式列为国家五大新兴战略性产业之一，写入"政府工作报告"。物联网在中国受到了全社会极大的关注，受关注程度是其在美国、欧盟及其他各国和地区所不可比拟的。

截至2010年，国家发展和改革委员会、工业和信息化部等部委会同有关部门，在新一代信息技术方面开展研究，以形成支持新一代信息技术的一些新政策措施，从而推动我国经济的发展。

三、物联网的体系架构

从技术架构上来看，物联网可分为3层：感知层、网络层和应用层。

感知层由各种传感器及传感器网关构成，包括二氧化碳浓度传感器、温度传感器、湿度传感器、二维码标签、RFID标签和读/写器、摄像头、GPS等感知终端。感知层的作用相当于人的眼、耳、鼻、喉和皮肤等神经末梢，其主要功能是识别物体和采集信息。

网络层由各种私有网络、互联网、有线和无线通信网、网络管理系统和云计算平台等组成，相当于人的神经中枢和大脑，负责传递和处理感知层获取的信息。

应用层是物联网和用户（包括人、组织和其他系统）的接口，它与行业需求结合，实现物联网的智能应用。

四、物联网的产业标准

物联网覆盖的技术领域非常广泛，涉及总体架构、感知技术、通信网络技术、应用技术等方面，物联网标准组织也是种类繁多。有的从机器对机器通信（Machine to Machine，M2M）的角度进行研究；有的从泛在网角度进行研究；有的从互联网的角度进行研究；有的专注传感网的技术研究；有的关注移动网络技术研究；有的关注总体架构研究。目前介入物联网领域主要的国际标准组织有IEEE、ISO、ETSI、ITU-T、3GPP、3GPP2等。

针对泛在网总体框架方面进行系统研究的国际标准组织比较有代表性的是国际电信联盟电信标准分局（ITU-T）及欧洲电信标准化协会（ETSI）M2M技术委员会。ITU-T从泛在网角度研究总体架构，ETSI从M2M的角度研究总体架构。

从感知技术（主要是对无线传感网的研究）方面进行研究的国际标准组织，比较有代表性的是国际标准化组织（ISO）、美国电气及电子工程师学会（IEEE）。

从通信网络技术方面进行研究的国际标准组织主要有3GPP和3GPP2。他们主要从M2M业务对移动网络的需求进行研究，只限定在移动网络层面。

在应用技术方面，各标准组织都有一些研究，主要针对特定应用制订标准。

各标准组织都比较重视应用方面的标准制订。在智能测量、电子健康（E-Health）、城市自动化、汽车应用、消费电子应用等领域均有相当数量的标准正在制订中，这与传统的计算机和通信领域的标准体系有很大不同（传统的计算机和通信领域标准体系一般不涉及具体的应用标准），这也说明了"物联网是由应用主导的"观点在国际上已经成为共识。

总的来说，国际上物联网标准工作还处于起步阶段，目前各标准组织自成体系，标准内容涉及架构、传感、编码、数据处理、应用等，不尽相同。

1. ITU-T物联网标准发展

提到物联网标准，不得不提及的是ITU-T。ITU-T早在2005就开始进行泛在网的研究，可以说是最早进行物联网研究的标准组织。

ITU-T的研究内容主要集中在泛在网总体框架、标识及应用3方面。ITU-T在泛在网研究方面已经从需求阶段逐渐进入到框架研究阶段，目前研究的框架模型还处在高层层面。ITU-T提出的物联网架构，曾经在各种场合被广泛引用。

ITU-T在标识研究方面和ISO通力合作，主推基于对象标识（OID）的解析体系，在泛在网应用方面已经逐步展开了对健康和车载方面的研究。下面详细介绍ITU-T各个相关研究课题组的研究情况。

SG13组主要从NGN角度展开泛在网的相关研究，标准主导方是韩国。目前标准化工作集中在基于NGN的泛在网络泛在传感器网络需求及架构研究、支持标签应用的需求和架构研究、身份管理（IDM）相关研究、NGN对车载通信的支持等方面。

SG16组则成立专门的问题组展开泛在网应用相关的研究，日、韩共同主导，内容集中在业务和应用、标识解析方面。SG16组研究的具体内容有：Q.25/16泛在感测网络（USN）应用和业务、Q.27/16通信/智能交通系统（ITS）业务/应用的车载网关平台、Q.28/16电子健康应用的多媒体架构、Q.21和Q.22标识研究（主要给出了针对标识应用的需求和高层架构）。

SG17组主要开展泛在网安全、身份管理、解析的研究。SG17组研究的具体内容有：Q.6/17泛在通信业务安全、Q.10/17身份管理架构和机制、Q.12/17抽象语法标记（ASN.1）OID及相关注册。

SG11组成立了专门的"NID和USN测试规范"问题组，主要研究结点标识（NID）和泛在感测网络（USN）的测试架构、H.IRP测试规范及X.oid-res测试规范。

此外，ITU-T还在智能家居、车辆管理等应用方面开展了一些研究工作。

2. ETSI物联网标准进展

ETSI采用M2M的概念主要进行物联网总体架构方面的研究，相关工作的进展非常迅速，是在物联网总体架构方面研究得比较深入和系统的标准组织，也是目前在总体架构方面最有影响力的标准组织。

ETSI专门成立了一个专项小组（M2M TC），从M2M的角度进行相关标准化研究。ETSI成立M2M TC小组主要是出于以下考虑：虽然目前已经有一些M2M的标准存在，涉及各种无线接口、格状网络、路由器和标识机制等方面，但这些标准主要是针对某种特定应用场景，彼此相互独立，而将这些相对分散的技术和标准放到一起并找出不足，这方面所做的工作很少。在这样的研究背景下，ETSI M2M TC小组的主要研究目标是从端到端的全景角度研究机器对机器通信，并与ETSI内NGN的研究及3GPP已有的研究展开协同工作。

M2M TC小组的职责是：从利益相关方收集和制订M2M业务及运营需求，建立一个端到端的M2M高层体系架构，如果需要会制订详细的体系结构，找出现有标准不能满足需求的地方并制订相应的具体标准，将现有的组件或子系统映射到M2M体系结构中。M2M解决方案间的互操作性（制订测试标准）、硬件接口标准化方面则与其他标准化组织进行交流及合作。

3. 3GPP/3GPP2物联网标准进展

3GPP和3GPP2也采用M2M的概念进行研究。作为移动网络技术的主要标准组织，3GPP和3GPP2关注的重点在于物联网网络能力强方面，是在网络层方面开展研究的主要标准组织。

3GPP针对M2M的研究主要从移动网络出发，研究M2M应用对网络的影响，包括网络优化技术等。3GPP研究范围为：只讨论移动网络的M2M通信；只定义M2M业务，不具体定义特殊的M2M应用。Verizon、Vodafone等移动运营商在M2M的应用中发现了很多问题，例如，大量M2M终端对网络的冲击，系统控制面容量的不足等。因此，在Verizon、Vodafone、三星、高通等公司推动下，3GPP对M2M的研究在2009年开始加速，目前基本完成了需求分析，转入网络架构和技术框架的研究，但核心的无线接入网络（RAN）研究工作还未展开。

相比较而言，3GPP2相关研究的进展要慢一些，目前关于M2M方面的研究多处于研究报告的阶段。

4. IEEE物联网标准进展

在物联网的感知层研究领域，IEEE的重要地位显然是毫无争议的。目前无线传感网领域用得比较多的ZigBee技术就基于IEEE 802.15.4标准。

IEEE 802系列标准是IEEE 802LAN/MAN标准委员会制订的局域网、城域网技术标准1998年，IE802.15工作组成立，专门从事无线个人局域网（WPAN）标准化工作。在IEEE802.15工作组内有5个任务组，分别制订适合不同应用的标准。这些标准在传输速率、功耗和支持的服务等方面存在差异。

①TG1组制订IEEE 802.15.1标准，即蓝牙无线通信标准。标准适用于手机、PDA等设备的中等速率、短距离通信。

②TG2组制订IEEE 802.15.2标准，研究IEEE 802.15.1标准与IEEE 802.11标准的共存。

③TG3组制订IEEE 802.15.3标准，研究超宽带（UWB）标准，标准适用于个人局域网中多媒体方面高速率、近距离通信的应用。

④TG4组制订IEEE 802.15.4标准，研究低速无线个人局域网。该标准把低能量消耗、低速率传输、低成本作为重点目标，旨在为个人或者家庭范围内不同设备之间的低速互联提供统一标准。

⑤TG5组制订IEEE 802.15.5标准，研究无线个人局域网的无线网状网（MESH）组网。该标准旨在研究提供MESH组网的WPAN的物理层与MAC层的必要的机制。

⑥传感器网络的特征与低速无线个人局域网有很多相似之处，因此传感器网络大多采用

IEEE 802.15.4标准作为物理层和媒体存取控制层，其中最为著名的就是Zigbee。因此，IEEE的802.15工作组也是目前物联网领域在无线传感网层面的主要标准组织之一。中国也参与了IEEE 802.15.4系列标准的制订工作，其中IEEE 802.15.4c和IEEE 802.15.4e主要由中国起草。IEEE 802.15.4c扩展了适合中国使用的频段，IEEE802.15.4e扩展了工业级控制部分。

5. 中国物联网标准进展

总的来说，中国物联网标准的制订工作还处于起步阶段，但发展迅速。目前中国有涉及物联网总体架构、无线传感网、物联网应用层面的众多标准在制订，并且有相当一部分的标准项目已在相关国际标准组织立项。中国研究物联网的标准组织主要有传感器网络标准工作组（WGSN）和中国通信标准化协会（CCSA）。

WGSN是由中国国家标准化管理委员会批准筹建、中国信息技术标准化技术委员会批准成立并领导，从事传感器网络（简称传感网）标准化工作的全国性技术组织。WGSN于2009年9月正式成立，由中国科学院上海微系统与信息技术研究所任组长单位，中国电子技术标准化研究所任秘书处单位，成员单位包括中国三大运营商、主要科研院校、主流设备厂商等。WGSN将"适应中国社会主义市场经济建设的需要，促进中国传感器网络的技术研究和产业化的迅速发展，加快开展标准化工作，认真研究国际标准和国际上的先进标准，积极参与国际标准化工作，并把中国和国际标准化工作结合起来，加速传感网标准的制修订工作，建立和不断完善传感网标准化体系，进一步提高中国传感网技术水平。"作为其宗旨。目前WGSN已有一些标准正在制订中，并代表中国积极参加ISO、IEEE等国际标准组织的标准制订工作。由于成立时间尚短，WGSN还没有制订出可发布的标准文稿。

CCSA于2002年12月18日在北京正式成立。CCSA的主要任务是为了更好地开展通信标准研究工作，把通信运营企业、制造企业、研究单位、大学等关心标准的企事业单位组织起来，按照公平、公正、公开的原则制订标准，进行标准的协调、把关，把高技术、高水平、高质量的标准推荐给政府，把具有中国自主知识产权的标准推向世界，支撑中国的通信产业，为世界通信做出贡献。2009年11月，CCSA新成立了泛在网技术工作委员会（TC10），专门从事物联网相关的研究工作。虽然TC10成立时间尚短，但在TC10成立以前，CCAS的其他工作委员会已经对物联网相关的领域进行过一些研究。目前CCSA有多个与物联网相关的标准正在制订中，但尚没有发布标准文稿。

其他与物联网相关的标准制订组织还有2009年4月成立的RFID标准工作组。RFID工作组在信息产业部科技司领导下开展工作，专门致力于中国RFID领域的技术研究和标准制订，目前有一定的工作成果。

上述标准组织各自独立开展工作，各标准组的工作各有侧重。WGSN偏重传感器网络层面，CCSA TC10偏重通信网络和应用层面，RFID标准工作组则关注RFID相关的领域。同时各标准组的工作也有不少重复的部分，如WGSN也会涉及传感器网络上的通信部分和应用部分内容，而CCSA也涉及一些传感网层面的工作内容。对于这些重复的部分，各标准组之间目前还没有很好的横向沟通和协调机制，因此，近期国家层面正在筹备成立"物联网标准联合工作组"。联合工作组旨在整合中国物联网相关标准化资源，联合产业各方共同开展物联网技术的研究，积极推进物联网标准化工作，加快制订符合中国发展需求的物联网技术标准，为政府部门的物联网产业发展决策提供全面的技术和标准化服务支撑。

■ 第二节　物联网与云计算

云计算是物联网发展的核心，并且从两个方面促进物联网的实现。

首先，云计算是实现物联网的核心，运用云计算模式使物联网中以兆计算的各类物品的实时动态管理和智能分析变得可能。物联网通过将射频识别技术、传感技术、纳米技术等新技术充分运用在各个行业中，将各种物体充分连接，并通过无线网络将采集到的各种实时动态信息送达计算机处理中心进行汇总、分析和处理，建设物联网的三大基石包括：

①传感器等电子元器件。

②传输的通道，比如电信网。

③高效的、动态的、可以大规模扩展的技术资源处理能力。

其中第三个基石："高效的、动态的、可以大规模扩展的技术资源处理能力"，正是通过云计算模式帮助实现的。

其次，云计算可促进物联网和互联网的智能融合，从而构建智慧地球。物联网和互联网的融合，需要更高层次的整合，需要"更透彻的感知、更安全的互联互通、更深入的智能化"。这同样需要依靠高效的、动态的、可以大规模扩展的技术资源处理能力，而这正是云计算模式所擅长的。同时，采用云计算的创新型服务交付模式，可以简化服务的交付，加强物联网和互联网之间及其内部的互联互通；可以实现新商业模式的快速创新，促进物联网和互联网的智能融合。

把物联网和云计算放在一起，是因为物联网和云计算的关系非常密切。物联网的四大组成部分：感应识别、网络传输、管理服务和综合应用，其中中间两个部分就会利用到云计算。特别是"管理服务"这一项，因为这里有海量的数据存储和计算的要求，使用云计算可能是最省钱的一种方式。

云计算与物联网的结合是互联网络发展的必然趋势，它将引导互联网和通信产业的发展，并将在3～5年内形成一定的产业规模，相信越来越多的公司、厂家会对此进行关注。与物联网结合后，云计算才算是真正从概念走上应用。

■ 第三节　物联网与网络安全

一、安全问题

正如任何一个新的信息系统出现都会伴随着信息安全问题一样，物联网也不可避免地伴生着物联网安全问题。

同样，与任何一个信息系统一样，物联网也存在着自身和对他方的安全。其中自身的安全关乎的是物联网是否会被攻击而不可信，其重点表现在如果物联网出现了被攻击、数据被篡改等，并致使其出现了与所期望的功能不一致的情况，或者不再发挥应有的功能，那么依赖物联网的控制结果将会出现灾难性的问题，如工厂停产或出现错误的操控结果，这一点通常称为物联网的安全问题。而对他方的安全则涉及如何通过物联网来获取、处理、传输用户的隐私数据，如果物联网没有防范措施，则会导致用户隐私的泄露。这一点通常称为物联网的隐私保护问题。因此，有人说物联网的安全与隐私保护问题是最让人困惑的物联网问题。

二、安全分析

物联网应该说是一种广义的信息系统，因此物联网安全也属于信息安全的一个子集。信息安全通常分为4个层次。

①物理安全。即信息系统硬件方面，或者说是表现在信息系统电磁特性方面的安全问题。

②运行安全。即信息系统的软件方面，或者说是表现在信息系统代码执行过程中的安全问题。

③数据安全。即信息自身的安全问题。

④内容安全。即信息利用方面的安全问题。

物联网作为以控制为目的的数据体系与物理体系相结合的复杂系统，一般不会考虑内容安全方面的问题。但是，在物理安全、运行安全、数据安全方面则与互联网有着一定的异同性。这一点需要从物联网的构成来考虑

物联网的构成要素包括传感器、传输系统（泛在网）及处理系统，因此，物联网的安全形态表现在这3个要素上。就物理安全而言，主要表现在传感器的安全方面，包括对传感器的干扰、屏蔽、信号截获等，这一点应该说是物联网的重点关注所在：就运行安全而言，则存在于各个要素中，即涉及传感器、传输系统及信息处理系统的正常运行，这方面与传统的信息安全基本相同；数据安全也是存在于各个要素中，要求在传感器、传输系统、信息处理系统中的信息不会出现被窃取、被篡改、被伪造、被抵赖等性质。但这里面传感器与传感网所面临的问题比传统的信息安全更为复杂，因为传感器与传感网可能会因为能量受限的问题而不能运行过于复杂的保护体系。

三、安全防护

从保护要素的角度来看，物联网的保护要素仍然是可用性、机密性、可鉴别性与可控性。由此可以形成一个物联网安全体系。其中可用性是从体系上来保障物联网的健壮性与可生存性；机密性指应构建整体的加密体系来保护物联网的数据隐私；可鉴别性指应构建完整的信任体系来保证所有的行为、来源、数据的完整性等都是真实可信；可控性是物联网安全中最为特殊的地方，指应采取措施来保证物联网不会因为错误而带来控制方面的灾难，包括控制判断的冗余性、控制命令传输渠道的可生存性、控制结果的风险评估能力等。

总之，物联网安全既蕴涵传统信息安全的各项技术需求，又包括物联网自身特色所面临的特殊需求，如可控性问题、传感器的物联安全问题等。这些都需要得到相关研究者的重视。

■ 第四节　物联网应用案例

前面几节介绍了物联网的概念，并对物联网架构进行了简要的介绍。本节将从物联网的实际应用出发，详细介绍国内外一些典型的物联网实践，借此让大家对物联网有个更深入的认识。

一、广东虎门大桥组合式收费系统

广东虎门大桥位于珠江入海口，是一条连接珠江三角洲东西两翼、日均车流量3万辆次的交通枢纽。为了提高通行效率，特别是为公共汽车等经常往返的固定线路运营单位提供更加方便、快捷的服务，在虎门大桥收费主站的两个方向各安装了一条ETC车道，并辅以MTC车道和"两片式标签+双界面CPU卡"结构的车载单元，形成以采用开放收费机制的组合式收费系统。

1. 系统结构

虎门大桥的收费广场为双向32车道（每个方向16车道）。其中，内侧16、17车道为军、警专用无障碍免费车道；15、18车道为ETC车道；14、19车道为MTC人工备用车道，是在原有现金和非接触IC卡收费车道基础上增加组合式收费系统的非接触刷卡终端而成的（该新增终端与原有非接触IC卡终端不兼容）；外侧1～13和20～32车道仍采用原有现金或非接触IC卡刷卡方式收费。

组合式收费系统的软硬件总体模板包含收费车道、收费站和管理中心3个层次，而以硬盘录像机为核心的车道监控系统则为一个独立于收费系统且纵贯收费车道、收费站和管理中心和车道监控系统。

①收费车道。与组合式收费有关的收费车道为ETC车道和MTC人工备用车道，其中ETC车道包含车道计算机、车道控制器、天线与天线控制器、自动栏杆、车辆检测器、车道通行灯、费额

显示器和声光报警器等；MTC车道则是在不做任何改动的原有收费车道上增加两台专用非接触IC卡读卡器（收费终端）而成，以充分利用车道原有设施。

②收费站。进行收费和车流数据的通信、保存和查询，包括收费站服务器、管理工作站和各种数据传输接口等。

③管理中心。进行数据汇总和与用户服务有关的账户管理、密钥管理及IC卡与标签的发放等工作，包含中心服务器、用户工作站和发卡机等。

④车道监控系统。字符叠加器将车道计算机提供的收费数据等信息，叠加显示于车道摄像机。重新插入信息传输卡，再次导入信息，标签才生效。

2. 运营模式

运营模式及特点有以下3点：

①双界面CPU卡（记账卡）和标签由虎门大桥有限公司发行，用户在申请办理时，需交纳一定数量的保证金，以降低管理方运营风险；同时给用户一定优惠，以弥补其预付金的利息损失。

②用户将记账卡插入安装于车辆挡风玻璃上的标签，即可在ETC专用车道享受不停车收费服务；当ETC车道进行故障维护时，可拔卡在MTC备用车道的非接触读卡机上"刷卡"付费，从而保证系统运行的可靠性。

③后台结算系统处理每天的收费数据、打印报表，并在规定的时间段内统计用户的通行费，从用户账户划转。

二、黑龙江智能农业系统

1. 系统概述

黑龙江智能农业系统通过安装空气温湿度、光照度、土壤温度、土壤湿度等传感器实时监测农业现场内的环境参数，之后由程序后台进行分析，与事先设置的系统规则进行对比，从而智能启动通风设施和滴灌设施，实现农业的精细化管理。

系统部署的主要设备有：光照传感器、空气温湿度传感器、土壤温度传感器、土壤湿度传感器、前置机、边缘网关、控制执行设备、3G无线网络传输设备等。

2. 系统功能

该智能农业系统包含3套功能子系统，以网页形式提供给用户使用，下面分别介绍。

（1）用户操作子系统

本子系统实现的功能有以下6点。

①用户登录时的身份验证功能。只有输入正确的用户名和密码才可以登录并使用该系统。

②视频功能。系统能够显示现场布置的各摄像头中的内容，并可以远程控制摄像头。

③报警功能。能够判断各类数据是否在正常范围内，如果超出正常范围，则报警提示，并填写数据库中的错误日志。

④报警处理功能。用户如果已经注意到某报警，可以标记报警提示，系统会在数据库中记录为已处理。

⑤智能展示功能。可以直观地展示传感器采集的数据，包括实时显示现场温湿度等数据的分布和每种数据的历史数据。

⑥阈值设置功能。可以设置各种传感器的阈值，即上下限，系统判断数据的合法性即根据此阈值。

（2）用户管理子系统

本子系统实现的功能有以下3点。

①用户登录时的身份验证功能。只有输入正确的用户名和密码才可以登录并使用该网站。

②用户密码管理。提供用户修改当前设置的密码的功能。

③查看授权设备。提供用户查看自己被授权设备清单的功能。

（3）系统管理子系统

本子系统实现的功能有以下4点。

①客户管理。主要包括以下几方面。

添加客户：必须通过业务管理平台添加后，客户才有权力进入视频监控系统。客户注册信息是通过邮件获取，密码皆为MD5加密，管理员无法获得客户密码。对于违约和未缴费客户，管理员可以通过设置客户进入黑名单，禁止该客户登录平台。取消黑名单，该客户可以再次进入系统。

删除客户：客户被删除后，则不能再登录到视频监控系统。

在线客户：管理员可以查询出哪些客户在线，统计客户的在线信息，以方便运营和管理。

②设备管理。主要包括以下几方面。

添加设备：必须通过业务管理平台添加后，设备才有权利进入视频监控系统。

删除设备：设备被删除后，则不能再注册到视频监控系统。

在线设备：管理员可以查询哪些设备在线，统计设备的在线信息，以方便运营和管理。

③设备权限。主要包括以下几方面。

客户和设备建立权限：客户和设备原本没有权限关系，若客户要远程查看某一设备的信息，必须先获取授权才行。

客户和设备权限改变：客户和设备之间有多种权限，系统默认对视频设备只有视频连接和查看远程录像的权限。系统支持默认的权限定义，企业可以根据实际情况选择默认权限。管理员和私有设备所属客户可以对已经授权设备进行不同权限设备设置，以更好和更安全地控制远程设备。

删除设备权限：对于违约或者未缴费客户，管理员可以删除他们对某设备的权限。删除后，若客户正在观看该设备，会立即被停止连接。

④会话管理。可强制断开会话，管理员可以通过这一功能实现异常连接或者错误客户的连接。

3. 系统架构

本系统主要分为农业大棚现场、数据传感器、控制系统和业务平台四层架构。

农业大棚现场主要负责现场环境参数的采集和设备智能控制，数据采集主要包括农业生产所需的光照、空气温度、空气湿度、土壤温度、土壤含水量等数值。

数据传感器的数据上传采用无线ZigBee模式，具有部署灵活、扩展方便等优点，用户访问采用3G无线访问方式。

控制系统由边缘网关、执行设备和相关线路组成，通过边缘网关可以自由控制各种农业生产执行设备，包括喷水系统和空气调节系统等。

业务平台负责功能展示，主要功能包括视频监测、空间/时间分布、历史数据、错误报警和远程控制五个方面。

三、中关村软件园智能楼宇系统

中关村智能楼宇节能改造项目是结合IPv6技术和物联网技术的楼宇节能项目，通过改造照明系统、空调系统来挖掘节能潜力。当今楼中，空调是电耗大户，而长明灯现象也随处可见，因此，解决上述两种能源的浪费将极大地促进节能减排的实施及其目标的实现。

为满足中关村软件园绿色环保、智能控制的迫切需求，天地互连充分利用其自身优势和在业界的领导地位，联合数十家国内外知名企业、大学、研究机构、组织，充分发挥产学研用的优势和互补性，在软件园部署实施了集成网络设备、无线传感器、照明及控制设备、楼宇空调控制设备、智能电表、IP摄像机、平台模块、数据测量、可视化软件等代表当前世界最先进水平的通信、网络、硬件、软件等产品及综合解决方案。

1. 走廊、电梯间的照明系统改造

将传统照明器具替代为目前最先进的LED照明设备，亮度为原来的两倍而输出功率只有原来的1/3，大幅减少了耗电量。同时，配以高效稳定的照明控制设备，通过红外人感无线传感器实时感应人流变动和光线亮度，然后再根据系统预设的阈值进行判定，及时自动控制灯具开关，改变了以往24小时长明状态，有效降低了电耗，避免了不必要的能源流失。照明系统改造中涉及的设备主要有：光照传感器、人感传感器、电流传感器、采集控制一体设备、网络设备等。

2. 机房的空调系统改造

对于机房的空调系统改造，要求能够保持机房24小时恒温恒湿（按照规定的温湿度）状态，同时有效实现耗电量的减少。通过在机房关键位置部署灵敏可靠的温湿度无线传感器和无线接收

机来收集相关数据，将无线接收机接收的数据发送给BACNet网关，BACNet网关将数据解析上传至互联网供用户访问或控制。空调主板上安装智能控制芯片，通过485通信线缆连接至BACNet网关。在已改造的空调供电线路中安装智能电表，实时监测空调能耗并通过BACNet网关上传至互联网。而空调控制设备通过网关及时进行通信，实现空调数字自动化和智能优化控制，对耗电量比重约为1/2的机房用电量的减少发挥了重要作用。空调系统改造中涉及的设备主要有：温度传感器、湿度传感器、接收机、BACNet网关、智能电表等。

3. 技术亮点

该系统的技术亮点如下。

①基于IPv6技术。确保网络高速有效、安全可靠。

②智能控制。通过各种传感器和控制设备，可及时有效监控，实现智能管理。

③数据采集。及时精准采集各种数据，为制订应对策略提供实时参考信息。

④统计计量。通过智能电表实现远程抄表，避免产生不必要的管理运营成本。

⑤远程操作。无须亲临现场也可有效分析，轻松实施各种应对策略。

⑥可视化操作界面。人性化界面实时掌控最新动态。

四、Perma Sense项目

在法国和瑞士之间的阿尔卑斯山，高拔险峻，矗立在欧洲的北部。高海拔地带累积的永久冻土与岩层历经四季气候变化与强风的侵蚀，积年累世所发生的变化常会对登山者与当地居民的生产和生活造成极大影响，要获得这些自然环境变化的数据，就需要长期对该地区实行监测。但该地区的环境与海拔，也决定了根本无法对它以人工方式实现监控。在以前，这一直是一个无法解决的问题。

但不久前，一个名为Perma Sense Project的项目使这一情况得以改变。Perma Sense Project计划希望通过物联网中的无线感应技术的应用，实现对瑞士阿尔卑斯山地质和环境状况的长期监控。监控现场不再需要人为的参与，而是通过无线传感器对整个阿尔卑斯山脉实现大范围深层次监控，监测包括：温度的变化对山坡结构的影响及气候对土质渗水的变化。参与该计划的有瑞士的巴塞尔大学、苏黎世大学与苏黎世联邦理工学院，他们派出了包括计算机、网络工程、地理与信息科学等领域专家在内的庞大研究团队。据他们介绍，该计划将物联网中的无线感应网络技术应用于长期监测瑞士阿尔卑斯山的岩床地质情况，所收集到的数据除可作为自然环境研究的参考外，经过分析后的信息也可以用于山崩、落石等自然灾害的事前警示。熟悉该计划的人透露，这项计划的制订有两个主要目的：一是设置无线感应网络来测量偏远与恶劣地区的环境情况；二是收集环境数据。了解环境变化过程，将气候变化数据用于自然灾害监测。

五、国外车联网应用案例

FleetNet是一个由欧洲多家汽车公司、电子公司和大学参与的合作项目，主要合作者有NEC公司、DaimlerChrysler公司、Siemens公司和Mannheim大学。该项目利用无线多跳自组织网络技术实现无线车载通信，能够有效提高司机和乘客的安全性和舒适性。

Fleetnet的设计目标包括实现近距离多跳信息传播及为司机和乘客提供位置相关的信息服务。在该项目中，位置信息起着重要的作用。一方面，它本身是FleetNet一些应用的基本需求；另一方面，也能使得通信协议更有效地运作。NEC欧洲实验室和Mannheim大学为车载网络设计了基于位置的路由和转发算法，然后基于该算法实现了一个基于位置的车—车通信路由器。研究人员建立了一个由6辆车组成的实验网络，其中每辆车装备了一个GPS接收器、一个802.11无线网卡及一个车—车通信路由器。另外，每辆车还装备了一个GPRS接口，这样可以实现对自组织网络中的每辆车进行实时监控。

CarTalk是欧洲的一个司机辅助系统研究项目。该项目利用车—车通信技术为移动中的车辆建立一个移动自组织网络，从而帮助增强道路系统的安全性。例如，当一辆车刹车或者检测到危险的道路状况时，它会给后方车辆发送一个警告消息。即使在前方有其他车辆遮挡，更后方的车辆也能够尽早地得到警告。这个系统也能够帮助车辆更安全地驶入高速公路和驶离高速公路。

California Path是加州大学伯克利分校发起的一个关于智能交通系统的综合性研究项目。该项目始建于1986年，主要由伯克利分校的交通研究学院负责管理，同时也和加州交通部有密切的合作关系。California Path致力于运用前沿技术解决和优化加州道路系统存在的问题，其主要关注于3个方面的研究：

①交通系统运筹学研究。研究方向包括车流管理、旅行者信息管理、监控系统、数据处理算法、数据融合和分析等。

②交通安全研究。研究内容包括十字路口协同安全系统研究、司机行为建模、工人与行人相关的安全研究等。

③新概念应用研究。该研究致力于发现、验证在公共交通系统中的新概念和方法，以帮助减少交通系统的阻塞，提高公共交通的出行效率。

■ 第五节　物联网应用展望

一、物联网与智能家居

智能家居又称智能住宅，英文名称为"Smart Home"。智能家居是一个以住宅为平台、安装有智能家居系统的居住环境。智能家居集成是利用综合布线技术、网络通信技术、安全防范技术、自动控制技术、音视频技术将家居生活有关的设备集成。

智能家居至今在中国已经历了近10年的发展，从人们最初的梦想到今天真实地走进生活，经历了一个艰难的过程。

提到智能家居，人们立刻会联想到网络。冰箱上网、洗衣机上网、电视机上网、微波炉上网……无一不高举智能家居大旗，宣称网络家电可以使生活达到全数字化，让人们感到轻松方便。实际上，智能家居并不只是这些。在国内，智能家居不是一个单独的产品，也不是传统意义上的"智能小区"概念，而是基于小区的多层次家居智能化解决方案。它综合利用计算机、网络通信、家电控制、综合布线等技术，将家庭智能控制、信息交流及消费服务、小区安防监控等家居生活有效地结合起来，在传统"智能小区"的基础上实现了向家庭的延伸，创造出高效、舒适、安全、便捷的个性化住宅空间。

而在物联网的基础上，智能家居又给我们编制了一张美丽的蓝图：物联网智能家居。

物联网智能家居现在还处于起步阶段，产品大规模批量化生产还需要时间，随之带来的就是产品成本相对较高。在中国只有少部分用于试点研究安装，真正用于生活的还不多见。所以这个时候更加需要成熟的商业产业链推动其发展，使其能够在市场中找到相应的位置。同时政府也应该出台相应的扶持政策，推动物联网智能家居的可持续发展

从技术稳定性、性价比、产品实用性等多方面考虑，传统的物联网接入技术，如RFID、二维码、传感器技术等则需要进一步成熟。此外，传感网络与宽带、CDMA等移动网络的融合，也是急需技术研发的方面。

物联网智能家居想要走上一个行业良性发展的轨道，必须要建立统一的体系结构标准，这样才能实现各个生产厂家的产品相互兼容，也才能健康持续地发展。但是在现阶段，短时间内还无法制订统一的标准。

二、物联网与智能农业

智能农业是现代农业的重要标志和高级阶段。智能农业是在现代科学技术革命对农业产生的巨大影响下逐步形成的一个新的农业形态，是现代农业发展的必然趋势和高级阶段。其基本特征是高效、集约，在农业产业链的各个关键环节，通过信息、知识和现代高新技术的高度融合，用信息流调控农业生产与经营活动的全过程。在智能农业环境下，信息和知识成为重要的投入主体，并大幅度提高物质流与能量流的投入效率。在加快传统农业转型升级的过程中，智能农业将成为发展现代农业的重要内容和显著特征，为加快农业产业化进程，促进农业生产方式和经营方式的转变，增强农业综合竞争力发挥革命性的作用。

智能农业是一个新兴产业，它是现代信息化技术与人的经验和智慧的结合及其应用所产生的新的农业形态。在智能农业环境下，现代信息技术得到了充分应用，可最大限度地把人的智慧转变为先进生产力，通过知识要素的融入，实现有限的资本要素和劳动要素的投入效应最大化，使得信息、知识成为驱动经济增长的主导因素，使农业增长方式从主要依赖自然资源向主要依赖信

息资源和知识资源转变。因此，智能农业也是低碳经济时代农业发展形态的必然选择，符合人类可持续发展的趋势。

物联网对智能农业的影响主要体现在以下5点：

①物联网技术引领现代农业发展方向。智能装备是农业现代化的一个重要标志，物联网技术在农业中广泛应用，可实现农业生产资源、生产过程、流通过程等环节信息的实时获取和数据共享，以保证产前正确规划而提高资源利用效率；产中精细管理而提高生产效率，实现节本增效；产后高效流通并实现安全追溯。农业物联网技术的发展，将会解决一系列在广域空间分布的信息获取、高效可靠的信息传输与互联、面向不同应用需求和不同应用环境的智能决策系统集成的科学技术问题，将是实现传统农业向现代农业转变的助推器和加速器，也将为培育物联网农业应用相关新兴技术和服务产业发展提供无限的商机。

②物联网技术推动农业信息化、智能化。应用各种感应芯片和传感器，广泛地采集人和自然界各种属性信息，然后借助有线、无线和互联网络实现各级政府管理者、农民、农业科技人员等"人与人"相连，进而拓展到土、肥、水、气、作物、仓储和物流等"人与物"相连，以及农业数字化机械、自动温室控制、自然灾害监测预警等"物与物"相连，并实现即时感知、互联互通和高度智能化。

③物联网技术提高农业精准化管理水平。在农业生产环节，利用农业智能传感器实现农业生产环境信息的实时采集和利用自组织智能物联网对采集数据进行远程实时报送。通过物联网技术监控农业生产环境参数，如土壤湿度、土壤养分、降水量、温度、空气湿度和气压、光照强度、浓度等，可为农作物大田生产和温室精准调控提供科学依据，优化农作物生长环境。不仅可获得作物生长的最佳条件，提高产量和品质，同时可提高水资源、化肥等农业投入品的利用率和产出率。

④物联网技术保障农产品和食品安全。在农产品和食品流通领域，集成应用标签、条码、传感器网络、移动通信网络和计算机网络等农产品和食品追溯系统，可实现农产品和食品质量跟踪、溯源和可视数字化管理，对农产品从田头到餐桌、从生产到销售全过程实行智能监控，可实现农产品和食品质量安全信息在不同供应链主体之间的无缝衔接，不仅实现农产品和食品的数字化物流，同时也可大大提高农产品和食品的质量。

⑤物联网技术推动新农村建设。通过互联网长距离信息传输与接近终端小范围无线传感结点物联网的结合，可实现农村信息最后落脚点的解决，真正让信息进村入户，把农村远程教育培训、数字图书馆推送到偏远村庄，缩小城乡数字鸿沟，加快农村科技文化的普及，提高农村人口的生活质量，加快推进新农村建设。

三、物联网与智能物流

物流业是物联网很早就实实在在落地的行业之一。物流行业不仅是国家十大产业振兴规划的其中一个，也是信息化及物联网应用的重要领域。信息化和综合化的物流管理、流程监控不仅能为企业带来物流效率提升、物流成本控制等效益，也从整体上提高了企业以及相关领域的信息化水平，从而达到带动整个产业发展的目的。

目前，国内物流行业的信息化水平仍不高，从内部角度，企业缺乏系统的IT信息解决方案，不能借助功能丰富的平台，快速定制解决方案，保证订单履约的准确性，满足客户的具体需求。对外，各个地区的物流企业分别拥有各自的平台及管理系统，信息共享水平低，地方壁垒较高。针对行业目前存在的问题，一些第三方的IT系统提供商及电信运营商提出了基于行业信息化的不同解决方案，局部采用了物联网技术，并且也取得了一定的进展。目前相对成熟的应用主要体现在以下几大领域：

①产品的智能可追溯的网络系统。如食品的可追溯系统、药品的可追溯系统等。这些智能的产品可追溯系统为保障食品安全、药品安全提供了坚实的物流保障。目前，在医药领域、农业领域、制造领域，产品追溯体系都发挥着货物追踪、识别、查询、信息等方面的巨大作用，有很多成功案例。

②物流过程的可视化智能管理网络系统。这是基于GPS卫星导航定位技术、RFID技术、传感技术等多种技术，在物流过程中可实时实现车辆定位、运输物品监控、在线调度与配送、可视化与管理系统。目前，还没有全网络化与智能化的可视管理网络，但初级的应用比较普遍，如有的物流公司或企业建立了GPS智能物流管理系统；也有的公司建立了食品冷链的车辆定位与食品温度实时监控系统等，初步实现了物流作业的透明化、可视化管理；在公共信息平台与物联网结合方面，也有一些公司在探索新的模式。展望未来，一个高效精准、实时透明的物流业将呈现在眼前。

③智能化的企业物流配送中心。这是基于传感、RFID、声、光、机、电、移动计算等各项先进技术的网络，旨在建立全自动化的物流配送中心，建立物流作业的智能控制和操作自动化，实现物流与制造联动，实现商流、物流、信息流、资金流的全面协同。

④企业的智慧供应链。在日益竞争激烈的今天，面对着大量的个性化需求与订单，怎样能使供应链更加智慧？怎样才能做出准确的客户需求预测？这些是企业经常遇到的现实问题。这就需要智慧物流和智慧供应链的后勤保障网络系统支持。打造智慧供应链，是IBM智慧地球解决方案中重要的组成部分，也有一些应用的案例。

此外，基于智能配货的物流网络化公共信息平台建设、物流作业中智能手持终端产品的网络化应用等，也是目前很多地区推动的物联网在物流业中应用的模式。

在物流业，物联网在物品可追溯领域技术与政策等条件已经成熟，应该全面推进；在可视化与智能化物流管理领域应该开展试点，力争取得重点突破，取得示范意义的案例；在智能物流中心建设方面需要物联网理念进一步提升，加强网络建设和物流与生产的联动；在智能配货的信息化平台建设方面应该统一规划，全力推进。

四、物联网与智能医疗

1. "感知健康、智能医疗"的背景

中国正处在医疗改革的关键时刻，旧的医疗体制及医疗保障制度已经不能适应当前社会发展

的需要，群众"看病难、看病贵"已成为国家的核心议题。人口结构老龄化发展趋势，致使疾病和预防控制从原来的以传染病及其防治为主，转变到目前的慢性非传染性疾病及其预防为主的模式。医学模式也由原来的"3P"模式发展到更加注重公民和社会参与的"4P"模式，即Predictive（预测性）、Preventive（预防性）、Personalized（个性化）和Participatory（参与性）。重心下移、关口前移、强化个人责任成为现代医疗保健服务模式的特征，未来数字卫生技术的趋势将更加向基层社区和个人参与方向发展，更加贴近个人的工作和生活本身。个人健康信息采集终端将融合在家庭和工作岗位，在重视信息收集的基础上更加注重信息的反馈和互动，一种实时的健康促进将成为可能。

2. 物联网在国内医疗健康领域应用的现状

我国政府十分关注物联网技术在医疗领域的应用。2008年，国家出台了《卫生系统十五IC卡应用发展规划》，提出加强医疗行业与银行等相关部门、行业的联合，推进医疗领域的"一卡通"产品应用，扩大IC卡的医疗服务范围，建立RFID医疗卫生监督与追溯体系，推进医疗信息系统建设，加快推进IC卡与RFID标签的应用试点与推广工作。2009年5月23日，卫生部首次召开了卫生领域应用大会，围绕医疗器械设备管理，药品、血液、卫生材料等领域的应用展开了广泛的交流讨论。在《卫生信息化发展纲要》中，IC卡和RFID技术被列入卫生部信息化建设总体方案之中。目前，相关部门正在加快制订IC卡医疗信息标准、格式标准、容量标准，积极推进IC卡的区域化应用，开展异地就医刷卡结算，实现医疗信息区域共享等。

我国在医疗健康行业的物联网应用主要体现在医疗服务、医药产品管理、医疗器械管理、血液管理、远程医疗和远程教育等多个方面，但多数处于试点和起步阶段。

3. 物联网在医疗健康领域应用的展望

物联网技术在医疗领域的应用潜力巨大，能够帮助医院实现智能化的医疗和管理，支持医院内部医疗信息、设备信息、药品信息、人员信息、管理信息的数字化采集、处理、存储、传输、共享等，实现物资管理可视化、医疗信息数字化、医疗过程数字化、医疗流程科学化、服务沟通人性化；更能够满足医疗健康信息、医疗设备与用品、公共卫生安全的智能化管理与监控等方面的需求，从而解决医疗平台支撑薄弱、医疗服务水平整体较低、医疗安全生产隐患等问题。"感知健康、智能医疗"具备互联性、协作性、预防性、普及性、创新性和可靠性六大特征。信息技术将被应用到医疗行业的方方面面，并催生许多过去无法实现的服务，实现智能医疗。医疗服务的电脑化和系统化，可以全方位实现医疗信息的收集和储存。互联互通的信息系统使得各医疗机构能够有效地实现无缝信息共享，而智能的医疗系统更可以全面提升患者服务的质量和速度。一种更加智慧、惠民、可及、互通的医疗体系必将成为未来发展的趋势。

五、物联网与节能减排

近年来，我国经济快速增长，各项建设都取得了巨大成就，但也付出了巨大的资源和环境代价，经济发展与资源环境被破坏的矛盾日益尖锐，群众对环境污染问题反应强烈。这种状况与经济结构不合理、增长方式粗放直接相关。如果不加快调整经济结构、转变增长方式会出现资源支撑不住、环境容纳不下、社会承受不起、经济发展难以为继的现象。只有坚持节约发展、清洁发展、安全发展，才能实现经济又好又快的发展。

节能减排，抗击气候变化，与人们的日常生活息息相关。目前我国70%以上的电力来自于煤炭燃烧发电，不仅发电过程造成了大量污染，发电导致的二氧化碳排放和温室效应更是导致气候变化的元凶。节能可以减排二氧化碳，帮助减缓气候变化。节能减排是贯彻落实科学发展观、构建社会主义和谐社会的重大举措；是建设资源节约型、环境友好型社会的必然选择；是推进经济结构调整，转变增长方式的必由之路；是维护中华民族长远利益的必然要求。

当前物联网已经成为业界公认的一大热点，节能减排政策也正越来越受到大家的重视。伴随着物联网及其相关技术的出现，如何通过物联网技术来实现节能减排也逐渐成为学术界的一个研究热点。虽然目前物联网技术尚不成熟，国内的相关研究工作也刚刚启动，但可以预见，这必将成为相关领域的研究热点。

物联网环境下的智能节能系统设计作为物联网应用的一个典型代表，它的设计与实现融合了大量的先进技术，在这里就不对其硬件设计做介绍了。

基于物联网的智能节能系统改变了传统的计量用电方式。众所周知，传统意义上的计电方式借助于电表记录用户耗电情况，通过人工记录的方法保存数据。而基于物联网的智能节能系统是通过物联网采集用电数据并保存到数据库中，借助于以太网将数据呈现给用户。相比之下，大大减少了人力和财力的消耗，降低了成本，又提高了效率。

其次，介于物联网的智能节能系统从多个角度以不同的方式将用电情况呈现给用户。传统的计电方式只是记录用户的总体用电情况，数据类型和呈现方式都比较单一。而基于物联网的智能节能系统，不仅会记录用户的整体用电情况，并且实时记录用户各个电器的用电数据，通过各种各样的图表将用电情况形象直观地呈现给用户。

此外，基于物联网的智能节能系统采用反馈的机制节能。系统可以通过对用电数据进行横向和纵向分析，将用电情况反馈给用户。所谓横向分析，就是将各个用户的用电数据进行比较，将个人用电情况和社会用电情况进行比较。所谓纵向比较，就是指将用户当前的用电情况和过去的用电情况进行比较。根据分析结果，针对用户的用电情况提出相应的节能建议，从而达到节能的目的。

除此之外，物联网在很多行业还有广泛的应用。比如在智能能源、智能环保、智能电网、智能安防、智能交通等领域，物联网将以一个前所未有的状态呈现在面前。

六、物联网与超市购物

随着社会的发展，超市已经成为人们日常生活的一部分，超市中的物品种类繁多，人们可以在超市中购买到任意所需商品，然而商品种类的增多给人们选购商品带来了一定的影响，人们可能会花大量的时在寻找商品上，本方案意在让顾客在智能超市中感受到物联网给人们生活所带来的便捷，明白何为物联网及物联网对人们生活的影响，智能超市让顾客不再为购物找商品和排队结账而苦恼，因此，构建超市购物引导系统具有较大实际意义。

电子标签和物联网的出现使得工业企业物联网系统得以实现。电子标签是用来识别物品的一种新技术，它是根据无线射频识别（RFID）原理工作的。它与读写器通过无线射频信号交换信息，是未来识别技术的首选产品。物联网是在计算机互联网基础上，利用电子标签为每一物品确定唯一识别EPC码，从而构成一个实现全球物品信息实时共享的实物互联网，简称"物联网"。物联网的提出给获取产品原始信息并自动生成清单提供了一种有效手段，而电子标签可以方便地实现自动化的产品识别和产品信息采集，这两者的有机结合可以使人们随时随地在超市中买到任意所需的商品。

超市物联网导购系统有货架处的有源RFID标签、超市范围内一定数量的读卡器和每个顾客的手持设备，该设备由顾客输入产品信息并与超市中的读卡器通过中间件操作系统进行通信，引导顾客到达所需商品处，负责前端的标签识别、读写和信息管理工作，将读取的信息通过计算机或直接通过网络传送给本地物联网信息服务系统。每一类商品对应的货架处所安装的有源RFID标签，包含着商品的信息，包括商品名称、价格、生产商以及商品所在处货架的位置信息。

中间件是处在阅读器和计算机Internet之间的一种中间系统，中间件可为企业应用提供一系列计算和数据处理功能，其主要任务是对阅读器读取的标签数据进行捕捉、过滤、汇集、计算、数据校对、解调、数据传送、数据存储和任务管理，减少从阅读器传送的数据量，同时，中间件还可提供与其他RFID支撑软件系统进行互操作等功能，此外，中间件还定义了阅读器和应用两个接口，超市范内安装一定数量的读卡器就是该中间系统的重要组成部分，同时为每一个进入超市选购商品的顾客配置一个手持设备，顾客在手持设备上输入所需的商品名称，手持设备与超市中的读卡器通过中间件操作系统通信，发布自己的信息，读卡器发布路由信息到手持设备引导顾客前往所需购买的商品处，在超市一定的区域内安设读卡器，读取该范围内所有有源RFID标签，并建立自己的标签库，读卡器之间利用Zigbee协议进行信息交互，每个读卡器相当于物联网中的一个节点，节点中存放着自己邻居节点的信息，也就是说每个读卡器都能获得它的邻居读卡器中的标签信息。

顾客的手持设备为物联网中的移动节点，可以和读卡器进行实时通信，同时，顾客手持设备还兼有LCD显示功能，该手持设备具有与RFID标签通信的功能，即可以读取指定商品的RFID信息，该物联网系统为多跳网络，当读卡器收到移动节点发来的商品信息时，如果商品信息不在自己标签库中，则将消息转发给自己的邻居节点直到找到目标读卡器，读卡器节点根据目标读卡器节点的位置不断将路由指示发送到手持设备上，并通过LCD显示给顾客，当顾客到达目标读卡器对应的区域时，目标读卡器将商品的标签信息发送给顾客，顾客通过标签信息所示的位置信息即可找到所需商品。

整个智能超市系统由身份识别、搜索导航、信息读取、广告推送、智能清算五部分组成：

①身份识别。由于超市是全智能无人管理，因此，在社区内只有持有智能"市民卡"的顾客

才有权限进入超市购物；

②搜索导航。顾客在超市的智能购物车上可以搜索和选择所需要的商品，超市内的导航系统将读取顾客当前位置信息，并引导顾客前往相应购买区；

③信息读取。当顾客表现出对某类商品的兴趣时，将相关商品的广告信息展示给顾客；

④广告推送。智能购物车可以将顾客附近商品的特价或优惠等信息发送给顾客，供其选购；

⑤智能清算。结账时无需像传统的条形码一样逐个商品扫描，直接将整车的商品信息读取，得到消费金额，自动从"市民卡"上扣取。

系统的具体操作流程为：

①顾客佩戴智能"市民卡"通过身份验证进入超市；无"市民卡"将无法进入超市，强行进入会触发报警；

②顾客选一个智能购物车，利用其配备的手持设备进行商品的浏览和选购；

③如果顾客需选购商品，则将顾客附近商品的信息（包括商品名称、厂商、价格）通过手持设备展示给顾客；当顾客表现出对某类商品感兴趣时，将其相关信息（含购买率等信息）通过手持设备展示给顾客；

④当顾客选定好商品后，手持设备将显示出顾客当前所处位置，以及选购商品所处位置，并选择一条最佳路线引导顾客前往购买；

⑤顾客购买好商品后通过RFID计算通道进行智能结算，并自动从"市民卡"内扣钱，如市民卡内金额不足，则予以提示不予放行，否则直接报警；

⑥没有购买商品的顾客从正常出口离开超市，如果购买商品却没有通过结账通道则进行报警。

将物联网应用于超市购物中，可方便人们购物，大大提高了工作效率，节省了顾客的等待时间。该系统的实现使超市更加智能化和人性化，促进商家售货，并能满足购物者的个性化服务。

思考题

● 1. 物联网是什么？

● 2. 物联网的安全性问题？

● 3. 请列举几个你身边和物联网相关的事例。

第十五章 | 区块链

■ 第一节 区块链概述

一、区块链概念

传统的关系数据库管理系统、NoSQL数据库管理系统都是由单一机构进行管理和维护，这一机构对所有数据拥有绝对的控制权，其他机构无法完整了解数据更新过程，因而无法完全信任数据库中的数据。所以，在多个机构协作模式下，中心化的数据库管理系统始终存在信任问题。以金融行业的清算和结算业务为例，传统中心化的数据库因无法解决多方互信问题，使得每个参与方都需要独立维护一套承载自己业务数据的数据库，这些数据库实际上是一座座信息孤岛，造成清、结算过程耗费大量人工进行对账，目前的清、结算时间最快也需按天来计。如果存在一个多方参与者一致信任的数据库系统，则可显著减少人工成本并缩短结算周期。区块链正是这样一种技术。

区块链（blockchain）是一种去中心化、不可篡改、可追溯、多方共同维护的分布式数据库，能够将传统单方维护的、仅涉及自己业务的多个孤立数据库整合在一起，分布式地存储在多方共同维护的多个节点，任何一方都无法完全控制这些数据，只能按照严格的规则和共识进行更新，从而实现了可信的多方间的信息共享和监督，避免了烦琐的人工对账，提高了业务处理效率，降低了交易成本。区块链通过集成P2P协议、非对称加密、共识机制、块链结构等多种技术，解决了数据的可信问题。机构之间通过应用区块链技术，无需借助任何第三方可信机构，在互不了解、互不信任的状态下可实现多方可信、对等的价值传输。区块链源自于比特币（bitcoin）的底层技术。2008年，一位化名为"中本聪"（Satoshi Nakamoto）的学者提出了一种被称为比特币的数字货币，在没有任何权威中介机构统筹的情况下，互不信任的人可以直接用比特币进行支付。2013年12月，俄罗斯人维塔利克·布特林（Vitalik Buterin）提出了以太坊（ethereum）区块链平台，除了可基于内置的以太币实现数字货币交易外，还提供了图灵完备的编程语言以编写智能合约，从而首次将智能合约应用到了区块链。

二、区块链的优势

区块链是一种多方共同维护的分布式数据库，与传统数据库系统相比，主要优势如下。

1. 去中心化

传统数据库集中部署在同一集群内，由单一机构管理和维护。区块链是去中心化的，不存在任何中心节点，由多方参与者共同管理和维护，每个参与者都可提供节点并存储链上的数据，从而实现了完全分布式的多方间信息共享。

2. 不可篡改

区块链依靠区块间的哈希指针和区块内的树实现了链上数据的不可篡改；而数据在每个节点的全量存储及运行于节点间的共识机制使得单一节点数据的非法篡改无法影响到全网的其他节点。

3. 可追溯

区块链上存储着自系统运行以来的所有交易数据，基于这些不可篡改的日志类型数据，可方便地还原、追溯出所有历史操作，方便了监管机构的审计和监督工作。

4. 高可信

区块链是一个高可信的数据库，参与者无需相互信任、无需可信中介，即可点对点直接完成交易。区块链的每笔交易操作都需发送者进行签名，必须经过全网达成共识之后，才被记录到区块链上。交易一旦写入，任何人都不可篡改、不可否认。

5. 高可用

传统分布式数据库采用主备模式来保障系统高可用，主数据库运行在高配服务器上，备份数据库从主数据库不断同步数据。这样的运行模式一旦主数据库出现问题，备份数据库就要切换为主数据库。这种架构方案配置复杂、维护烦琐且造价昂贵。在区块链系统中，没有主备节点之分，任何节点都是一个异地多活节点，少部分节点故障不会影响整个系统的正确运行，且故障修复后能自动从全网节点同步数据。

三、区块链的不足

和发展了近40年的传统数据库相比，区块链尚处于技术发展的初期阶段，还有着很多不足需要克服。

1. 吞吐量

比特币和以太坊的吞吐量分别约为7TPS和25TPS，远低于现有的数据库。传统数据库的每笔交易是被单独执行处理的，但区块链系统则以区块为单位攒够多笔交易再统一处理，这就延长了交易时间。不论是基于PoW的公有链，还是基于PBFT的联盟链，其实质都是以牺牲性能来换取区块链系统的安全性，每笔交易的签名与验证、每个区块的哈希运算以及复杂的共识过程等都涉及大量的系统开销。

2. 事务处理

目前的区块链平台主要依赖底层数据库来提供事务处理，而底层数据库大多是没有事务处理能力的Key-Value数据库。比特币、以太坊和Hyperledger Fabric都采用LevelDB存储区块链索引或状态数据，但LevelDB并不支持严格的事务。单个节点上的智能合约执行失败会导致数据库数据不一致，必须从其他节点同步数据才能使本机数据恢复到一致状态。

3. 并发处理

区块链的节点大多是以对等节点的身份参与P2P网络中的交易处理，并没有针对高并发服务做优化设计，因而无法支持高并发的客户端访问，而传统数据库可高并发地为成百上千的客户端提供服务。

4. 查询统计

区块链通常存储在Key-Value数据库甚至文件系统，在Non-Key查询和历史数据查询上都很不方便，更别说复杂的复合查询和统计，与此相对比，传统数据库提供了丰富的查询语句和统计函数。区块链系统应实现插件化的数据访问机制，以支持包括关系数据库在内的多种数据库。

5. 访问控制

目前大多数区块链平台的数据都是公开透明地全量存储在每个节点，仅依靠交易的签名与验证来确定资产的所有权和保证交易的不可伪造，除此之外，基本没有再提供其他的安全机制。有别于传统数据库中心化的访问控制，如何针对区块链设计去中心化的访问控制也是亟待解决的问题。

6. 可扩展性

传统数据库通过横向扩展增加节点数，以线性的提高系统吞吐量、并发访问量和存储容量。而目前大多数区块链平台随着节点数的增加其系统整体性能反而在下降，部分区块链平台提出的扩展性方案还需要时间的验证。

四、区块链影响

区块链被视为继蒸汽机、电力、互联网之后的下一代颠覆性的核心技术，应用已经从单一的金融领域进入到社会经济的各个领域。具体将会从三个方面带来颠覆式的认知革命。

1. 新的生产关系

生产关系是人们在物质生产过程中形成的相互关系，有三个要素：生产资料的所有制形式（也就是财产权的表现形式）、人们在生产过程中形成的地位及相互关系、由以上两个关系形成的分配、交换等。

区块链技术带来的生产关系变革，是前无古人的系统性红利。没有区块链之前，个体只有个体价值，有了区块链之后，生产关系发生革命性变革。

生产关系是随着生产力的发展而变化的。比特币、以太坊、瑞波币等数字货币的出现，是传统认知所不能想象的。但从逻辑上推论，又是生产力发展到今天这个"数字时代"的一个必然结果；若干年之后，数字资产就会成为个人以及家庭资产的重要组成部分。与房产、汽车等固定资产以及银行存款不同，数字资产的特性使得财产的所有权和使用权能得到更好地保护，促进了财产形式的多样化，同时也带来了一系列新的问题，这将是财产权表现形式的一次重大变革。

生产关系的第二个要素是关系，人与人之间、人与组织之间、组织与组织之间的关系。传统互联网是信息传递和信息交换的互联网，解决的是信息不对称的问题；区块链则是价值互联网，其交换的是价值，且其最大特征是解决了价值不对称问题。传统的组织都是有中心的，区块链技术的应用则是去中心化，同时又有不可篡改、可追溯的特征，这就大大增强了人与人之间、人与组织之间、组织与组织之间的信任关系。

生产关系的第三个要素是分配。基于区块链技术的加密数字货币在全球的广泛流通决定了分配关系的革命。虚拟货币的发行面向的是全球市场，突破了传统金融资产交易所地域限制。假设全球各国各地区的每一个人都持有数字货币，必然会出现全球财富的再分配过程。现在比特币总市值已经超过2000亿美元，以太币总市值也超过1000亿美元。黄金总市值是多少？世界黄金协会估计，全球黄金总量约有187200t（吨），按每盎司1300美元计算，黄金大约价值8万亿美元。有人认为，数字货币波动性太大，不可能取代黄金。事实上，黄金价格的波动性本来就不小：20世纪70年代初期布雷顿森林体系时代，每盎司35美元，随着美元与黄金脱钩，金价在1980年便蹿升至每盎司850美元，此后20年间又跌去3/4。现在每盎司价格刚刚超过1300美元。未来基于区块链技术所建立的数字虚拟世界与现实实体世界的总价值相比肩的话，数字货币取代黄金并非没有可能。

2. 新的信任机制

传统互联网解决信息不对称问题，区块链解决的是价值不对称问题。在区块链世界，每个行为都可以被定价，做了贡献就会有回报。共识机制决定了组织的兴衰成败。在现代社会，生产和生活资料充裕，组织和个体可以逐步脱离国家框架约束，自由迁徙和自由生产，共识就来自个体独立意志的自由选择。同时，利用区块链所拥有的共享分类账、共识、可溯源、不可篡改、交易完成不可恢复、智能合约等六大特征，在链上每一个承诺都是确定的，不可篡改、自动执行，且能查到起源是谁，这就解决了现实生活中合同或承诺的推诿，大大降低了信任成本，提高了效率。

3. 新的协同方式

区块链的思想运用在商业上，就是分布式商业。对于区块链领域创业者来说，一定要建立去中心化思维，不能用中央服务器思维来解决问题，而是要想如何调动社区每一个主体的"自举"能力和积极性。假如你的社区有一百万人，能不能调动这一百万台发动机来干活？当然不是白干，要通过一种有效激励机制让社区中各方面主体共赢。

生产力决定生产关系，生产关系要适应生产力的发展。人工智能是新型生产力，它极大地提高了社会生产力和生产效率，并且能够最大限度满足人们的个性化需求。人工智能让人类交出计算主控权，机器走向了本体意识的演进道路，并将迅速超越人类。区块链是新型生产关系，它重构了传统的生产关系，机器深度介入生产和分配，人类逐步交出中央主控的信任机制，协议控制人类的信任与生意，现有的人类文明和商业生态，成为计算网络上的亿万应用的一部分。区块链大幅降低社会信任成本，提高价值交换的效率，同时也大幅提高全球全社会协同作战的效率和成果。而区块链目前存在的传输时效慢等一些缺点，还较难适应人工智能的机器学习、语义理解和多层神经网络等的匹配。可以预言，未来的数字世界巨头一定是生产力和生产关系有机结合，区块链与人工智能的深度融合的产物。

■ 第二节 区块链解决的问题

一、营销难

在这个酒香也怕巷子深的时代，企业业绩的增长需要营销的助力，没有营销的加持，好产品也会遭遇无人问津的难题。而区块链作为助力企业发展的良好工具，将对企业营销模式起到颠覆性的作用。

①区块链对企业营销效果具有优化作用。传统的在线广告存在最大的问题是很难判断统计的结果是不是真实有效，因为当中除了真实的用户数据之外，有大量数据可能来源于计算机机器人，或者是广告分销商雇用的广告点击者。面对这些无法检验真伪的数据，企业只能"哑口吃黄连"，导致市场营销方面的资金投入与效果产出产生巨大落差。区块链技术的出现即将改变这一现状，利用区块链技术的时间戳及不可篡改性，建立一个可信任的广告空间，让用户能够在广告活动监管与加密保护的广告展示跟踪中受益。从某种意义上来说，区块链处理数据也是一种营销

的工具。用户购买商品扫描溯源码，获得企业的产品信息、促销活动、品牌介绍等信息，其实就等于企业完成了一次有效的市场营销。消费者通过区块链溯源将相关购买信息上传到区块链，而企业可以通过区块链掌握更多目标用户的数据，从而达到营销效果最优化的目的。

②区块链可以让企业告别广告中间代理商。如今企业的广告发布者一般都要依靠中介平台来连接用户，这让企业处于一个比较被动的局面。首先，这种方法会产生大量的中介费用，让企业的钱花不到点上，其次，是时效性不高，企业无法第一时间将广告信息传递给用户。区块链的出现可以让企业告别这种传统的中介模式，用户可以跳过传统的广告购买流程，直接向那些观看广告的目标群体支付费用。市场上一些区块链产品目前已经实现产品的全程溯源功能，同时可以帮助企业实现广告的信息传递，企业只需将产品及广告信息上传到区块链，用户即可通过扫码点击观看，同时获得企业提供的溯源积分SAT奖励。企业通过SAT奖励，直接向广告观看及信息反馈者支付积分报酬，在激励消费者参与产品溯源及观看广告的同时，获得更多忠实消费者的关注。

③区块链助力企业精准营销。传统的营销方式里，企业及广告主需要从各种不同的渠道来收集关于消费者的数据，比如年龄、性别、他们的薪资水平，甚至于他们开什么样的车、晚上习惯于去哪里消费等，这些数据可以构成一个个"用户画像"。但是由于获得数据的渠道过于繁多，广告主需要从不同的渠道将同一个用户的数据抽取出来，然后进行画像分析，需要消耗大量的时间和精力。有了区块链技术以后，广告主具备了直接从用户那里构建用户画像的能力。通过区块链技术，消费者购买后可直接扫码上传购买信息，包括购买的时间、地点、价格、数量等用户愿意分享的信息，这些信息一经上传，由企业全程掌控，进而第一时间对消费者的需求变化做出反应。通过数据分析，企业在进行下一步的营销推广时，可将广告精准投放到购买潜力较高的区域及消费群体上。

④区块链可以改变企业传统的促销方式。企业很难对产品的促销行为进行全程掌控，比如商场常见的牛奶类促销，厂家为了降低临期牛奶召回造成的经济损失，通常会将临期牛奶做特价售卖处理。但是，同批次牛奶的在售点可能有几十个，甚至更多，通过区块链，厂家不用对每一个在售点的促销人员、代理商进行培训及进度跟进，就可以全程跟踪掌控整个促销流程。最终达到更好的营销效果。

二、用人难

现在企业除了营销难题外，还面临着巨大的人才问题，"招人难，用人难，留人难"。简历欺诈是人力资源领域的一大难题。那区块链在用人问题上都能怎么帮我们解决问题呢？

1. 个人简历验证，解决工作经历、学历、证书造假的问题

目前大多数企业的招聘方式都是通过个人履历以及一段简短的面谈来了解一个人，应聘者虚增薪酬、夸大工作业绩、虚报任职背景、虚构教育培训经历等各种虚假资历让企业难辨真伪，常常造成了企业筛选成本高，却效率低的问题，而优秀者以往的工作经历由于没有可查的记录，在应聘新职位时也很难被知晓、相信。借助区块链不可篡改性、透明性、智能合约等特性记录个人

的职业档案相关数据，包括学历信息、职业历程、培训记录、职场所受奖惩等，甚至包括过往的工作绩效指标、晋升情况，以及离职原因都记录在案，而不是任由一个求职者单方在简历上描述他们的工作情况，从而实现应聘方简历信息的真实性、不可篡改性、不可伪造性，真正解决了困扰网络在线招聘多年的招聘信息失真这一问题。

2. 企业HR节省背调时间及成本，缩短招聘流程，提升招聘效率

求职者简历若上链被验证，那么企业HR就无需进行大量背调，节约了人力调查核实求职者背景成本，同时避免了验证过程过于冗长，可以有效缩短招聘周期。企业只需要通过区块链获取所需要的信息即可，区块链大大节省了企业HR的人力成本和时间成本投入。现在也有大学开始采用区块链追踪成绩单和课程。

3. 降低企业招聘成本

使用区块链去中心化后，可以降低企业人力的搜索成本和协调成本。借助智能合约，区块链技术将提供无尽的人才供您选择，每个人都可以上传并验证区块链平台上的个人简历，从而剥夺这些昂贵招聘机构存在的必要性。区块链技术有望为真正的人才提供无缝就业的方式，同时确保企业不再无谓地在人力资源领域浪费金钱。

在企业进行招聘时，区块链能够帮助人力资源部门更准确地判断招聘职位有哪些合适的人才，它能够简化当前的复杂招聘流程，提高招聘效率。

所有人都可以对自己或他人节点上存在的经历信息、能力信息进行测评，最终自动匹配到用人企业和岗位。所以，这就要求每个人都要在自己的账本上记录自己的经历和能力。

另外，由于企业可以即时查看技能，认证，证书和工作历史，因此许多高管招聘人员和猎头人员今天所做的初步审查可能会变得不那么有价值。

4. 帮助员工建立个人职业信用（声誉系统）

区块链可能会使员工的"自主主义身份"概念成为现实，因为这些人将对已经由多方验证的数据拥有更大的输入和控制权。上链经过验证的简历信息，工作越稳定、获得公司嘉奖表彰次数越多、工作能力表现越优秀、同事评价越高、提供的信息越准确、无不良工作记录（如迟到、上下级关系恶化、受罚、工作失误造成公司重大损失、有性骚扰记录等），那么员工的职业信用值就越高，这样有利于更受到招聘企业的信任、好的评价，更有可能获得工作机会和较高的薪酬标准。此外，区块链还可以在员工培训，薪酬管理各种方面解决公司人才问题。

三、管理难

区块链将改变公司组织架构，实现全员共治。通过智能合约和空前透明度的区块链，不仅能够减少公司内外部的交易成本，也能极其显著的降低机构在各个层级的管理成本。这些改变，又

会让人们更难通过投机取巧去欺骗系统，公司不仅能降低交易成本，还能解决最明显的问题即机构成本。主要体现在以下几个方面：

①搜索的成本会持续下降，这是因为人们可以在登载所有的商业信息的世界账本上进行三维的搜索，所以若要获取与运营商业相关的信息，就不再需要涉及公司图书馆、信息专家、人力资源搜索专家或无数的其他专家了。

②智能合约会极大降低合约签署管理支付的成本，不再会有纸质的合约。这个程序可以通过一系列的模板制定条款，还可以继续从外界搜集到的规则和详细信息进行讨价还价，并接受或拒绝对方提出的条款与条件，制定自我执行的政策，确定表现条件是否已经被满足，再执行交易。

③在公司之外协调这些资源的成本可以忽略不计，可以表现为驱动部署了企业软件的服务器所需的能源，至于对企业所雇用的人类组织或工厂的管理而言，企业并不需要官僚主义的制度，通过这个新的平台，我们可以想象出一种新型的机构，它需要很少甚至不需要传统的管理制度和层级之机制，也能为顾客带来价值，即为所有者创造财富。

④建立信任的成本，可以接近于零。信任不依赖于该组织，而是依赖底层代码的功能、安全性和可审计性及无数在维护区块链安全性的人所构成的大规模协作行动。这个为身份、信任、声誉度和交易而设的全球点对点平台的兴起，终于可以改变公司的底层架构，从而促进创新共享的价值创造，甚至是为多数人创造的繁荣，而不只是为少数人创造财富。

四、资金难

资金难也是企业财务管理中经常遇到的问题：资金管理混乱、使用效率低下、融资难是一直以来困扰企业发展的重要问题。

①通过区块链可以让公司财务信息上链，简化会计流程以及资产管理成本，使财务人员有时间将更多的精力放到财务分析以及异常管理、提高资金的使用安全以及使用效率上。

②如果公司有融资需求，不需要通过第三方机构，不用支付高昂的利息，募集资金需求直接上链，看好公司发展的自然入资，有效地解决融资难、融资贵的问题。

五、创新难

创新，就是创造和发现新东西，那么它用在企业当中，创新就成为企业生存与发展的决定性要素，它是一个多主体、多机构参与的系统行为。

创新文化本质特点：一是削减决策的层级结构；二是有共同的可持续目标；三是尊重各类人才和合作伙伴；四是挑战传统思维；五是快速反应；六是允许失败。这些创新文化的特质要在我们企业里通过组织重构和机制创新得以彰显和培植，成为企业创新、创业、发展的文化基因。建立纵向投资合作、横向合伙创业、定向目标聚焦的组织"群"结构，即上下级为投资人与创业者的关系，横向合作建立合伙创业关系，合作各方建立利益共同体、事业共同体、命运共同体的关系。各组织"群"围绕共同目标与愿景，建立新的市场主体，各市场主体自主经营、自负盈亏、利益分享、风险共担。这些要求对于普通企业来讲，实现可能有一定的难度，而区块链应用下的企业组织则刚好契合了创新实现的环境。

①区块链下的企业弱化了层级结构。企业的主要构成人员是因为对企业的认可而聚集在一起，也就更加容易碰撞出创新的火花。

②区块链的匿名性和开放性会让大家更加愿意来表达自己的观点，进而让更多的想法和观点可以被大家看到，创新的观点也更容易被关注。

③创新过程是可以全程上链的，所有实施和改进过程中遇到的问题都可以发挥人民群众的聪明才智，而且由于可以全程参与，创新完成之后的全面推广过程中遇到的摩擦和磨合就会少很多，并且还有可能形成二次甚至多层次的创新。

六、区块链案例

沃尔玛以创新优化供应链而闻名，在2019年，它便开始致力于区块链技术在供应链管理中的应用。同年，它还启动了一个可持续的供应链金融项目。作为世界上最大的零售商之一，沃尔玛的成功归功于有效和高效的供应链管理。这家商店连锁店一直是与供应商建立伙伴关系的先驱，而他们之间的关系更像是合作伙伴而不是竞争对手。在10年前，它实施了RFID技术，在供应的每一个环节都用货物跟踪托盘链条。如今沃尔玛已成为其他零售连锁店的标杆。另外，沃尔玛为电子记分牌（RetailLink）的推出做出了贡献，供应商和运营商可以使用电子记分牌来衡量他们在提供最高质量客户服务方面取得的进展。

1. 用供应链金融支持供应链的可持续性

确保供应链的可持续性也是沃尔玛连锁店的一个特点，这表现在自2005年以来它系统地实施了一套绿色供应链的措施。尽管有些方面已略有修改，不过这些措施大多仍是沃尔玛当下的追求。

沃尔玛的可持续发展指数计划是一个全球性的产品可持续性数据库，包含了沃尔玛所有在售商品。该指数在一个地方收集和分析从采购材料到售后服务的产品移动各个阶段的信息。它有助于确定社会和环境热点在链中需要采取行动的地方，然后按类别提出诊断问题的潜在解决方案。供应商可以看到详细的评级以及在各个类别中的排名。所有这些都鼓励致力于不断改进产品，使其更具可持续性。

可持续供应链金融的一个主要例子是该网络与英国汇丰银行（HSBC）在中国的合作伙伴关系，通过将融资利率与该供应商在沃尔玛可持续发展指数（Walmart sustainability Index）中的数据相挂钩，促进供应链更大的可持续性。这项联合工作的结果是开发了WSIP/THESIS指数和项目Gigaton。供应链融资计划旨在通过调整供应商和企业之间的财务比率来促进可持续性。根据该计划，采取可持续发展举措并在实现目标方面取得进展的供应商将获得汇丰银行的优惠融资利率。财政支持可以采取多种形式，从标准的绿色贷款到资助供应商开发工具以减少其活动对环境的负面影响。

另外，沃尔玛2017年启动的Gigaton项目，旨在到2030年减少10亿吨温室气体排放。为了实现这一目标，与供应商合作至关重要，因为要分析产品的整个生命周期，以评估其对环境的影响。邀请所有供应商进行合作，无论他们提供的产品或他们目前的支持可持续发展的活动水平如何，而且他们的目标是单独设定的。为了实现该计划的目标，沃尔玛还对可再生能源进行了自己的投资，包括在加利福尼亚州的太阳能发电和为德克萨斯州的商店购买风力发电。

汇丰贸易和应收账款融资全球主管布莱思（N·Blyth）表示："将可持续性融入全球供应链，不仅有利于环境和社会，也有利于企业。"沃尔玛管理委员会也持类似观点，认为专注于整个供应链的可持续性能刺激创新，并为公司创造附加值，对可持续性的投资不仅可以提高供应商生产率和降低成本，而且可以刺激员工创造力和高科技活动的发展。

2. 区块链在供应链中的应用

如上所述，公司管理层选择的发展道路导致了另一项技术创新的实施——区块链在供应链中的应用，尽管这项技术目前对大多数公司来说都是不可用的，并且在物流方面构成了巨大的挑战。

根据VeChain平台（VET Walmart China）于2019年6月开始实施一个项目显示，可通过区块链监督整个供应链的运输和食品供应过程。因此，沃尔玛中国区块链溯源平台成立，由沃尔玛中国、维凯、普华永道（PwC）、内蒙古Kerchin牛业公司和中国连锁经营协会共同管理。最初，区块链控制的供应链将覆盖23个产品线，同时包括另外100个不同类别的产品。

VeChain首席运营官K. 冯报告说，"预计沃尔玛中国的可追溯体系将实现可追溯鲜肉占包装鲜肉总销量的50%，可追溯蔬菜将占包装蔬菜总销量的40%，到2020年底，可追溯海鲜将占海鲜总销售额的12.5%。"这种方法证明了该项目的逐步发展和基于新技术的供应链功能测试，允许不断纠正错误和偏离预期目的的情况。

分散数据库的第一项工作于2016年与IBM合作开始，这导致了分布式账本技术（DLT）的创建，现在与区块链同步。DLT是一个分布式数据库，在分布式地理单元之间复制和共享寄存器。此后，沃尔玛参与了数项DLT相关专利，包括从市场上撤回的产品识别、肉制品跟踪、供应无人机监控、美国智能供应专利等。

目前，沃尔玛加拿大公司也在使用区块链。据该公司称，所有外部货运代理都已经在使用该平台，这有助于供应链运营的安全。沃尔玛加拿大公司与DLT实验室建立了合作伙伴关系，最终形成了一个名为"DL资产跟踪"的项目。这是一个新的系统，它使用区块链来跟踪交货、验证交易，并实现公司与加拿大400多家商店供应商之间的自动化付款和对账。据DLT实验室介绍，该系统的优点是使用简单直观，只需要一个web门户或移动应用程序。该项目旨在通过实时管理、集成和同步所有供应链和物流数据，将沃尔玛加拿大公司、航运公司和供应商之间的数据连接起来，提高公司的配送效率。

该公司负责物流和供应链的高级副总裁J·Bayliss表示："运营商合作伙伴在全国范围内转移了超过50万箱产品的库存，这创造了大量的交易数据。这个新的动态和交互式区块链技术平台正在提升加拿大沃尔玛和我们所有运营商合作伙伴之间的透明度。区块链在我们的智能运输网络中实现了实质性的进步，在我们的供应链中实现了快速支付、广泛的成本节约和其他好处。此外，这种效率的提高为我们提供了一个强大的平台，使我们能够继续减少人类对环境的破坏，并继续保持我们在环境可持续性方面的领先地位。"区块链技术的使用将有助于提高供应链的效率，从而降低成本。为了验证这一说法，我们分析了过去5年的财务指标。自2016年以来，总收入和总资产一直在逐步增长，这可能表明业务活动不断增长。然而，盈利能力（净利润率、息税折旧摊销前利润、净资产收益率、总资产收益率）和流动性（速动比率、流动比率）仅在2019年开始增加，正是区块链技术开始实施的时候对供应链融资可持续性的承诺增加（项目计划自2016年开始实施）。2020年最后两个季度的数据显示增长趋势仍在继续。然而，需要实施后未来5年的数据来明确确定所讨论的变化对财务结果的影响。

3. 可持续供应链金融与区块链应用带来可观收益

在分析沃尔玛的案例后，我们看到，似乎在供应链中实施区块链技术和可持续性是相辅相成的活动。在沃尔玛网络中实施区块链的领域，如供应商信息验证和供应链金融支持，都是产生巨大业务影响的领域。因此，可以推断它们为公司带来了超出成本的可观收益。

七、小结

在没有第三方权威机构的中介协调下，区块链在互不了解的交易双方间建立了可靠的信任，也实现了去中心化的可信的价值传输，因此区块链也被称为"价值互联网"或"第二代互联网"。首先，区块链以较低的成本实现了点对点的价值传输，这会冲击到以银行为代表的传统金融机构；其次，区块链的去中心化特性消除了对第三方中介机构的需求，达成了对等的直接交易，实现了真正的共享经济，这将影响到以中介代理为核心业务的互联网公司。最后，挑战与机遇并存，区块链的发展同时会给云计算、大数据及物联网等行业的发展带来更多的想象空间。所以区块链不仅仅是一种新型数据库，也是一场互联网价值革命，将会给众多行业带来深远影响。

思考题

- 1. 区块链技术的广泛应用将会给我们的生活带来哪些改变？
- 2. 区块链技术目前面临的最大瓶颈是什么？
- 3. 区块链技术在哪些领域将被更广泛的应用？

第十六章 | 新材料技术

材料是人类生存和发展的物质承担者。现代科学技术的迅猛发展，使得适应高技术的各种新型材料如雨后春笋，不断涌现，它们给技术进步、产业形成，及至整个经济和社会的发展带来了重大影响。目前高新技术材料种类繁多。本章首先对材料进行概述，之后主要介绍形状记忆材料技术、超导材料技术、纳米材料技术、石墨烯材料技术、生物医学材料技术等。

■ 第一节　概述

材料是人类用于制造物品、器件、构件、机器或其他产品的那些物质。材料技术进步对人类文明发展至关重要，人类的文明就是从利用自然界的原始材料（石块、黏土等），经过炼铜、炼铁、炼钢，发展到制作半导体和高分子等各种现代化材料的。新材料指新近发展或已在发展中具有比传统材料更为优异性能的一类材料。新材料知识与技术密集度高，与新工艺和新技术关系密切，更新换代快，品种式样变化多，是多学科相互交叉和渗透的结果。它们中的多数是固体物理、有机化学、量子化学、冶金科学、陶瓷科学、生物学、微电子学、光电子学等多种学科的最新成就。新材料的发展还与其他新技术的发展密切相关，例如新材料的合成与制造往往与许多极端条件技术，如超高温、超高压、超高真空、超高速、超高纯、微重力和极低温等相联系。新材料的表征和评价技术更需要多种新技术的支撑，如超微量杂质的测定、原子级缺陷的观察，以及材料对温度、湿度、电、声、磁、力、光等环境因素的反应等，都必须采用多种基于最新科学技术成就的精密仪器和装置来进行。这充分说明新材料科学技术的综合性和复杂性。

新材料主要包括新型金属材料、高分子合成材料、复合材料、新型无机非金属材料和光电子材料。

一、新型金属材料

金属材料是指纯金属或合金，通常分为黑色金属、有色金属和特种金属。黑色金属是指钢铁材料；有色金属是指除铁、铬、锰以外的金属及其合金；特种金属材料包括不同用途的结构金属材料和功能金属材料。从20世纪中叶起至今，在材料工业中，金属材料一直占绝对优势。这是由于金属材料（例如钢铁）工业已经具有了一整套相当成熟的生产技术和庞大的生产能力，随着材料技术日新月异的发展，金属材料也在不断推陈出新，许多新兴金属材料应运而生。

重要的新型金属材料有铝、镁、钛合金以及稀有金属。新型铝合金品种繁多、重量轻、导电性好，可代替铜用作导电材料。新型镁合金既轻又强，是制造直升机某些零件的理想材料。新型高强度钛合金不仅可用来制造超音速飞机和宇宙飞船，而且广泛应用于化学工业、电解工业和电力工业，被誉为"未来的钢铁"。稀有金属化学性质十分活泼，其少量即能改善合金的性能，可用来制造光电材料、磁性材料、化工材料及原子能反应堆的零件。除此之外还涌现了其他许多新型高性能金属材料，如快速冷凝金属非晶和微晶材料、纳米金属材料、有序金属间化合物、定向凝固柱晶和单晶合金等。新型金属功能材料，如磁性材料中的钕铁硼稀土永磁合金及非晶态软磁合金、形状记忆合金、新型铁氧体及超细金属隐身材料、贮氢材料及活性生物医用材料等也正在向着高功能化和多功能化方向发展。

二、高分子合成材料

高分子合成材料（又称有机高分子合成材料、高分子化合物或高聚物）是20世纪用化学方法合成的一种新型有机材料。有机材料指的是成分为有机化合物的材料，最基本的组成要素是碳元素，日常所见的棉、麻、化纤、塑料、橡胶等都属于有机材料。根据是否为人工合成，有机材料可分为有机合成材料和天然有机材料，比如化工合成的涤纶布料是有机合成材料，普通棉布是天然有机材料。根据分子量大小，有机材料可分为有机高分子材料（分子量一般是几万或者几十万以上）和有机低分子材料。高分子合成材料包括合成橡胶、塑料和化学纤维。由于高分子在化学组成和结构上的不同，因而具有多种性能，用途十分广泛，已在相当程度上取代了钢材、木材、棉花等天然材料。

高分子是由许多结构相同的单体聚合而成的，分子量高达几万甚至几千万。高分子由单体彼此连成长链，有些长链之间又由短链相结而成网状。长链大分子内由于生成氢键而呈卷曲状，并且互相缠绕，分子之间相互吸引力强。其结构上的这些特点，使高分子具有一定强度和程度不同的弹性。高分子化合物受热时，长链不易传热，熔化前有一个软化过程，故又具有良好的可塑性。同时，高分子化合物还具有良好的电绝缘性。这些特殊性能使高分子材料成为现代的新型优质材料。

合成橡胶是在对天然橡胶进行分析研究的基础上发展起来的。19世纪中叶，天然乳胶经硫化处理变成能成型、富于弹性的有用材料后，橡胶工业开始建立。随着19世纪末交通运输事业的迅猛发展，特别是自行车和汽车的成批生产以及其他工业的发展，对橡胶需求量增加。欧美一些国家开始研制合成橡胶。到20世纪70年代末，合成橡胶产量已为天然橡胶的两倍。目前顺丁橡胶、异戊橡胶、乙丙橡胶等是公认的有发展前途的合成橡胶品种；丁腈橡胶可在较高温度范围内长时间使用，耐油、耐腐蚀性能也很好；硅橡胶、氟橡胶既能在负50℃以下不变形，又可耐250℃以上的高温，常用于制造火箭、导弹、飞机的某些零件。这类特种橡胶已达200多种，各自在新技术中发挥作用。

最早的合成塑料——酚醛塑料，是1907年美国化学家贝克兰用苯酚和甲醛缩合，再添加木粉等材料制得。以后，欧美一些国家不断研制出各种塑料。1960年后，各种塑料中产量跃居首位的是聚烯烃。其中主要是聚乙烯、聚丙烯，聚乙烯又根据生产方法不同分高压、中压、常压聚乙烯。聚丙烯比聚乙烯的综合性能更好，加上原料丰富，工艺简便，十几年来它的发展速度在塑料诸品种中是最快的。20世纪70年代由于新兴科学技术的发展，研制具有特殊性能的塑料已成为重要的发展方向。各国都充分利用其自然资源，大力发展塑料生产。产量最大的是美国，在美国有27%的塑料用作建筑和结构材料，25%用作包装材料，医用塑料占4.4%，其余则用于交通运输、电子电器、家具、仪器零件等。总之，塑料作为一种很有前途的新型材料，将发挥更大的作用。

20世纪初化学纤维的主要品种是黏胶纤维，它以木浆、棉绒等天然纤维为原料经化学改性而制成，耐用而廉价。1940年美国成功地合成尼龙66，开辟了合成纤维研制的新道路。1972年在产量上超过尼龙、锦纶的合成纤维新品种聚酯纤维问世，其中涤纶制品热稳定性高、强度大、抗褶皱性好，是一种深受欢迎的合成纤维，各国都在积极发展。合成纤维的品种还有聚丙烯腈纤维、维尼纶纤维。合成纤维的迅速发展，不仅丰富了服装的原料，而且在工业、农业、国防等方面也有广泛的用途。

三、新型无机非金属材料

无机非金属材料，是除金属材料、有机材料以外的所有材料的总称。它是由硅酸盐、铝酸盐、硼酸盐、磷酸盐、锗酸盐等原料和（或）氧化物、氮化物、碳化物、硼化物、硫化物、硅化物、卤化物等原料经一定的工艺制备而成的材料，它与广义的陶瓷材料有等同的含义。无机非金属材料种类繁多，用途各异，目前还没有统一完善的分类方法，一般将其分为传统（普通）无机非金属材料和新型（先进）无机非金属材料两大类。而常见的传统无机非金属材料有玻璃、水泥、陶瓷、耐火材料，常见的新型无机非金属材料有工业陶瓷、光导纤维和半导体材料。

新型工业陶瓷是随着科学技术的发展而出现的一种新型材料。例如，氮化硅陶瓷和碳化硅陶瓷具有耐高温性、抗氧化性、耐腐蚀性、抗热冲击性，是制造燃气轮机的涡轮叶片和高温热交换器的理想材料。由于这类陶瓷具有强度高、耐磨损等优点，还可用来制造机械密封件、输送腐蚀介质的泵和球阀以及切削刀具。氧化锆和铬酸钙陶瓷组成的复合材料可作为磁流发电的电极材料。陶瓷固体电解质材料可用于制造高温燃料电池的隔膜。用特殊技术制成的半透明氧化铝陶瓷是一种良好的节能材料，已在轻工、纺织、化工、电子、食品、金属热处理等行业中采用。

光导纤维是可有效地远距离传导光信号的玻璃或塑料纤维。它具有双层结构，由高折射率的光导芯与低折射率的包层组成。入射到光导纤维一端的光在光导芯与包层的界面上经过多次全反射传播到光导纤维的另端。与铜芯传输电缆相比，光导纤维的优点是，重量轻，比重为2.2g/cm；

通信容量极大，一根光纤可通过1亿～2亿路电话；传输损耗低，为0.2dB/km，即光通过1000m的光导纤维后光的强度减少5%；在很宽的频带内频率能保持稳定；漏话少；不受电磁场的影响；可塑性好；温度稳定性好；主要制作原料硅取之不尽。光导纤维的这些特性有助于传输线路经济化。例如，在通信方面，大城市间的长途电话、市内电话、电话局的内部电话、海峡两边的海底电话等都可采用光导纤维代替铜芯同轴电缆与双轴电缆。与电力线平行布线的信号线、计算机数据库配线、工厂内的配线等也可采用光导纤维。在高压大电流输电缆中，可将光导纤维做成复合信号线。在有放射线或可燃气体的环境，光导纤维可用作传输线。除了通信外，光导纤维还可广泛应用于医疗、工业、宇航、飞机、舰艇与科学研究等方面。

半导体材料可用来制作晶体管集成电路、固态激光器和探测器等器件。当前半导体硅是制作集成电路和大规模集成电路的材料。虽然在硅片上可以取得很大的集成度，但是硅在处理信息的速度上是有限度的。作为下一代半导体材料的砷化镓，在存贮信息的能力上与硅一样，处理信息的能力则可比半导体硅快10倍。

四、复合材料

复合材料是由两种或两种以上不同性质的材料，通过物理或化学的方法，在宏观（微观）上组成具有新性能的材料。各种材料在性能上取长补短，产生协同效应，使复合材料的综合性能优于原组成材料而满足各种要求。复合材料可分结构复合材料与功能复合材料两大类。前者主要利用其机械性能；后者则利用其电学、化学性能等。复合材料主要应用于航空航天、汽车工业、化工、纺织、机械制造等领域。

结构复合材料是作为承力结构使用的材料，由能承受载荷的增强体与能联结增强体成为整体材料同时又起传递力作用的基体构成。增强体包括各种玻璃、陶瓷、碳素、高聚物金属以及天然纤维、织物、晶体和颗粒等，基体则有高聚物（树脂）基复合材料、金属基复合材料和陶瓷基复合材料等。结构复合材料的特点是可以根据材料在使用中受力的要求进行选材设计及复合结构设计。结构复合材料分为树脂基复合材料与金属基复合材料两大类。树脂基复合材料已形成一定生产规模，并广泛用于建筑、造船、车辆、化工容器、管道、生活用品等方面。树脂基复合材料在某些特定场合存在耐热性与传热性差、不导电等不足。金属基复合材料无上述缺点，且具有耐疲劳、耐磨、阻尼性能好、不吸潮、不放气以及低膨胀系数等特点，所以是宇航、航空等尖端技术的理想结构材料，而且在汽车、船舶、电子、电工、机械等工业中也有着广泛的应用前景。

一般功能材料在材料领域中占有重要地位，而功能复合材料由于其效能常常优于一般功能材料，所以有着广阔的发展前景。功能复合材料已有压电型功能复合材料、吸波、屏蔽性功能复合材料（隐身复合材料）、导电功能复合材料等。

由于复合材料可以通过选择设计而具有满足各种需要的材料性能，所以复合材料在新能源技术、信息技术、航天技术以及海洋工程等方面有着广泛的应用，已成为高技术领域重要的新材料之一。

五、光电子材料

1960年第1台实际运行的红宝石激光器的出现给人以启示：总有一天光信号可以代替电信号作为信息交换的公共载体。当然光电子技术的应用并不局限于信息领域，由于激光本身存在方向性、相干性、单色性和储能性等方面的突出优点，也由于激光基质晶体和对激光束进行调制的非线性光学材料的相应发展，一个新兴的高技术产业——光电子工业已经破土而出，它包括光通信、光计算、激光加工、激光医疗、激光印刷、激光影视、激光仪器、激光受控热核反应、激光分离同位素、激光制导等许多方面。探索与发展新型光电子材料，制作高性能、小型化、集成化的光电子器件，已经成为整个光电子科技领域的前沿。其中光电子信息材料是整个光电子技术的基础和先导。光电子信息材料包括陶瓷和信息获取材料、信息传输材料、信息存储材料，以及信息处理和运算材料等，其中主要是各类光电子半导体材料、各种光纤和薄膜材料、各种液晶显示材料等。

■ 第二节　形状记忆材料

形状记忆材料，特别是形状记忆合金（shape memory alloy，SMA），是很具特色的一种高技术新材料。1932年，瑞典科学家奥兰德在金镉（AuCd）合金中首次观察到"记忆"效应，即合金的形状被改变之后，一旦加热到一定的转变温度时，它又可以魔术般地自动变回到原来的形状，人们把具有这种特殊功能的合金称为形状记忆合金。后来陆续发现，某些其他合金也有类似的功能，这一类合金被称为形状记忆合金。迄今为止，人们发现具有形状记忆效应的合金有50多种，每种由一定元素按一定质量比组成的形状记忆合金都有一个转变温度；在这一温度以上将该合金加工成一定的形状，然后将其冷却到转变温度以下，人为地改变其形状后再加热到转变温度以上，该合金便会自动地恢复到原先在转变温度以上加工成的形状。

20世纪80年代形状记忆效应在陶瓷和高分子材料中被观察到，扩大了形状记忆材料的范围，现在形状记忆材料已经发展为包括形状记忆合金（钛镍合金、金镉合金、铜锌合金）、形状记忆陶瓷、形状记忆高分子以及形状记忆复合材料等一大类新型智能材料。

形状记忆材料的开发迄今不过几十年，但由于其在各领域的特效应用价值，正广为世人所瞩目，被誉为"神奇的功能材料"。

一、形状记忆材料的性质

形状记忆材料的显著性能是具有形状记忆效应（shape memory effect，SME），即材料能够"记住"初始形状——在一定条件下对具有一定初始形状的材料施加作用使其形状发生一定限度的改变，之后再对材料施加适当的外界条件，材料又变回到初始形状。比如，在较高温度时将钛镍合金制成密排弹簧，保持密排弹簧形状对钛镍合金进行冷却，在低温时，对密排弹簧施加拉力使其长度增加变为拉长弹簧，外力去除后，拉长弹簧的形状保留了下来，之后若将拉长弹簧加热到一定的温度，则拉长弹簧能自动地恢复到原先的密排弹簧，这就是最简单的形状记忆效应。而普通的材料受到外力作用时，首先发生弹性变形，达到屈服点，材料就产生塑性变形，在应力消除后，材料的塑性变形将永久地保留下来，不可能通过加热方式变回原来的形状。

形状记忆效应分为单程形状记忆效应、双程形状记忆效应和全程形状记忆效应等三种类型。单程形状记忆效应是指将材料在高温下制成某种初始形状，保持初始形状对材料进行冷却，在低温下任意改变材料形状，再对材料加热，当达到一定转变温度时，材料又变回高温时的初始形状，而重新冷却时却不能变回低温时的形状。双程形状记忆效应是指加热时变到高温下形状，冷却时变到低温下形状，即通过温度升降能自发可逆地反复变到高温和低温下形状，亦称为可逆形状记忆效应。全程形状记忆效应是指加热时变到高温下形状，冷却时变为形状相同而方向相反的高温下形状。到目前为止，只有钛–51%镍〔Ti–51%（原子数）Ni〕合金中发现全程形状记忆效应。

形状记忆合金另一种重要性能是相变伪弹性（又称超弹性），即当形状记忆合金在转变温度以上受到外力发生较大非线性弹性变形，去除外力后，大变形完全恢复。所谓非线性弹性变形是指应力应变曲线是非线性的可完全恢复变形。形状记忆合金的这一性能在医学和建筑减震以及日常生活方面得到了普遍应用。例如医学上的人造骨骼、伤骨固定加压器、牙科正畸器等。用形状记忆合金制造的眼镜架，可以承受比普通材料大得多的变形而不发生破坏（并不是应用形状记忆效应，发生变形后再加热而恢复）。

二、形状记忆效应的获得

不同的形状记忆材料，其记忆效应的获得途径各不相同，钛镍合金记忆效应的获得途径是：首先由高纯电解镍与海绵钛作为原料，采用高频感应炉与自耗炉（电弧熔炼法）或等离子体电弧熔炼法获得TiNi合金铸锭。然后在700～800℃进行热加工，包括模锻、挤压及轧制。丝状产品可通过冷拔，每次加工率小于20%，为消除加工硬化，冷加工期间可以700～800℃进行多次退火。之后根据对元件记忆效应的需要可进行如下记忆处理。

①单向记忆效应。为获得记忆效应，一般将加工后的合金在室温加工成记忆效应所需要的形状并加以固定，随后在400～500℃加热保温数分钟到数小时（定型处理）后空冷，就可获得较好的记忆效应。对于冷加工后成形困难的材料，可以在800℃以上进行高温退火，这样在室温极容易成形，随后在200～300℃保温使之定形。

②双向记忆效应。为了使合金元件反复地在升温和降温中可逆地发生形状变化（即双向记忆），最常用的方法是进行记忆训练（又称锻炼）。首先如同单向记忆处理那样获得记忆效应，但此时仅可记忆高温相的形状。然后通过低温和高温的反复形变记忆，就可获得双向记忆效应，在温度升、降过程中，元件均可自动地反复记忆高、低温时的两种形状。这种记忆训练实际上就是强制变形。

③全方位形状记忆效应。Ti–51%（原子数）Ni合金不仅具有双向记忆功能，而且在高温与低

温时，记忆的形状恰好是完全逆转的。要达到这样的效果，进行全方位形状记忆训练的关键是限制性时效，根据需要选择合适的约束时效工艺。因此全方位形状记忆处理的最佳工艺为：将Ti–51%（原子数）Ni合金在500℃（<1h）或400℃（<100h）进行约束时效。

三、形状记忆材料

世界各国科学工作者和工程技术人员对形状记忆材料进行了广泛的研究。20世纪70年代发现铜基形状记忆合金，80年代开发出不锈钢等铁基形状记忆合金，进入90年代，高温形状记忆合金、宽滞后记忆合金以及记忆合金薄膜等成为研究的热点。随着人们对材料的研究范围及深度的发展，形状记忆效应在陶瓷和高分子材料中也被观察到，从而使人们研究形状记忆效应的领域扩大，形状记忆材料现在应理解为包括合金、陶瓷、高分子和复合材料等在内的一系列材料。

①钛镍（TiNi）形状记忆合金。近等原子比的TiNi合金是最早得到应用的一种形状记忆合金。其性能优越、稳定性好，尤其是具有特殊的生物相容性等，因而得到广泛的应用，特别在医学与生物上的应用是其他形状记忆合金所不可替代的。实用的具有形状记忆效应的TiNi合金的成分在近等原子比的范围内，即Ni元素的含量为55%～56%（质量分数）。根据使用目的不同可适当选择准确的合金成分。

②铜基形状记忆合金。尽管TiNi形状记忆合金具有强度高、塑性大、耐腐蚀性好等优良性能，但由于成本约为铜基记忆合金的10倍，而使之应用受到一定限制。因而，近20年来铜基形状记忆合金的应用较为活跃，但需要解决的主要问题是提高材料塑性、改善对热循环和反复变形的稳定性及疲劳强度等。其疲劳寿命要比TiNi合金低2～3个数量级，在反复使用中，较易出现试样断裂现象。但铜基形状记忆合金是目前发现的记忆合金中种类最多的一族，其中研究最多并已得到实际应用的是铜锌铝（CuZnAl）合金及铜铝镍（CuAlNi）合金，尤其是铜锌铝合金应用较广。

③铁基形状记忆合金。早期发现的铁基形状记忆合金FePt和FePd等由于昂贵而未能得到应用。直到1982年有关铁锰硅（FeMnSi）形状记忆合金研究论文的发表，才引起材料研究工作者极大的兴趣。尤其由于铁基形状记忆合金成本低廉、加工容易，如果能在回复应变量小、相交滞后大等问题上得到解决或突破，可望在未来的开发应用上有很大的进展。

④形状记忆陶瓷。形状记忆陶瓷主要通过调整内部溶质的浓度和不同晶相的晶粒大小来控制其形状的变化，在应力的作用下会产生类似形状记忆合金的伪弹性和形状记忆效应。形状记忆陶瓷主要有三类：第一类是通过马氏体相变的形状记忆陶瓷，如氧化锆（ZrO_2）陶瓷；第二类是通过电偶极矩有序状态改变引致的形状记忆陶瓷，如用铅（Pb）、钴（Zr）氧化物改性的钛酸盐基陶瓷；第三类是通过黏弹性的改变导致的形状记忆陶瓷，如云母玻璃陶瓷。

⑤形状记忆树脂。树脂的形状记忆原理是由其特殊的内部结构决定的。形状记忆树脂通常由固定相和可逆相组成，固定相起防止树脂流动和记忆原始形状的作用，可逆相能随温度变化发生软化和硬化之间的可逆变化；或者说固定相的作用在于原始形状的记忆与恢复，可逆相则保证成型品可以改变形状。形状记忆树脂根据固定相的结构特点可分为热塑性与热固性两大类。

形状记忆树脂相对于形状记忆合金有加工容易、性能便于调整、形变量大、赋形容易、质轻价廉等优点，所以它的开发利用引起国内外的极大兴趣。从20世纪80年代起形状记忆树脂成为新兴热门材料，具有广阔的开发前景和巨大的应用潜力。

形状记忆树脂的研究开发比形状记忆陶瓷要广泛，从应用角度看也较为成熟。已经开发的形状记忆树脂主要有苯乙烯-丁二烯共聚物和聚氨酯等。

四、形状记忆材料的应用

形状记忆材料的应用中，形状记忆陶瓷还处于初期的开发阶段，形状记忆树脂已取得了良好的应用，但应用最为广泛的还是形状记忆合金。下面主要介绍形状记忆合金的应用。迄今为止，人们发现具有形状记忆效应的合金有50多种，但其中得到实际应用的仅集中在TiNi合金与CuZnAl合金，另外CuAlNi及FeMnSi系记忆合金也在开发应用中。

1. 工业应用

从20世纪60年代末开始形状记忆合金得到真正的应用，至今其应用领域极广，从精密复杂的机器到较为简单的连接件、紧固件，从节约能源的形状记忆合金发动机到过电流保护器等，处处都可反映出形状记忆合金的奇异功能及简便、小巧、灵活等特点。

记忆合金用量最大的一项用途就是作为连接件。例如1969年，钛镍合金的"形状记忆效应"在工业上的首次应用。人们采用了一种与众不同的管道接头装置。为了将两根需要对接的金属管连接，选用某种单向形状记忆合金，在高于其转变温度的条件下，做成内径比待对接管子外径略微小一点的短管（作接头用），然后在低于其转变温度的条件下将其内径稍加扩大，再把连接好的管道放到该接头的转变温度时，接头就自动收缩而扣紧被接管道，形成牢固紧密的连接。美国在某种喷气式战斗机的油压系统中便使用了一种钛镍合金接头，从未发生过漏油、脱落或破损事故。选用记忆合金作为管接头可以防止用传统焊接所引起的组织变化，更适合于严禁明火的管道连接，而且具有操作简便、性能可靠等优点。

用于温控器件的记忆合金丝被制成圆柱形螺旋弹簧作为热敏驱动元件。其特点是利用形状记忆特性，在一定温度范围内，产生显著的位移或力的变化。再配以用普通弹簧制成的偏压弹簧就可使阀门往返运动，也就是具有双向动作的功能。当温度升到转变温度时，形状记忆弹簧克服偏压弹簧的压力，产生位移，打开阀门；当温度降低到转变温度时，偏压弹簧压缩形状记忆弹簧，使阀门关闭，从而产生周而复始的循环。目前，我国已在热水器等设备上装有CuZnAl记忆元件。形状记忆控温阀具有结构简单、可靠性较好、更换方便等优点，得到广泛应用。

利用偏压弹簧使形状记忆元件具有双向动作功能的还有机器人手臂、肘、腕、指等动作，电流断路器，自动干燥箱以及空调机风向自动调节器等。上述元器件都是利用形状记忆弹簧在恢复到高温态形状时弹性模量高，而在低温态形状时弹性模量低的特性，在低温时，借助偏压弹簧的弹力使之变形。

形状记忆合金还可用于制造探索宇宙奥秘的月球天线。为了将庞大的天线带到月球上传输月球和地球之间的信息，人们先用形状记忆合金在其转变温度以上按预定形状把天线做好，然后降低温度把它压缩成一个小铁球，这样很容易装进登月舱运上月球。被压缩成小铁球的天线放置于月球，在阳光照射下，达到该合金的转变温度，就会自动恢复天线原来的形状。1969年7月20日，美国宇航员乘坐"阿波罗"11号登月舱首次登上月球，就是通过这种方法将一个直径数米的半球形天线运上月球实现月球和地球之间信息传输的。

另外，在卫星中使用一种可打开容器的形状记忆释放装置，该容器用于保护灵敏的锗探测器免受装配和发射期间的污染。

2. 医学应用

一般植入生物体内的金属，在生物体液的环境中会溶解成金属离子，其中某些金属离子会引起癌病变、染色体畸变等各种细胞毒性反应，或导致血栓等。只有与生物体接触后能形成稳定性很强的钝化膜的合金才可以植入生物体内。经过大量实验证实，在现有的实用记忆合金中，仅TiNi合金可与生物体形成稳定的钝化膜。因此TiNi合金是目前医学上使用最多的记忆合金。TiNi合金在医学上主要应用有口腔牙齿矫形丝，以及外科中各种矫形棒、骨连接器、血管夹、凝血滤器以及血管扩张元件等。

通常牙齿矫形用不锈钢丝和CoCr合金丝，但这些材料有弹性模量高、弹性应变小的缺点。为了给出适宜的矫正力，在矫正前就要加工成弓形，而且结扎固定要求熟练。而采用TiNi合金作牙齿矫形丝，即使应变高达10%也不会产生塑性变形，而且应力诱发马氏体相变使弹性模量呈现非线性变化，当应变增大时，矫正力却增加不多。因此佩戴矫形丝时，即使产生很大的变形也能保持适宜的矫正力，不仅操作方便，疗效好，而且可减轻患者的不适感。

脊柱侧弯矫形用的哈氏棒通常用不锈钢制成，在手术中安放这种不锈钢矫形棒时，要求固定后脊柱受到的矫正力保持在30~40kg，一旦受力过大，不锈钢矫形棒就会破坏，结果不仅是脊柱，而且连神经也有受损伤的危险。另外，植入人体的不锈钢矫形棒在随后的使用中矫正力会随时间明显下降，故通常必须进行再次手术以调整矫正力，这使患者在精神上、肉体上承受较大痛苦。改用形状记忆合金棒，只需一次安放固定手术。一般是将TiNi合金棒记忆处理成直棒，然后在转变温度以下（通常在冰水）弯成与人体畸形脊柱相似的形状（弯曲应变小于8%），立即安放于人体内并固定。手术后通过体外加热使温度高于体温5~10℃，这时TiNi合金棒逐渐回复到高温相状态，产生足够的矫正力。如果在随后的使用中发现矫形棒的矫正力有下降，可以通过体外加热的方式恢复矫形棒的矫正力。

其他如骨折、骨裂等所需要的固定钉或固定板都是将TiNi合金转变温度定在体温以下。先将合金板（或合金钉等）按所需形状记忆处理定形，在手术时，将定形板在温度低于转变温度的冰水中（$< M_s$）变形成便于手术安装的形状，植入所需部位固定，靠体温回复固定板形状。用记忆合金固定骨折等患处，患者痛苦少，功能恢复快，是非常有效的方法。

■ 第三节　超导材料

一、超导材料的概念

超导即超级导电，是指当电流通过某些冷却到一定温度的物质时，这些物质的电阻突然降为零。人类最早发现超导是在1911年，这一年荷兰物理学家昂内斯利用低温技术研究金属的电阻时发现，当温度降到4.2K时，金属汞（Hg）的电阻突然下降到零。昂内斯把汞的这种电阻为零的状态称为超导态。昂内斯发现汞的超导态后，科学家对各种金属做了同样的研究，发现不仅汞（Hg）具有超导态，超过1/2金属都具有超导态，包括一些单元素金属（如Ta、Nb）、多元素合金（如TaNb、PbBi、Nb_3Sn、NbTi）和过渡金属氧化物。近年来又发现某些有机高分子材料也具超导现象。一般地，人们将具有超导态的物质称为超导材料（或超导体），不具有超导态的一般导体称为常导材料（或常导体），超导材料在电阻消失前的状态称为常导态，超导材料电阻突然降为零时的温度称为超导材料的临界温度，用T_c表示。

二、超导材料的特性

超导材料相对于常导材料具有两个独特的优异性能：一是完全导电性；二是完全抗磁性。

1. 完全导电性

完全导电性是指当温度下降到某数值以下时，超导体的电阻突然变为零的现象，也称为零电阻效应。在通常状态下，任何物质都有电阻，超导体的零电阻与常导体的零电阻在本质上完全不同。

常导体的零电阻是指理想晶体没有电阻，自由电子可以不受限制地运动。随着温度的降低，常导体的电阻随温度渐变至零。但是由于金属晶格原子的热运动、晶体缺陷和杂质等因素，周期场受到破坏，电子受到散射，故而产生一定的电阻。即使温度降为0K，其电阻率也不为零，仍然保留一定的剩余电阻率。金属越不纯，剩余电阻率就越大。

超导体的零电阻是当温度下降到一个临界值时，电阻几乎跃变至零。另外需要指出的是，超导体的零电阻是指直流电阻为零，完全导电性都是相对直流而言的，超导体的交流电阻并不为零。

2. 完全抗磁性

完全抗磁性又称迈斯纳效应，是指超导体处于超导态时，超导体内的磁力线将全部排出体外，超导体内的磁场恒等于零的特性。从电磁理论出发，可以推导出如下结论：若先将理想导体冷却至低温，再置于磁场中，理想导体内部磁场为零；但若先将理想导体置于磁场中，再冷却至低温，理想导体内部磁场不为零。对于超导体而言，降低温度达到超导态、施加磁场这两种操作，无论其顺序如何，超导体内部磁场始终为零，这是完全抗磁性的核心，也是超导体区别于理想导体的关键。

完全抗磁性产生的原因是，当超导体处于超导态时，外磁场的磁化使超导体表面产生无损耗的感应电流。这个感应电流在超导体内产生的磁场恰好与外加磁场大小相等、方向相反，从而互相抵消，使总的合成磁场为零。超导材料处于超导态时，只要外加磁场不超过一定值，磁力线不能透入，超导材料内的磁场恒为零。

三、超导材料的种类

按照临界转变温度，超导材料可分为低温超导体和高温超导体。

1. 低温超导体

低温超导体也称为常规超导体，是指临界转变温度较低（$T_c<30K$）的超导材料。低温超导体按其化学组成又可分为元素超导体、合金超导体、化合物超导体。

①元素超导体，在所有的金属元素中，约有半数具有超导电性，已发现的超导元素有50多种，常压下有28种超导元素，如铌（Nb）、锝（Tc）、镧（La）等。有些金属就不具有超导电性，如大家熟悉的铜（Cu）、铁（Fe）、钠（Na）等。元素超导体实用化较难，实用价值不高。

②合金超导体。与元素超导体相比，合金超导体具有塑性好、易于大量生产等优点。合金超导体大多具有较高的临界转变温度、特别高的临界磁场和临界电流密度。这对于超导体用于超导磁体、超导大电流输送等特别重要。目前发现的合金超导体主要有以下几种：a. 以铌锆（NbZr）合金为代表的二元合金，如NbZr合金为最早商品化的超导磁体。它具有低磁场、高电流的特点，在高磁场下仍能承受很大的超导临界电流密度。其延展性好、抗拉强度高，制作线圈工艺简单。但是覆铜较困难，制造成本高。铌钛（NbTi）合金为目前应用最广泛的超导磁体线材，它的力学性能稳定，制造技术比较成熟，制造成本低。它易于压力加工，在线材上包覆铜钠层可获得良好的合金结合，提高热稳定性。b. 以铌锆钛（NbZrTi）、铌钛铪（NbTiHf）和钒钴铅（VZrTi）等为代表的三元合金。在超导性能上，三元合金比二元合金有明显的提高。合金的超导性主要受合金成分、含氧量、加工程度和热处理等因素的影响。

③化合物超导体。化合物超导体和合金超导体相比，超导与临界条件均较高，在强磁场中性能良好，但是质脆、不易加工，须采取特殊的加工方式。

2. 高温超导体

1986年4月，贝德诺兹（Bednorz）和缪勒（Mueller）发现钡镧铜氧（BaLaCuO）超导体，其临界温度达36K，开始了高温超导材料的新纪元。1986年12月，中国科学院物理研究所报道，在锶镧铜氧（SrLaCuO）系统中获得临界温度约48.6K的超导体。1987年2月，中国科学院物理研究所赵忠贤、陈立泉研究小组又获得钇钡铜氧（YBaCuO）新型超导材料，其临界温度约为100K。1987年3月，美国休斯敦大学美籍华人教授朱经武也报道了YBaCuO的超导材料。1987年3月18日，美国物理学会在纽约举行了"高转变温度超导体专门会议"，中国、美国、日本三国都介绍了在高温超导材料方面的成就。1987年，贝德诺兹和缪勒荣获该年诺贝尔物理学奖。

高温超导材料的出现，是超导态研究的一个巨大飞跃。获得液氮温区（77K）以上的超导材料是科学家梦寐以求的，在应用和理论研究中也有十分重要的意义。低温超导材料必须在液氢温度（20K）或液氖温度（27K）下进行工作，制备这样低温条件的花费和能耗，将比使用它可节省的费用和能耗还高。高温超导材料如果在液氮温度（77K）甚至更高的温度下进行工作，则其使用价值不可估量。

现在的高温超导材料都是铜氧化物多相低维体系，它们的制备与精细陶瓷相仿。甚至有人称它为电子陶瓷。目前，研究的最多的是钇钡铜氧（YBaCuO）、铋锶钙铜氧（BiSrCaCuO）和铊钡钙铜氧（TlBaCaCuO）三个超导体系。

四、超导材料的应用

超导材料的应用主要围绕它的两大基本特性展开。

1. 超导输电线路

超导最直接、最诱人的应用是用超导体制造输电电线，美国超导体公司的三股压平线路所负载的电流与一条400A的铜负载的电流一样大，这发现使得超导技术在输变电中的应用打开了大门，从而成为实现大规模电力远距离输送的潜在解决方案之一，近年来在国际上得到了很快的发展。目前高压输电线的能量损耗高达10%以上，而超导体具有无损耗输送电流的性质，如果用超导导线作为输电线，由于导线电阻消失，线路损耗也就降为零，电力几乎无损耗地输送给用户，可极大地降低输电成本，节约能源以缓解能源紧张和压力。由于直流输电的优势以及发展新能源并网的需求，近年来，超导直流输电技术的研究开发备受重视。美国于2009年10月启动了将三大电网（美国东部电网、西部电网、得克萨斯电网）实现完全互联和可再生能源发电并网的"TresAmigas超级变电站"项目，该超级变电站采用高压直流输电技术（HVDC）实现电网互联，即任何两个电网互联均由AC/BC（交流直流）进行电能变换后通过高温超导直流输电电缆（superconduct electricity pipelines）来实现双向流动，最终建设成为一个占地22.5mi²（1mi² = 2.59km²）、呈三角形互联的可再生能源市场枢纽（renewable energy market hub）。随后，日本、德国、中国等国家均在不断试验扩大范围。

2. 超导发电机

在大型发电机或电动机中用超导体代替钢材可望实现电阻损耗极小的大功率传输。超导体具有零电阻特性，可在截面较小的线圈中通以大电流，可以达到10^4A/cm^{2}以上，形成很强的磁场，磁感应强度可比普通发电机提高5~10倍，而自重减小。损耗小、输出功率高、轻量化的超导发电机，不仅对于大规模电力工程很重要，而且对航海、航空的各种船舶、飞机也特别理想。超导单级直流电动机和同步发电机是目前主要的研究对象。

3. 超导计算机

超导计算机中超大规模集成电路的连接元件用接近零电阻的超导器件制作，不存在散热问题，可使计算机具有许多优点：器件的开关速度比现有半导体器件快2~3个数量级；功率很低，只有半导体器件的1/10左右，散热问题易解决；输出电压在毫伏级，信号检测方便；因超导抗磁效应，电路电磁干扰完全消除；信号准确；体积更小，成本更低。

4. 磁悬浮列车

利用超导材料的抗磁性，将超导体放在永磁体上方，由于磁体的磁力线不能穿过超导体，磁体和超导体之间产生排斥力，超导体悬浮在磁体上。利用这一磁悬浮效应可以制造高速磁悬浮列车。由于列车悬浮于轨道上行驶，导轨与机车间不存在实际接触，没有摩擦，时速可达几百千米而且运行平稳无噪声，是一种新型交通工具。但目前制造和运行成本较高，有待进一步完善。

另外，超导材料还广泛应用于超导储能、核磁共振仪、超导探测器以及超导微波器件等领域或仪器中。

■ 第四节　纳米材料

早在20世纪60年代，著名的诺贝尔奖获得者费曼（Feynman）曾预言：如果对物体微小规模上的排列作某种控制，就能使物体得到大量异常的特性。当人类有朝一日可以按照自己的意愿排列原子时，世界将会发生什么？其预言中的材料即现在的纳米材料。1962年，Kubo发现金属超微粒子与块体材料的热性质不同，提出了Kubo效应，在此之后便开始了对纳米粒子性质进行研究。到20世纪90年代，纳米材料技术逐渐兴起并迅速发展成为一门新兴学科。

纳米（nm）是一个长度单位，1纳米（nm）等于10^{-9}米（m），即等于10埃，1纳米的长度相当于数个原子紧密排列在一起所具有的长度。纳米材料，从狭义上说，是原子团簇（1nm级）、纳米颗粒（10nm~100nm级）、纳米线、纳米薄膜、纳米碳管以及纳米固体材料的总称。从广义上说，纳米材料是指晶体或晶界等显微构造达到纳米尺寸（＜100nm）水平的材料。生活和电子产品中的纳米结构，如：不沾水的荷叶表面具有微米结构的毛绒突起；脊髓灰质炎病毒的尺寸约为30nm。2016年报道的1nm的晶体管问世将会促进计算机技术取得重大突破。纳米技术主要是指通过物理和化学方法对宏观物质进行超细化，使其在尺寸上纳米化，或者通过原子、分子的自组装技术形成具有特殊功能的纳米尺寸材料的新技术。

一、纳米材料的分类

纳米材料大致可分为的纳米粉末、纳米纤维、纳米膜、纳米块体四类。其中纳米粉末开发时间最长，技术最为成熟，是生产其他三类产品的基础。

纳米粉末又称为超微粉或超细粉，一般指粒度在100nm以下的粉末或颗粒，是一种介于原子、分子与宏观物体之间处于中间物态的固体颗粒材料。纳米粉末材料用途很广，可用于高密度磁记录材料、吸波隐身材料、磁流体材料、防辐射材料、单晶硅和精密光学器件抛光材料、微芯片导热基片与布线材料、微电子封装材料、光电子材料、先进的电池电极材料、太阳能电池材料、高效催化剂、高效助燃剂、敏感元件、高韧性陶瓷材料（摔不裂的陶瓷，用于陶瓷发动机等）、人体修复材料、抗癌制剂等。

纳米纤维指直径为纳米尺度而长度较大的线状材料，可用于微导线、微光纤（未来量子计算机与光子计算机的重要元件）材料、新型激光或发光二极管材料等。

纳米膜分为颗粒膜和致密膜。颗粒膜是纳米颗粒粘在一起，中间有极为细小的间隙薄膜（如淡化海水的纳米膜）。致密膜指膜层致密但晶粒尺寸为纳米级的薄膜。纳米膜可用于气体催化（如汽车尾气处理）材料、过滤器材料、高密度磁记录材料、光敏材料、平面显示器材料、超导材料等。

纳米块体是将纳米粉末高压成型或控制金属液体结晶而得到的纳米晶粒材料，主要用于超高强度材料、智能金属材料等。

二、纳米材料的特性

材料特性的改变是由于所组成微粒的尺寸、相组成和界面这三个方面的相互作用来决定的。在一定条件下，这些因素中的一个或多个会起主导作用。纳米材料由于其结构的特殊性，出现一些新的物理与化学现象，如表面效应、小尺寸效应、量子尺寸效应和宏观量子隧道效应等不同于传统材料的独特性能。

1. 表面效应

表面效应是指纳米粒子的表面原子与总原子数之比随着纳米粒子尺寸的减小而大幅度增加，使纳米粒子表面张力也随着增加，从而引起纳米粒子性质的变化。随着纳米粒径的减小，表面原子数迅速增加，由于表面原子周围缺少相邻的原子，存在许多悬键，具有不饱和性质，因而这些表面原子具有很高的化学活性，很容易与其他原子结合。

2. 小尺寸效应

小尺寸效应是指当超细微粒尺寸不断减小，与光波波长、德布罗意波长及超导态的相干长度或投射深度等特性尺寸相当或更小时，晶体周期性的边界条件将被破坏，引起材料的电、磁、光和热力学等特性都呈现新的小尺寸效应。在电学性质方面，常态下电阻较小的金属到了纳米级，电阻会增大，电阻温度系数下降甚至出现负数；原是绝缘体的氧化物到了纳米级，电阻反而下降。在磁学性质方面，纳米磁性金属的磁化率是普通磁性金属的20倍。在光学性质方面，金属纳米颗粒对光的反射率一般低于1%，大约几纳米厚即可消光。比如，军用飞机的隐身技术，就是利用了纳米微粒的尺寸远小于雷达发来的电磁波长，可以明显增加对这些波的透过率和减少对这些波的反射率，使得雷达接收的反射信号变得微弱，从而起到隐身作用；在热力学性质方面，当组成相的尺寸足够小时，金属原子簇熔点明显降低。固态物质在其形态为大尺寸时，其熔点是固定的，超细微化后发现其熔点将显著降低。例如，金的常规熔点为1064℃，当颗粒尺寸减小到2nm时，熔点仅为500℃。当粒子尺寸在150nm以上时，银的熔点为960.3℃。随着银粒子尺寸的减小，银的熔点下降，当银粒子尺寸下降到5nm时，熔点为100℃。超细微粒熔点下降的性质对粉末冶金工业具有一定的吸引力，如在钨颗粒中附加质量分数为0.1%～0.5%的超微镍颗粒后，可使烧结温度从3000℃降低到1200～1300℃。

3. 量子尺寸效应

原子是由原子核和核外电子构成的。电子在一定的轨道（或能级）上绕核高速运动。单个原子的电子能级是分立的，而当许多原子聚集到一起形成一个"大分子"，也就是大块固体时，按照分子轨道理论，这些原子的原子轨道彼此重叠并组成分子轨道。由于原子数目很大，原子轨道数更大，故组合后相邻分子轨道的能级差非常小，即这些能级实际上构成一个具有一定上限和下限的能带，能带的下半部分充满了电子，上半部分则空着。大块物质由于含有几乎无限多的原子，其能带基本上是连续的。但是，对于只有有限个纳米的微粒来说，能带变得不再连续，且能隙随着微粒尺寸减小而增大。当热能、电能、磁能、光电子能量或超导态的凝聚能比平均的能级间距还小时，纳米微粒就会呈现一系列与宏观物体截然不同的反常特性，称为量子尺寸效应，如导电的金属在制成纳米粒子时就可能变成半导体或绝缘体；磁矩的大小与颗粒中电子是奇数还是偶数有关；比热容也会发生反常变化；光谱线会产生向短波长方向的移动；催化活性与原子数目有奇妙的联系，多一个原子活性很高，少一个原子活性很低。

4. 宏观量子隧道效应

电子既具有粒子性又具有波动性，它的运动范围可以超过经典力学所限制的范围。这种"超过"是穿过势垒，而不是翻过势垒，这就是量子力学中所说的隧道效应。近年来人们发现一些宏观物理量，如颗粒的磁化强度、量子相干器件中的磁通量等也显示隧道效应，故称为宏观量子隧道效应。量子尺寸效应、宏观量子隧道效应将是未来微电子、光电子器件的基础，当微电子器件进一步微小化时，必须考虑上述量子效应，如制造半导体集成电路，当电路尺寸按近电子波长时，电子就会通过隧道效应溢出器件，使器件无法工作。

三、纳米材料的应用

纳米材料的重要意义越来越被人们所认识。有科学家预言，在21世纪纳米材料将是"最具前途的材料"，纳米技术甚至会超过计算机和基因学，成为"决定性技术"。纳米材料在许多领域都有着潜在的应用价值，现简要介绍纳米材料在下列方面的应用。

1. 化学反应与催化

纳米粒子比表面积大，活性中心多，催化效率高。已发现金属纳米粒子可催化断裂H–H键、C–H键、C–C键和C–O键。纳米铂黑可使乙烯氢化反应温度从600℃下降至室温。纳米铂黑、银、氧化铝（Al_2O_3）、氧化铁（Fe_2O_3），可在高聚物氧化、还原及合成反应中作为催化剂，明显提高反应效率；纳米镍粉用作火箭反应固体燃料催化剂，燃烧效率提高了100倍；纳米粒子用作光催化剂，光催化效率高。耐热耐腐蚀的氮化物的纳米粒子会变得不稳定，如氮化钛（TiN）纳米粒子（45nm）在空气中加热即燃烧生成白色TiO_2粒子。无机材料的纳米粒子在大气中会吸附气体，形成吸附层，利用此特性可制作气敏元件。

2. 化工与轻工

①护肤用品。利用纳米TiO_2的优异的紫外线屏蔽作用、透明性及无毒特点，可制作防晒霜类护肤产品，添加量为0.5%～1.0%。

②产品包装材料。紫外线会使肉食产生氧化变色，并破坏食品中的维生素和芳香化合物，从而降低食品的营养价值。添加0.1%～0.5%的纳米TiO_2的透明塑料包装材料，既可防紫外线，透明度又高，比添加有机紫外线吸附剂更显优越。

③功能性涂层。TiO_2纳米粒子已广泛用于汽车涂装业务中。它与闪光铝粉及透明颜料用于金属面漆中时，在光照区呈现亮金黄色光，而侧光区为蓝色，使汽车涂层产生丰富而神奇的效应。这种技术首先由美国Inmont公司（现为BASF公司兼并）于1985年开发成功，1987年用于汽车工业。1991年世界有11种含纳米TiO_2的金属闪光轿车面漆得到应用。随着中国轿车工业迅速发展，纳米TiO_2将有光明的未来。用纳米TiO_2制成的油性或水性漆可保护木器家具不受紫外线损害。加入纳米TiO_2粉末，可使天然和人造纤维起到紫外线屏蔽作用。屏蔽吸波功能性涂层还应用于军用飞机的隐身技术方面，如著名的F–22"猛禽"隐身战斗机，把隐身外形与飞机的气动外形进行了一体化设计，再加上十分有效的纳米吸波材料和吸波涂层的优化选择与配置，使飞机达到了最佳的隐身效果，具有极强的作战能力。

3. 其他领域

①纳米陶瓷材料。在陶瓷基中引入纳米分散相进行复合，能使材料的力学性能得到极大改善，其突出作用表现在可以明显提高强度，明显提高断裂韧性和耐高温性能。

②医学与生物工程。纳米粒子与生物体有密切的关系。例如，构成生命要素之一的核糖核酸蛋白质复合体，其线长度在15～20nm，生物体内的病毒也是纳米粒子。此外，用纳米二氧化硅（SiO_2）可进行细胞分离，用纳米金粒可进行定位病变治疗，利用纳米传感器可获得各种生化反应的生化信息。

③纳米磁性材料。纳米粒子的特殊结构使它可以用作永久性磁性材料；磁性纳米粒子具有单磁畴结构、矫顽力高的特性，可用作磁记录材料以改善图像性能；当磁性材料颗粒的粒径小于临界粒径时，磁相互作用比较弱，利用这种超顺磁性便可制作磁流体。

④纳米半导体材料。将硅、有机硅、砷化镓等半导体材料配制成纳米相材料，就具有很多优异性能，如纳米半导体中的量子隧道效应使电子输运反常，某些材料的电导率可显著降低，而其热导率也随着颗粒尺寸的减小而下降，甚至出现负值。这些特性在大规模集成电路器件、薄膜晶体管、选择性气体传感器、光电器件及其他应用领域发挥重要作用。

■ 第五节　石墨烯

石墨烯是从石墨材料中剥离出来、由碳原子组成的只有一层原子厚度的二维晶体。石墨烯本来就存在于自然界，只是难以剥离出单层结构。石墨烯一层层叠起来就是石墨，厚1mm的石墨大约包含300万层石墨烯。铅笔在纸上轻轻划过，留下的痕迹就可能是几层甚至仅仅一层石墨烯。

作为目前发现的最薄、强度最大、导电导热性能最强的一种新型纳米材料，石墨烯被称为"黑金"，是"新材料之王"，科学家甚至预言石墨烯将"彻底改变21世纪"，极有可能掀起一场席卷全球的颠覆性新技术新产业革命。

一、石墨烯的发展历史

从严格意义上讲，石墨烯并不是一个新事物，在其真正在实验室中被成功剥离之前，关于石墨烯的理论研究已相当充分。早在20世纪50年代就有人提出了石墨烯的概念并在理论上对石墨烯的电子结构进行了研究，在长期的研究过程中，"石墨烯"一词由Boehm等于1986年首次提出。但是从理论上对石墨烯及其特性的预言到最终被发现，中间足足经历了近60年的时间。

直到2004年，英国曼彻斯特大学的两位科学家安德烈·盖姆（Andre Geim）和康斯坦丁·诺沃肖洛夫（Konstantin Novoselov）也像其他科学家一样，梦想着得到单层石墨烯，他们尝试了很多方法，并且运用了很多先进的仪器，但是都徒劳无功。最终经过一系列的尝试，他们发现采用一种非常简单的办法可以从石墨中分离出石墨烯，从而证实二维的石墨烯可以单独存在。他们采用的方法就是：利用普通胶带直接在高定向石墨上反复撕离，即从高定向热解石墨片中不断剥离出石墨片，然后将薄片的两面粘在一种特殊的胶带上，撕开胶带，就能把石墨片一分为二。不断地这样操作，于是薄片越来越薄，最后，他们得到了仅由一层碳原子构成的薄片，这就是石墨烯。他们对剥离得到的石墨烯样品进行了一系列的表征和电学性质测试，发现了石墨烯独特的场效应特性，于2004年在国际顶级杂志*Science*上发表名为*Electric field effect in atomically thin carbon films*的文章，重点介绍了石墨烯的获取方法及其场效应特性检测结果。

这一标志性成果引起了科学家的巨大兴趣和广泛关注，至此，石墨烯终于正式登上科学舞台。在随后三年内，安德烈·盖姆和康斯坦丁·诺沃肖洛夫在单层与双层石墨烯体系中分别发现了整数量子霍尔效应及常温条件下的量子霍尔效应，他们也因此获得2010年度的诺贝尔物理学奖。

二、石墨烯的结构与性能

石墨烯是由碳六元环组成的二维周期蜂窝状点阵结构，它可以翘曲成零维的富勒烯（fullerene），卷成一维的碳纳米管（carbon nano-tube，CNT），堆垛成三维的石墨（graphite）。因此石墨烯是构成其他石墨材料的基本单元。石墨烯的基本结构单元为有机材料中最稳定的六元环，是目前最理想的二维纳米材料。

石墨烯的基本特性主要表现在以下五个方面。

①导电性能优良。石墨烯结构非常稳定，石墨烯中各碳原子之间的连接非常柔韧，当施加外部机械力时，碳原子面就弯曲变形，从而使碳原子不必重新排列来适应外力，也就保持了结构稳定。这种稳定的晶格结构使碳原子具有优秀的导电性。石墨烯中的电子在轨道中移动时，不会因晶格缺陷或引入外来原子而发生散射。由于原子间作用力十分强，在常温下，即使周围碳原子发生挤拉，石墨烯中电子受到的干扰也非常小。其中电子的运动速度达到了光速的1/300，远远超过了电子在一般导体中的运动速度。

②透光性能优异。石墨烯由单层到数层碳原子组成，因此大面积的石墨薄膜具有优异的透光性能。对于理想的单层石墨烯，波长在可见光范围内（380～780nm）的光吸收率仅为2.3%±0.1%，反射率可以忽略不计，具有较高的透明性，这使得石墨烯在透明导电材料，尤其是窗口材料领域具有广阔的应用前景。

③高导热性能。石墨烯具有极高导热系数，被提倡用于散热等方面，在散热片中嵌入石墨烯或数层石墨烯可使得其局部热点温度大幅下降。美国加利福尼亚大学一项研究显示，石墨烯的导热性能优于碳纳米管。金属中导热系数相对高的银为429W/（m·K），铜为401W/（m·K），金刚石的导热系数为1000～2200W/（m·K），普通碳纳米管的导热系数可达3000W/（m·K）

以上，而单层石墨烯的导热系数可达5300W/（m·K），甚至有研究表明其导热系数高达6600W/（m·K）。优异的导热性能使得石墨烯在热管领域极具发展潜力，作为未来超大规模纳米集成电路的散热材料。

④机械强度大。石墨烯是人类已知力学强度最高的物质。同时它有很好的弹性，拉伸幅度能达到自身尺寸的20%。它是目前自然界最薄、强度最高的材料，如果用一块面积1m²的石墨烯做成吊床，本身重量不足1mg便可以承受一只1kg的猫。哥伦比亚大学的物理学家对石墨烯的机械特性进行了全面的研究。在试验过程中，他们选取了一些直径在10～20μm的石墨烯微粒作为研究对象。研究人员先是将这些石墨烯样品放在了一个表面钻有小孔的晶体薄板上，这些孔的直径为1～1.5μm。之后，他们用金刚石制成的探针对这些放置在小孔上的石墨烯施加压力，以测试它们的承受能力。研究人员发现，在石墨烯样品微粒开始碎裂前，它们每100nm距离上可承受的最大压力居然达到了大约2.9μm。据科学家测算，这一结果相当于要施加55N的压力才能使1μm长的石墨烯断裂。如果物理学家能制取出厚度相当于普通食品塑料包装袋的（厚度约100nm）石墨烯，那么需要施加差不多20000N的拉力才能将其扯断。换句话说，如果用石墨烯制成包装袋，那么它将能承受大约2t重的物品。

⑤电子之间强相互作用。利用世界上最强大的人造辐射源，美国加利福尼亚大学、哥伦比亚大学和劳伦斯·伯克利国家实验室的物理学家发现了石墨烯特性新秘密：石墨烯中的电子不仅与蜂巢晶格之间相互作用强烈，电子和电子之间也有很强的相互作用。

三、石墨烯的应用

石墨烯对物理学基础研究有着特殊意义，它使一些此前只能纸上谈兵的量子效应可以通过实验来验证，如电子无视障碍，实现幽灵般的穿越。随着批量化生产以及大尺寸等难题的逐步突破，石墨烯的产业化应用步伐正在加快，基于已有的研究成果，最先实现商业化应用的领域可能会是功能高分子材料、移动设备、航空航天、新能源电池领域。

①功能性材料。利用石墨烯的高导电、高导热以及超强韧等性能，将其作为填料添加到高分子材料中可生产出具有良好相应性能的高分子材料。例如，在塑料里掺入1%的石墨烯，就能使塑料具备良好的导电性；加入0.1%的石墨烯，能使塑料的抗热性能提高30℃。在此基础上可以研制出来薄、轻、拉伸性好和超强韧新型材料，用于制造汽车、飞机和卫星等。

②屏幕显示器件。消费电子展上可弯曲屏幕备受瞩目，成为未来移动设备显示屏的发展趋势。柔性显示未来市场广阔，作为基础材料的石墨烯前景也被看好。有数据显示2013年全球对手机触摸屏的需求量大概在9.65亿片。2015年，平板电脑对大尺寸触摸屏的需求大概在23亿片，为石墨烯的应用提供了广阔的市场。石墨烯几乎是完全透明的，只吸收2.3%的光。同时，它非常致密，即使是最小的气体原子（氦原子）也无法穿透。这些特征使得它非常适合作为透明电子产品的原料，如透明的触摸显示屏、发光板、太阳能电池板以及透明可弯曲显示屏。

③新能源材料。新能源电池也是石墨烯最早商业化应用的一大重要领域。美国麻省理工学院

已成功研制出表面附有石墨烯纳米涂层的柔性光伏电池板，可极大地降低制造透明可变形太阳能电池的成本，这种电池有可能在夜视镜、相机等小型数码设备中应用。另外，石墨烯超级电池的成功研发解决了新能源汽车电池的容量不足以及充电时间长的问题，极大地加速了新能源电池产业的发展。这一系列的研究成果为石墨烯在新能源电池行业的应用铺就了道路。

④航空航天器件。由于高导电性、高强度、超轻薄等特性，石墨烯在航天军工领域的应用优势也是极为突出的。美国国家航空航天局（NASA）开发出应用于航天领域的石墨烯传感器，就能很好地对地球高空大气层的微量元素、航天器上的结构性缺陷等进行检测。而石墨烯在超轻型飞机材料等潜在应用上也将发挥更重要的作用。

石墨烯在上述各领域的应用中近年来取得了良好的进展，典型的成果如下。

①石墨烯晶体管。石墨烯目前最有潜力的应用是成为硅的替代品，制造超微型晶体管，用来生产未来的超级计算机。用石墨烯取代硅，计算机处理器的运行速度将会快数百倍。2011年4月7日IBM公司向媒体展示了其最小最快的石墨烯晶体管，该产品每秒能执行1550亿个循环操作，比之前的试验用晶体管快50%。石墨烯晶体管成本较低，可以在标准半导体生产过程中表现出优良的性能，为石墨烯芯片的商业化生产提供了方向，可用于无线通信、网络、雷达和影像等多个领域。

②光学调制器。美国华裔科学家使用纳米材料石墨烯最新研制出了一款调制器，科学家表示，这个只有头发丝1/400细的光学调制器具备的高速信号传输能力，有望将互联网速度提高1万倍，一秒钟内下载一部高清电影指日可待。这项研究是由加利福尼亚大学伯克利分校劳伦斯·伯克利国家实验室的张翔、王枫以及刘明等组成的研究团队共同完成的，研究论文于2011年6月2日在英国《自然》上发表。这项研究的突破点就在于，用石墨烯这种世界上最薄却最坚硬的纳米材料，做成一个高速、对热不敏感、宽带、廉价和小尺寸的调制器，从而解决了业界长期未能解决的问题。

③石墨烯手机。2015年3月2日，全球首批3万部石墨烯手机在重庆发布，该款手机采用了最新研制的石墨烯触摸屏、电池和导热膜。其核心技术由中国科学院重庆绿色智能技术研究院和中国科学院宁波材料技术与工程研究所开发。

④低成本石墨烯电池。美国俄亥俄州Nanotek仪器公司的研究人员利用锂离子可在石墨烯锂离子电池石墨烯表面和电极之间快速大量穿梭运动力的特性，开发出一种新型储能设备，可以将充电时间从过去的数小时缩短到不到一分钟。该研究发表在近期出版的《纳米快报》上。由中国电信在广州举办的2016天翼智能终端交易博览会上，罗马仕展出了一款石墨烯充电宝，10分钟可充满6000mA·h，号称要"开辟能源存储新纪元"。

⑤可呼吸二氧化碳电池。2015年5月，南开大学化学院周震教授课题组发现一种可呼吸二氧化碳电池。这种电池以石墨烯作为锂–二氧化碳电池的空气电极，以金属锂作为负极，吸收空气中的二氧化碳释放能量。

⑥泡沫石墨烯。2015年9月，中国科学院上海硅酸盐研究所的研究人员称，利用细小的管状石墨烯构成了一个拥有与钻石同等稳定性的蜂窝状结构，创造出了一种泡沫状材料。这种材料的

强度比同重量的钢材要大207倍，而且能够以极高的效率导热和导电。这种新材料能够支撑起相当于其自身重量40万倍的物体而不发生弯曲。这种新材料的特性意味着其可以用在防弹衣的内部和坦克的表面作为缓冲垫，以吸收来自射弹（如子弹、炮弹、火箭弹等）的冲击力。

四、石墨烯的国家战略

由于具有非常优异和独特的光、电、磁、力等物理性能与化学性能，致使石墨烯材料在高性能复合材料、智能材料、电子器件、太阳能电池、能量储存装置和药物载体等领域具有极其广阔的应用前景。各国的政府、高等院校、科研院所和企业进行了大量的人力、物力与财力的投资。

英国首先分离出石墨烯。2013年，英国政府投资6100万英镑在曼彻斯特大学创建国家石墨烯研究院，以使英国在石墨烯研究方面继续保持世界领先水平。2015年英国又投资6000万英镑同样在曼彻斯特大学成立石墨烯工程创新中心，旨在打造新的尖端石墨烯研究设施，实现"发现在英国""制造在英国"的国家目标。2015年在欧洲提出石墨烯旗舰计划，预计10年累计投资10亿英镑，旨在把石墨烯及相关二维材料从实验室推广到社会应用中。美国国家纳米技术计划将石墨烯作为重要组成部分，2004—2013年美国国家科学基金会资助了近500项石墨烯研究项目。我国对石墨烯的研究和应用开发高度重视，仅科学技术部国家重点基础研究发展计划（973计划）就先后立项三项；2015年11月，工业和信息化部联合国家发展和改革委员会、科学技术部出台了《关于加快石墨烯产业创新发展的若干意见》，提出我国石墨烯材料未来5年的发展目标。目前，我国已成为石墨烯研究和应用开发最为活跃的国家之一，数据显示，我国在相关领域发表的研究论文数、申请的专利数逐年上升。

■ 第六节 生物医学材料

人类利用生物医学材料的历史与人类历史一样漫长。自从有了人类，人们就不断地与各种疾病作斗争，生物医学材料是人类同疾病作斗争的有效工具。公元前约3500年古埃及人就利用棉花纤维、马鬃作为缝合线缝合伤口，这些棉花纤维、马鬃则可称为原始的生物医学材料。最初的生物医学材料主要有石膏、各种金属、橡胶以及棉花等，其作用是简单替代。经过不断发展，现在的生物医学材料不仅能够在生理环境下有长期的替代、模拟生物组织的功能，而且具有促进人体自修复和再生作用的功能。简单地说，生物医学材料是用于与生命系统接触和发生相互作用的，并能对其细胞、组织和器官进行诊断治疗、替换修复或诱导再生的一类天然或人工合成的特殊功能材料，亦称生物材料（biomaterials）。生物材料制作的心脏起搏器、人工心脏瓣膜、人工血管、人工心脏、介入性治疗导管与血管内支架等正在挽救和维持世界上成千上万心血管病患者的生命；用生物材料制作的人工关节与功能性假体已广泛用于伤残人肢体形态和功能的恢复；用生物材料制成的各种人工器官每年有数万人在使用。可以说，现代医学的进步是与生物材料的发展分不开的。

一、生物医学材料的特性

任何一种材料要作为生物医学材料使用，除了应具有必要的理化特性，还需要满足在生理环境下工作的生物学要求，即应有良好的生物相容性。这是生物医学材料区别于其他材料的基本特征，下面介绍生物医学材料与生物机体相互作用的形式。

1. 生物反应

生物材料植入机体后，通过材料与机体组织的直接接触和相互作用而产生两种生物反应：其一是宿主反应，即机体组织与生物活体系统对材料作用的反应；其二是材料反应，即材料对机体生理环境作用的反应。

（1）宿主反应

宿主反应通常分为5类，即局部组织反应、全身毒性反应、过敏反应、致癌/致畸/致突变反应和适应性反应。

局部组织反应是指机体组织对植入手术创伤的一种急性或炎性反应，是最早的宿主反应，其反应程度取决于创伤的性质、轻重和组织反应的能力，并受患者年龄、体质、防御系统的损伤、药物应用与体内维生素缺乏程度等因素的影响。

全身毒性反应通常是由于植入材料或器件在加工和消毒过程中吸收或形成的低分子量产物在机体内渗出或生理降解所产生的毒性物质所引发的一种反应。

致癌/致畸/致突变反应一般属于慢性反应，其中致癌反应是因材料中含有致癌物质或材料在体内降解中产生的致癌物质所致。

适应性反应是机体对于材料的反应，属于慢性和长期性反应，其中包括机械力对组织与材料相互作用的影响。

（2）材料反应

材料反应是指材料在机体环境下的反应，通常包括生理腐蚀、吸收、降解与失效等反应，生理腐蚀是材料在生理环境作用下的一种腐蚀。因为人体体液是含约1%氯化钠的充气溶液，此外还含有其他类型的盐、有机化合物、血液、淋巴液与酶等，在37℃体温下对金属材料是一个相当强的腐蚀环境，可产生多种类型的腐蚀。生理腐蚀可引起金属从植入体表面脱落，导致过敏反应。生理腐蚀过程中产生的金属离子和腐蚀产物会引起局部组织反应或全身毒性反应，用医用金属材料制作的承载部件在生理环境中易发生应用腐蚀和腐蚀疲劳。导致部件损伤与失效。因此，对医用金属材料来讲，其发展历史实际上是寻求能耐生理腐蚀的金属材料的历史。

吸收是指材料在体液或血液中因吸收某些成分而改变其性能的过程。这种吸收过程是慢性和长期性反应。例如，人工心脏瓣膜支架在血液中因选择性吸收血液中的类脂化合物而变色、鼓胀和开裂，不过借助于支架表面改性或材料表面复合可使吸收现象得到控制。

降解与失效是材料在生理环境下两个十分重要的材料反应。生物降解是材料在生理环境作用下发生结构破坏与性质蜕变的一个过程。在生理环境中能发生降解的材料有可降解生物陶瓷（如硫酸钙、β-磷酸三钙等）、可降解高分子材料（如天然的蛋白质，或聚肽、交联明胶等），还有人工合成的聚乳酸、聚乙醇酸以及它们的共聚物等。它们作为生物降解材料的基本条件是降解产物应对机体无毒性，能参与体内的代谢循环。利用这些材料的降解特性可制造可吸收的手术缝合线、骨折内固定器、骨缺损填料和药物缓释的载体。最容易降解和失效的是医用高分子材料。陶瓷与金属材料也可能通过降解而失效。导致材料在生理环境中失效的途径有多种，除了降解，还有磨损、生理腐蚀、吸收和机械力作用等。

2. 生物相容性

生物材料在与机体组织发生直接接触与相互作用时会产生损伤机体的宿主反应和损坏材料性能的材料反应。因此，对于一种合格的生物材料，既要求所引起的宿主反应能够保持在可接受的水平，又要求其材料反应不致造成材料本身破坏。这种对材料在生理环境条件下应具有的特殊性能要求通常用生物相容性来表征。

生物相容性根据材料使用目的与要求的不同通常分为两类：其一是血液相容性，主要考察植入心血管系统的材料与血液相互作用的水平；其二是组织相容性或一般的生物相容性，主要考察植入机体组织的材料与体液相互作用的水平。血液相容性与组织相容性密切相关，但各有侧重。

二、生物医学材料的分类与应用

生物医学材料按材料的基本性质来分类，可分为医用金属材料、生物陶瓷、医用高分子材料、医用复合材料以及其他生物材料等5类。

1. 医用金属材料

医用金属材料种类很多，但能够在人体生理环境条件下长期安全服役的却不多。经过长期研究和临床筛选而得到广泛应用的金属材料主要有医用不锈钢、医用钴基合金、医用纯钛与医用钛合金、医用形状记忆合金和医用贵金属等。

（1）医用不锈钢

医用不锈钢的临床应用比较广泛。在骨科，医用不锈钢常用来制作各种人工关节和骨折内固定器，如人工髋关节、膝关节、肩关节、肘关节、腕关节、踝关节与指关节等。在口腔科，医用不锈钢广泛应用于镶牙、矫形和牙根种植等各种器件的制造，如各种牙冠、牙桥、固定支架、卡环、义齿等。在心血管系统，医用不锈钢应用于制作各种植入电极、传感器的外壳与导线、人工心脏瓣膜、介入性治疗导丝与血管内支架等。

（2）医用钴基合金

医用钴基合金的耐磨性是所有医用金属材料中最好的，钴基合金植入体内不会产生明显的组织反应。但是，钴基合金人工关节在机体中的松动率较高。医用钴基合金与医用不锈钢是医用金属材料在临床医学中应用最广泛的两类材料。相对不锈钢而言，医用钴基合金更适于制造体内承载苛刻的长期植入件。医用钴基合金在骨科用来制作各种人工关节、接骨板、骨钉、骨针、接骨丝等；在心血管系统用于制造人工心脏瓣膜、血管内支架等；在口腔科用于制作卡环、基托、舌杆、义齿等；此外还用于脊椎整形、颅骨修复等。

（3）医用钛和钛合金

医用钛和钛合金密度小、毒性小、弹性模量接近于天然骨，故广泛用于制作各种人工关节、接骨板、骨螺钉与骨折固定针等。用纯钛和钛合金制作的牙根种植体、义齿、牙床、托环、牙桥与牙冠已广泛用于临床。

（4）医用形状记忆合金

形状记忆合金有多种临床应用，在整形外科主要用于制作脊柱侧弯矫形器械、人工颈椎椎间关节、加压骑缝钉、人工关节、髌骨整复器、颅骨板、颅骨铆钉、接骨板、髓内钉、接骨超弹性丝、关节接头等；在口腔科用于制作齿列矫正用唇弓丝、齿冠、托环、颌骨铆钉等；在心血管系统用于制作血栓过滤器、人工心脏用的人工肌肉和血管扩张支架、脑动脉瘤夹、血管栓塞器等；在介入性治疗中用于制作食道、气道、胆道和前列腺扩张支架；另外，还用于制作耳鼓膜振动放大器、人工脏器用微泵等。

2. 生物陶瓷

生物陶瓷是一类在临床医学中用作生物医学材料的陶瓷材料，主要用于人体骨骼-肌肉系统与心血管系统的修复、替换以及用作药物运达与缓释载体。生物陶瓷按其植入人体后所引起的组织材料反应和在生理环境中的化学活性可分为3类，即近于惰生物陶瓷、表面生物活性陶瓷和可吸收生物陶瓷。

（1）近于惰性生物陶瓷

近于惰性生物陶瓷是一类暴露于生物环境中几乎不发生化学变化的生物陶瓷，其所引起的组织反应主要表现在材料周围会形成厚度不同的包裹性纤维膜。属于此类的生物陶瓷主要有氧化铝生物陶瓷、氧化锆生物陶瓷和医用碳素材料。在临床中得到广泛应用的是氧化铝生物陶瓷和医用碳素材料。

氧化铝生物陶瓷在生理环境中基本不发生腐蚀和溶解，具有良好的生物相容性，在临床上用来制作承力的人工骨、关节修复体、牙根种植体、骨折夹板与内固定器、药物缓释载体等。

（2）表面生物活性陶瓷

表面生物活性陶瓷是一类能与机体组织在界面上实现化学键结合的生物陶瓷，主要包括羟基磷灰石生物活性陶瓷和生物活性玻璃陶瓷。

羟基磷灰石（HA）生物活性陶瓷是一种主要由羟基磷灰石所构成的生物活性陶瓷。HA生物活性陶瓷在1250℃以下稳定，易溶于酸，难溶于水、醇，是构成骨与牙齿的主要无机质，具有良好的生物相容性。HA生物活性陶瓷植入肌肉、韧带和皮下后能与组织密合，无明显炎症或其他不良反应。HA生物活性陶瓷的临床应用较广泛，可用于制作牙种植体、人工血管、气管和喉管支架，可进行牙周袋与骨缺损充填、牙槽嵴扩建、颌面骨重建、五官矫形和脊柱融合以及广泛用于人工关节表面涂层，提高其生物相容性。HA生物活性陶瓷的主要缺点是脆性和在生理环境中的抗疲劳性能差，但可以通过材料复合方法加以改善。

生物活性玻璃陶瓷又称生物活性微晶玻璃，这是一类含有磷灰石微晶相，或者即使不含有磷灰石微晶相，也能在体内与体液发生界面反应，并在其表面生成羟基磷灰石微晶层的玻璃陶瓷。生物活性玻璃陶瓷主要用于制作人工种植牙、牙冠、耳小骨、颅骨、脊椎骨等；颗粒状材料用于牙槽嵴扩建、骨囊腔充填；粉末状材料用于牙根管治疗等。

（3）可吸收生物陶瓷

可吸收生物陶瓷是一类在生理环境作用下能逐渐降解和吸收的生物陶瓷，属于可吸收生物陶瓷的主要有β-磷酸三钙（β-TCP）和硫酸钙生物陶瓷等。

β-磷酸三钙可吸收生物陶瓷主要是指多孔型和颗粒状陶瓷制品。这类制品植入体内后将被体液溶解和组织吸收而导致解体，解体形成的小颗粒不断地被吞噬细胞所吞噬，这就是生物降解的基本过程。β-磷酸三钙可吸收生物陶瓷具有良好的生物相容性，植入体内后血液中的钙与磷能保持正常水平，且无明显的毒副作用。由于其机械强度不高，故不适用于承力体位的修复，在临中主要用于骨缺损修复、牙槽嵴增高、听小骨替换和药物运达与缓释载体。

3. 医用高分子材料

医用高分子材料是一类用于临床医学的高分子及其复合材料，是生物医学材料的重要组成部分。

（1）医用高分子材料分类

医用高分子材料按其来源可分为天然高分子材料和人工合成高分子材料两类。天然高分子材料是指取自自然界经加工或不加工而成的一类高分子材料，如纤维素、淀粉、壳聚糖、胶原、酪蛋白、血纤维蛋白等。人工合成高分子材料种类很多，如聚乙烯、聚丙烯、聚四氟乙烯、聚氨酯、聚乳酸等。

医用高分子材料按材料的性质可分为非降解型和生物降解型两类。非降解型医用高分子材料是指在生理环境中能长期保持稳定，不发生降解、交联或物理磨损等，且具有良好理化特性的一类高分子材料，如聚乙烯、聚丙烯酸酯、芳香聚酯等。此类材料应用范围很广，主要用于制作人体软、硬组织的修复体、人工器官、人工血管等。生物降解型医用高分子材料是一类在生理环境中可发生结构破坏与性能蜕变，其降解产物能通过正常的新陈代谢，或被机体吸收利用，或排出体外的高分子材料，如胶原、甲壳素、纤维素、聚氨基酸、聚肽等，主要用来制作可吸收手术缝合线、药物载体与运达载体、医用黏结剂、人工皮等。

（2）医用高分子材料的临床应用条件

医用高分子材料在临床应用中应具有以下性质：①良好的理化特性与力学性能。例如，用于制作人工髋臼材料，除了应具有足够的强度、韧性、硬度，还要有良好的耐磨性和抗蠕变性能。又如，人工心脏一年要不停地搏动3000万次以上，这就要求材料应具有优异的抗疲劳性能和良好的抗凝血特性。还有人工肾的透析膜，除了应有的理化性能，还要求有特殊的分离透析功能。②耐生物老化。人体既有像胃那样的酸性环境，也有像肺那样的碱性环境。在血液和体液中有钠、钾、钙、镁、碳酸根、磷酸根、硫酸根等多种离子和氧、二氧化碳以及多种蛋白质和酶等。高分子材料在上述的离子、分子、蛋白质和酶的作用下会导致聚合物断链降解、交联或形态变化，从而使性能蜕变。为此，对于长期植入人体的高分子材料，要求有良好的抗生物老化特性，不受血液、体液、机体组织等生理环境因素的影响。③良好的生物相容性。材料植入体内后应无毒副作用、无热源反应、不致癌、不致畸、不致突变、不引起过敏反应或不干扰机体的免疫机理、不破坏邻近组织、不发生材料表面钙化。④对于与血液直接接触的材料，要有良好的血液相容性，不引起溶血、不使血液中蛋白质变质，不破坏其有效成分。

（3）医用高分子材料的应用

现代材料科学和生物医学工程的发展不仅能用医用高分子材料来修复人体损伤的组织与器官，恢复其功能，而且可以用人工器官来取代人体器官的全部或部分功能。

用医用高分子材料制成的人工心脏（又称人工心脏辅助装置）可在一定时间内代替自然心脏功能，成为心脏移植前的一项过渡性急救措施，又如人工肾可维持肾病患者几十年的生命，患者只需每周去医院2～3次，利用人工肾将体内代谢毒物排出体外就可以维持正常人的活动与生活。人工心脏瓣膜的广泛应用已经挽救了成千上万人的生命。用人工肝解毒装置可使面临死亡的重症安眠药中毒患者在两个小时内脱离危险。上述的人工心脏、人工肾、人工肝以及人工胰、人工膀胱等主要是用医用高分子材料制造的。总之，医用高分子材料的发展，使得过去许多幻想逐渐变成现实。每出现一种性能优异的新材料，就会给临床医学带来新的突破。

4．医用复合材料

医用复合材料同其他复合材料一样均是由两种或两种以上的不同种类材料通过复合工艺组合而成的新型材料。由于人体的绝大多数组织都可视为复合材料，故研究与开发医用复合材料一直是生物医学材料发展中最活跃的领域之一。

医用复合材料的特点在于其本身与组分材料都必须具有良好的生物相容性。为此医用复合材料的组分材料通常选择医用金属材料、生物陶瓷和医用高分子材料，它们既可作为复合材料的基材，又可充当其增强体或填料。

医用复合材料按复合的目的与用途，可分为医用结构复合材料和医用功能复合材料两大类。医用结构复合材料是承力结构使用的材料，材料复合的主要目的是提高和改善材料的力学性能。而医用功能复合材料则是通过材料的复合赋予复合材料以新的特性或用于改善基体材料原有性能的不足。

对于金属基医用复合材料，其基材的特点在于有足够高的强度、韧性与抗疲劳性能，故成为人工关节制造的主要材料。以金属材料为基材的医用结构复合材料为数不多，基本上是以提高基材的生物相容性和血液相容性为主要目的医用功能复合材料。医用金属材料的耐腐蚀性能较低，植入体内后极易产生应力腐蚀和腐蚀疲劳，引发有关毒性反应。另外，医用金属材料植入血管内容易引发血栓，导致血管阻塞。为了提高医用金属材料的耐腐蚀性和抗凝血性能，广泛地采用在其表面加涂生物陶瓷和医用高分子材料的方法。目前，加涂低温各向同性（low temperature isotropy，LTI）碳层的人工心脏瓣膜和加涂羟基磷灰石涂层的人工髋关节均已应用于临床。

对于陶瓷基和高分子基医用复合材料来讲，其多数属于医用结构复合材料。材料复合的主要目的是增韧和增强。用碳纤维、碳化硅晶须增强的医用生物碳和用不锈钢及钛纤维增韧的生物玻璃可用于制造人工骨。用氧化锆颗粒弥散分布增强的生物活性玻璃陶瓷，是迄今强度最高的生物陶瓷材料。用定向排列的碳纤维增强的聚乳酸可用于制造人工韧带和肌腱修复体。用碳纤维弥散分布增强超高分子量的聚乙烯可使其断裂强度和弹性模量提高40%，耐磨性和抗疲劳性能均得到明显改善，已用于人工关节的制造。用羟基磷灰石颗粒增强的聚乙烯人工骨材料，可通过调整羟基磷灰石含量使材料的弹性模量达到自然骨的水平，以克服生物陶瓷因弹性模量过高及与自然骨弹性形变不匹配而产生的应力屏蔽效应。

5. 其他生物材料

①酶。这是一类对生物化学反应具有催化活性的蛋白质，由于酶在水溶液中一般不稳定，因此需要将其进行物理或化学处理为不溶于水且能能保持活性和专一性的固定化酶。这种固定化酶在临床医学中有着广泛的用途，可用作临床化验与诊断材料、血液灌流吸附剂、生物传感器和药物等。在临床治疗中，用胰蛋白酶作为消炎药物可用于消毒清洗伤口；用血纤维蛋白溶酶可催化溶解凝固血栓，用于治疗血栓。

②生物衍生材料。这是将生物活体组织经特特殊处理后而形成的生物材料。所用的生物活体组织主要取自动物体。此类材料必须经过处理方可使用。经过处理的生物活体组织已失去生命力，故生物衍生材料是一类无生命的材料，如猪心脏瓣膜、牛心包、牛颈动脉、人脐动脉、冻干骨片以及再生胶原、弹性蛋白、硫酸软骨素等。生物衍生材料在临床中主要用于两个方面：其一是用于替换和修复病变损伤的机体组织，如经定型处理的猪心脏瓣膜与人工机械瓣膜相比有血栓并发症率低、无噪声、对血液无害等优点；其二是作为供细胞、毛细血管和组织长入的临时骨架，以促进被替换的组织再生，如皮肤掩膜、骨与软骨修复体、纤维蛋白制品等，它们在使用中随着组织再生将降解、吸收直到消失。

③生物技术衍生材料。这类新型材料不同于普通无生命的生物材料，其主要特点是在生物材料的设计中引入生物构架——蛋白质和活体细胞，为利用基因工程制造仿生材料创造了条件。生物技术衍生材料的发展始于20世纪80年代末，主要研究领域有生物分子材料、集合系统和组织工程，其发展目标在于实现人体组织和器官的修复与重建，并正在形成一个新的科学技术领域——人体自身"构件"的克隆与重建。这将为生物材料的发展开创一个新纪元。

④生物分子材料。生物分子材料是一类利用生化提取或基因重组合成的生长因子及蛋白质与

其载体复合的，或用有关生物分子与人造聚合物共价耦合构成的杂化分子所形成的新型生物材料。这种材料拥有一般生物材料所不具有的生物学功能，后者主要体现在能促进细胞分化与生长、诱导人体组织再生和参与生命活动。近年来，这种生物材料由于将材料科学与基因工程及现代医学紧密结合在一起而成为生物材料的一个新的研究前沿和热点科研项目，并且取得了重大进展，其代表性的研究项目就是骨形态发生蛋白（bone morphogenetic protein，BMP）生物分子材料的研制与应用研究。这种蛋白质具有独特的诱导成骨功能，可使断骨快速再接和缺骨快速再生，在骨科和口腔科具有广泛的应用前景。

总之，生物医学材料的研究与开发近十年来得到了飞跃发展，已被许多国家列为高技术新材料发展计划，并迅速成为国际高技术的制高点之一。生物医学材料的研究与开发之所以受到世界各国的高度重视，是因为其具有重大的社会效益和重大的经济效益：①随着社会进步和经济发展及生活水平的提高，人类对自身的健康事业格外重视。②近70亿人口对生物医学材料有巨大的市场需求。③生物医学材料产业是典型的知识密集型产业，价格高，附加值极高。以高技术材料市场每公斤价格比较，生物医学材料最高，达120～150000美元，而建材仅0.1～1.2美元，宇航材料为10～1200美元。生物医学材料除了具有巨大的经济效益和社会效益，还具有深远的科学意义。生物医学材料是材料科学与生命科学的交叉学科，代表了材料科学与现代生物医学工程的一个主要发展方向，是当代科学技术发展的重要前沿阵地。

思考题

- 1. 形状记忆材料的记忆效应是什么？
- 2. 什么是超导现象？超导材料的应用有哪些？
- 3. 什么是纳米材料？什么是纳米技术？
- 4. 石墨烯材料的结构特点和主要特征是什么？

第十七章 | 新能源技术

能源是人类得以生存和发展的物质基础，从某种意义上讲，人类社会的发展离不开优质能源的出现和先进能源技术的使用。每一次产业技术革命的发生，都与所使用的能源材料和能源技术密切相关。如今，能源已成为当代高技术系统得以运转的能量基础，成为评价一个国家或地区经济与社会发展的重要标志。能源的开发利用与环境保护是全世界共同关心的话题，也是我国可持续发展战略所面临的主要问题之一。

■ 第一节 概述

能源（enery soure）即能量资源。《科学技术百科全书》说"能源是可从其获得热、光和动力之类能量的资源"。《大英百科全书》说"能源是一个包括所有燃料、流水、阳光和风的术语，人类用适当的转换手段便可让它为自己提供所需的能量"。《日本大百科全书》说"在各种生产活动中，我们利用热能、机械能、光能、电能等来做功，可用来作为这些能量源泉的自然界中的各种载体，称为能源"。我国的《能源百科全书》说"能源是可以直接或经转换提供人类所需的光、热、动力等任一形式能量的载能体资源"。总之，能源是自然界中能为人类提供某种形式能量（如热量、电能、光能和机械能等）的物质（如煤炭、石油、天然气、核能、氢能、风能、水力能、太阳能、地热能、生物能等）资源的统称。能源科学技术是研究各种能源的开发、生产、转换、传输、分配、储存、节能以及综合利用等方面的理论和技术。

目前，自然界可供人类使用的能源种类繁多。按能源的生成方式分类，有一次能源和二次能源；按能源的形成与再生性分类，有可再生能源和不可再生能源；按能源的性质分类，有燃料型能源和非燃料型能源；按能源的使用类型分类，有常规能源和新型能源；按能源消耗后对环境的影响分类，有污染型能源和清洁型能源等。人们熟知的、耳闻眼见的是按能源的形态特征分类，有煤炭、石油、天然气、可燃冰、水力能、电能、太阳能、生物质能、风能、核能、海洋能和地热能等。其中，煤炭、石油、天然气等又称为化石燃料或化石能源。

一次能源是指自然界中以天然形式存在，没有经过加工或转换的能量资源；二次能源是指由一次能源直接或间接转换成其他种类和形式的能量资源。例如，电力、煤气、汽油、柴油、焦炭、洁净煤、激光和沼气等能源都属于二次能源。污染型能源主要有煤炭、石油、柴草等，这些能源能造成局域空气污染；清洁型能源主要有水力、电力、风力、太阳能、氢能以及核能等。

新能源是相对于常规能源（如煤炭、石油、天然气等）而言，人类利用能源大致经历了三个时期，即柴草时期、煤炭时期和石油时期。古时候，人类以柴草为燃料，人力、畜力、水力和风力为动力。产业革命后，工业的大发展扩大了煤炭的利用，蒸汽机械成为主要的动力机械。到19世纪电力出现后，社会生产力有很大的提高，从根本上改变了人类社会的面貌。19世纪中叶，石油资源的发展，开拓了能源利用的新时代，特别是20世纪50年代，世界石油和天然气的消费量超过了煤炭成为世界能源供应的主力，它对促进世界经济的繁荣和发展起了重要的作用。然而，煤炭与石油资源是有限的，以今天的开采和耗费速度，石油储藏要在百年内用尽。煤炭资源也不可能永续，发达国家已几将耗尽。从长远看，人类要在这个地球上长期继续生存下去，关键在于注意新能源的开发，减少对化石资源的依赖。

新能源有两种不同情况，一种是不久前才进入科学研究视野的能源，如核能、氢能；另一种是用现代科学技术重新开发利用的古老的能源，如太阳能、风能、地热能、海洋能、生物质能等。这些新能源的开发、转换、利用技术称为新能源技术，如太阳能的光热转换、光电转换技术，风力发电技术，潮汐、海浪发电技术，氢的制取、存储与利用技术，核能发电技术等。新能源技术所涉及的学科很广，有热物理学、核物理学、光学、化学、微生物学、电子学、气象学、空气动力学、材料科学、地质学、海洋学等。新能源的开发利用，可以使人类面临的不可再生能源日益枯竭的问题得到缓解，可以避免化石能源燃烧时对生态环境产生的污染。在人们普遍担心能源前景的今天，选择它们作替代常规能源的后备品有其客观必然性。这是因为，这些新能源具有如下两个方面的优点。

1. 资源浩瀚

常规能源储量有限，新能源的储量则极其丰富，且多可再生，若与人类未来的需求相比，甚至可认为是无限的。

辐射到地球大气层的光和热只占太阳总辐射能的二十二亿分之一，大约有1.7×10^{14}kW。除去被大气反射和吸收的部分，到达地面的仍有8.0×10^{13}kW之巨，相当于目前全世界总能耗的一万多倍。如果能够把长300km，宽100km的沙漠地带所接受的太阳能全部收集起来，就足以满足人类的需要。

核聚变的燃料氘比裂变的燃料铀多得多。海水中含有大量氘，氘氢比达1：6500，1m^{3}海水中的氘如果聚变，可以放出1.2×10^3J（焦）的能量，相当于2000桶石油；1km^{3}的海水含有的能量就相当于全世界的石油贮藏量；若把海水中的4.4×10^{13}t（吨）氘全部利用起来，就相当于5.3×10^{11}t（吨）标煤，人类即可使用十亿年之久。风能也是数量巨大的能量资源。有人估计，有2%的太阳能变成了风能。假如能取其中的1%，也就相当于世界的能源消费量了。世界的潮汐能有3.9×10^9kW左右。每年从地球内部传到地球表面的热量则大约相当于一百多亿吨石油所具有的能量。

上述种种新能源的数量都相当可观，而且它们都是从太阳、地球等天体的内部能量直接派生而来，可以说永远不会枯竭。

2. 清洁无污染

石化能源燃烧时会产生二氧化硫、二氧化碳和粉尘，大型水库可能有损于生态环境，核裂变反应有放射性问题，等等。新能源则不存在这类问题。太阳能转变为其他能时无副作用自不必说，核聚变的产物 ^4_2He 是非放射性惰性气体，风能、海洋能的利用则只不过是将空气、水的机械能加以变换，附在别的载体上，同样没有生态学上的副作用。

然而，这些新能源的缺点是，单位面积或单位质量能采集到的能量比较低，而且受地理、季节、气候的影响很大，极不稳定，又不能储备。重水作为核燃料，能量是相当密集的，但它与普通水完全均一地相融合，分离技术难度大，实现可控热核反应的难度更大。这也就是为什么人类利用太阳能、风能、地热能已经有极其久远的历史，但后来被生物质能、化石燃料所取代的根本原因。只有在今天这样高度发达的科学技术条件下，它们才能列入有巨大的开发价值的能源名册。

■ 第二节　核能的开发与利用

核能（指原子核能，又称原子能）是原子核结构发生变化时放出的能量。在实用上指重元素的原子核发生分裂反应（又称裂变）时或轻元素的原子核发生聚合反应（又称聚变）时所放出的巨大能量。它们分别称为裂变能和聚变能。20世纪初发现原子核里蕴藏着的核能，为人类开辟了一种极重要的新能源，是人类历史上划时代的重大成就。这一成就首先被应用于军事目的，其后实现了核能（迄今还只是裂变能）的和平利用，标志着人类改造自然进入了一个新阶段。

一、核能的发现与军事利用

从实验中发现并从理论上论证原子能资源的存在，到实际上把这种巨大的能量释放出来加以利用，经历了半个世纪。

1. 核能的发现

从德谟克利特到道尔顿，无论是古代的还是近代的原子论者，都认为原子不可分。然而，19世纪末物理学的三大发现却给了这种传统观念以巨大的冲击。对阴极射线性质的争论，促使伦琴因研究阴极射线而发现X射线，促使汤姆孙也因研究阴极射线的电偏转而发现了电子。而为了研究能发荧光的铀矿石是否也发射X射线，是贝克勒耳发现了放射性。接着居里夫妇发现了放射性并非是铀所特有，镭、钍等也有放射性。卢瑟福等发现了放射性的三种射线α、β、γ，并通过对铀的放射性研究，提出了原子自然蜕变理论。

　　1905年9月，爱因斯坦根据相对论的理论研究，提出了著名的质能关系式$E=mc^2$。这个原理告诉人们，极小的一块物质，由于它的质量，会蕴藏极其巨大的能量。电子和放射性的发现使化学和物理的研究走向深入到原子内部的新阶段。1911年，卢瑟福通过对α粒子在金属箔上散射的试验结果的分析，提出了原子的有核模型：原子有一个极小的核，这个核几乎集中了原子的全部质量，并带有若干个单位正电荷，与正电荷个数相等的电子围绕着核旋转，就像星星绕太阳转一样。1919年卢瑟福用α粒子轰击氮，却打出了氢核（质子），表明质子是原子核的组成部分。这是第一次成功的人工核反应，它实现了古代炼金术士的梦想，把一种元素变成了另一种元素。在1919—1932年间，很多科学家围绕着人工核反应做了不少工作，但只实现了十几种人工核反应，原子序数大于钾的元素，都未能实现人工核反应。为了使质子和α粒子得到较高的速度，设计了高压发生器和回旋加速器等各种类型的加速器，这些设备越造越大，价格越来越昂贵，消耗的能量也越来越多，但是产生人工核反应的概率却非常小。例如，若要使1mg的硼变成等量的氦，加速质子的几百万伏的高压发生器需不停地工作20多年。

2．寻找释放核能的钥匙

　　是不是我们只能依赖大自然赐予的天然放射性物质呢？不！1934年，约里奥·居里夫妇用钋的α粒子轰击铝靶，得到了自然界中不存在的人工放射性同位素。这是第一次利用外部影响引起某些原子核的放射性——人工放射性。这是人类改造微观世界的一个突破，为同位素和原子能的利用开辟了广阔的前景。1932年，卢瑟福的学生查德威克发现了中子。费米很快就想到，这可能是一把打开原子核大门的好钥匙，因为中子不带电，所以不需要很高的速度，就可以钻进带电的原子核。1934年人工放射性发现后，费米等人用中子系统地轰击各种元素，从氟开始，后面几乎所有元素都发生核反应，且生成的放射性元素大多具有β放射性，经过β蜕变后变成原子序数更高的元素。当轰到当时最重的元素铀时，得到了自然界中不存在新元素——镎和钚，它们被称为超铀元素。1938年，居里夫人的女儿伊伦娜即约里奥·居里夫人在分离用中子轰击铀产生的超铀元素时，发现其中有一种类似于镧的元素存在，它不是超铀元素。德国科学家奥托·哈恩得知这一消息后，立即和他的助手斯特拉斯曼重做了有关的实验，证实在铀遭受中子轰击后，确实产生了镧和钡等原子序数与铀相去甚远的元素。哈恩将实验结果写信告诉了奥地利女物理学家迈特纳，迈特纳大胆提出了一种假设，就是"铀的稳定性很小"，铀核在俘获1个中子后会立即分裂成大致相等的2个原子核，根据$E=mc^2$，她还预言每次裂变将放出200MeV的能量。她的侄儿弗里什很快就用电离室观测到分裂后核的电离脉冲远远大于α粒子的脉冲，初步证实了迈特纳的裂变假设。1939年1月，这个消息通过N·玻尔带到美国华盛顿国际理论物理学术会议，立刻引起轰动。许多国家的物理学家立即动手做实验，结果1个月内6次宣布试验成功。

　　然而，尽管一次裂变放出的能量从微观上说相当巨大，但从宏观效应来看，却仍是相当微弱，甚至连最微弱的火星和升温现象都观测不到，这个发现能有什么实际用处呢？如果铀核不但吃掉1个中子，而且裂变时还能产生新的中子，那就可以使反应持续下去，如果产生的新中子不止一个，就有可能造成一种规模越来越大的链式反应，出现雪崩式的核爆炸。从1kg铀的裂变放出的能量与燃烧50万加仑汽油释放的能量一样多。整个爆发时间将只有百分之几秒。它会产生几百万度高温，几十万个大气压的压力。这就是费米在华盛顿会议上首先提出有可能造成快速连锁反应后，物理学家讨论得出的结论。

在不到两个月时间内，约里奥·居里、费米和西拉德就证实了每次铀核裂变可放出2到3个新的中子，表明链式反应是可能的。但是，过去用中子轰击铀时为什么没有产生链式反应呢？研究发现，原来铀有三种同位素，主要是铀238和铀235，容易吸收中子产生裂变的是铀235，其余99%以上都是铀238，它不容易裂变，却吸收中子变成钚239。因此，要造成链式反应以获得巨大的能量，首先必须从天然铀中加工提炼出含铀235较多的浓缩铀，而这是一件非常困难并且很费钱的工程。如果不是战争的需要，在和平时期要想在短期内由实验室发展到工业规模的试验和应用，是很难想象的。

3. 战争成了催产婆

核裂变能的利用，本来可以有两个方向：一个是控制它，让它按一定要求均匀地放出，这就可以成为一种建设性的新能源。另一个是让它急剧地无控制地释放，这就是原子弹。由于上述成果公布后不久，第二次世界大战就爆发了，了解这种最新的空前强大的能源的巨大潜力的科学家们，特别是受希特勒迫害而侨居美国的科学家们，很担心纳粹抢先造出原子弹，便鼓动爱因斯坦出面上书罗斯福总统。罗斯福总统在1939年10月中旬接到了爱因斯坦的信件，立即成立了一个"铀顾问委员会"，作为政府和科学家之间的桥梁。尽管各实验室因此获得了一些供研究用的铀，但得到的经费却很少。因为美国当时还没有参战，并希望保持中立，罗斯福个人能尽的力量很小，而官僚机构的行动非常迟缓。与此同时，在德国，物理化学家哈特克等于1939年4月致信德国国防部，告以通过铀裂变不仅可以获得巨大能量，而且还可以制造爆炸力极大的炸药。由此引起了军械局的重视。9月1日希特勒发动战争后，为保证留在德国的为数不多的核物理学家能参加这项工作，对他们发出了征召入伍令，并在9月和10月召开了两次重要的专家讨论会，会议断定，原则上有两条可以通往原子能利用的道路。然而，由于国内物资供应紧张，只有短期内肯定能得到应用的计划，才能得到军部的全力支持。于是，恰恰在铀计划最需要军方大力支持、全面投入大量人力物力的时候，这一计划的领导被军械局转移到学术性的德国研究咨询委员会，以作为一项纯研究工作继续下去。这对德国的原子能项目是个致命的打击。而这个变动的开端，就是1941年12月5日德国最高司令部科研处领导向一系列大学教授和科研所所长发出的重新审议这项计划的通知。几乎同时，在美国，在国防研究委员会负责人布什的积极主张下，1941年12月6日对科学研究发展局的铀组进行大力改组，并做出了全面努力加快原子弹研制的工作计划。这一计划经过有副总统、国防部长等人参加的最高级政策小组认可后，便成为美国最大规模的一项计划。12月7日，日本偷袭珍珠港，美国正式参战。1942年夏，在美国、英国和加拿大的合作下，一个代号为"曼哈顿工程"的大规模的原子能计划全面展开了。1942年6月，奥本海默被指派负责主持原子弹的研究设计工作。1942年12月2日，在费米领导下，在美国芝加哥大学建成了第一座原子反应堆，首次实现了人工控制的链式核裂变反应，宣告了原子能的时代的开始。

从1943年到1945年7月，美国为"曼哈顿工程"调集了15万科技人员（包括英国、加拿大的科学家），动员了50多万人，动用了全国1/3的电力，前后花费约22亿美元。在德国已经投降，日本的覆灭就在眼前之际，美国政府出于战后称霸世界的政治需要，不顾许多善良的参加研制的科学家的强烈反对，在1945年8月6日和9日先后将一个铀弹和一颗钚弹分别投到广岛和长崎，这两颗原子弹共有3500t（吨）TNT的爆炸力。伤亡总数约20万人，死亡约10万人。广岛和长崎的惨剧使许多人直到今天仍然是一提起核能就联想到毁灭和伤亡。

二、核电站的发展

核电站是利用原子核裂变反应放出的核能来发电的装置。其核心是核反应堆，它是一个能维持和控制核裂变反应的装置，在这里实现核能与热能转换。释放出的热能由一回路系统的冷却剂带出，用以产生蒸汽。因此，整个一回路系统被称为核蒸汽供应系统，也称核岛，它相当于常规火电厂的锅炉系统。由蒸汽驱动汽轮发电机组进行发电的二回路系统，与常规火电厂的汽轮机发电机系统基本相同，也称常规岛。

核反应堆的种类有多种，按引起裂变的中子能量分为热中子反应堆和快中子反应堆。

热中子的能量在0.1eV（电子伏）左右，快中子指裂变反应释放的中子，其平均能量为2MeV左右。热中子更容易引起铀235的裂变，因此热中子反应堆比较容易实现和控制。目前大量运行的是热中子反应堆。其中需有慢化剂，通过它的原子核与快中子弹性碰撞，将快中子慢化成热中子。慢化剂目前用的是水、重水或石墨。堆内还有载出热量的冷却剂，目前冷却剂有水、重水、氦等。热中子堆的燃料有天然铀（铀235含量0.07%）和稍加浓铀（铀235含量3%左右）。因此，根据慢化剂、冷却剂和燃料不同，热中子堆有多种类型：轻水堆（用轻水作慢化剂和冷却剂，稍加浓铀作燃料，它包括压水堆和沸水堆）、重水堆（用重水作慢化剂和冷却剂，稍加浓铀）、石墨水冷堆（石墨慢化、轻水冷却，稍加浓铀）。目前已经运行的核电站以轻水堆居多，我国已选定压水堆作为第一代核电站。核反应堆的运动、停堆和功率控制依靠控制棒。它由有强吸收中子能力的材料（如硼、镉等）做成。用来保持核反应堆安全停堆常用的安全棒，也是由这些强吸收中子材料做成的。

目前，核裂变能主要用于发电。从1954年苏联建成世界上第一座核电站至今，全球已有31个国家的445座核电站投入运行，发电总功率达到387GW，全球核电发电量总计超过2800亿kW·h，占世界发电总量的17%。核能已成为全球能源不可缺少的组成部分。

三、受控热核聚变能

核聚变是两个或两个以上的较轻原子核：如氢（H）的两种同位素氘（D）和氚（T）在超高温等特定条件下聚合成一个较重的原子核：（如氦（He），同时释放出巨大能量。因为这种反应必须在极高的温度（$1.5 \times 10^8℃$）下进行，所以叫热核反应。据计算，1kg热核聚变燃料放出的能量为核裂变的4倍。

核聚变原料主要是氢、氘和氚。氘也叫重氢，1kg如海水含有0.034g氘，故地球上汪洋大海里有4.4×10^{13}t氘，足够人类使用几十亿年，是一项无穷无尽的持久能源。

由于带电核之间的静电排斥力非常强，只有使两个粒子或其中的一个粒子具有很高速度（很高的温度）才能克服静电斥力使它们靠近，而发生核反应。等离子体是最有希望实现核聚变的介质，因此它有可能被加热到聚变反应所需的温度（点火温度）。在目前的热核反应器的点火过程中需要先向反应器注入一些相对说来是低温的等离子体，它们可以在外部专门装置中产生后输入，或用气体高压放电的方法直接在反应器中形成等离子体。为了实现聚变反应，需把等离子体加热到点火温度，还要控制反应物的密度和维持其密度的时间。高温和高密度有矛盾，一般温度越高的物质，要将它控制在一定的范围内保持高密度就越难。因此，实现产生聚变的条件及进行人工控制，是非常困难的事，远比核裂变能的利用困难得多。

为了实现聚变反应的条件，以获得有意义的聚变能量，目前在两个主要领域内开展大量的研究工作：磁约束和惯性约束。

①磁约束。磁约束就是用一定强度和几何形状的磁场将带电粒子约束在一定的空间范围之内，并保持一段时间。著名的托卡马克装置就是能产生环形磁场的磁约束装置。高温的等离子体在环形磁场约束下不与器壁接触作螺旋状运动，被加热、压缩。

②惯性约束。惯性约束是利用聚变等离子体的惯性进行约束的。由于惯性，等离子体扩散到一定距离需要一定的时间，如果在这种扩散还来不及进行得太充分时，在这一瞬间即注入很大的能量将它引爆，就能达到释放能量的目的。氢弹的爆炸过程就是一种惯性约束过程。它利用原子弹作为引线，一瞬间产生高温高压，使附近的聚合反应物在还没有来得及扩展时即被引爆。然而在一般情况下完成这一过程是相当困难的，为了使释放的能量来得及吸收，不致使产生破坏性效果，反应物一般一次不能给得太多，而且要使反应物达到一定的密度就要进行浓缩。这样反应物的体积很小，表面积也很小。一般都是像芥菜籽一样大小的弹丸在2×10^{-10}s的瞬间倾注大约1.0×10^6J的能量。能量这样大，范围这样小，而且时间这么短，其难度可想而知。这就是惯性约束的难点所在。

从激光器问世以后，惯性约束所提出的大功率、小范围和短瞬间要求有了实现的可能。大功率激光器的巨大能量，高度集中的焦斑和超短的脉冲时间可以满足理想性约束中的三项要求。目前多路激光技术已将激光器产生的毫焦级的输出放大，即变成100～1000J，离实现聚变反应所需的10^4J或2×10^4J还差10倍以上。因此必须研制大功率的激光器。

聚变能目前尚处于研制阶段，离实用还有相当差距，但基于其取之不尽的资源来源和优越的性能，且没有像裂变堆那样产生大量放射废物，故其远景是很好的。人们预计到21世纪中叶可望实现商用。另外，正在研究中的还有冷核聚变。目前也有人考虑在其商用以前开展聚变裂变混合堆的研究，其原理是用聚变反应产生的中子来增殖裂变燃料，充分利用裂变铀、钍核资源。

■ 第三节　可再生能源

从长远来看，人类要在地球上长期继续生存和发展下去。化石能源不可能永续利用。只有"可再生能源"实际上才是无限的。近代物理学和天文学证明，以天体物理运动发出的能量为基础的可再生能源，太阳能、风能、潮汐、水力、生物质能、地热、化学能等实际是无限的。

一、太阳能

太阳能是太阳内部不断进行核聚变反应产生热量，通过其表面以辐射方式向宇宙空间发射出来的一种巨大且对环境无污染的能源。太阳能每秒钟辐射到地球表面的总能量为8.0×10^{13}kW。太阳能的转换和利用方式有光-热转换、光-电转换和光-化学转换。

在光-热转换中，主要是太阳辐射能量通过各种集热部件转变成热能后被直接利用，它可分低温（$100 \sim 300$℃），用于工业用热、制冷、空调、烹调等，高温（300℃以上），用于热发电、材料高温处理等。太阳能集热器以空气或液体（水或防冻液）为传热介质，其吸热方式可以是直接吸收太阳辐射，也可以是太阳辐射经会聚后集中照射。减少集热器的热损失可以采用抽真空或其他通光隔热材料。太阳能节能建筑分主动式和被动式两种。前者与常规能源采暖系统基本相同，仅以太阳能集热器作为热源代替传统锅炉；后者是利用建筑本身的结构，吸收和储存太阳能，达到取暖的目的。太阳能热发电技术是利用太阳能产生热能；热能转换成机械能再转化为电能的发电技术。发电系统主要由集热系统、热传输系统、蓄热器、热交换器以及汽轮发电机系统等组成。

在光-电转换中，主要是通过太阳能电池将太阳辐射能直接转变成电能。太阳能电池类型很多，如单晶硅电池、多晶硅电池、非晶硅电池、硫化镉电池、砷化锌电池等。1969年，克蒂克等人首先采用辉光放电法分解硅烷，制得非晶硅薄膜。1975年，斯皮尔等人采用同样方法实现了非晶硅的掺杂，加快了非晶硅太阳能电池的研制步伐。1979年，用非晶硅薄膜制得的太阳能电池首先应用于电子计算机，开创了太阳能电池发展的新时代。非晶硅薄膜是目前大幅度降低太阳能电池成本的十分有前途的材料，很可能成为太阳能电池材料的主体。非晶硅太阳能电池存在的主要问题是光电转换效率低，工艺技术不成熟，薄膜生产速度慢，难以大批量生产。估计未来数年内，转化效率为15%的大面积非晶硅太阳能电池将达到实用化水平，为人类大规模利用太阳能展示了一幅诱人的前景。

在光-化学转换中，主要是利用光照射半导体和电解液界面，发生化学反应，在电解液内形成电流，并使水电离直接产生氢的电池，即光化学电池。

目前世界上太阳能的直接利用已很广泛，如在以色列和约旦，屋顶太阳能蓄热器已可提供25%~65%的家用热水。美国已兴建100多万个主动式太阳能采暖系统和25万个依靠冷热空气自然流动的被动式太阳能住宅。

二、地热能

地热能是地球内部原子反应产生的热能。地球蕴藏着巨大的地热能，据估计，地面以下5km内，15℃的岩石和地下水中总含热量相当9.95×10^{15}t标准煤。按世界年耗10^{10}t标准煤计，可供人类使用几万年。人类利用地热也有很长历史，但大规模开发地热是20世纪的事。

在现代技术条件下，除了有可能利用某些"温和的"火山发电外，能被我们利用的地热能主要是地下水、地球蒸汽和热岩层。地热开发有采暖和发电两种。地热根据其水、汽不同温度，在农业、工业和人们生活中有多种应用。冰岛是利用地热的典型国家，已有40%的居民利用地热取暖。高温的地下热水汽可用来发电。意大利是世界上利用地热发电最早的国家。美国地热发电规模较大，发展速度很快，到20世纪70年代末，美国地热发电量达66.3×10^5kW，占世界第一位，其中最大机组容量为1.1×10^4kW，是目前世界上最大的机组。菲律宾地热非常丰富，有12座活火山，为了减少石油的消耗量，正在全力推行地热发电工作。目前有20多个国家建立了地热发电站。

三、氢能

氢能是指氢燃烧产生的能。由于重量轻、热值高、无污染、资源丰富，从20世纪70年代初开始，氢已被用作发电以及各种机动车和飞行器的燃料、家用燃料等。用氢代替碳氢化合物能源，不但具有无污染的优点，而且氢的能量密度也远远大于汽油，利用同样重量的氢可取得三倍于汽油的燃烧效果。因此，氢可以作为火箭、航天飞机和军用飞机等对重量敏感的航空航天燃料。同时，由于氢的燃烧效率高、燃烧产物清洁，亦可作为未来汽车的预选燃料，甚至可用氢代替焦炭改造现行的炼铁技术。

普遍地使用氢能除了技术本身仍需完善外，最主要的问题是其成本过高。目前制氢常用的是水煤气法和电解法，前者用水蒸气通过炽热的碳层使水分解而得到氢；后者通过电使水分解得到氢。若用水分解技术制氢，从资源上看几乎没有什么限制；但是氢燃烧所能放出的能量却正好等于用电把水分解成氢所消耗的能量，再加上氢的存储、运输等消耗，除特殊目的外似乎是不合算的。科学家认为，高效率制氢的基本途径是利用太阳能。目前利用太阳能分解水制氢的方法主要有四种：太阳能热分解水制氢、太阳能发电电解水制氢、阳光催化光分解制氢和太阳能生物制氢。作为人类长远的战略能源，氢可与其他一次能源结合发展各种综合能源系统，特别是太阳能氢能综合能源系统有着十分美好的前景。随着技术上的突破，利用太阳能获取的氢将成为人类普遍使用的一种优质、干净的新能源。

四、生物能、风能、海洋能

生物能亦称生物质能，是植物通过光合作用固定的太阳能。每年陆地及海洋植物固定的太阳能分别为1.917×10^{21}J及9.21×10^{20}J。生物能主要是通过直接燃烧生物质（纤维素）或通过一系列生化反应使生物质发酵产生气态燃料（例如沼气）而获得的。每kg绿色植物的发热量为1.67×10^7J。全世界陆地和海洋每年可产生1.7×10^{11}t的植物，因而生物能每年产生的热能是极其可观的。

由于太阳的不均匀辐射，地球各地受热不同，形成各地不同的气温，气温差别引起空气流动，从而形成风能。风能是一种无处不在、永不枯竭的能源。风能要比人类迄今所能控制的能量高得多。据估计，地球上近地层风能总储量约1.3×10^{12}kW·h，全世界每年燃烧所获得的能量不及风力1年内提供的能量的1/1000。风力可用于发电。一般是先把风能转换成机械能，再将机械能转换成电能。风力发电装置主要由风轮、发电机和铁塔组成。风力发电的优点是简单易行、投资小、清洁无污染、资源丰富。

海洋能是海洋中蕴藏或发出的能量。海洋能源于太阳能，一般包括海水热能、海流和波浪的动能以及潮水的位能。海洋能主要是被转变成电能再加以利用。主要方式有潮汐发电、海流发电、海浪发电、温差发电。海洋能的优点是可以再生，且取之不尽，用之不竭，不会造成环境污染，还可通过综合利用（如潮汐发电可利用水库发展养殖业）来降低成本。

在海洋能利用方面，以潮汐发电最为成功。潮汐现象是指海水在月亮和太阳引力作用下产生的周期性运动，是沿海地区的一种自然现象。世界著名的大潮区是英吉利海峡，那里最高潮差为14.6m，大西洋沿岸的潮差也达4～7.4m，我国的杭州湾的钱塘江潮的潮差达9m。据初步估计，全世界潮汐能约有10亿kW，每年可发电2万亿～3万亿kW·h。2007年，全世界潮汐发电总装机容量约为30万kW。目前，世界上最大的潮汐电站是法国于1966年建成的朗斯潮汐电站。电站位于法国西北部英吉利海峡圣马洛湾的朗斯河口。电站装机容量为24万kW，安装有24台单机容量1万kW的可逆贯流式水轮发电机组，机组可作双向发电、双向泄水和双向抽水6种工况运行，每年发电量为5.44亿kW·h。我国20世纪50—60年代就已在沿海建立一些小型潮汐电站。70年代我国出现了建潮汐电站的第二次高潮。其中最大的两座是浙江乐清湾的江厦潮汐试验电站和山东乳山县的白沙口潮汐电站。到目前为止，我国正在运行发电的潮汐电站总装机容量为6000kW，年发电量约1000万kW·h，仅次于法国、加拿大，居世界第三位。

思考题

● 1. 什么是能源？什么是新能源？新能源有什么特点？

● 2. 核能第一次用于何处？它对社会产生了什么影响？

● 3. 简述太阳能的转换和利用。

第十八章 │ 现代生物技术

在现代科学发展过程中，生物学取得了引人瞩目的成就。化学、物理学、数学向生物学领域的广泛渗透，为分子生物学的产生和发展奠定了基础。分子生物学的兴起，DNA双螺旋结构的建立，被视为20世纪自然科学的重大突破之一，也被看作是生物学发展的一个新的里程碑。分子生物学的建立使生物学的面貌发生了革命性的变化，不仅使人们对生命本质的认识飞跃到一个崭新的阶段，而且带动了整个生物学向分子水平的发展，特别是推动了对各种神经系统，尤其是大脑活动过程的研究。"生物学"这一传统学科概念正逐渐被"生命科学"的名称所取代，生命科学的进步也向数学、物理学、化学以及工程技术科学提出了新的问题，提供了新的理论和概念，开辟了许多新的研究领域和生长点，如脑和计算机、智能和人工智能等。近些年，以基因工程、细胞工程、酶工程、发酵工程为代表的现代生物技术发展迅猛，并日益影响与改变着人们的生产和生活方式。它们广泛应用于医药卫生、农林牧渔、轻工、食品、化工和能源等领域，促进传统产业的技术改造和新兴产业的形成，对应人类所面临的食品短缺、健康问题、环境问题以及经济问题的挑战至关重要。生物技术是现实生产力，它将是21世纪高新技术革命的核心内容，许多国家都将生物技术确定为增强国力和经济实力的关键技术。我国同样把生物技术列为高新技术之一，并组织力量追踪和攻关。

■ 第一节　概述

一、现代生物技术的定义

现代生物技术是以生命科学为基础，利用生物（生物组织、细胞或其他组成部分）的特性和功能，设计、构建具有预期性能的新物质或新品系，以及与工程原理相结合，加工生产产品或提供服务的综合性技术。这门技术内涵十分丰富，它涉及：对生物的遗传基因进行改造或重组，并使重组基因在细胞内表达，产生人类需要的新物质的基因技术（如克隆技术）；从简单普通的原料出发，设计最佳路线，选择适当的酶，合成所需功能产品的生物分子工程技术；利用生物细胞大量加工、制造产品的生物生产技术（如发酵）；将生物分子与电子、光学或机械系统连接起来，并把生物分子捕获的信息放大、传递，转换成为光电或机械信息的生物耦合技术；在纳米尺度上研究生物大分子精细结构及其与功能的关系，并对其结构进行改造，利用它们组装分子设备的纳米生物技术：模拟生物或生物系统、组织、器官功能结构的仿生技术，等等。

二、生物技术的发展

公元前，我国人民就会利用谷物造酒，能制作豆腐、酱、醋等，并一直沿用至今。公元10世纪，我国就有了预防天花的活疫苗，到明代就广泛地种植痘苗以预防天花。16世纪，我国医生已经知道被疯狗咬可传播狂犬病。19世纪60年代，法国科学家首先证实发酵是由微生物引起的。20世纪20年代，工业生产开始采用大规模的培养技术发酵化工原料。20世纪50年代，在青霉素大规模发酵生产的带动下，发酵工业和酶制剂工业大量涌现。发酵技术和酶技术广泛应用于医药、食品、化工等部门。20世纪初，遗传学建立并得到应用，产生了遗传育种学，并于20世纪60年代取得辉煌的成就，被誉为"第一次绿色革命"。上述发展，只能视为传统生物技术。

以基因工程和细胞工程为核心的现代生物技术，是20世纪70年代在分子生物学和细胞生物学的基础上形成的，它的诞生以1972年基因工程的出现为标志。它向人们提供了一种全新的技术手段，使人们可以按照意愿在试管内切割DNA、分离基因并经重组后导入其他生物或细胞，借以改造农作物或畜牧品种：也可以导入细菌这种简单的生物体，由细菌生产大量有用的蛋白质，或作为药物，或作为疫苗，或作为酶制剂：也可以直接导入人体内进行基因治疗。基因工程带动了现代细胞工程、现代发酵工程、现代酶工程的发展，形成了具有划时代意义的现代生物技术。

三、生物技术的特点

（1）高技术。生物技术主要表现为精细和密集的复杂技术，摆脱了传统的经验型研究模式。

（2）高效能。生物技术能够突破自然的生殖隔离，可以按人类需要设计和改造生物的结构与功能，定向地组建具有特定性状的新物种和新品系。因此能制造出生产能力强大和满足特殊需要的优良的动物、植物与微生物品种。生物物种可量身定做，其效能是传统技术难以相比的。

（3）高投入和高利润。生物技术需借助于实验室大量的基础研究工作，前期科研投入很高，而其成果的收益也很大。建立在实验室研究基础上的生物技术的发展已经为人类带来了巨大的利益和财富。

（4）高挑战性。生物技术可以人为地制造自然界前所未有的生物产品或生物物种，这些产品的安全性对现代技术是一种挑战，对人类的伦理、人性的尊严也是一种挑战。

四、生物技术的主要内容

生物技术是由多学科综合而成的一门新学科，就生物科学而言，它包括微生物学、生物化学、细胞生物学、免疫学、遗传与育种等几乎所有与生命科学有关的学科，特别是现代分子生物学的最新理论成就更是生物技术发展的基础。根据生物技术操作的对象及操作的技术不同，现代生物技术主要包括基因工程、细胞工程、发酵工程、酶工程。这四项技术不是相互独立的，它们彼此之间是相互联系、相互渗透、相互促进的，构成完整的生物技术。其中基因工程技术是核心，它能带动其他技术的发展。

■ 第二节　分子生物学的遗传理论

分子生物学主要研究生物大分子的结构及其与功能之间的关系，这里所说的生物大分子是指细胞成分中的高分子聚合物即蛋白质、核酸、多糖、脂肪以及它们相互结合的产物，它们在分子水平上体现着各种重要的生命功能、如遗传、新陈代谢、细胞增殖和分化、免疫等，其中遗传问题是人们研究的重点。

一、DNA：生命遗传信息的载体

早在1854年，现代遗传学的奠基人、奥地利生物学家孟德尔（G. J. Mendel，1822—1884）就曾断定，在生物体内存在着一种遗传因子，它决定着儿子像父亲这样的现象。后来，通过摩尔根（T. H. Morgan，1866—1945）等人的工作，人们用"基因"来代替遗传因子的概念，并逐步建立起了所谓的基因理论，证明了染色体是基因的载体。然而，化学分析表明，染色体是由蛋白质和核酸这两种主要成分构成的，那么，究竟是蛋白质还是核酸是遗传的物质基础呢？

19世纪，化学家和生物学家分析研究了鸡蛋蛋白、血液、骨髓和神经等物质的成分，认识到含氮的蛋白质类化合物的重要性，同时细胞化学的研究也表明，同生命现象密切相关的细胞质也同蛋白质很相似。于是人们认为蛋白质是生命的物质基础，并对蛋白质的结构等问题进行了比较深入的研究，明确了蛋白质是由多种氨基酸连接而成的生物大分子、形成了蛋白质的肽键结构理论。甚至直到20世纪40年代初，生物学界仍普遍地倾向于认为蛋白质是遗传信息的物质载体。的确，生物的性状与蛋白质息息相关，但生物体并不能直接把它特有的各种蛋白质传递给后代。比如，在人体的受精卵中根本就找不到A、B、O血型的抗原、血红蛋白、胰岛素等各种参与人体生命活动的酶蛋白。人体大约十万种与性状和生命代谢有关的蛋白质绝不可能为一个小小的受精卵所包括。事实上，这些蛋白质要等到个体发育到一定阶段后才能在特定的细胞或体液中出现。

与蛋白质相比，核酸的发现约晚30年。1869年瑞士科学家米歇尔（F. Miescher，1844—

1895）用胃蛋白酶水解脓细胞，得到一种不同于蛋白质的含磷物质，这被公认为核酸的最早发现。以后，人们又根据核酸分子中核糖是否失去了一个氧原子，把核酸分成脱氧核糖核酸（DNA）和核糖核酸（RNA）两种。然而，长期以来，核酸虽被发现，人们却一直未受到应有的注意。直到1944年，美国科学家艾弗里（O. T. Avery，1877—1955）的著名实验——肺炎球菌转化实验，人们才真正认识到核酸在生命遗传过程中的重要性。

艾弗里的实验是这样的，肺炎球菌有两种类型，一种是致病性的，另一种是非致病性的。艾弗里从前者提取出DNA，将这些DNA与后者放在同一个培养基上培养，结果发现这些不具致病性的肺炎球菌变成了致病性的肺炎球菌。这一实验表明，生命遗传信息由一个有机体传递到另一个有机体，起传递作用的不是蛋白质，而是DNA。

1952年，美国科学家赫尔希（A. D. Hershey，1908—1997）和蔡斯（M. Chase，1927—2003）用同位素硫和磷分别标记噬菌体的外壳蛋白质和DNA，进行遗传信息传递的研究，发现当噬菌体进入大肠杆菌时，外壳蛋白质留在菌体外，只有DNA进入菌体在菌体内进行噬菌体繁殖，这表明DNA携带了噬菌体繁殖所需要的全部遗传信息，子代噬菌体的各种性状，是通过亲代的DNA遗传的，从而进一步确认了DNA是生命遗传信息的物质载体，直接决定着生物体的遗传过程。

二、DNA双螺旋结构的建立

DNA既然被证明是遗传信息的载体，人们自然要去追踪它的空间结构和进行遗传行为的机理。1953年，在英国剑桥大学留学的美国青年科学家沃森（J. Watson，1928—　）与英国生物学家克里克（F. H. C. Crick，1916—2004）合作，成功地建立了DNA的双螺旋结构模型。这一成就后来被看作20世纪以来生物学方面最伟大的发现，也被认为是分子生物学诞生的标志。

DNA是一种高分子化合物，其基本组成单位是脱氧核苷酸，每个脱氧核苷酸由一分子磷酸、一分子脱氧核糖、一分子含氮碱基组成。组成脱氧核苷酸的含氮碱基有4种：腺嘌呤A、鸟嘌呤G、胞嘧啶C和胸腺嘧啶T，于是由不同碱基组成的脱氧核苷酸也分为腺嘌呤脱氧核苷酸、鸟嘌呤脱氧核苷酸、胞嘧啶脱氧核苷酸和胸腺嘧啶脱氧核苷酸。多个脱氧核苷酸便形成脱氧核苷酸链。

DNA具有特殊的双螺旋结构。这一结构的主要特点是，第一，DNA分子由两条反向平行的脱氧核苷酸链围绕同一个中心轴像旋转扶梯一样盘旋而形成稳定结构；第二，DNA分子中的脱氧核糖和磷酸交替连接，排列在双螺旋结构的外侧，构成基本骨架。碱基则排列在内侧，并与中心轴垂直；第三，两条链上的碱基通过氢键连接而形成碱基对，每10对碱基组成一个完整的螺旋周期。碱基对的组成有一定规律：腺嘌呤A一定与胸腺嘧啶T配对，鸟嘌呤G一定与胞嘧啶C配对。这种对应关系叫作碱基互补配对原则；第四，两条长链上的脱氧核糖和磷酸交替排列的顺序是稳定的，但碱基对排列组合的方式是变化的，遗传信息包含在特定的碱基顺序之中，由此导致了生物表现的多样性。

在建立DNA双螺旋结构模型之后不久，克里克和沃森进而指出了DNA分子结构的遗传含义。

他们认为，DNA双螺旋结构可以解决遗传学中长期存在的核心问题，即基因的分子基础问题。作为遗传的物质基础，为了保证遗传的稳定性，有机体在每次细胞分裂之前，DNA必须准确地复制自己。复制前DNA两条互补链因中间的氢键破裂而分离，各自以自己为模板，在活细胞中以形成氢键为吸引力，同时借助酶的参与，形成一条新的互补链。其结果是，原来的一个亲代双螺旋分子变成两个完全相同的子代双螺旋分子，在子代分子的双链中，有一条单链来自亲代，另一条则是新复制的。因而这种复制方式被称为半保留复制。从这个复制过程看，DNA分子独特的双螺旋结构为其自我复制提供了精确模板，而碱基互补配对能力则使复制准确完成得以保证。对DNA分子结构及其自我复制机理的研究，极大地深化了人们对基因概念的理解，基因是一个化学实体，是具有遗传效应的DNA分子中的一定脱氧核苷酸顺序，它是遗传信息贮存、传递、表达、性状分化和发育的依据。

三、基因的调节与控制：中心法则

基因作为具有遗传效应的DNA片断，其基本功能表现为两个方面：一方面通过复制，在生物繁衍过程中传递遗传信息；另一方面，在生物的个体发育中使遗传信息得以表达，从而使子代表现出与亲代相似的性状。而生物的性状主要是通过蛋白质来体现的，且生物体内多数化学反应也需要蛋白质"酶"进行催化。因此，基因对于生物性状的决定性作用是通过DNA控制蛋白质的合成来实现的，探讨这一控制过程的机理，就是要研究核酸与蛋白质之间的相互作用。

基因控制蛋白质合成的过程，可以分为两个重要步骤：转录和翻译。

转录是指以DNA的一条链为模板，按照碱基互补配对原则，合成RNA的过程，它是在细胞核内完成的。遗传信息不能由DNA直接传递给蛋白质，因为DNA主要存在于细胞核中，而蛋白质的合成是在细胞质中进行的。DNA所携带的遗传信息如何才能从细胞核传递到细胞质呢？1957年克里克根据蛋白质合成时RNA数量增大，RNA在细胞核中形成后再转入细胞质等事实提出设想：在DNA和蛋白质之间，RNA可能是中间体。这一设想得到证实。与DNA相比，RNA含核糖而不含脱氧核糖，它的碱基是A、U、C、G，而不是A、T、C、G，换言之，在RNA中，尿嘧啶U代替了DNA中的胸腺嘧啶T。因此在合成RNA时，就以U代替T与A配对。通过转录，DNA的遗传信息被传递到RNA上，这种RNA被称为信使RNA（mRNA）。

翻译是指以信使RNA为模板，合成具有一定氨基酸顺序的蛋白质的过程。这一过程是在细胞质中进行的。信使RNA形成以后，离开细胞核，进入细胞质、并与核糖体结合起来，合成具有一定氨基酸顺序的蛋白质。然而氨基酸如何被运送到核糖体中信使RNA上去呢？作为运转工具的是转移RNA（tRNA）。每种转移RNA的一端都有三个碱基，这三个碱基能与信使RNA的碱基相配对。转移RNA的另一端是携带氨基酸的部位，一种转移RNA只能转移一种特定的氨基酸，当转移RNA运载着氨基酸进入核糖体以后，就以信使RNA为模板，将氨基酸连接起来，由此，合成具有一定氨基酸顺序的蛋白质。在这个过程中，核糖体作为蛋白质合成的场所，在不同机体中大小不同，但具有基本相同的组织结构和功能，它能够把翻译系统中的各种组织成分结合在一起，以完成信息规定的氨基酸顺序排列。

上述遗传信息从DNA传递给RNA，再从RNA传递给蛋白质的转录和翻设过程，以及遗传信息在DNA分子中的复制，刻划了基因调节和控制的机制，被称为"中心法则"。

1970年，科学家的研究进而表明，某些病毒的RNA也可以自我复制，并在蛋白质的合成中，RNA可以反过来决定DNA。在他们发现的逆转录酶的作用下，病毒RNA能够逆转方向，产生DNA的抄本。这一发现是对"中心法则"的重要补充。

四、遗传密码

中心法则表明，DNA决定RNA的性质遵循碱基互补配对原则，而RNA如何决定蛋白质的性质呢？蛋白质由普遍存在的20种氨基酸按照一定的顺序连接而成，不同氨基酸排列顺序对应着不同的蛋白质。RNA只有四种核苷酸（以四种碱基A、G、C、U为其代表），四种不同的核苷酸怎样排列组合进行编码才能表达出二十种不同的氨基酸？这正是人们破译遗传密码所要解决的问题。科学家推测，每三个碱基排成的一个序列决定一个氨基酸，这样，碱基的组合可以达到64种。后来进行的研究密码比例和翻译机制的基因重组实验表明，遗传密码确实是以三联体核苷酸的形式代表20种不同的氨基酸。1961年，科学家第一次用实验给遗传密码以确切解答，他们发现苯丙氨酸的密码是RNA上的尿嘧啶（UUU），此后，人们分别测定了其他各种氨基酸的遗传密码，到1969年，64种遗传密码的含义全部得到解答。

遗传密码的破译，使基因概念得到极大发展。作为生物遗传和进化的最基本的单元，遗传密码同氨基酸之间的专一性联系是稳定的，这种稳定性是遗传信息准确无误的传递和表达的重要基础，是物种相对稳定的重要保证。遗传密码不但具有稳定性，还具有可变性。实际上，基因突变的本质是密码子发生变化。

中心法则的确立和遗传密码的破译，揭示了生物体自我复制的奥秘，这就是DNA分子的半保留复制机制，解决了形成生物不同性状的蛋白质的合成问题，这就是基因控制蛋白质合成的转录和翻译过程。至此，长期以来困扰着人们的生命之谜真相大白，人们终于弄清了基因的物质基础，弄清了生命遗传信息载体DNA的空间结构与功能，遗传信息传递的规律和机制。而这一切，为当代生物技术的发展奠定了理论及技术基础，直接导致了重组DNA技术的建立，并由此产生了基因工程。

■ 第三节　基因工程

如前所述，分子生物学的遗传理论表明，生物的遗传性状是由基因，即DNA片段决定的。由此，人们自然要想到，是否可以通过对基因的重组来修饰、改造生物的遗传性状，甚至创造新的生物物种呢？为此，一门崭新的生物技术——基因工程应运而生了。作为一项通过重组DNA来定向改变生物遗传特性的崭新技术，基因工程是1973年由美国斯坦福大学的科恩和旧金山大学医学院的博耶所创造的。它的出现是20世纪30年代以来分子生物学蓬勃发展的必然结果。

一、基因工程及其产生

基因工程又称基因拼接技术或DNA重组技术，是在分子水平上对基因进行操作的复杂技术。它是应用人工方法把含有目的基因的某一生物（供体）的遗传物质DNA提取出来，在离体条件下将含有目的基因的DNA片段切割下来，把它与作为载体的DNA分子拼接起来得到重组DNA分子，然后将重组DNA分子导入某一受体细胞中，使其在受体细胞中得到正常的复制和表达，从而产生出人们所需要的产品，或创造出人们所需要的新的生物类型。

试以一例说明，如果我们想通过培育一种抗虫的农作物，就要先获取一段能够编码某种专门杀虫的毒蛋白的基因，然后将这个基因放在一个载体上，并通过这一载体将这段基因转移到农作物植株细胞中。这样，在这些被转入基因的农作物细胞中，就能产生杀虫的蛋白，虫子一吃就会被杀死。同时，农作物这种杀虫特性也将随着DNA的复制而传给后代，成为农作物的一种稳定的性状。

从以上例子可以看出，基因工程的关键在于对微小DNA分子的切割与拼接，很显然，这种操作需要特殊的精密工具才能完成。如果不找到这些特殊的精密工具，基因工程就无从谈起。所幸的是，生物科学领域中对限制性核酸内切酶、DNA连接酶的研究为基因工程找到了这些特定的工具。

首先是限制性核酸内切酶的研究。1960年，瑞士科学家沃纳·阿尔伯在观察大肠杆菌时，发现有一种限制现象，即感染某一菌株的大肠杆菌的噬菌体可以有效地感染该菌株中其他的菌，但却不能有效地感染另一菌株的菌。后来，人们认识到限制现象的产生是由于外来的DNA分子被分解，自身的DNA分子则因进行了某种修饰而免于分解。担当这种分解外来DNA分子任务的是一类酶，即限制性核酸内切酶。这种酶有一共同的特点，它们可以专一识别DNA序列，并在DNA链中将它切开，这就是"内切"的来历。限制性核酸内切酶切割DNA分子的方式有两种：一种是将DNA切成带有黏性末端的分子；另一种是将DNA切成平末端分子。由于限制性核酸内切酶的这些特定的切割方式，就决定了它们在基因工程操作中要扮演"剪刀"这一重要的角色，它们能把DNA按照人们的意愿切割下来。

其次是连接酶的研究。既然有切割DNA的酶，为什么不可能存在连接DNA的酶呢？1967年，阿尔伯、内森斯和史密斯等三位科学家几乎同时从被代号为T噬菌体感染的大肠杆菌里分离和提取到了DNA连接酶。这种连接酶竟神奇地使DNA分子相邻的两端或是被"剪刀"断开的DNA片段重新连接起来。很显然，这种连接酶可以在基因工程中充当"浆糊"的角色，它们能够把切割下来的基因导入受体细胞，粘在受体细胞DNA分子的特定位置上。

这样，由于有了包括限制性核酸内切酶、连接酶等内的基因工程的工具酶的发现，人们就可能切下目的基因的特有DNA的片断，将其与载体拼接起来得到重组DNA分子。1972年，美国斯坦福大学的生物化学家P·伯格取得了世界上第一批重组DNA。一年后，美国斯坦福大学的科恩和旧金山大学医学院的博耶用大肠杆菌的质粒（细菌等生物中染色体以外的环状DNA分子，能进行自我复制的并表达所携带的遗传信息）作为载体，用一种专一性的内切酶取得所需要的外源DNA片段，把它插入同样被切开的质粒中，再移回大肠杆菌中。当大肠杆菌繁殖时，这种外源DNA也随之大量增殖，其中的遗传信息也得到了功能性表达，随后，这项技术获得了"生物功能DNA复制方法"专利，为此科恩和博耶被认为基因工程的创立者。从此基因工程就正式踏上了历史的舞台。

二、基因工程的物质基础

1. 目的基因

基因工程是一种有预期目的的创造性工作，它的原料就是目的基因。目的基因是指通过人工方法获得的符合设计者要求的DNA片段，在适当条件下，目的基因将会以蛋白质的形式表达，从而实现设计者改造生物性状的目的。

2. 载体

目的基因一般都不能直接进入另一种生物细胞，它需要与特定的载体结合，才能安全地进入受体细胞中。目前常用的载体有质粒、噬菌体和病毒。

质粒是在大多数细菌和某些真核生物的细胞中发现的一种环状DNA分子，它位于细胞质中。许多质粒含有在某种环境下可能必不可少的基因。

噬菌体是专门感染细菌的一类病毒，由蛋白质外壳和中心的核酸组成。在感染细菌时，噬菌体把DNA注入细菌里，以此DNA为模板，复制DNA分子，并合成蛋白质，最后组装成新的噬菌体。当细菌死亡破裂后，大量的噬菌体被释放出来，去感染下一个目标。

质粒、噬菌体和病毒的相似之处在于，它们都能把自己的DNA分子注入宿主细胞并保持DNA分子的完整，成为运载目的基因的合适载体。因此，基因工程中的载体实质上是些特殊的DNA分子。

3. 工具酶

限制性核酸内切酶和DNA连接酶是基因工程的酶基础。

限制性核酸内切酶是能够在DNA上识别特定的脱氧核苷酸序列，并在特定切点上切割DNA分子的一类酶，简称限制酶。1968年，科学家第一次从大肠杆菌中提取出了限制酶，20世纪70年代以来，人们已经分离提取了4000多种限制酶。有了它，人们就可以随心所欲地进行DNA分子长链切割。

DNA连接酶也称DNA黏合酶，在分子生物学中扮演一个既特殊又关键的角色，那就是把两条DNA黏合成一条，是"黏合"基因的"分子黏合剂"。无论双股还是单股DNA的黏合，DNA黏合酶都可以通过形成磷酸二酯键把两段相邻的DNA链连接在一起形成完整的一条DNA链。

三、基因工程基本操作步骤

由于DNA分子很小，其直径只有20Å（埃，10^{-10}m），基因工程实际上是一种"超级显微工程"，基因工程的基本操作步骤如下。

第一步，目的基因的分离。

植物的抗病（抗病毒、抗细菌）基因、种子的贮藏蛋白的基因、人的胰岛素基因、病毒的干扰素基因等，都是目的基因。要从浩瀚的"基因海洋"中获得特定的目的基因，是十分不易的。科学家们经过不懈地探索，想出了许多办法，其中主要有两条途径：一条是从供体细胞的DNA中直接分离基因；另一条是人工合成基因。

直接分离基因最常用的方法是"鸟枪法"，又叫"散弹射击法"。鸟枪法的具体做法是：用人工方法将供体细胞中的DNA分离出来，用限制酶将其在体外切成许多片段，将这些片段分别嵌入载体，然后通过载体分别导入不同的受体细胞，让供体细胞提供的DNA（即外源DNA）的所有片段分别在各个受体细胞中大量复制，从中找出含有目的基因的细胞，再用一定的方法把带有目的基因的DNA片段分离出来。用鸟枪法获得目的基因的优点是操作简便，缺点是工作量大，具有一定的盲目性。许多病毒和原核生物的基因，用这种方法获得了成功的分离。由于真核细胞的基因含有不表达的DNA片段，一般不使用这种方法。

人工合成基因的方法主要有两条。一条途径是以目的基因转录成的信使RNA为模版，反转录成互补的单链DNA，然后在酶的作用下合成双链DNA，从而获得所需要的基因。另一条途径是根据已知的蛋白质的氨基酸序列，推测出相应的信使RNA序列，然后按照碱基互补配对的原则，推测出它的基因的核苷酸序列，再通过化学方法，以单核苷酸为原料合成目的基因。如人的血红蛋白基因、胰岛素基因等就可以通过人工合成基因的方法获得。

第二步，目的基因与载体的结合。

将目的基因与载体在体外结合的过程，实际上是不同来源的DNA重新组合的过程。如果以质粒作为载体，首先要用一定的限制酶切割质粒，使质粒出现一个缺口，露出黏性末端。然后用同一种限制酶切割目的基因，使其产生相同的黏性末端（部分限制性内切酶可切割出平末端，拥有相同效果）。将切下的目的基因的片段插入质粒的切口处，首先碱基互补配对结合，两个黏性末端吻合在一起，碱基之间形成氢键，再加入适量DNA连接酶，催化两条DNA链之间形成磷酸二酯键，从而将相邻的脱氧核糖核酸连接起来，形成一个重组DNA分子（杂种DNA分子）。如人的胰岛素基因就是通过这种方法与大肠杆菌中的质粒DNA分子结合，形成重组DNA分子（也叫重组质粒）的。

第三步，重组DNA分子导入受体细胞。

目的基因的片段与载体在生物体外连接形成重组DNA分子后，就需要将重组DNA分子导入受体细胞中进行复制繁殖。基因工程中常用的受体细胞有大肠杆菌，枯草杆菌，土壤农杆菌，酵母菌和动植物细胞等。导入的方还有多种，主要包括转化、转导、显微注射、微粒轰击和电击穿孔等方式。转化和转导主要适用于细菌一类的原核生物细胞和酵母这样的低等真核生物细胞，其他方式主要应用于高等动植物的细胞。

用转化和转导方法使体外重组的DNA分子转移到受体细胞，主要是借鉴细菌或病毒侵染细胞的途径。例如，如果运载体是质粒，受体细胞是细菌，一般是将细菌用氯化钙处理，以增大细菌细胞壁的通透性，使含有目的基因的重组质粒进入受体细胞。目的基因导入受体细胞后，就可以随着受体细胞的繁殖而复制，由于细菌的繁殖速度非常快，在很短的时间内就能够获得大量的目的基因。

第四步，目的基因的检测。

在全部的受体细胞中，真正能够摄入重组DNA分子的受体细胞是很少的。因此，必须通过一定的手段对受体细胞中是否导入了目的基因进行检测，并根据研究或应用目的将导入了目的基因的受体细胞分离出来。检测的方法有很多种，例如，大肠杆菌的某种质粒具有青霉素抗性基因，当这种质粒与外源DNA组合在一起形成重组质粒，并被转入受体细胞后，就可以根据受体细胞是否具有青霉素抗性来判断受体细胞是否获得了目的基因。

第五步，目的基因的表达。

目的基因在成功导入受体细胞后，需要表达成蛋白质，我们才能确定它是否改变了受体的遗传性状，或根据研究或应用目的鉴定其功能或是提纯应用。然而目的基因在受体细胞中的表达是需要满足一些条件的，例如，目的基因要利用受体细胞的核糖体来合成蛋白质，其上必须含有能启动受体细胞核糖体工作的功能片段。因此在构建重组DNA分子、选择宿主细胞时都要考虑到基因表达的问题。既要保证目的基因准确地转录，翻译成蛋白质，并维持稳定，又要根据研究或应用的目的或大量地表达或是表达后分泌出细胞以利于提纯等。

这五个步骤代表了基因工程的一般操作流程。人们掌握基因工程技术的时间并不长，但已经获得了许多具有实际应用价值的成果，基因工程作为现代生物技术的核心，将在社会生产和实践中发挥越来越重要的作用。

四、基因工程的应用

自20世纪70年代初诞生以来，基因工程的发展突飞猛进，它可以按照人们的主观愿望直接控制基因，打破了不同物种间在亿万年中形成的天然屏障，基因工程各项技术的应用使生命科学的研究发生了前所未有的变化，在工业、农牧业、医药卫生、环境保护、军事等各方面有着广阔的发展前景。

从生物分类的角度，可以将通过基因工程获得的转基因生物分为转基因植物、转基因动物和转基因微生物。从其应用领域来看，基因工程为人类提供了大量的食品、药品，同时为人类提供了环境保护的有力技术手段。下面从以下方面介绍基因工程的应用。

1．农牧业

自1983年首例转基因植物——烟草问世，至今全球已有120多种植物获得转基因植株。美国是世界上第一个批准转基因农作物商业化种植的国家，其转基因作物种植面积一直居世界首位。最主要的转基因作物是大豆和玉米，转基因棉花和油菜的种植面积位居第三和第四。目前，主要产业化的抗除草剂和抗虫转基因农作物可有效地防治杂草与虫害，大幅度减少用工投入，大幅度降低化学杀虫剂的用量，并在保护环境和提高农民收入等方面发挥了作用，社会效益和经济效益十分显著。

2．医药

1982年，美国食品药品监督管理局批准了首例基因工程产品人胰岛素投放市场，标志着基因工程正式进入商业化阶段。此后又出现了更多的基因工程产品和蛋白质药物，如人生长激素、干扰素、白细胞介素–2、粒细胞集落因子、乙肝疫苗等。1992年2月，由上海交通大学医学遗传研究所培育出了中国第一头携带人血清蛋白基因的转基因羊。利用此技术，科学家还从转基因羊奶中提取了一种治疗心脏病的药物tPA（组织纤溶酶原激活物）。人体基因的缺失导致一些遗传疾病，应用基因工程技术使缺失的基因归还人体，达到治疗的目的，已成为基因工程在医学方面应用的又一重要内容。

3．环境保护

基因工程还应用于环境保护方面，充当自然界的清道夫，比如，找到高效降解不同垃圾的基因，转到具体的宿主菌里面，构建出环境治理效果很好的工程菌。基因工程做成的"超级细菌"能吞食和分解多种污染环境的物质。通常一种细菌只能分解石油中的一种烃类，用基因工程培育成功的"超级细菌"却能分解石油中的多种烃类化合物，有的还能吞食转化汞、镉等重金属，分解双对氯苯基三氯乙烷（DDT）等毒害物质。

五、人类基因组计划

人类基因组计划（human genome proiect，HGP）是由美国科学家于1985年率先提出，于1990年正式启动的。美国、英国、法国、德国、日本和我国科学家共同参与了预算达30亿美元的人类基因组计划。按照这个计划的设想，在2005年，要把人体内约4万个基因的密码全部解开，同时绘制出人类基因的谱图。换句话说，就是要揭开组成人体4万个基因的30亿个碱基对的秘密。人类基因组计划与曼哈顿原子弹计划和阿波罗计划并称为三大科学计划，被誉为生命科学的"登月计划"。

1990年，美国正式启动为期15年的人类基因组计划，总投资30亿美元，其目标是测定人类基因组30亿个碱基对的全部DNA序列，进而破译人类基因组3万～10万个基因的遗传信息。1993年，美国对这一计划做了修订，主要内容包括：人类基因组的基因图的构建与序列分析；人类基因的鉴定；基因组研究技术的建立；人类基因组研究的模式生物；信息系统的建立。这当中的最重要的任务就是人类基因组的基因图构建与序列分析，完成物理图、遗传图、序列图，其中首先要保质保量完成的是序列图。

人类基因组计划由美国启动，随后英国、日本、德国、法国相继参加。1999年9月我国获准加入这一计划，负责测定人类3号染色体短臂上的一个约30MB区域的测序任务，该区域占整个人类基因组的1%。中国是继美国、英国、日本、德国、法国之后第6个人类基因组计划参与国，也是参与这一计划的唯一发展中国家，因此改变了国际人类基因组研究的格局，提高了人类基因国际合作的形象，受到了国际同行，特别是参与人类基因组计划的各个中心以及发展中国家的欢迎和称颂。通过加入这一项目，我国理所当然地分享人类基因组计划的全部成果与数据、资源与技术，拥有有关事务的发言权，建立了我国自己的、接近世界水平的基因组研究实力。

1999年12月1日国际人类基因组计划联合研究小组宣布，完整破译出人体第22对染色体的遗传密码，这是人类首次成功地完成人体染色体完整基因序列的测定。2000年6月26日，6国科学家联合宣布，人类基因组草图已初步绘制完成，比计划提前了5年。它标志着人类在解读自身"生命之书"路上迈出了重要一步。

有了人类遗传基因图，就可以确定各种遗传基因的正确位置。现在已经知道，人类的生老病死、喜怒哀乐，甚至生态环境和生物进化等都与基因密切相关。所以有的科学家说："人类的DNA序列是人类的真谛，这个世界上发生的一切事情都与这一序列息息相关，包括癌症在内的人类疾病的发生都与基因直接或间接有关……"实际上，人类所有的疾病都是基因病，除单基因病外，还有多基因病，如恶性肿瘤、心脑血管病、精神神经性疾病、糖尿病、风湿病、免疫性疾病等，另外还有获得性疾病，由病原微生物侵入人体所致，如艾滋病、乙型肝炎、结核病等。

目前，科学家只是将人类基因组的草图绘制完成，接下来还要绘制精图、功能定位图，从总体上由结构研究转入功能研究，即进入"后基因组时代"。如果将人类基因组的全部序列比作一部"天书"，那么草图的绘制仅仅是"读出"了天书，而远未"读懂"天书，即还没有完成对所有的基因进行功能定位等方面的认识，这个任务有待于测序、拼接（组装）和标注等工作全部完成以后才能实现。目前处于测序和拼接之间，而标注预计将持续十几年甚至几十年，故读懂"天书"尚待时日。

人类对生命了解的渴望，不仅仅是对人类自己，而且是对地球所有的生命，包括地球上不同地方的微生物、植物和动物进化的所有信息。因为对人类来说，这是个取之不尽的生物资源，所以基因组工作会长时期地继续下去，从人类基因组到动物基因组，到植物基因组，再到微生物基因组……

■ 第四节　细胞工程

细胞工程是一门在细胞水平上进行操作的复杂生物技术，它通过对细胞进行体外培养获得完整再生植株，通过对细胞进行体外融合、拆合等重组细胞结构和内含物的操作，使细胞的遗传特性按照人们的意愿发生或不发生改变，从而根据需要繁育动植物个体，改良生物品种和创造新生物。

当前细胞工程所涉及的主要技术领域有细胞培养、细胞融合、细胞拆合、胚胎移植及细胞核移植与克隆等方面。

一、细胞的全能性与细胞培养

1. 细胞的全能性

细胞的全能性是指一个具有完整的膜系统和细胞核的生物体活细胞，在适宜的条件下可通过细胞分裂与分化，再生出一个完整生物体的潜能。生物体的每一个细胞都包含该物种所特有的全套遗传物质，都有发育成为完整个体所必需的全部基因，从理论上讲，生物体的每一个活细胞都应该具有全能性。生物机体内每个细胞所以没有表现出全能性，是因为该细胞所处位置的不同，致使其某些功能被抑制。

按照现代发育生物学和细胞生物学的理论，细胞分化是受基因在时间和空间两个方面的调控，空间就是指细胞在机体内所处的位置。不同位置的细胞，其基因的表达不同，细胞所表现出的形态结构和行为就不同。如果将一个生活的细胞从生物体内分离出来，使之脱离开原有的环境，细胞被抑制的功能将有望得以恢复，重新表现出全能性。植物细胞全能性从提出到证实，经历了漫长而艰巨的历程。

19世纪30年代末，德国的植物学家施莱登（M. J. Schleiden，1804—1881）和动物学家施旺（T. Schwann，1810—1882）共同创立了细胞学说。根据细胞学说，如果给细胞提供和生物体内一样的条件，每个细胞都应该能够独立生活。1902年，德国植物学家哈伯兰特（Haberlandt）在细胞学说的基础上，大胆预言离体的植物细胞具有发育上的全能性，能够发育成为完整的植物体，提出要在试管中用细胞人工培育植物。由于受当时科学技术发展水平和设备等条件的限制，哈伯兰特以及其他科学家的细胞培养试验取得的进展很小。1937年，美国科学家怀特从寻找细胞独立生产和发展的条件入手，将已知的化合物和植物生长调节物质按一定比例混合起来，制成了植物细胞离开植物体以后的营养物质（即所谓的培养基），当他把取自烟草茎的形成层组织以及从胡萝卜根上切下的小块放在培养基上培养时，两者都能进行旺盛的分裂，最终长出一团花菜状的瘤状物——愈伤组织，但是他们未能从愈伤组织中诱导出芽和根来。所谓愈伤组织，是指植物体的局部受到创伤刺激后，在伤口表面新生的组织，这种组织没有器官分化能力，但能进行活跃分裂。

1958年，美国科学家斯蒂伍德（F. C. Steward）用打孔器从胡萝卜根上取下一块组织，并把取下的组织放在营养基内进行转动，胡萝卜根细胞一个个离开组织而进入培养基中，并且在培养基中不断分裂，长出像胚胎状的结构（体细胞胚），进一步长成一棵棵完整的植株（胡萝卜小苗），并且这些植株能够开花结果。斯蒂伍德的研究试验，完成了由一个体细胞经过细胞培养发育成一株完整植物体的过程，证实了哈伯兰特关于细胞全能性的预言。

2. 细胞培养

细胞培养就是从生物机体中取出相关的组织，将它分散成单个细胞，然后放在适宜的培养基和环境中，让这些细胞生长和增殖。细胞培养分为植物细胞培养和动物细胞培养，植物细胞培养依据的原理是植物细胞的全能性，植物细胞培养最后一般得到新的植物个体。动物体细胞一般不能表达其全能性，动物细胞培养的结果一般是细胞的增殖，得到的是同一种细胞，不能形成新的动物个体。

二、植物组织培养

植物组织培养又叫离体培养，指从植物体分离出符合需要的组织、器官或细胞等，通过无菌操作，接种在含有各种营养物质及植物激素的培养基上进行培养，以获得再生的完整植株。

1. 植物组织培养的主要步骤

第一步，从健康植株的特定部位或组织，如根、茎、叶、花、花粉、果实等，截取用于培养的起始材料（外植体）并清洗干净。

第二步，用一定的化学药剂（常用的有次氯酸钠，升汞和酒精等）对外植体表面消毒，建立无菌培养体系。

第三步，将外植体接种在配制好的培养基上进行培养。

第四步，植物细胞培养了一段时间后，通过细胞分裂，形成愈伤组织。愈伤组织继续进行培养，发生细胞分化，可以生成根和芽等器官，最后发育成完整的植物体。

其中，由高度分化的植物器官、组织或细胞产生愈伤组织的过程，称为植物细胞的脱分化或者去分化。脱分化产生的愈伤组织重新分化成根或芽等器官称为再分化。影响植物细胞脱分化产生愈伤组织的一个重要因素是植物激素。当细胞分裂素和生长素共同使用时，能强烈地刺激愈伤组织的形成。

2. 植物组织培养的应用

自从斯蒂伍德把单个细胞培养成完整的胡萝卜植株后，植物组织培养技术逐渐发展成为一门成熟的技术并在生产实践中得到应用。

组织培养技术最早应用于名贵花卉的繁殖中。名贵花卉极难繁殖或周期长费用高。采用组织培养法，可在试管内使组织繁殖成苗后，移植田间，从而迅速获得大量植物。这种方法由于在试管中繁殖又称微型繁殖术。首创花卉微型繁殖技术的是法国的莫雷尔，他于1960年利用兰花茎尖繁殖技术繁殖兰花成功。莫雷尔之后，世界各地相继传出将植物组织培养成植株的喜讯。与此同时，法国荷兰等少数国家的部分花卉组织培养学者与企业家联手，办起了花卉工厂。法国的花卉工厂最早大规模地生产出了兰花。而荷兰的花卉工厂也在短期内繁殖出了大量的优秀康乃馨种苗。由于荷兰组织培养生产出大量的优质种苗，所以今天的荷兰已成为世界上最大的花卉输出国，每年创汇13亿美元以上。

组织培养技术也被应用到植物的无病毒繁殖上。目前已发现的植物病毒达500余种，广泛寄生于粮食、经济作物及森林植物中，使植物严重退化和大幅度减产，特别是马铃薯、甘蔗等作物，病毒还经种子传递，成为育种上的一大难题。1934年，怀特从感染烟草病毒的烟草获得离体根进行培养，发现迅速生长的根尖部病毒浓度最低，越往后的成熟区病毒浓度愈高。后来其他的人也发现茎部有类似现象，由此可知病毒在植物中的分布是不均匀的。于是人们开始思考，能否从感染病毒的植物中提取无病毒的组织进行组织培养，从而获取完全无病毒的植株。一些科学家对此进行了深入的研究，最后，马铃薯的茎尖培养和其他一些作物的无病毒植株获得了成功。

此外，组织培养技术也被应用于某些植物细胞（通常是一些稀缺的天然植物资源，如人参、香料植物等）的工业化生产。利用组织培养技术，给植物细胞提供最适宜的生活环境，可以使它有可能像微生物那样，在培养罐中连续培养，从而大量地、低成本地获得植株，这样可较完美地解决天然资源不足的问题。如人参，它含有贵重药物粗皂角苷，天然根块中只含4.1%，但用细胞组织培养的却高达20%，而且采集方便，价格便宜。1968年，日本明治制药公司用13万公斤的培养罐进行人参细胞培养，标志着植物细胞培养由试验走上了工业化的规模生产。

三、动物细胞培养

动物细胞培养是指在体外无菌条件下，模拟体内正常生理状态下的基本条件和环境，分离培养机体组织细胞或建立细胞系，并使得细胞在体外培养容器中长期生长或繁殖。

1. 动物细胞培养的主要步骤

第一步，在无菌条件下，从健康动物体内取出适量组织，剪切成小薄片。

第二步，加入适宜浓度的酶与辅助物质进行消化作用使细胞分散。

第三步，将分散的细胞进行洗涤并纯化后，以适宜的浓度加在培养基中，37℃下培养，并适时进行传代。

如前所述，动物体细胞一般不能表达其全能性，培养的结果一般是细胞的增殖，在生物制品的生产和医学研究方面应用较为广泛，如制备单克隆抗体等。

2. 动物细胞培养与植物细胞培养的不同点

①培养基不同。植物细胞为固体培养基，动物细胞为液体培养基。

②培养基的成分不同。动物细胞培养必须利用动物血清，植物细胞培养则不需要。

③产物不同。植物细胞培养最后一般得到新的植物个体，而动物细胞培养因为动物体细胞一般不能表达其全能性，得到的是同一种的细胞。

④原理不同。植物细胞培养的原理为植物细胞的全能性，动物细胞培养的原理为细胞的增殖。

⑤过程不同。植物细胞培养的过程为脱分化和再分化，动物细胞培养的过程为原代培养和传代培养。

四、细胞融合

1. 细胞融合的概念和意义

20世纪50年代，日本学者把仙台病毒混在两种不同的动物细胞中，结果细胞之间发生凝聚，异种细胞产生了融合，在这些细胞中存在着两个以上的细胞核。到20世纪60年代，科学家从这种细胞的融合现象出发，发展出了细胞融合这样一门重要的遗传工程技术。

细胞融合，也称细胞杂交，就是在离体的条件下，用自然的或人工的方法使两个或几个原生质体不同的体细胞融合成一个杂交细胞，从而使来自亲本细胞的基因在杂交细胞中都有可能得到表达。细胞融合的结果是杂交细胞中含有两个不同的细胞核，称为异核体。在随后的有丝分裂中，来自不同细胞核的染色体可能合并到一个结合核内。

与同种之间精卵子的有性结合不同，细胞融合是细胞水平上的无性杂交，其范围很广，从种内、种间、属间、科间一直到动、植物两界之间均可进行尝试，细胞融合打破只有同种生物才能杂交的限制，具有非常重要的意义。我们知道，很多亲缘关系较远的生物体之间是无法正常杂交的。也就是说，一种生物体上的某种优良品质无法通过传统的杂交方法转到另一种生物体上，这就给育种（而更不说创造新种了）带来了很大的困难。然而，它们之间的体细胞却往往能彼此融合，产生出杂交细胞，这就给解决这一难题提供了机会。通过细胞融合技术产生的植物杂交细胞由于其本身的全能性，只要条件合适，就有可能长成兼有两个亲本植株的新种。细胞融合与基因工程一样都是重组基因，只是操作的对象及水平不一样。

2. 细胞融合的主要步骤

第一步，获取亲本细胞。将取样的组织用胰蛋白酶或机械方法分离细胞，分别进行贴壁培养或悬浮培养。

第二步，诱导融合。将两种亲本细胞置于同一培养液中，进行细胞融合。动物细胞的融合过程一般是：两个细胞紧密接触→细胞膜合并→细胞间出现通道或细胞桥→细胞桥数增加→扩大通道面积→两细胞融合为一体。

3. 细胞融合的应用

在植物细胞融合技术的应用方面，目前已产生了一些先前用传统的杂交技术无法获得的新的杂种植物。如西红柿马铃薯（Pomato）就是番茄和马铃薯之间体细胞融合的结果，它是80年代初由原联邦德国科学家迈尔切斯和赞克泰勒等完成的。这种新型的西红柿马铃薯植株的地下部分结马铃薯，而地上部分结西红柿。尽管这一新种存在着很多问题，如马铃薯和西红柿都长得不够大等，从生物学上是无意义的，但这种新的尝试毕竟为作物品种的改良开辟了一条新的途径。

1986年，日本一家公司通过细胞融合技术培育出新型蔬菜——生物白蓝，它是用白菜和红甘蓝杂交而成的，新型蔬菜形状类似白菜，味道却近似甘蓝，营养丰富，味道也好，1987年这种蔬菜已经出现在市场上。

据英国《每日邮报》2007年3月25日报道，美国科学家经过几年实验，终于培育出了世界上第一只人兽混种绵羊，它的体内含有15%的人类细胞。这项研究的最终目标是在绵羊体内"种"出患者需要的各种可移植器官。过程包括从患者的骨髓中提取干细胞，然后将其注入一只绵羊的胚胎腹膜中，等胚胎发育成形、羊羔降生，人类干细胞也会通过新陈代谢系统进入绵羊所有器官的循环系统。两个月后，绵羊含有部分人类基因的肝脏、心脏和大脑就会发育健全，这时就能"回收利用"了。

在动物细胞融合技术的应用方面，最值得一提的是单克隆抗体的制备及其应用。我们知道，机体对自身或异己物质能产生种种识别与反应，叫作免疫反应，能引起机体产生免疫反应的物质称为抗原，如外源蛋白质、病毒细菌、DNA、RNA等。体内由于抗原会产生各种抗体，抗体的种类非常多，要想制备获得单一的纯抗体相当困难，但是一旦有了它，由于它的单一性，就可用它来检测甚至医治各种疾病。参与体内免疫反应的来自骨髓的两类细胞：β淋巴细胞，它是产生抗体的细胞，T淋巴细胞，它帮助淋巴细胞产生抗体及具有细胞杀伤能力。β淋巴细胞系在成熟的早期便形成大量的各种不同的β淋巴细胞，每个β淋巴细胞只能产生一种针对它能识别的特异抗原相应的抗体，由这个细胞通过有丝分裂后繁殖形成的细胞群称为克隆系，由这种克隆系产生的特异抗体称之单克隆抗体。20世纪70年代细胞融合技术的发展启发了两位英国科学家，他们由此而发明了单克隆抗体技术。将产生抗体的单个β淋巴细胞同T淋巴细胞进行细胞融合，获得既能产生抗体，又能无限增殖的杂种细胞，并以此生产抗体。单克隆抗体技术带来了免疫学上的一项重大技术革命，为许多疾病的诊断和治疗开辟了广阔的前景。

五、细胞拆合

细胞拆合，是通过物理或化学等特殊方法将完整细胞的细胞质与细胞核分离开来，或把细胞核从细胞质中吸取出来，或用紫外线等把细胞质中的细胞核杀死，然后再把同种或异种的细胞核与细胞质重新组合，或把细胞质或其一部分与完整细胞组合，培育新的细胞或新的生物个体。其中前一种组合常称为细胞核移植，后一种组合称为胞质融合。

利用显微注射技术进行细胞核移植是细胞工程的一项重要内容。这项技术开始于20世纪60、70年代，当时，我国动物学家，在中国科学院动物所任职的童第周曾用极细的玻璃管，从鲤鱼的卵细胞中取出细胞核，将其移进已除去细胞核的鲫鱼卵细胞中。在童第周的精心照料下，这种特殊的换核细胞最终发育成了能在水中游动的长着鲫鱼的嘴、鲤鱼的须的鲫鲤鱼。这种鱼生长快、个体大、鱼味鲜美。后来，童第周又用同样的方法将鲫鱼核移进已除去细胞核的金鱼卵细胞中培养出了头像金鱼，尾像鲫鱼的鲫金鱼。

随着科学技术手段的发展，胞质融合也有很大发展。目前科学家已采用显微注射技术成功地将DNA、RNA及蛋白质直接注入细胞体内以培养新的细胞。例如1973年5月，童第周将从鲫鱼卵巢成熟卵细胞质中提取的核糖核酸，注射到金鱼的受精卵中。结果是，发育成长的320条幼鱼中，有106条由双尾变成单尾，表现出鲫鱼的尾鳍形状。细胞拆合对改良品种具有重要的意义。

六、胚胎移植

胚胎移植又称受精卵移植，俗称人工投胎或借腹怀胎，是指将雌性动物的早期胚胎，或者通过体外受精及其他方式得到的胚胎，移植到同种的、生理状态相同的其他雌性动物体内，使之继续发育为新个体的技术。它是生产胚胎的供体和孕有胚胎的受体共同繁殖后代的过程。胚胎移植是为了加速繁育经济动物，培育动物优良品种，或挽救濒危动物使用一种方法。胚胎移植一般来说包括超数排卵、人工授精、冷冻胚胎、卵分割法等。

胚胎移植也是当今流行的改良家畜品种及解决人类不育等问题的细胞工程。早在1890年，英国的希普曾将安哥拉兔的早期胚胎移植到已和同种交配的野兔输卵管中，结果生育的6只小兔中有2只具有长细毛、白化的安哥拉兔的特征。1978年，第一个试管婴儿在英国的诞生，标志着胚胎移植技术已发展到了一个新的历史水平。

试管婴儿是体外受精——胚胎移植技术应用于人类的俗称，是分别将卵子和精子取出后，置于培养液内使其受精，再将胚胎移植回母体子宫内发育成胎儿的过程。最初由英国产科医生帕特里克·斯特普托和生理学家罗伯特·爱德华兹合作研究成功，该技术引起了世界科学界的轰动。罗伯特·爱德华兹因此获得了2010年诺贝尔生理学或医学奖。1978年7月25日，全球首位试管婴儿在英国诞生。试管婴儿技术目前可基本划分为三个阶段。第一代试管婴儿：将受术者的卵子和精子在培养皿内混合让卵子受精，然后将受精卵在体外培养所产生的胚胎移植到受术者子宫内的一种辅助生殖技术。第二代试管婴儿：1992年由比利时Palermo医师及刘家恩等首次在人体成功应用卵浆内单精子注射，使试管婴儿技术的成功率得到很大的提高。第三代试管婴儿：植入前遗传学诊断，通过对早期胚胎部分细胞进行遗传学分析筛查，将无遗传病的胚胎移植入宫腔，从而有效地防止遗传病患儿出生。随着分子生物学的发展，在人工助孕与显微操作的基础上，胚胎着床前遗传病诊断开始发展并用于临床，它从生物遗传学的角度帮助人类选择生育最健康的后代，使不孕不育夫妇不仅能喜得贵子，而且能优生优育。1988年3月10日在北京医科大学第三医院产科，中国第一例试管婴儿（女）诞生。

人类试管婴儿的诞生，激发起很多家畜改良工作者的极大热情，一时间，试管狒狒、试管猴等各种试管动物相继问世，给畜牧业带来了巨大的影响。如利用试管动物这种胚胎移植技术，可大量地快速培养良种家畜。以良种乳牛的培养为例，当一头良种乳牛发情时向其注射孕马血清，就能使一头良种乳牛产生几个或几十个的卵细胞，这些卵细胞在体外试管中受精后可一次性地得到几个或几十个良种胚胎，将这些良种胚胎移植到普通母牛的子宫中发育直至出生，就可得到几个、几十头良种乳牛。据资料，现在一头良种乳牛最多可以得到40头牛仔。

七、克隆技术

克隆是英文clone的音译，是指生物体通过体细胞无性繁殖生成与亲代有完全相同遗传物质的后代。克隆的目的就是产生完全一样的复制，一个克隆就是一个多细胞生物在遗传上与另外一个生物完全一样。克隆技术，经历了三个发展时期。第一个时期是微生物克隆，即用一个细菌很快复制出成千上万个和它一模一样的细菌，而变成一个细菌群。第二个时期是生物技术克隆，比如用遗传基因DNA克隆；第三个时期是动物克隆，即由一个体细胞克隆成一个动物。

无性繁殖是指未经两性生殖细胞结合的生殖方式，常见的有孢子生殖、出芽生殖和分裂生殖。由植物的根、茎、叶等经过压条、扦插或嫁接等方式产生新个体也是无性繁殖。在自然条件下，许多植物本身就适宜进行无性繁殖，所以很容易形成克隆。在动物界，这种繁殖方式多见于无脊椎动物，如原生动物的分裂生殖、尾索类动物的出芽生殖等。但是，对于高等动物，由于在自然状态下它们一般只能进行有性繁殖，所以要使它们进行克隆，必须经过一系列复杂的操作程序。首先要用外科手术除去受体卵细胞的细胞核，或用辐射等手段使受体卵细胞的细胞核失去活性，然后用注射器将含有遗传物质的供体细胞的细胞核移植到去除了细胞核的受体卵细胞中，利用微电流刺激等使两者融合为一个新细胞，通过细胞培养促使这一新细胞分裂繁殖发育成胚胎，当胚胎发育到一定程度后再植入动物子宫中，这样将来便可产下与提供细胞核的细胞基因完全相同的动物。在20世纪50年代，科学家用上述方法成功培养出一种两栖动物——非洲爪蟾。

1997年2月，英国科学家严·威尔姆特成功地克隆出绵羊"多莉"，标志着克隆技术发展到了个新的水平。根据英国《自然》杂志的报道，威尔姆特提取了一只6岁的成年白色芬兰多赛特母绵羊的乳腺细胞，在体外特殊条件下经过几天营养限制性培养以后，使这些细胞的细胞核进入休眠期。同时从一只苏格兰黑面母绵羊体内取出一个卵细胞并抽去细胞核，然后通过细胞融合将白色芬兰多赛特母绵羊的乳腺细胞的细胞核导入到苏格兰黑面母绵羊去核的卵细胞中，形成组合细胞。接下来，科学家们对这一组合细胞进行电击。令人惊异的事情发生了，组合细胞以来自白色芬兰多赛特母绵羊乳腺细胞的DNA作为遗传基础，像受精卵一样开始正常生长分裂。之后，科学家们把由组合细胞正常生长分裂形成的胚胎植入另一只苏格兰黑面母绵羊体内。经过150天的发育生下一个来自成年体细胞的克隆绵羊"多莉"。科学家们共用了247个重组胚胎，多莉是仅有的只存活下来的绵羊。

1998年4月13日，多莉顺利产出了它的第一只羊羔，起名邦尼，邦尼的诞生表明，由一只成熟细胞克隆出的羊可以受孕并足月怀胎，产生一个健康的羊羔。

多莉的成功克隆说明高度分化的成年动物体细胞不仅在遗传密码的保护上是全息的，而且这种全息性会在一定条件下表现出来。采用细胞核移植技术可以使生命过程逆转或重新开始。对植物的克隆人们已经司空见惯，例如，一个花枝扦插，它可以生长、开花并生出须根。但对动物，特别是哺乳动物还是第一次，这打破了生物界长期以来的定论。

随着克隆羊多莉的诞生，克隆技术顿时成为全球瞩目的焦点。克隆技术不仅是生物技术的一次重大技术突破，而且引发了一场全球性的关于克隆与传统伦理道德的讨论。因为多莉羊这种高等动物的克隆成功，意味着克隆人问世的技术可能性。然而，人的复制必然要涉及诸多的伦理道德问题。更有人提出，如果克隆技术被恐怖分子和其他犯罪组织所掌握和利用，后果将令人担忧。然而，也有人持乐观态度，这部分人认为，尽管一个人的克隆和这个人有着完全相同的基因，但并不会在各个方面都是这个人的翻版；后天的、环境的因素会对人在生理上和心理上产生不容忽视的影响，尤其是对于一个人习惯、性格和思想观念的形成。克隆，只不过是人工繁衍的一种新方式而已。然而，对克隆技术的应用加以限制，尤其是对克隆技术应用于人类要进行严格控制，却是大多数人的共识。

那种认为应该停止对克隆技术的研究的观点是不可取的。科学技术本身是中性的，任何一项新技术给人类带来的是祸是福不取决于它本身，而取决于人类如何应用它和如何控制对它的应用。我们所应该做的，是更好地管理自身，恰当地应用包括克隆技术在内的一切科技成果，让它们造福于自然界和人类。

克隆技术的用途是显而易见的。首先，它是园艺业和畜牧业中选育遗传性质稳定的优质果树和良种家畜的理想手段。其次，克隆技术在医学领域的应用具有十分诱人的前景。目前，美国、瑞士等国已经能够利用克隆技术培植的人体皮肤进行植皮手术。这一新成就避免了异体植皮可能出现的排异反应，给病人带来了福音。科学家预言，在不久的将来，他们还将借助克隆技术"制造"出人的乳房、耳朵软骨肝脏，甚至心脏、动脉等组织和器官，供医院临床使用。

■ 第五节　生物技术面临的问题

生物技术是一把双刃剑，人们在享受生物技术带来的各种好处时，生物技术可能给人类社会带来意想不到的冲击，也可能产生人们始料不及的严重后果。人们的担忧主要表现在以下方面。

一、转基因技术的安全问题

转基因技术是当今世界最热门也是发展最快的研究领域之一，它为人类提供了大量的转基因食品。基因改变在生物体内不仅是基因组织结构的重组，物种因此而发生的性状改变和遗传变异的效应要在相当长的时间后才能显现。即使是科学家本身也很难保证生命创造不会带来任何灾难性的后果。转基因技术的安全问题主要表现在以下三个方面。

1. 食物安全问题

在生物物种的食物链上，人类处于终端的位置，也就是说，人类是以植物和动物为食物而维持生命的。当转基因技术用于植物和动物的基因改造，改变原来这些生物物种的性状和品质时，就不可避免地给人类带来有关食品安全的问题。虽然转基因原料（植物和动物）加工的食品为人们展示了诸多的好处，但也使人们担心，用这种改写生命密码的技术，将外来基因植入人类的日常食物，如大米、肉类、水果、蔬菜，对人类的健康会有什么影响？某些人可能因为特殊的体质原本对某种食物就具有过敏反应，一旦这些食物的基因经由DNA重组技术转移到其他食物，致敏成分就可能连带转移到其他食物中，如果没有适当标识，则会发生误食而导致对身体健康的危害。此外，基于不同的文化、宗教信仰和民族生活习惯等，人们在饮食上对一些食物有着特殊的要求，甚至是禁忌，如果这些食物被移植到一般食品中而不加以明确标识，就可能因此而损害了消费者的宗教信仰，亵渎了民族的理念，引发民族、宗教等社会问题。

自1995年进入商业化生产以来，转基因生物及其产品用于食品或食品添加剂上市已达20多年之久，其中转基因食品对人体健康是否构成威胁至今尚无定论。为了尽可能地回避可能存在的潜在风险，现在许多国家都制定了对用转基因种植和养殖产品加工的食品必须明确标识的相关法律规定。我国卫生部2002年发布的《转基因食品卫生管理办法》也规定，食品产品中（包括原料及其加工的食品）含有基因修饰有机体和表达产物的，都要明确标注。

2. 生物安全问题

以人类目前的技术水平尚无法精确地预测转基因生物可能出现的所有表现性状与遗传变异效应。有的生态学家就指出，许多外来物种已成为世界范围的有害生物，而通过基因工程改变或重组的生物就是一种新型的"外来者"，性状的组合可能使之成为新的有害生物，它们进入自然环境会导致生态灾难或环境危险。例如，转基因植物中的外源基因，特别是抗逆基因（如抗除草剂、抗病、抗虫等）可能随花粉散到野生近缘种中。丹麦科学家的研究表明，把抗除草剂的转基因油菜籽和杂草一起培育，结果产生了抗除草剂的杂草。这预示着通过转基因技术产生的基因可扩散到自然界中去。在苏格兰进行的一项研究发现，一种蚜虫吸取基因工程作物含Bt毒素的液汁，然后又被一种有益昆虫——甲虫捕食，Bt毒蛋白转移到甲虫身上，影响甲虫的繁殖。这些都是通过改变非目标生物的生态结构和物种的竞争关系而造成了生态的破坏。因此，一些人甚至担心，转基因生物在自然界中释放将污染自然基因库，打破原有的生态平衡，对生态环境产生难以预料的冲击，其潜在的威胁不亚于核扩散。

3. 环境安全问题

转基因技术打破自然物种的原有界限，改变了生态系统中能量流动和物质循环。重组微生物在降解某些化合物过程中所产生的中间产物，可能对人类的生活环境造成二次污染。重组DNA与微生物杂交，可能产生有害的病原微生物，一旦进入自然环境有可能对生态系统稳定性产生影响。

二、基因治疗的权限问题

随着在分子水平上对遗传致病机理的深入研究，基因治疗技术今后还将得到更深入的发展和更广泛的应用。最终可以用分子生物学技术对变异基因进行修正。那么，基因治疗该在什么范围内进行？谁有权对基因治疗"拍板"？

到目前为止所实施的所有基因治疗病例都以患者的体细胞为转基因的受体或靶细胞，这种体细胞基因治疗只影响治疗对象，需得到患者同意。但如果把基因治疗引入胚胎细胞或生殖细胞，这种操作则涉及后代基因结构的改变。虽然有可能彻底治疗某种遗传疾病，但这一改变将直接影响下一代甚至几代。我国法律对克隆技术的"四不"原则是不赞成、不允许、不支持、不接受任何生殖性克隆人，但不反对治疗性克隆。

还有人担心如果某种可以增强人的体能特征的基因被确定并被克隆下来，通过基因治疗来增加人的体能，如增加运动员的身高或短跑速度，这与运动员服用兴奋剂有什么本质的区别？由于基因治疗的结果可能影响到人类及其个体成员的命运，所以不同的意见和观点仍然在激烈地争论着。

三、个人基因信息的隐私权问题

人基因信息的隐私权又称为后基因组时代的人权问题。一方面，人类基因组计划的加速完成，使我们能够测定每个人的基因数据，能够鉴定或预测越来越多与疾病相关的基因并设法治疗这些遗传疾病；但另一方面，谁有权负责保管个人的基因信息资料？如何有效保护个人的基因信息资料？公民个人的基因数据经过科学家的测试、研究、开发可以加以利用，这一成果应属于谁？权益如何划分？利益如何分享？个人数据是否会被滥用？另外，有基因缺陷或差异的人在社会活动中是否能受到真正平等和公正的对待？将来会不会像过去人们歧视某个人种那样歧视某种基因？如果基因诊断的方法真能让每个人在幼年便知道自己今后可能会患上某种疾病，这可能让人觉得太过残酷和宿命了。提出这些问题是因为个人基因信息的泄漏可能会得到不正确的解释或推测，也必然会影响一个人的升学、求职、婚姻、人寿保险费用与医疗保险费用及其他待遇等一系列的问题。

在人类基因组计划建立之初，科学家就十分关注基因组信息的正确应用、个人与社会的利益的有效保护等问题。为此，作为人类基因组计划的一部分，还特别设立了人类基因信息利用的伦理、法律和社会影响计划（ELSI），以防止试图搞种族歧视或个人歧视，甚至试图实施种族侵略与灭绝暴行的人在人类基因组中找借口。

思考题

- 1. 什么是生物技术？它包括哪些基本内容？

- 2. 基因工程研究的理论依据是什么？

- 3. 简述基因工程操作的基本步骤。

第十九章 | 海洋技术

浩瀚的海洋是生命的源泉和人类的摇篮。世界海洋面积约3.6亿km²，占地球总表面积的71%。海洋中蕴含着丰富的资源。当前，人类正面临着人口、资源、环境三大问题。随着人口的急剧增长、能源消耗的日益增多、环境污染的加剧，人类陆地生存空间受到越来越大的威胁，于是人们将目光投向了广阔的海洋。海洋科学技术是全面深入地开发各种海洋资源的一门科学技术。它包括对整个海洋水体和上至大气下到海底的物质及其相互作用规律的研究，又包括现代各项海洋开发的基本技术和应用技术。近些年来，由于现代海洋开发和海洋科学研究的迅速发展，对海洋技术不断提出新的要求，目前已形成用于研究、开发和管理海洋的高新技术群，并在许多领域取得引人注目的进展和成就。本章主要介绍海洋开发技术、海洋探测技术和海洋通用技术。

■ 第一节　海洋科学技术的兴起和发展

一、现代海洋开发的原因

虽然人类从海洋获取"鱼盐之利"和"舟楫之便"已经有几千年的历史，但是直到20世纪60年代，人类才开始了大规模地有组织地开发利用海洋的活动。人类开发海洋的活动从海底、海面和海空全面展开，进入了一个综合立体开发的新时代。促进现代海洋开发活动蓬勃兴起的原因是多方面的，归纳起来主要有以下四个方面。

①海洋中蕴藏着极其丰富的资源。第二次世界大战后，由于世界人口的不断增加和经济的迅速增长，人类对食物的需求逐年增加，陆地上的蛋白质生产已日益显示出短缺的趋势，自然资源的消费量也越来越大。人类急切地寻找新的食物（特别是高蛋白生物）来源和新的资源开发场所。人们发现，浩瀚的海洋中有着极其丰富的生物资源和矿产资源以及丰富的海洋能源。据估计，地球上生物资源的80%在海洋，约1350亿t（吨），有人称海洋是人类最大的食品库。海底还蕴藏着丰富的石油和金属等矿藏。海水中的重水可提取氘，成为核聚变取之不尽的燃料。

②海上运输在现代交通运输中占重要地位。海上自古以来就是重要的物品运输通道，其运载

量大、经济效益高，在各国贸易交往中发挥着重要的作用。许多国家把海上运输看作现中社会的"经济命脉"和"生命线"。大型和超大型轮船的建造与应用进一步推动了海上运输业的快速发展。

③海洋是现代立体战争的重要战场。由于卫星技术的发展，陆地上的战略基地几乎已"无密可保"，一些大国纷纷利用海底的隐蔽条件，把陆上军事设施转向海底。特别是战略导弹核潜艇出现后，要求对海洋有更深入细致的了解，促进了世界范围的海洋调查和开发研究。

④研究开发海洋与其他科学技术的发展相互促进。海洋的研究开发，可以为地震预报、气象预报、生命起源、生物进化、地壳构造、资源预测、港口建设等方面提供科学依据和基本资料，推进地球科学的基础理论的发展。此外，电子技术、遗传工程和光导纤维技术的迅速发展，提高了海洋开发的能力，并推动了一大批新兴海洋产业的迅速形成。

二、海洋科学技术的发展

美国是首先开始现代海洋开发的国家，美国20世纪60年代初至70年代末用于海洋科学的预算增长了20多倍，以致美国在海洋开发方面一直居于领先地位。1960年法国戴高乐提出"向海洋进军"的口号。随后，日本把海洋科学技术列为三大尖端技术之一，并作为国家超重点项目。这一时期，对海洋的开发利用转向了对海洋资源的全面开发。海洋产业的生产方法也由过去的单项开发转向立体的综合开发，包括海底矿产资源开发、海洋水产资源和海水资源的开发（包括海下工厂的建设）、海面工厂的建设（包括潮汐发电、波浪发电的海洋能源利用），以及海洋空间资源的利用（如海上机场和海上城市的建设等）。在此基础上，一门新兴的科学技术——海洋科学技术建立和发展起来。由于海洋科学技术的建立和发展采用最新的技术装备，新兴的海洋产业和海洋开发活动在20世纪七八十年代获得了飞快地发展。海洋开发的规模和范围不断扩大，海洋经济总产值增长速度加快。

■ 第二节　海洋开发技术

现代海洋开发技术主要包括海洋生物资源开发、海底矿产资源开发、海水资源开发、海洋能源利用及海洋空间利用等方面所采用的技术。

一、海洋生物资源的开发技术

在全球海洋中，海洋生物资源总的蕴藏量大约342亿t，其中海洋动物325亿t，海洋植物17亿t，而每年生产蛋白质的能力，相当于全世界现有人口所需蛋白质总量的7倍。开发海洋生物资源是人类早期海洋开发活动之一，现在已从过去的单纯捕捞鱼虾等活动，发展到人工增养殖、制造海洋药物等现代海洋开发。采用的技术有捕捞技术、增养殖技术及海洋生物工程技术等。

1. 海洋捕捞技术

国外对捕捞技术的开发研究，是以保护幼鱼资源、提高渔获物的质量及鲜度为重点而进行的。美国、日本和西欧各国的鱼探仪多采用微机，向多功能、自动化、彩色数字显示及立体显示发展，并广泛应用卫星遥感、声探测及发光拖网等高新技术。中国现已建造的8154、8166等新型远洋渔轮缩小了中国渔船行业与世界发达国家的差距；现已能生产TCLC201型彩色双频率垂直探鱼仪，应用卫星遥感技术，预测鱼类洄游规律，探明鱼群质量和数量等；创造性地研制成功适合中国国情、简单可靠、易于操作的系列型变水层拖网及捕捞技术，以及利用高速拖网、多船、单船围网等作业方式。

2. 海水增养殖技术

海水增养殖技术在日本、美国和英国发展较快。美国开发成功鳕鱼的养殖技术，并用转基因技术培育出巨型鲑鱼，采用基因重组技术使鲍鱼生长率提高50%～100%，养殖时间缩短到1/2。日本为扩大养殖面积，建成许多装有光纤水下照明装置及各类声呐的人工鱼礁，并利用杂交染色体等高技术，培育出适合低水温期生长新品种，在世界上首先研制成养殖鱼抗病毒感染的鱼类干扰素，具有较高的疗效，是养殖渔业的理想新药。中国在20世纪50年代开发了海带自然光育苗和浮筏式养殖技术；60年代解决了紫菜采苗、育苗养殖技术和牡蛎采苗养殖技术；70年代研制成功贻贝采苗养殖技术；80年代开发成功中国对虾的工厂化育苗及养殖技术。中国是世界上首次研究成功海藻单倍体育种技术、紫菜体细胞酶法育苗技术、对虾三倍体和四倍体育苗技术的国家，并在海水鱼贝类的三倍体育苗技术和鱼类性别控制技术的研究方面取得重大进展。

3. 海洋生物工程技术

海洋生物工程技术在海洋新品种生物的培育及海洋生物医药的研制方面发挥了巨大的作用。美国科学家采用基因工程技术把虹鳟鱼的生长激素基因转移到鲤鱼和鲇鱼体内，获得了鲤鱼和鲇鱼的新品种，养殖期也缩短了6个月。日本从寒冷水域的鱼血清中分离出抗冻基因，成功地转移到大西洋鲑鱼中，开辟了鱼类南移北殖的新途径。采用细胞工程技术及组织培养法，从有特殊生理活性的海洋生物中开发出一些海洋新药，美国已研制出抗病毒、抗肿瘤地膜海鞘素B（didemnin B）、苔藓虫素（bryostatin）、海兔毒素（dolastoxin）、软海绵素B（halichondrin B）等，日本开发成功治疗脑血管硬化、动脉硬化和心脏病的海洋药物。中国利用基因分离、转基因和细胞培养技术相结合，以及基因工程和蛋白质工程相结合，开展了有价值的海洋药物基因的分离，培养新的活性物质转基因生物，相继研制成功高效降脂抗栓药糖脂、新型海洋免疫增强药物海力特、具有健脑增智和防止心血管疾病的DHA胶丸，以及医治皮肤病有较好疗效的"麦姬"系列产品等。

4. 深海微生物高压培养技术

随着深海技术的发展，深海微生物高压培养技术逐渐发展起来，该技术起源于美国，代表人物是美国特拉华大学的Hoover。深海环境的主要特征就是高压低温，而在深海热泉附近则有极度的高温存在。深海微生物具有特殊的适应性使得它们能够在这种极端环境下生存和生长。近年来，关于深海嗜压菌的生理及分子生物学方面的研究确定了与调节压力相关的电控单元，并显示了微生物的生长是受深海环境下压力与温度之间的关系所影响的。在高压恒化器中的连续培养，可以研究深海微生物种群的生长反应，发现深海微生物可以对生存基质的微小变化做出反应；同时，嗜压微生物从碳源浓度较高的区域分离出来，证实了嗜压菌也喜欢营养丰富的环境，对不同环境的适应性很强，它们能够在低碳的贫营养深海环境中正常生存。美国、法国、德国等国家掌握深海微生物高压培养的关键技术。现在，微生物培养技术除了适应深海的极端环境，已经开始通过分子层面来实现微生物培养的研究。中国在深海微生物高压培养方面起步晚，发展现状与发达国家之间的差距比较大。深海微生物高压培育技术的研究机构主要是比利时鲁汶大学、德国慕尼黑工业大学、韩国高丽大学、美国俄亥俄州立大学以及中国船舶重工集团公司。

二、海底矿产资源的开发技术

海底矿产资源的勘探和开发一直是各国海洋技术研究的重点，主要集中在海洋油气田、海洋金属矿产资源、热液矿床和砂矿资源的开发方面。

1. 海洋油气开采技术

海洋油气的勘探开发是陆地石油勘探开发的延续，经历了一个由浅水到深海、由简易到复杂的发展过程。在全球海洋油气探明储量中，目前浅海仍占主导地位，但随着石油勘探技术的进步，勘探逐渐进入深海。

20世纪70年代末期，世界油气勘探开始涉足深水。目前，海洋油气勘探的水深已超过3000m，陆地上的油气勘探方法与技术在海洋油气勘探中都是适用的。但是，受恶劣的海洋自然地理环境和海水的物理化学性质的影响，许多勘探方法与技术受到了限制，目前主要勘探方法有地层勘探法、电磁法和化学勘探法等。我国深水油气勘探开展较晚，主要以与国外合作的方式进行，技术发展较快。

美国是最早开展深水油气地球化学勘探的国家之一。从美国近几年的油气供应来源来看，其10%的油气来自海洋油气开发。目前，墨西哥湾地区是当今深水油气勘探开发的重点区域之一。在经历墨西哥湾漏油事件后，美国政府于2011年公布修订后的海上石油开发"五年计划"——《2012—2017年外大陆架（OCS）油气租赁计划草案》。美国深水油气勘探开发已到产业化阶段。

2012年，我国863计划海洋技术领域项目——南海深水油气勘探开发关键技术及装备通过验收。该项目取得的成果使我国初步形成了3000m深水油气勘探开发技术能力。此外，中国海洋石油总公司（简称中海油）以海洋石油981平台为核心，打造了以"五型六船"为主体的作业能力达到3000m水深的联合作业船队，我国深水油气勘探技术也已进入产业化阶段。

"五型六船"工程战略是中国海洋石油总公司从"十一五"以来大力推动的深水发展战略，即计划建造5种型号、6艘可在水深3000m海域工作的深海工程装备，组成中国深海油气开发的联合船队。中海油"五型六船"工程战略具体组成为：一艘3000m深水半潜式钻井平台海洋石油981，作为该船队的"旗舰"；一艘3000m级深水铺管起重船海洋石油201；一艘3000m 12缆深水物探船海洋石油720；一艘3000m深水地质勘查船海洋石油708；两艘3000m深水大功率三用工作船。

在海洋油气开采技术方面，美国、英国、挪威为领先国家，掌握核心技术，实现了深水油气地球化学勘探开发。美国为深水油气地球化学勘探技术的起源国家，代表人物为美国加利福尼亚大学圣迭戈分校斯克里普斯海洋研究所教授Constable。中国深水油气地球化学勘探技术处于快速发展时期。2006年之后，与世界先进国家的差距在不断缩小。目前，中国在论文数量方面具有一定优势，且专利数量逐步增多，但在论文篇被引频次和专利合作协定（PCT）专利方面较为滞后。

目前已探明的全世界海底石油储量约为1350亿t，其中在大陆架的石油储量为1100亿t，占世界万油总储量的1/3以上。海底石油储量最大的地区有波斯湾、马拉开波湖（委内瑞拉）和北海。海底天然气储量最大的地区是波斯湾、北海和墨西哥湾。目前已有100多个国家和地区进行了海上油气勘探，40多个国家和地区正在进行海上开采。海洋石油年产量已达8亿多t，海上油气开采的设备也越来越先进，大型现代化钻井平台拥有自动定位系统、可重返海底的坑道口装置和现场海上石油暂存与装运设施等。中国通过引进、消化、吸收和应用国际先进技术以及自主科技攻关，海洋油气开发技术水平大幅度提高。

2. 金属结核矿产资源的开采技术

深海开发以多金属结核开采技术研发为起点。20世纪70年代以来，西方发达国家通过技术移植、相关技术借鉴和二次开发及技术创新等方面的工作，完成了深海多金属结核开采的技术储备。目前，发达国家的多金属结核开采技术研究工作基本处于静止状态，一旦经济环境条件成熟，在适当吸收技术发展的最新成果后，即可将该技术用于商业开采。我国深海采矿技术研究虽起步较晚，但在国家大洋专项的支持和中国大洋矿产资源研究开发协会的组织协调下，获得了大量研究成果，在国际上已占据一席之地。在过去的十多年中，研究工作经历了基础研究、扩大试验研究阶段，已进入系统集成与制造、海试技术设计阶段。

在海底多金属矿藏选冶技术方面，美国、英国、日本、法国等走在了世界前列。目前，对于海底多金属矿藏选冶技术的研究尚处于实验室和小型装置先导性中试阶段，尚未实现工业化。其中研究最多的是锰结核矿藏，锰结核是深海海底蕴藏量最丰富的矿藏之一。锰结核的外形像土豆，大小不一，内含锰、铜、镍、钴等多种金属。由于形态多为结核状，而且成分以锰为主，故称锰结核。它分布极广，大约25%的深海海底都覆盖有锰结核，储量约为3万亿吨，锰结核含有金属的品位达到了工业要求，具有很高的开采价值。

日本深海矿产资源开发技术居世界领先地位，已经研制出具有高效率及高可靠性的流体掘式采矿实验系统，进行了锰结核基础性冶炼技术研究、有经济价值和有效率的冶炼技术开发并将成熟技术封存。

英国研究深海锰结核和结壳的生成模式，研究深海锰结核、钴壳、硫化物或金属沉积采矿是英国矿业公司有兴趣的长期战略。英国在政治上和科学上介入这些资源的开发，不但能使深海采矿技术发展保持与世界同步，而且确保英国公司拥有最终开发这些资源的权利。英国深海采矿试验性开采系统由泵吸采矿式、连续链库或无人遥控潜水式组成，日产量可达1万吨，英国对红海多金属软泥的开发也进行了大量的调查研究。

法国原子能研究所的科学家利用水下机器人的工作原理，研制出PKAZ6000深海多金属矿采集系统。该系统能自动下潜到6000m水深的洋底自动寻找矿石，并高速运动采集矿石，然后按照自动控制程序返回海面。在理论研究结束之后，1987年10月在土伦外海进行了首次试采实验获取了成功。近些年来，法国的科学家又研制成功一种梭式采矿车，设计采矿能力为25t/h。美国科学家在20世纪90年代后期推出高可靠性的无缆自动潜水器（AUV），用以开采包括海底热液矿在内的大洋多金属矿资源。这种技术的特点是操作过程全部采用程序控制、水下作业时间长，同时能进行矿产资源的现场评价。美国已拥有日产5000t锰结核的开采设备和日加工处理50t锰结核的工厂。

中国自20世纪90年代开展海底多金属结核资源开采技术研究以来，经北京有色冶金设计研究总院、长沙矿山研究院和马鞍山矿山研究院等单位的努力，基本能自主设计海底锰结核的集矿和扬矿技术。长沙矿山研究院和长沙矿冶研究院这两家单位为我国的深海采矿技术特别是集矿机的研究开发做了大量开创工作，在大洋多金属结核的勘查能力和总体技术水平方面，已接近和达到世界先进水平。

关于海底多金属矿藏选治技术的研究，国外主要集中在印度国家海洋学研究所、德国汉堡大学和日本产业技术综合研究所，国内主要集中在浙江大学和国家海洋局。

综上所述，我国海底多金属矿藏选治技术还处于实验研究发展阶段，尚不能实现海底资源的商业化生产，这些年来，与国际上的差距在不断缩小，开采技术不断向产业化、一流化方向发展。

3. 海底热液矿床的开采技术

海底热液矿床是20世纪60年代中期发现的，它位于各大洋海底的深沟内，海底沉积物中含有丰富的铜、铅、锌、银、金等多种金属元素。目前已发现的巨大热液矿床有37个，其中以红海海底和太平洋加拉帕戈斯群岛东部海底的矿床储量最多。仅红海海底的一条海沟内，10m厚的表层软泥中就含有锌290万t、铜100多万t、银4500t、金45t，价值67亿美元。由于热液矿床多分布在较浅的海底（2000～3000m），而且成矿周期短，含有贵重金属，所以其有较高的经济价值，称为"海底金银库"。

4．海底矿砂的开采技术

海底矿砂是海滨矿床由于河流、波浪、海流的作用使重矿物在海滨地带聚集而成的。海底矿砂品种很多，有金刚石、锆石、独居石、重晶石、金、银、金红石等20多种矿砂。目前世界上96%的锆石、90%的金刚石、75%的锡石均采自海底矿砂。印度、泰国等从近海开采锡矿砂，成本比陆地上开采低1/2。现在已有30多个国家对海底矿砂进行勘探和开采。

三、海水资源的开发技术

海水是个巨大的资源库，有取之不尽的水资源和化学物质。海水作为21世纪大规模开发利用的液体矿，其采用的开发技术包括海水化学元素提取、海水直接利用和海水淡化等技术。

1．海水化学元素提取技术

海水是化学元素的宝库，从海水中可以提取或生产多种化工原料，如食盐、氯气、单质溴、镁、纯碱等，它们在工农业生产中有着广泛的用途。目前，在海水中已发现了80多种元素、几乎包括陆地上存在的所有化学元素。据估计海水中有600万t金、5亿多t银、5亿t铀。海水开发的资源主要有传统的海水提盐、高效快速的海水提镁及海水提铀。

在海水提盐方面，其生产已达到机械化或半机械化状态，澳大利亚研制的背负式收盐机，生产能力达100t/h；法国牵引式PR250收盐机，每小时收盐7000t。在海水提溴方面，英国海水提溴工业生产力达业2.9万吨/年。海水提镁的规模越来越大，方法也越来越多，美国、英国、日本的镁产量有1/2是从海里提取的。在海水提铀方面，从海水中提取重水和铀这类核工业原料也已具有相当规模，美国建了年产2000t重水的工厂；日本正在研究用特种纤维吸附法从海水中提取铀，每提取1kg铀，只需600美元，相当于欧美国家费用的1/20。

近年来，我国"混合盐与氯化钾制取硫酸钾""苦卤与氯化钾制取硫酸铵与氯化钾制取硫酸钾"等多项工艺技术已获得国家发明专利和部级进步奖。采用塑苫技术生产海盐，是中国海水制盐史上新的里程碑，不仅保证海盐高产、稳产，而且明显降低了原盐生产成本。

2．海水直接利用技术

海水直接利用技术包括工业循环冷却水的利用和海水直接灌溉农作物等技术，海水直接于工业和农业，为解决淡水危机提供了美好的前景。日本采用海水作为工业冷却水的技术处于世界领先地位，现在日本工业企业冷却水用水总量的60%采用海水；美国培育出用海水灌溉SOS-7、SOS-11号海蓬子，可用作饲料；印度用海水灌溉860万ha（$1ha=10^4m^2$）的海滨沙丘，收获了200万~250万吨谷物。

中国在海水用于工业循环冷却水及海水印染方面取得显著成绩。广东核电合营有限公司（大亚湾核电站）每年用海水总量达28亿m^3，占中国直接用海水总量的51.4%；天津大港发电厂每年用海水总量达14多亿m³；1986年，在山东省荣成县建成中国首座用海水做染色工业水源的海水印染厂，利用海水印染的纯棉绒比淡水染色工艺节约染料助剂30%～40%，节约用水1/3，染色牢度提高两级，有着明显的经济效益。

3. 海水淡化技术

地球上的水总体说来是咸的多，淡的少，陆地淡水只占很小一部分。随着经济建设的发展和人类生活用水的日益增加，陆地淡水供应日趋紧张，这就使人类把眼光投向了大海。海水淡化技术的研究工作已有100多年的历史了，目前，海水淡化技术已成为开发利用海水资源的一种重要手段，采用的主要方法有蒸馏法、电渗析法、反渗透法，这些方法都达到工业生产的规模。蒸馏法是当前世界上海水淡化的主要方法之一，大型多级闪蒸海水淡化技术已成熟，约80%日产5万t以上的大型淡化厂集中在中东地区；多效蒸发海水淡化方法以法国、日本和以色列等国的研究成果卓著；1974年日本建成世界第一座采用电渗析工艺的海水淡化厂，日产淡水120t；反渗透法是在一种压力推动下进行薄膜脱盐的工艺，美国安装在斯托克岛上的大型海水淡化厂就是采用这种方法，日产淡水11350t。

中国的海水淡化技术在建立了国内市场的同时开拓了国际市场。1981年在南海西沙永兴岛上建立了中国第一座日产200t淡水的电渗析海水淡化器，1991年为马尔代夫建起日产35t淡水的海水淡化厂，1997年在浙江嵊山岛建起中国首座日产500t淡水的反渗透淡化站，其工程技术和经济数据都达到国际先进水平。1998年天津大港发电厂采用国内技术，安装完成自产1200t海水的多级闪蒸装置，运行至今，其出水纯度、造水比例、能量消耗等指标均达到设计要求。

四、海洋能源利用技术

海洋能源除了上述海底石油和天然气等化石燃料，在海水内部还蕴藏着巨大的能量，它们以波浪、潮汐、温差、海流、盐度差等形式存在，称为海洋能。海洋能源利用技术主要指通过一定的方式方法、工程设施把海洋能转换成电能的技术。海洋能尽管能流密度低、分布不均而且不稳定，但它具有蕴藏量大、可再生、不污染环境等特点，引起了越来越多国家的重视。这是20世纪70年代发展起来的一个知识密集和资金密集的高新技术领域，目前已进入实用发电的技术有潮汐能、波浪能（简称波能）及海水温差发电。

海洋能分布模拟是海洋能开发利用的关键环节，它是制定规划、选址及预测的重要基础。目前，海洋能分布模拟方法主要是对波能、风能、潮流能分别运用不同的数值模型进行模拟，可以依据模拟地区实际情况，选取具有不同的控制方程与分辨率的模型。为了提高模拟精度，数值模型正朝着将多个模型相互耦合和考虑更多的因素与提高计算效率方向发展。目前，国外已有大气-波浪耦合模型、波浪-潮流耦合模型和大气-波浪-潮流耦合模型，以及利用图形处理器（GPU）并行计算技术的水动力数值模型的研究与开发。

1. 波能发电技术

海洋波浪中蕴藏着巨大的能量，这是波浪在上下运动或横向运动时产生的类似风能的一种速度缓慢的机械能。据估算，在1km²的海面上，波浪运动每秒钟蕴藏有20万kW的能量，世界上可供开发利用的波能约30亿kW。利用波浪发电比潮汐发电困难得多，目前人们正在试用两种波浪发电的新方法。一种是在海面上的浮标中安装涡轮发电机，利用波浪一上一下的起伏垂直运动，推动装有活塞的浮标，借助活塞与浮标的相对运动所产生的压缩空气，驱动涡轮发电机发电。另一种是在海岸上设置固定的空气涡轮机，利用海浪冲击的力量，通过导管鼓动空气，驱动空气涡轮机发电。自20世纪80年代以来，挪威、英国和日本相继建成不同类型的波能发电站。1984年挪威建成采用多共振振荡水柱系统的发电站，装机容量50kW。1990年英国采用振荡水柱波能发电系统建成一座装机容量为75kW的波能发电站，输出电力并入大电网。波能发电技术现已进入国际市场。

1982年，我国研制成功航标灯用波能发电装置，采用阀冲动式空气涡轮机，可供10～20W的间断闪亮的航标灯作为电源。1985年，研制成功采用无阀对称翼空气涡轮机的航标灯用波能发电装置。1999年，开发成功多振荡水柱波能发电系统，采用直径为0.85m的对称翼，装机容量为3kW，建在珠江口大万山岛的南部沿岸。1995年底，在大万山岛建成一座装机容量为20kW的波能试验电站、一座装机5kW的漂浮式波能发电装置进行海上试验，并在青岛小麦岛建成8kW的摆式波能发电站。

2. 潮汐发电技术

潮汐发电是利用海水涨潮和落潮所形成的潮差发电。潮汐发电和水力发电的基本原理相同，都是利用水位差来推动水轮机，再利用水轮机带动发电机发电。据估算，世界海洋潮汐蕴藏的能量约30亿kW。潮汐发电20世纪50年代就被人类所利用，现在技术已经成熟，每年发电1万多亿kW·h。法国已建成装机容量为1000万kW的大型圣马洛湾潮汐发电站，加拿大建成的安娜波利斯潮汐电站为潮汐能的开发树立了典范。

目前，中国有8座潮汐电站运行发电，总装机容量6120kW，小型潮汐电站的开发技术基本成熟。其中，浙江省温岭县江厦潮汐电站总装机容量3200kW，其开发技术代表了中国当代水平。浙江省海山潮汐电站装机容量为100kW，有两台机组，24h运行发电，由于海山潮汐白站的各项指标先进，1995年荣获联合国科技发明创新奖，并向全球110多个国家推广。

3. 风能发电技术

海洋风能发电技术是清洁能源发展的代表技术，具有较好的发展前景。海洋风能发电技术最早出现在瑞典和丹麦，随后欧美等主要发达国家开始大规模发展海洋风能发电。在21世纪初，世界海洋风能发电已经进入了兆瓦级时代，最大单机容量已达到了6MW。我国海洋风能发电虽然起步较晚，但近海风能资源丰富，具有极大的发展利用前景，海洋风能发电的核心技术主要包括风场规划、风机设计、风场施工及风场监测维护等环节。未来技术发展将把增大单机容量和塔架高度以提高捕风和发电效率、采用新材料以降低成本费用、向深海发展等目标作为技术研究的重点。随着海洋风能发电技术上的日趋成熟，海洋风电场的建设也正在向大型化和规模化发展。

在海洋风能发电方面，美国、丹麦、英国、德国为领先国家，掌握核心技术，欧洲已实现规模产业化。中国海洋风能发电技术处于高速发展时期，2011年之后，与世界先进国家的差距在不断缩小。海洋风能发电技术创新资源主要集中在丹麦奥尔堡大学、丹麦技术大学、荷兰代尔夫特理工大学、丹麦里索国家实验室、美国国家可再生能源实验室、美国通用电气公司、丹麦维斯塔斯公司、德国西门子公司等机构，国内的创新资源主要集中在清华大学、新疆金风科技股份有限公司等。

4. 盐差能发电技术

盐差能是种新型的可再生的海洋能，主要存在于河流入海口处。海洋—河口盐度差发电是一种在大江大河的入海口处海水和淡水混合时，由于海水与淡水含盐浓度的不同，含盐浓度高的海水（一般海水含盐度为3.5%）以较大的渗透压力向淡水扩散，而淡水也以很小的压力向海水扩散，利用这种渗透压力差所产生的能量，即海水盐差能驱动相应的发电设备而产生电能的发电技术。如果用很有效的装置来提取世界上所有河流的这种能量，那么可以获得约2.6TW的电能。从全球情况来看，海洋—河口盐度差发电技术的研究仍处于不成熟的规模较小的实验室研究阶段，离示范应用还有较长距离。因此，为了缓解全球能源危机，我国应加速海洋河口盐度差发电技术的理论基础与产业化研究，尤其是与之配套的半渗透膜工艺水平的提高，为实现其商业化打下坚实基础。

目前提取盐差能主要有3种方法：渗透压能法（PRO）是利用淡水与盐水之间的渗透压力差为动力，推动水轮机发电；反电渗析法（RED）是用阴阳离子渗透膜将浓、淡盐水隔开，利用阴阳离子的定向渗透在整个溶液中产生电流；蒸汽压能法（VPD）是利用淡水与盐水之间蒸汽压差为动力，推动风扇发电。目前渗透压能法和反电渗析法有很好的发展前景，面临的主要问题是设备投资成本高，装置能效低。蒸汽压能法装置太过庞大、昂贵，该方法还停留在研究阶段。

盐差能发电技术的核心技术掌握在美国、荷兰、日本等发达国家手中，但是现在仍没有进行商业化的生产。盐差能发电技术起源于美国，代表人物是美国本德研究所的Lee教授。盐差能发电技术的研究主要集中在新加坡国立大学、美国耶鲁大学、荷兰可持续水利技术中心、荷兰特温特大学和新加坡南洋理工大学。中国的盐差能发电技术目前发展较好，论文和专利数量逐渐增多，与发达国家之间的差距在逐渐缩小。

五、海洋空间利用技术

海洋空间利用技术包括用于生产场所——海上火力发电站、海水淡化厂、海上石油天然气厂等，存储场所——海底储油库及海底仓库等，交通运输场所——海上航线、机场、港口、桥梁及海底光（电）缆等，军事基地—水下武器试验厂及水下指挥中心等方面的技术。海洋表面空间是人类最早开发的海洋空间，已有2000多年的历史。

人工岛的施工技术以日本的水平为世界之最，仅面积在300ha（公顷）以上的人工岛就有5个，其中神户人工岛经历了1994年神户大地震的考验，施工技术达到国际一流水平；目前世界上已有10多个海上机场，其中关西国际机场就是日本人工岛建设的杰作。

目前，中国建成的人工岛有张巨河人工岛、澳门国际机场人工岛。前者是建在渤海极浅海用于海洋石油钻井用的人工岛，面积约188m²，既作为石油钻井平台，又作为生活平台，这项技术达到国际先进水平。2014年8月至2015年4月，中国完成在永暑礁西南陆域上的吹沙填海作业，建成面积达2.8km²的人工岛——永暑岛，永暑岛是永暑礁西南礁盘上的人工岛，是永暑礁西南岛的简称，建有永暑岛机场、永暑医院等。永暑岛是中国在南沙最大的物资集散中心。

海底隧道至1995年全世界共建20多个，尤以英吉利海峡海底隧道建成通车，堪称高科技的结晶。中国现已建成的港珠澳大桥海底隧道和正在建设的大连湾海底隧道，以及正积极筹建中韩海底隧道等海底隧道投资大、施工难度大、建设周期长、技术含量要求高。

近年来，海底光纤电缆的铺设进展迅速。美国投资兴建西起英国、东至日本，跨越地中海、红海、印度洋、太平洋，途经欧洲、非洲和亚洲15个国家的海底光缆，其全长为2.4万km，当居世界之最。中国1993年与日本合作铺设了连接中日两国全长为1260km的海底光缆，成为国际海底光缆网络中的重要组成部分。

在海军基地的建设方面，美国走在最前面，已建成容纳几千人的海底军事隧道，以及与陆地隔绝的浅海地下基地。在加利福尼亚州圣迭戈市南部，圣迭戈湾东岸，建有圣迭戈海军基地，这是美国太平洋舰队最大的港口，美国海军舰队1/3的舰船都是以该基地为母港的。本圣克利门蒂岛附近的海底建有核武器试验场，供"极星""海神"等导弹试验。在佛罗里达州迈阿密东南的海底，建有大西洋水下试验与评价中心，供潜艇及水下武器试验用。

■ 第三节　海洋探测技术

目前，海洋探测技术已从空间、海面和水下构成立体探测系统。空间的探测以海洋遥感为主，进行海洋表面地形和物理状态、海面风和流、海洋上层水色和光学特性及海冰特性等要素的探测；海面的探测以调查船和海洋浮标为主，进行次表层流、热量扩散、水体混合、水团升降、营养盐、溶解氧、化合物的种类变化和海冰下面海洋学过程的探测；水下的探测以水声技术为主，进行大洋内部结构和洋底探测。

一、海洋遥感技术

海洋遥感技术是利用传感器对海洋进行远距离非接触观测，以获取海洋景观和海洋要素的图像或数据资料的技术。海洋遥感技术始于第二次世界大战期间，是海洋立体观测系统中重要支柱之一，包括航空和航天两类遥感技术。

1. 航空遥感技术

航空遥感技术是指利用各种飞机、飞艇、气球等作为传感器运载工具在空中进行的遥感技术，是由航空摄影侦察发展而来的一种多功能综合性探测技术。该技术以飞机为传感器的主要载体，具有机动性能好、分辨力高、不受轨道限制、易于海空配合、投资少、技术难度小等特点，因此在海洋环境探测中广泛应用。美国拥有近20架海洋遥感飞机。日本在遥感飞机装载了多光谱相机、红外辐射计、机载测试雷达等航空遥感设备。加拿大拥有10多架由P3飞机改装的遥感飞机。中国的航空遥感技术发展较快，自行研制成功海冰航空遥感监测系统，主要有机载红外辐射计、微波辐射计、近红外相机以及投弃式表温浮标等，用于每年冬天对渤海和黄海北部的海冰航空遥感观测。

2. 航天遥感技术

航天遥感技术是指在地球大气层以外的宇宙空间，以人造卫星、宇宙飞船、航天飞机、火箭等航天飞行器为平台的遥感技术。该技术以卫星为传感器的主要载体，具有快速、同步、覆盖面广、全天候连续观测的特点。在航天遥感平台上采集信息的方式有四种。一是宇航员操作，如在阿波罗飞船上宇航员利用组合相机拍摄地球照片；二是卫星舱体回收，如中国的科学实验卫星回收的卫星相片；三是通过扫描将图像转换成数字编码，传输到地面接收站；四是卫星数据采集系统收集地球或其他行星、卫星上定位观测站发送的探测信号，中继传输到地面接收站。自1978年美国发射Seasat-1世界上第一颗海洋卫星之后，海洋卫星遥感技术取得举世瞩目的成就，现已从实验阶段过渡到业务应用阶段。目前，世界上已发射10多颗海洋卫星，星载传感器发展很快，雷达高度计、合成孔径雷达、散射计和水色扫描仪都得到了快速的发展。中国于2002年5月15日发射了第一颗用于海洋水色探测的试验型业务卫星海洋一号（HY-1A），结束了中国没有海洋卫星的历史。

二、海洋浮标技术

海洋浮标是以锚定在海上的观测浮标为主体组成的海洋水文气象自动观测站。它能按规定要求长期、连续地为海洋科学研究、海上石油（气）开发、港口建设和国防建设收集所需海洋水文气象资料，特别是能收集到调查船难以收集的恶劣天气及海况的资料。海洋浮标有锚泊浮标和漂流浮标两大类。目前，美国、日本、泰国等国在其邻近海域及一些大型国际海洋研究计划中，相继布设了锚泊浮标网及漂流浮标阵。中国现在已拥有大型、小型、深海型16种海洋锚泊浮标和两套漂流浮标，以及浅海使用的潜标。这些浮标已构成资料浮标网，并成为中国海洋环境监测系统的重要组成部分。

1. 海洋锚泊浮标

锚泊浮标包括海水探测和岸上接收两大部分。是一个综合的系统工程。近年来，锚泊浮标广泛地采用了高新技术，现已研制成既能进行海洋水文气象常规探测，又可进行专业监视的新一代锚泊浮标。挪威研制成功TOBIS浮标，美国研制成功Atlas浮标，中国相继研制成功功FHB-1B大型浮标、F2S1-1小型浮标及FZS2-1型深海浮标。

2. 海洋漂流浮标

漂流浮标由于具有结构简单、造价低廉、使用方便、适用范围广、易于布放等特点，全球大气研究计划第一期全球试验、世界大洋环流试验等一些大型的国际海洋考察中广泛应用漂流浮标。首先，采用微处理机控制浮标系统的数据采集、处理、储存和编报转发，实现了全过程的自动化；其次，漂流浮标通过卫星进行定位和数据传输，使其在大洋任何位置都可实现资料通信和高精度定位；最后，采用互补金属氧化物半导体（complementary metal-oxide-semiconductor，CMOS）低功耗电路，为延长原配浮标的工作寿命提供了保障。

三、深海原位探测技术

深海原位探测技术就是实地在线测量，通过原位测量仪器在海底对所关心的探测对象进行自动、连续的测量。原位测量仪器通常以系留浮标、系留潜标和深海潜水器等为承载体。测得的数据可以存储在带入海底的数据采集系统的存储器中，系统回收后，在实验室中再将数据导入计算机中进行分析，也可以通过无线或有线的方式进行实时传送。相比于获取样品的探测方式，原位探测获得的是在原位测得的数据而不是样品，它不像采样方式需要考虑保真的问题。

国际上深海领域的竞争日趋激烈，相应的国际和区域海洋监测网络逐步实施，深海原位探测技术是深海观测网络中重要的部分。美国、加拿大、欧洲为领先国家或区域，掌握核心技术，开展了海王星海底观测计划、ESONET计划等。美国为深海原位探测技术的起源国家，代表人物为美国南佛罗里达大学Short教授以及美国蒙特利湾海洋研究所Brewer教授等。中国深海原位探测技术处于发展时期，发展速度较快。2006年之后，与世界先进国家的差距在不断缩小。深海原位探测技术创新资源主要集中在美国南佛罗里达大学、美国蒙特利湾海洋研究所以及法国海洋开发研究院等。国内的创新资源主要集中在浙江大学、中国海洋大学、中国科学院海洋研究所等。

■ 第四节　海洋通用技术

海洋通用技术一般为海洋开发和科学研究共用的技术，主要包括潜水技术、通信技术和防腐防污技术。

一、潜水技术

潜水技术包括直接潜水（人直接承受外界水压力）和间接潜水（人体不直接承受外界水压力）两类。目前，在直接潜水中采用最先进的饱和潜水技术，模拟实验深度达701m，而使用耐压潜水服的最大作业水深达605m。潜水器是集自动技术、电子计算机技术、人工智能技术、新材料技术、水下通信技术及能源技术为一体，用于水下观察和作业的潜水装置，有载人潜水器和无人潜水器之分。

无人潜水是依靠遥控操作的无人潜水器在水下执行观察和作业任务，操作人员不直接进入水下。无人潜水器有多方向的推进器、水下姿态控制系统、水下照明、电视摄像系统和机械手等装置。按其能源和控制方式不同，可分为有缆和无缆两种。有缆无人潜水器于1953年研制成功，1975年开始用于海洋开发；20世纪70年代中期开始发展无缆无人潜水器。目前有缆的无人潜水器占多数，其下潜深度已达7600m左右。70年代后期开始研制海洋机器人，遥控水下操纵器，它将代替潜水人员进行更多的潜水作业。

二、通信技术

1. 海上通信

海上通信一般使用短波单边带通信、卫星通信和超短波通信等设备。由于短波单边带通信具有节省功率、节约频带、可同时传输两路信息、易实现自动化通信等突出的特点，所以在海上无线电通信中占有特殊重要的地位。20世纪80年代以来，海上卫星通信技术发展迅速，因其具有传播距离远、覆盖面积大、通信回路灵活、容量大、质量高、稳定可靠、实时性强、同步性好等优越性，海上卫星通信将与短波通信长期并存发展。

海上短波通信领域中，逐渐采用频率管理、数字通信成网、多媒体和大规模集成电路等技术，不断更新换代，使船舱上安装的短波通信设备的性能更加先进、可靠性明显提高，目前得到世界各国海上船舶及海洋浮标广泛应用。

海上卫星通信技术采用的卫星有地球同步气象卫星、极轨卫星系统、国际海事卫星三种。地球同步气象卫星通信系统不仅使浮标数据传输快、进行实时接收，而且数据的接收率明显提高；极轨卫星系统主要用于海洋锚泊浮标和漂流浮标的数据传输；国际海事卫星系统由卫星、地面站、协调站、移动站4部分组成。

2. 水下通信

水下通信非常困难，主要是由于通道的多径效应、时变效应、可用频宽窄、信号衰减严重，特别是在长距离传输中。水下通信相比有线通信来说速率非常低，因为水下通信采用的是声波而非无线电波。常见的水声通信方法是采用扩频通信技术，如全称码分多址（code-division multiple access,

CDMA）等。目前水声通信技术发展得较为成熟，国外很多机构都已研制出水声通信调制解调器（modem），通信方式主要有正交频分复用（orthogonal frequency division multiplexing，OFDM）、扩频以及其他的一些调制方式。此外，水下通信技术已发展到网络化的阶段，将无线电中的网络技术（Ad Hoc）应用到水声通信网络中，可以在海洋里实现全方位、立体化通信（可以与AUV、UUV等无人设备结合使用），但只有少数国家试验成功。由于水声通信技术的敏感性以及巨大的应价值，国外长期将它列为禁止出口中国的高端技术产品，目前仍严格控制。

美国为水下通信技术领先国家，掌握核心技术，拥有成熟产品，占据市场份额。美国为水下长距离数字声通信技术的起源国家，主要的研究机构为美国Bethos公司、美国伍兹霍尔海洋研究所、美国加利福尼亚大学圣迭戈分校斯克里普斯海洋研究所等。水下长距离数字通信技术创新资源主要集中在海洋仪器公司、军工企业以及海洋研究所和大学。如美国Bethos、Altas Link Quest等公司，英国拉夫堡大学、美国麻省理工学院。国内的创新资源主要集中在中国科学院声学研究所和厦门大学。中国水下通信技术处于发展时期，2006年之后，与美国的差距在缩小。

三、防腐防污技术

海洋是自然界中腐蚀最严酷的场所，它涉及的防腐防污技术既广泛又复杂，通常根据采用的方式可分为金属热喷涂防腐技术、各类高级涂料防腐技术及电解海水防污技术等。金属热喷涂防腐技术，就是利用乙炔热源将铝合金丝（锌、不锈钢等）加热到熔化状态，借助气流将熔化的金属雾化成 $4 \sim 10\mu m$ 的微粒，再喷涂于工件上的方法，一般防腐寿命达40 ~ 50年。

高级涂料防腐技术，包括重防腐涂料、无溶剂型重防腐涂料、新型有毒性防污涂料、无毒剂防污涂料等。日本和美国的该技术研究水平领先。日本首先开发了聚氨酯沥青厚浆涂料，美国首先开发了乙烯树脂厚浆涂料以及无溶剂聚氨酯型涂料。近年来，美国、英国和日本正在制定限制含锡等重金属毒料的防污漆的措施。

电解海水防污技术。日本1965年研制成一种防止船壳海洋生物附着的防污系统，现已有大量的防止海洋生物生长装置应用于船舷、滨海电站及近海工程上。英国从20世纪60年代在滨海电站的冷却系统和船舶、潜艇上开始应用电解海水防污装置，效果良好。美国、加拿大、丹麦、法国等国在滨海电厂、化工厂、海边游泳池、海上公园以及大型船舶上都大量应用电解海水防污装置。

思考题

● 1. 海洋技术主要包括哪几个方面？

● 2. 海洋能源技术主要有哪些？

● 3. 海洋技术的发展对人类的主要贡献表现在哪些方面？

第二十章 | 空间技术

探索宇宙的奥秘，奔向遥远的太空是人类自古以来追求的目标。空间技术不仅揭示宇宙奥秘，而且给人类带来巨大的利益。1957年10月4日，苏联成功发射了世界上第一颗人造地球卫星，标志着空间技术的诞生，意味着人类跨入了航天时代。自此，人类挣脱地球引力的羁绊进入广袤无垠的外层空间。在以后的半个多世纪里空间技术获得了迅速发展。运载器技术、航天器技术和地面测控技术是空间技术的三大支柱。

■ 第一节　空间技术概述

一、外层空间和空间资源

1. 外层空间：人类第四环境

从历史上看，人类活动的范围经历了从陆地到海洋、从海洋到大气层、再从大气层到外层空间的逐步扩展过程。其中，陆地为地球表面未被海水浸没的部分，海洋为地球表面广大的连续海水水体，大气层是指地表以外包围地球的气体，外层空间是指地球稠密大气层之外的空间，简称空间或太空。如果说陆地是人类的第一环境，海洋是人类的第二环境，大气层是人类的第三环境，那么，外层空间就是人类的第四环境。

人类进入第四环境，是自古以来的梦想，然而，这比进入第二、第三环境更要困难得多，他必须克服如下四道难关：

第一，克服地球甚至太阳系的万有引力。在地球表面上运动的物体必须达到一定速度，才能克服地球甚至太阳系的万有引力，进入太空。按照科学计算，只有当物体达到一定的速度时，才能克服地球引力的吸引而不致掉落在地球上，成为像月亮一样的地球卫星甚至摆脱太阳系进入茫茫的太空。

第二，克服真空。海平面上的大气压力是760mmHg，密度为每立方厘米体积内约有24亿亿个分子。随着海拔高度的增加，大气压力和密度按指数规律迅速递减。在200km的高空，大气压力和密度只有海平面的10^{-9}量级。而到外层行星际空间，物质密度不到每立方厘米体积100个分子或原子。恒星际空间平均不到10个。

第三，适应剧烈变化的温度环境。地球表面最热的地方不过50℃，最冷的地方不过零下80℃。而在离地球不远的外层空间，如月球，向阳面的温度可达200℃，向阴面的温度为零下100℃以上。在远离恒星的空间，环境温度接近于绝对零度，靠近恒星附近，温度则会高达几百甚至几千摄氏度。

第四，防止有害辐射。地球的大气层是一个保护层，能吸收对生物有害的各种辐射。但外层空间却是一个强辐射环境。各种电磁辐射与粒子辐射对人体、材料都有一定的影响。因此，必须采取相应的防护措施，才能保证空间活动的顺利进行。

正是因为这些特殊的困难，人类进入外层空间经历了一个漫长和艰苦的历史过程。然而，就在人类新进入的这个第四环境中，蕴藏着极其丰富的空间资源。仅就近地的外空领域来看，可利用的空间资源就有：相对于地面的高位置资源；微重力环境资源；高真空、高洁净环境资源；超低温热沉资源；太阳能资源；月球及其他行星资源等。可以说，上述空间资源是丰富的，对其中任何一项的开发与利用都会带来巨大的利益。

2. 空间资源

无限的宇宙空间蕴藏着取之不尽的物质财富，期待着人类去开发利用。与宇宙空间相比，地球只不过是沧海一粟。宇宙空间中蕴藏的资源品种和数量很多，远超过地球，人类渴望获得的许多宝贵资源可望在宇宙空间得到满足。但是，人类对宇宙空间资源的了解甚少，就目前的认识，可大致分为三类。

①轨道资源。航天器环绕地球按天体力学规律沿着特定轨道运动，卫星在轨道上飞行，位置高，飞行快，可以快速大范围地覆盖地球表面，从而达到通信、遥感、定位等目的。因此，各种卫星轨道本身就是重要的宝贵资源。例如，赤道上空约36000km的对地静止轨道一共只有一圈，只能布置有限数量的卫星，因此许多国家都在争夺早占该轨道位置。

②环境资源。卫星在宇宙太空飞行，它的周围环境是高真空、微重力、强辐射以及丰富的太阳能等，这种特殊的环境本身就是极为宝贵的资源，利用微重力环境可以制造出地面无法做到的材料和生物制品，而在空间粒子辐照环境中农业育种，引起变异，带回地面繁殖后代，会出现产量翻一番的奇异现象。

③物质资源。月球及太阳系各行星上都蕴藏着极为丰富的资源。月球岩土中含有地壳里的全部化学元素和约60种矿藏，其中包括地球上极为缺乏的同位素氦-3，它是核聚变反应堆理想的燃料。

二、空间技术的含义及内容

1. 空间技术涉及的空间范围

空间技术，是探索、开发和利用太空以及地球以外天体的综合性工程技术，又称太空技术或航天技术。讨论航天，那什么是天？有两种定义。一种定义认为，天是指地球大气层以外无限遥远的空间。另一种定义认为，天是指地球大气层以外、太阳系以内的空间。按后一种定义，大气层以外太阳系以内的航行活动则称之为航天，而太阳系以外的航行活动称之为航宇。

相当长的历史阶段内，人类只能实现航天活动。因为任何一种航行活动都是与其推进技术密切联系的，只有当推进技术达到一定程度，运动物体速度提高到一定水平，才具有某种特定的航行活动的能力。飞行器达到第一宇宙速度（7.9km/s）才能克服地球引力而环绕地球飞行，不落回地球表面；提高到第二宇宙速度（11.2km/s）可以脱离地球飞向太阳系的其他行星，提高到第三宇宙速度（16.7km/s）就可以飞离太阳系。虽然第三宇宙速度理论上可以实现太阳系以外的航行活动，但是太阳系太大，现代航天器以第三宇宙速度来飞行，需飞行万年以上才能离开太阳系。进行太阳系之外的通信，信号来回一次需要一年以上时间。因此，讨论太阳系以外的航行活动为时尚早，当今技术远做不到。发展空间技术，最终目的就是要实现空间转移。因此把航天定义为地球大气层以外至太阳系之内的航行活动更为确切。当代研究的空间技术所涉及的空域范围也是指太阳系之内。

2. 空间技术的主要内容

在相当长的时期内，人类主要还是在太阳系内从事活动，因此，把航天技术和空间技术视为同义词已得到公认。要实现航天活动，就要建立庞大的以航天器为核心的航天系统。它由特定的航天器（卫星、空间站、探测器）、运载器（火箭、航天飞机）、航天发射场、地面测控网（地面站、船）、地面应用站网及其他有关系统组成，它是一个大系统工程。由此可见，空间技术是一门高度综合的现代科学技术，其中，航天器、运载器和地面测控技术是空间技术的三大支柱。

①航天器指的是在外层空间（地球大气层以外）按天体力学规律飞行的飞行器，如人造地球卫星、载人飞船、航天站、航天飞机和空间探测器。按运行轨道分为两类：一类是环绕地球轨道运行的航天器，如人造地球卫星、载人飞船、航天站等。另一类是脱离地球引力飞往月球、行星以至太阳系之外的航天器，如行星际探测器和登月载人飞船。在所有航天器中，人造地球卫星发射数量最多，已广泛应用，并产生了巨大的效益。人造地球卫星种类很多，有通信卫星、遥感卫星、导航定位卫星、科学卫星等。

②运载器指的是把航天器从地球送入外层空间预定轨道的飞行器，它的功能是提供强大的动力源，使航天器能以足够的速度克服地球引力与大气阻力，进入外层空间飞行。现代航天运载器分运载火箭和航天飞机两种，前者为一次性使用，后者可多次使用。运载火箭最早发展，已普遍使用。各航天大国均拥有自己的运载火箭及发射场。运载火箭一般由2~3级组成，每级火箭均有

推进系统，末级内装有火箭的制导与控制、跟踪、遥测、电源等系统。同时，末级顶部安装被运送的航天器。航天飞机是一种兼有运载器、航天器两种功能的飞行器。

③地面测控技术。航天器的发射、飞行以及应用，需要由地面对其进行监视和控制，这一任务主要由地面测控系统来完成。地面测控系统包括跟踪测控站（网）和卫星应用业务站。前者对航天器发射和运行的轨道进行跟踪，监测航天器的工作状态，发送各种工作指令。后者接收处理卫星的遥感图像，传递、转发、接收各种信息，如气象云图接收站、地球资源接收站、通信站、电视接收站等。

3. 空间技术的特点

近50年来，空间技术发展很快，它有许多特点，这里列举三个突出特点。

①空间技术是高度综合的现代科学技术。它是许多科技最新成就的集成，其中包括喷气技术、电子技术、自动化技术、遥感技术、材料科学、计算科学、数学、物理、化学等。

②空间技术是对国家现代化、社会进步具有宏观作用的科学技术。由于航天器飞行速度快，飞行高度高，所以可快速地大范围覆盖地球表面。例如，卫星使电视网络覆盖全国甚至全球；气象卫星可以进行全球天气预报，包括长期天气预报；侦察卫星可以及时发现世界各个地区的军事活动等。这都是常规手段无法做到的。

③空间活动是高投入、高效益、高风险的事业。尽管风险很大，但是空间技术的发展对人类的贡献是巨大的，因此它必将持续发展。

4. 空间技术的研究意义

空间技术研究的意义概括地说包括以下四个方面。

①在经济上，空间技术具有很高的经济和社会效益。多种应用卫星在通信广播、资源调查、环境监视、气象预报、导航定位等方面，已为人类作出了巨大的贡献。根据一些国家研究分析，空间技术投资效益比达1∶10以上。更为深远的意义是空间技术将为人类提供无限宝贵的各种资源。

②在军事上，许多军事专家认为谁占有空间优势，谁就具有军事战略优势。多年来，超级大国都在发展战略核武器，为选择打击目标、提高命中精度及了解敌方军事部署，竞相发展侦察卫星，它是洲际导弹的耳目，并已成为战略核武器的配套项目。通信、导航等卫星的发展，同样明显增强了国家的军事力量。航天技术的继续发展，对军事的影响将是革命性的。

③在科学技术上，空间技术带动和促进了众多学科的发展。首先，空间技术带动了相关技术的发展，如电子技术、遥感技术、喷气技术、自动控制技术等；其次，空间技术对基础科学将有很大的推动作用，包括对生命科学、宇宙的形成和发展等都将有重要的新发现；最后，空间技术形成了许多边缘学科，如空间工艺学、空间材料学、空间生物学、卫星测地学、卫星气象学、卫星海洋学等。

④在政治上，空间技术极大地提高了国家在综合国力和国际活动中的地位，国际上讨论的许

多重大问题都与空间有关，世界大国首脑会谈也离不开这个问题。

由于空间技术有如此重要的意义，当今参加开发空间的国家越来越多，已达60多个，而应用空间技术成果的国家几乎遍及世界各个角落。

■ 第二节　空间技术的发展历程

一、火箭技术

航天是在地球大气层以外的太空（即外层空间）进行，航空飞机对此无能为力，因为航空飞机的飞行需要依靠空气的举力（即浮力）和大气中的氧气做燃料燃烧的氧化剂。另外，航天器必须加速到一定的宇宙速度，才能克服地球甚至太阳系的引力，进入太空飞行。因此，制造一种可以在没有空气的太空中飞并且能够提供强大动力的装置，成为空间技术首先需要研究解决的问题，火箭技术应运而生。火箭技术经历了从理论到现实的过程，火箭技术从理论变为现实以及火箭技术的发展与第二次世界大战中导弹的研制以及其后导弹的发展有着密切的关系。

1. 火箭技术的理论先驱

火箭技术理论先驱的代表人物有俄国的齐奥尔科夫斯基、美国的高达德和德国的奥伯特。

现代火箭航天技术的先驱是俄国的齐奥尔科夫斯基（1857—1935）。齐奥尔科夫斯基认为，要实现太空飞行，必须解决发射装置的问题。他通过研究和计算认为，在没有空气的太空中，利用喷气反作用力推进的火箭，是实现太空飞行最有效的理想的交通工具。更进一步，齐奥尔科夫斯基也提出了多级火箭的原理，并建议采用液氢和液氧作为火箭的推动剂。

齐奥尔科夫斯基是世界上公认的宇宙航行理论奠基人。他在一生中对宇宙航行的所有基本问题都从理论上进行了研究，并得出了正确的结论。1883年，他就在《外层空间》一书中，发表了反作用推进理论，第一个从理论上证明火箭能在空间真空环境工作。1903年，他发表了《利用喷气工具研究宇宙空间》的论文，推导出发射火箭运动必须遵循的齐奥尔科夫斯基公式。他还提出了多级火箭构造设想，指出了液体火箭是最合适的运载工具。1910年以后，齐奥尔科夫斯基又接连在莫斯科的《航空报告》发表了几篇论文，比较系统地建立了火箭航天理论。他的理论表明，火箭能够达到的最大速度与喷气的相对速度成正比，火箭地最大速度与火箭地质量比（即起飞质量与燃料耗尽后地质量比）成正比。齐奥尔科夫斯基虽然为航天事业奠定了科学基础，但由于种种原因，他的科学设想并没有受到人们的重视。

齐奥尔科夫斯基设想的液体火箭由美国人高达德首先研制成功。1918年11月，还在上大学地高达德就成功地发射了一枚固体火箭。1919年，他发表了《到达超高空的方法》一文，指出火箭可以在没有空气的太空中飞行，火箭的飞行既不需要空气的举力（即浮力），也不需要空气中的氧气作为氧化剂。从1921年起，他转而研究液体推进剂火箭，并于1926年3月16日获得成功。1926年3月16日，第一枚以液氧和汽油为燃料的液体火箭在麻省发射成功。火箭在空中飞行2.5s，高度达12m，飞行距离56m，平均速度达到96km/h。高达德成为第一个成功地发射液体火箭地人。

另一位现代火箭的先驱者是德国科学家奥伯特。与齐奥尔科夫斯基的情况类似，高达德的液体火箭成功发射也没有引起美国政府的重视。当时世界各国正致力于发展飞机，对火箭这种新型飞行工具尚没有足够认识。但高达德的液体火箭成功发射的消息在德国引起了反响。罗马尼亚出生的德国科学家奥伯特（H·Oberth，1894—1989）一直在从事火箭的研究，1923年，他发表了《飞向行星际空间的火箭》一书，创立了计算多级运载火箭推力的数学理论。1929年，他又发表了《通向空间旅行的道路》一书，详细论述了载人宇宙飞船的运载工具以及用于回收的降落伞等。在高达德的液体火箭成功发射的鼓舞下，奥伯特于1929年开始研制液体火箭。

2. 火箭技术的发展

德国作为第一次世界大战的战败国，被禁止研究飞机这种进攻性武器，由于给火箭装上弹头和导航设备火箭就成了一种超级大炮（即导弹），所以德国对火箭研制十分重视，这客观上极大促进了火箭技术的发展。在火箭研制过程中，德国著名的火箭设计家和工程师、奥伯特的学生冯·布劳恩（1912—1977）作出了重要贡献。

在德国军方的资助下，1933年，冯·布劳恩制成了A–1火箭，次年制成了A–2火箭。1936年冯·布劳恩又制成了A–3火箭，射程达到18km。1939年，冯·布劳恩和他的研究小组被迁往皮曼德组建一个研究所和发射场，专门研究远距离导弹。1942年10月3日，冯·布劳恩研制的A–4火箭发射成功。之后，德国军方在A–4火箭的基础上进行改进，制造出了V–2火箭。V–2火箭于1942年10月3日发射成功，火箭使用乙醇和液氧作推动剂，长14m，直径1.7m，重13t，推力达27t，最大速度为音速的4.8倍，最大射程320km，最大射高约100km，已经完全飞出了大气层。V–2火箭的发射成功把航天先驱者的火箭理论变成现实。

V–2火箭发射成功后，德国军方给V–2火箭装上弹头和导航设备，制造了V–2导弹。第二次世界大战期间，从1944年9月至次年3月，德国共生产了6000枚V–2火箭，其中大部分用于袭击英国，使英国受到了严重的损失。德国失败后，美国和苏联成了德国火箭技术的两个主要受益者。冯·布劳恩和皮曼德小组的100余名火箭专家被美国人捕获，美国还得到了V–2火箭的资料和设备。苏联军队则占领了德国制造V–2火箭的基地，并将剩下的专家和火箭制造设备运往苏联。由此，德国先进的火箭技术被美苏两国瓜分。美国和苏联后来之所以能成为世界上两大航天大国，与它们对V–2火箭制造设备、技术资料和技术专家的占有有着直接的关系。

第二次世界大战结束后，出于军事目的，美国和苏联竞相发展导弹，由近程（1000km以内）、中程（1000～1500km）、远程（1500～8000km）发展到洲际（8000km以上），极大促进了火箭技术的发展。1957年8月21日，苏联第一枚洲际导弹SS–6发射成功。SS–6的推进系统由1台主发动机和4个圆锥形的助推火箭组合而成。在发射时，5个发动机同时点火，总推力达504t。以这种洲际导弹地火箭系统为基础，苏联研制出了速度达到8km/s的大型运载火箭苏联一号。

二、人造卫星、行星际探测器

1. 人造地球卫星

人造地球卫星是环绕地球在空间轨道上运行的无人航天器。苏联在研制洲际导弹的同时，进行了人造地球卫星的研制工作。1955年，苏联成立了人造地球卫星委员会，负责组织研制工作。如前所述，一个航天器要成为地球的卫星绕地球轨道运行，必须达到一定的宇宙速度。在大型运载火箭研制成功后，人造地球卫星的发射便有了现实的可能性。

1957年10月4日，苏联用苏联一号三级火箭成功地发射了世界上第一颗人造地球卫星——卫星1号，这颗名为卫星1号的卫星呈球形，直径58cm，重83.6kg，沿着椭圆轨道绕地球每96分钟飞行1圈。这颗卫星在轨道上运行了92天，绕地球飞行了1380圈。第一颗人造地球卫星的发射成功宣告了航天时代的到来。

紧接着，在1957年11月3日，苏联又发射了卫星2号人造地球卫星。卫星2号呈锥形，重量达504kg。卫星内的生物舱中装有一条小狗。小狗的身上连有测验脉搏、血压的医学仪器，通过无线电把这些信息传回地面。

苏联成功发射卫星震惊了美国。1957年12月和1958年1月，美国两次用先锋火箭发射仅有9kg的卫星均告失败。苏联第二颗卫星上天后第五天，在国会的干预下，陆军的卫星计划获准实施。1958年1月31日，美国的第一颗人造地球卫星探险者1号被木星–C运载火箭成功送入轨道。之后，先锋计划重整旗鼓，分别于1958年3月17日和次年2月17日把先锋2号、先锋3号卫星送入轨道。

2. 行星际探测器

行星际探测器是指用火箭发射至高空，使之达到或超过第二宇宙速度（11.2km/s），飞出地球引力作用范围，飞往星际空间，进入太阳、其他行星或其天然卫星的引力范围，并按一定轨道绕其飞行的无人航天器。这就需要推力更大的火箭。1959年1月2日，苏联成功发射了第一颗人造行星月球1号，飞行轨道距月球表面5995km，运行周期为450天。3月3日美国也成功发射了一颗人造行星先驱者4号。9月12日，苏联发射的第二颗人造星月球2号在月球硬着陆（即撞在月球上），使月亮上第一次出现人造物。1960年10月4日，即第一颗人造地球卫星发射成功三周年的日子，苏联发射了第三颗人造行星"月球3号"，并使之成为月球的卫星。

三、载人航天

苏联和美国在成功发射第一批人造卫星之后，都开始了载人航天的研究。实现载人航天除了要求制造精度更高、推力更大的运载工具，还必须解决以下问题：获得关于空间飞行环境的足够信息，对人所承受的极限环境条件做出正确的判断；研制出确保宇航员生活、工作和安全飞行的生命保障系统；使地面和宇航员之间保持可靠的、不间断的通信联系；掌握航天器安全返回技术，等等。

最早实现载人空间飞行的是苏联，曾先后研制发射了东方系列、上升系列和联盟系列飞船。但美国后来居上，实现了登月。美国用于载人的空间飞行的工具有水星系列、双子星座系列和阿波罗系列飞船等。

1. 人类飞出地球

在率先成功发射人造地球卫星之后，苏联再次抢先实现了载人航天。经过多次的生物太空飞行实验，苏联造出了世界上第一艘实用可行的载人飞船——东方1号。飞船分两部分，上半部分是球形的宇航员舱，可乘坐1名宇航员，下半部分是仪器舱，飞船通过下半部分的仪器舱同末级火箭连在一起工作。宇航员舱内设有能维持宇航员10昼夜的生命保障系统，以及观测和操控装置。设计飞船将以低轨道运行，因为若是火箭系统发生故障，飞船可以在大气阻力的作用下慢慢减小速度和降低轨道。

1961年4月12日上午9时7分，搭载东方1号宇宙飞船的火箭点火起飞，按预定的弹道飞向太空，之后，空军少校加加林驾驶东方1号成功进入预定的地球空间轨道，在距离地球327km的太空，有条不紊地完成了各种科学实验。上午10时25分，飞船在历时108分钟绕地球飞行1周后，从北非上空返回大气层。在距离地面7700m时，加加林与座椅一起被弹出，随降落伞徐徐下落。加加林安全地漂落到地面，成功地进行了人类历史上的第一次太空飞行，实现了人类千百年来飞天的夙愿，终止了人类能否在太空生存的争论。加加林成为第一个进入太空的人。

继加加林之后，1962年2月20日，美国海军陆战队中校格林乘水星6号宇宙飞船从卡纳维拉尔角发射基地起飞进入太空，在距离地球260km的轨道上绕地飞行了3周后安全返回地面，实现了美国的载人轨道飞行，格林成为美国第一位进入太空的人。之后，美苏两国的载人宇宙飞船不断地将宇航员送上太空。飞船的技术越来越高，从单人飞船到双人飞船，再到三人飞船。飞船的性能越来越强，宇航员在太空中的生活越来越方便。

为了进行航天出舱活动的试验，1965年3月18日，苏联发射了上升2号飞船。这艘飞船搭载两名宇航员：别列亚耶夫和列昂诺夫，有一个可以伸缩的气闸舱。当飞船进入太空后，载人舱与气闸舱连通，列昂诺夫进入气闸舱，关上联通门，当气闸舱内气压减至外面空间压力时，开启气闸舱门，列昂诺夫从气闸舱里走了出来，进入太空，在太空中做了10分钟的漫步。列昂诺夫出舱后身上有一根脐带与飞船系在一起。脐带的作用，一是给航天员供氧，二是限制航天员活动范围，以便拉回航天员。列昂诺夫成为第一个在太空行走的人。3个月后，美国宇航员爱德华·怀特也从双子星座4号飞船座舱内走出，在太空中逗留了20分钟。怀特成为美国第一个在太空行走的人。失重状态下的太空漫步不再是人们的幻想，而变成了现实。

2. "阿波罗"计划：人类登上月球

50年代末和60年代初，面对苏联首先发射人造卫星和载人飞船，美国朝野不甘落后。就在加加林飞出地球的43天之后，1961年5月25日，美国总统肯尼迪在国会上宣布"美国要在十年内把一个美国人送上月球，并让他安全返回地球"，这就是阿波罗登月计划。

"阿波罗"登月计划分三部分。第一部分是水星计划，即将一个人射入绕地轨道，观察他在飞行中身体和心理方面的适应情况，以试验人在太空中的活动能力，之后再将他安全收回地球；第二部分是双子星座计划，有两个目的，一是试验人在太空行走和长时间飞行的耐力，二是研究人类登月所必需的技术，将两个航天器在太空中进行对接；第三部分是土星计划，即制造能将载人飞船送出地球并进入月球轨道的大动力火箭，最终完成登月行动计划。

1958年10月7日，美国开始实施水星计划。水星系列飞船是美国的第一代飞船，外形像一只漏斗，最大直径只有1.8m，重1.3吨。前面说到的美国海军陆战队中校格林乘水星6号宇宙飞船飞入太空就是水星计划的一部分。1963年5月15日，水星9号飞船载人发射，飞行了34小时，绕地球3圈，宣告水星计划圆满结束。

1963年5月水星计划结束后，美国开始启动双子星座计划，双子星座系列飞船是美国的第二代飞船，比水星飞船有较大的改进，它由座舱和设备舱组成，最大直径3.5m，长5.64m，重3.2吨，可以乘坐2名宇航员。双子星座飞船共制造了12艘，最初的两次无人驾驶飞行，后10次均载人飞行。1965年，双子星座3号飞船做了变轨实验，爱德华·怀特从双子星座4号飞船座舱内走出，在太空中逗留了20分钟。同年，双子星座7号和双子星座6号飞船做了太空会合实验。其中双子星座7号在太空飞行了14天，宇航员的身体安然无恙。双子星座计划于1966年11月宣告结束，是阿波罗计划的精彩一页。

在冯·布劳恩领导下，美国研制了土星5号运载火箭。土星5号直径10m，高85m，竖起来有30层楼那么高。火箭由三级组成，其第一级推力3500吨，三级的总推力达6950吨。土星5号于1967年完成研制工作，当年11月9日第一次飞行试验，取得成功。土星5号是阿波罗计划中最关键的一环。它的成功标志着阿波罗计划可以最终实施了。

安装在土星5号顶端的阿波罗飞船是美国继水星、双子星座后研制成的第三代载人飞船，是当时世界上最大的载人飞船，直径约4m，可乘坐3名宇航员。飞船由指令舱、服务舱和登月舱三部分组成。指令舱是飞船的核心部分，装有整个飞船的操纵、制导装置，是3名宇航员往返月球飞行期间居住的地方，而且最终由它把宇航员送回地球。服务舱，装载飞行所需要的各种动力系统、推进系统和环境系统，包括燃料和宇航员的生活资料（主要是氧气、食物和水）等。登月舱是最终登上月球的部分，最后也要将登上月球的宇航员送回指令舱。登月舱由上升段和下降段两部分组成，登月时，两名宇航员就坐在上升段的登月座舱里，当完成月球表面工作后，上升段飞离月面时，下降段起到发射架的作用。

为了保证阿波罗登月计划的成功，必须撩开月球表面的真实情况，为登月选好安全的地点。早在1959年12月21日，在苏联无人探测月球活动的刺激下，美国就确定了徘徊者月球探测计划，目的是使无人探测器命中月球，在撞月之前的降落过程中，对月面作电视摄像，传回地面。在历经数次失败后，徘徊者7号探测器终于获得成功，传回了4308张月面的近距离照片。接着徘徊者8号又获得成功。徘徊者拍到的月球正面照片，澄清了月球表面性质的一些争论，使人们确信月面有许多平坦区域可供登月舱降落。徘徊者计划后，美国又进行了勘测者月球无人探测计划和月球轨道飞行者计划。前者通过发射在月球上软着陆的勘测者月球无人探测器，取得了月球表面的物理、化学数据；后者通过发射绕月飞行的月球轨道飞行者探测器，对整个月球表面进行摄影和详细研究。1967年8月，美国宣布完成月球无人探测计划。整个无人探测计划，验证了登月的可能性，绘出了精确的月面地图，并为登月选择了5个最佳地址。

1967年1月27日，第一艘阿波罗飞船在进行模拟试验，为2月份的正式发射做准备，不料太空舱突然着火，3名宇航员被烧死，酿成一场悲剧。为此，阿波罗飞船推迟了一年发射。而后来的试验与彩排非常顺利。1967年11月9日发射的阿波罗4号用来试验土星5号运载火箭和指令舱的发动机。1968年1月22日发射的阿波罗5号用来试验登月舱下降和上升的推进系统。1968年4月4日发射的阿波罗6号用来试验整个飞行器的全部功能。1968年10月11日发射的阿波罗7号用来试验整个系统的安全性和可靠性。1968年12月21日、1969年3月3日和1969年5月18日分别发射的阿波罗8、9、10号在月球轨道上试验了登月舱的功能，观测了着陆用的场地。其中，阿波罗9号在太空中做了登月舱与母舱的分离与对接试验，阿波罗10号的宇航员驾驶着与母舱分离了的登月舱，在离月面仅14公里的低空飞行，并且向地球转播了29分钟的月球风光。1969年5月26日，全体宇航员平安返回了地球。这次被认为是"登月总排练"的成功飞行，使人们对登月计划充满信心。

1969年7月16日美国东部时间9时32分，搭载着阿波罗11号飞船的土星5号火箭在卡纳维拉尔角准时点火，飞船载着阿姆斯特朗、奥尔德林和柯林斯三名宇航员起飞了。在经过第一、二、三级火箭的推动后，飞船很快进入距地200km的预定的绕地轨道。在绕地飞行3个小时中，经过计算、修正航线，第三级火箭再次点火，飞船飞上了通往月球的3.8×10^5km的航程。19日中午12时，飞船进入月球轨道。在环绕月球飞行了二十多个小时之后，20日，地面控制中心指示登月行动开始。指令长阿姆斯特朗和登月舱驾驶员奥尔德林进入登月舱，与母船分离，向月面降落，而宇航员柯林斯留在母船内沿距月球120km的轨道运行。下午4点17分，登月舱在月球静海软着陆。下午10点56分，阿姆斯特朗小心翼翼地踏上了月面，说出了那句期待已久的、注定要写入人类史册的名言："对个人来说，这不过是小小的一步，但对人类而言，却是一个巨大的飞跃。"地球上的几亿观众在电视屏幕上看到了他所创造的历史壮举。总统尼克松用无线电话祝贺登月成功："由于你们的成功，天空已成为人类世界的一部分。"

在19分钟后，奥尔德林也下到月面。两位宇航员在月球微弱引力下一跳一跳地走动。这是一个荒凉冷寂的世界，没有生命，没有一丝绿色。故乡地球像一个明亮的圆盘悬挂在月球上林立的高山丛中。两位宇航员在月球上工作了两个半小时，他们向地球转播了月面风光和他们的活动，将一面美国国旗插在了月球上，在月面留下了一块金属匾，上面写着："1969年7月，地球人在此首次踏上月球，我们为全人类的和平而来。"然后，他们又在月面上安装了自动月震仪、激光反射器、太阳风探测仪，采集了月球岩石和土壤样本。在完成预定的工作后，两位宇航员回到了登月舱。21日下午1点54分，以登月舱下降段为发射架，登月舱上升段载着两名宇航员从月面点火升起，与在月球轨道上的母船对接。下午7时42分，在宇航员与所采集的标本转移到指令舱后，登月舱与母船分离，并被弃置。22日中午12时56分，服务舱火箭发动，母船踏上返地航程。在经过两天半的航行后，于24日中午12时51分，指令舱载着3名宇航员安全地溅落在太平洋上，"阿波罗"登月计划成功了。

阿波罗登月计划历时10年，耗资240亿美元，先后动员了120所大学、2万个企业、40多万人参加，完成了人类登月的伟大创举，是空间技术事业的又一重要里程碑。它首次将人类文明带进了地外空间，显示了人类文明的伟大成就，使人类真正进入了一个空间时代，在人类文明史上具有划时代的意义。

自阿波罗11号登月成功之后，美国又相继进行了六次登月飞行，除了阿波罗13号失败以外，其余五次（阿波罗12号、阿波罗14号、阿波罗15号、阿波罗16号、阿波罗17号）均取得成功，共有12名宇航员登上了月球。阿波罗15号登月最为有趣。宇航员斯科特驾驶着一辆月球车在月面上行驶了28公里。他在月球上表演了羽毛和铁球同时下落的自由落体实验，还拿出邮戳盖了几个纪念封，象征性地开设了第一家月球邮局。月球车上的电视系统将这一切都转播给了地球。

经检查从月球上带回来的岩石，发现月球上没有任何生命的迹象，连最低级的微生物也没有。这就使多年来关于月球是否存在生命的争论得到了最终答案。1972年12月，美国登月计划全部结束。

在美国阿波罗登月计划实现首次登月3个月后，苏联宣布将不再有任何飞往月球的计划。其实，苏联对登月的兴趣并不亚于美国，早期联盟1号飞船的发射就是其登月计划的一次技术试验。不幸的是，联盟1号发射失败，宇航员科马罗夫成为人类航天史上第一位殉难者。尽管后来的联盟号系列飞船逐步取得成功，但由于大型运载火箭的研制屡屡失败，苏联便取消了登月计划。

3. 空间站

登上月球，只是人类太空旅行的目标之一，在茫茫太空，除了月球外还有很多星球等待人类去考察。为了登上月球，美国制造了近100m高的巨型火箭，将登月飞船直接在地球上发射出去。很显然，如果要用同样的方法发射去遥远的星球旅行的星际飞船，就必须制造更为庞大的火箭。这在技术上显然不是什么好的方案。因此登月竞赛后，苏美两国都考虑在地球轨道上建设空间站，以作为前往其他星球的"太空中转站"。

空间站实质上是一种可供多名宇航员长期居住的大型轨道航天器，它可以在地球轨道上运行数年或数十年。在空间站上装配和发射星际飞船是未来星际飞行必不可缺的选择。另外，随着航天技术的发展，空间技术的应用提上了日程。从应用角度看，人造卫星、载人飞船都有其不足。卫星太小，装载仪器有限，而且没有人操控，无法进行大规模的科学实验。载人飞船大一点，也有人操控，但轨道飞行时间有限，不能进行长时间的科学实验。能够在轨道上长期停留的载人空间站，可以解决这些问题。在空间站上，可以利用外层空间的真空和失重状态进行各种科学实验；可以长期地进行对地观测与天文观测；可以对卫星和其他航天器进行维护、修理和补给；可以将有效载荷直接转入绕地轨道等。

苏联是首先发射空间站的国家。苏联在20世纪60年代中期同时制定了两项太空计划，一是与美国进行竞赛的载人登月计划，另一个就是载人空间站计划。虽然载人登月计划没有取得成功，但在载人登月竞赛中研制出了联盟号飞船，为建立空间站积累了经验和技术基础。

1971年4月19日，第一个空间站礼炮1号由苏联成功发射。礼炮1号空间站被火箭送上了200公里的太空，成为一座可以定期更换宇航员的太空工作站。

礼炮1号由三个直径不同的柱形舱组成：头部是直径2m的过渡舱，用于同联盟号飞船对接；中间是双柱体工作舱，长约9m，直径分别约为3m和4m；尾部是仪器和推进舱，装有一台主发动机。过渡舱和主发动机舱两侧均装有两个太阳能电池板。礼炮1号全长约14.5m，总重达18t。与飞船相比，礼炮1号空间站简直太大了。

4天后，联盟10号飞船成功地与礼炮1号进行对接。一个半月后，联盟11号飞船载着三名宇航员升空与礼炮1号对接，宇航员顺利进入礼炮1号，成为世界上第一批空间站乘员。随后，宇航员多次操纵改变了空间站的轨道。他们在空间站里按计划进行了多项实验，包括观测恒星、拍摄地球、种植植物和鱼类的运动实验等。三名宇航员在空间站工作到6月29日，按地面指令返回。不幸的是，在成功地与礼炮1号分离后，指令舱的一个压力调节阀意外打开，舱内的空气泄漏，三名宇航员窒息而死。

苏联的礼炮1号空间站属第一代空间站，其轨道大致保持在250公里，为克服空气阻力每年需耗费4.75吨推进剂。改进后的第二代空间站，轨道升高到了350公里，每年消耗推进剂降到了600公斤。第二代的改进还有，增加一个对接口用于补充燃料；在空间站外壳上增加把手，便于宇航员舱外活动；加大太阳能电池板的面积，以提供更多的电能。到1982年，苏联总共发射了7个礼炮号空间站。1984年，苏联宇航员创造了在轨道工作237天的记录。

20世纪80年代，苏联推出了第三代空间站——和平号空间站计划。和平号空间站的对接窗口增加到了六个，太阳能电池板面积更大、效率更高。由于采用了积木结构，它还可以与五个大型的专用轨道舱对接，使实验室规模和范围更大，可开展多用途的工作。1986年2月20日，和平号空间站成功地发射升空，进入350公里的高空。25天后即3月13日，第一批两名宇航员进入空间站。1987年3月31日，内装天文物理仪器的第一个专业实验舱量子1号升空，4月12日与和平号空间站成功对接。此后，1989年11月组装了量子2号，1990年6月组装了量子3号，1995年6月组装了量子4号。这期间，俄罗斯宇航员波利亚科夫创造了留空438天的记录。

与苏联大致同时，美国也在研制自己的载人轨道空间站——太空实验室，但因为主要精力都投向了登月飞行，太空实验室计划执行比较缓慢。阿波罗登月计划完成后，太空实验室计划大大加快了。1973年5月14日，太空实验室发射升空。但不久出现了一系列的毛病。主要的问题是流星防护罩丢失，以及太阳能电池板无法展开。5月25日，三名宇航员乘坐阿波罗飞船去修理发射不久的太空实验室。过多次艰苦的努力，反复与实验室对接，于6月7日终于解决了防护罩和太阳能电池板问题。

美国发射的太空实验室总长达36米，规模非常庞大。顶端安装的阿波罗天文望远镜，是实验室里主要的科学仪器。第一批宇航员在上面工作了28天，于6月22日返回地面。7月28日，第二批三名宇航员给太空实验室带去了补给品和生物实验品。他们在上面工作了59天，曾三次到舱外活动，完成了几次修理工作。11月16日，第三批宇航员上去了，用望远镜发现了一个新彗星，还拍摄了一次太阳耀斑爆发的全过程。

1995年6月29日，美国亚特兰蒂斯号航天飞机与和平号对接成功，使轨道空间站一下子成了一个庞然大物：联盟TM飞船—量子1号—和平号—量子2号—量子4号—量子3号—航天飞机。自1971年以来，苏联再也没有发生过宇航员遇难的事故。即使在几次发射、对接失败和飞船故障时，宇航员也都安全脱险了。

除美国和苏联外，由英国、法国等10个西欧国家参加的欧洲空间局也于1983年11月28日发射了太空实验室1号空间站。

4．航天飞机

与苏联重点发展空间站的战略不同，登月竞赛后，美国强调航天技术的社会和经济效益，选择了优先发展航天飞机的战略。设计航天飞机的目标是使航天器能够重复利用，使升空和太空活动变得更加经济和容易。

航天飞机之前的航天器，差不多都由三个部分构成：第一部分提供航天器飞离地球引力的大推力多级火箭，第二部分是进行太空作业的仪器设备，第三部分是保证宇航员飞回地面的舱体设施。通常完成一次航天飞行，前两部分都丢弃了，整个飞船无法重复利用，浪费很大，很不经济。早在火箭的研制过程上，就有人提出多次使用火箭的构想。在20世纪60年代的"阿波罗"计划中，美国深感每次发射用一次性运载火箭是一笔难以承受的经济负担。1968年，美国宇航局接受了研究一种可重复使用航天器的设想。在1969年2月，美国成立了以副总统为首的"航天工作组"，以指导继阿波罗之后的航天计划。4个月后，这个工作组宣布了美国航天的新目标：2000年载人登上火星。根据这一目标，要求建立大型永久性空间站，以便在那里安装、发射火星飞船，同时要研制一架大型可重复使用的航天飞机，以把人和设备运送上空间站，再返回地球。

随着航天领域政治竞赛气氛的淡化，再加上国库空虚，美国取消了载人火星登陆计划和建立大型永久性空间站的计划，选择优先发展航天飞机。

航天飞机设计的难度是可想而知的。根据齐奥尔科夫斯基的质量比定律，为了使整个航天器获得最大速度离开地球，（最终消耗掉的）燃料占全部航天器总质量的比重越大越好，也就是在上升过程中留下来的部分越小越好。等到进入轨道之后再返回时，根据同样的定律，也是回来的部分越小越好。航天飞机的目标在于，使航天器的主体均能返回并重复使用，这样折算回去，发射时就得携带巨大数量的燃料。

1973年研制工作正式开始。基本方案是"三位一体"，即航天飞机由轨道器、外贮箱和两个固体助推器组成，其中后两部分不能回收。能够回收的轨道器外形像飞机一样，有机头、机尾和机翼，除主发动机外，在轨道器的多个部位装有46台火箭发动机，用作在主发动机停止工作后变轨、返回制动和姿态控制。

1981年4月12日，正是加加林首飞太空二十周年的纪念日，世界上第一架航天飞机"哥伦比亚"号在肯尼迪航天发射中心顺利发射升空。这次飞行持续了54小时，绕地球36圈，最后在加州的爱德华兹空军基地安全降落。此后一年，哥伦比亚号又进行了三次试验飞行，均获圆满成功。1982年，哥伦比亚号投入商业使用，将两颗通信卫星送上了轨道。

继哥伦比亚号后，美国先后制造和发射了挑战者号、发现号、奋进号和亚特兰蒂斯号航天飞机。

1983年，挑战者号进行了六次轨道飞行，发射了几颗商业卫星。宇航员还练习了舱外作业。但两年来的试营运表明，航天飞机每次升空的费用还是太高，约1.5到2亿美元，而从商业发射中得到的补偿远远不够发射成本。这意味着航天飞机并未达到大大降低成本的预期目标。1986年1月28日，挑战者号第十次发射升空73秒后发生爆炸，包括一名中学女教师在内的机上七名宇航员全部遇难，成了航天史上最大的灾难性事件。

挑战者号发生爆炸之后，美国加紧调查事故原因，并着手对现有航天飞机进行改进。两年后的1988年9月29日，发现号航天飞机再次成功升空。1992年，代替挑战者号的奋进号航天飞机成功地发射升空。这次飞行中，宇航员四次出舱对一颗国际通信卫星进行了空间修理，作业时间长达8个半小时。

2011年7月21日，美国亚特兰蒂斯号航天飞机在佛罗里达州肯尼迪航天中心安全着陆，结束其"谢幕之旅"，由于这是美国最后一架穿梭于天际的航天飞机，此次着陆意味着美国为期30年的航天飞机时代宣告终结。

第三节　运载火箭

运载火箭的功能是提供强大的动力，把人造地球卫星、载人飞船、空间站、空间探测器等有效载荷加速到一定的宇宙速度并将其送入预定的运行轨道，是目前人类克服地球引力、进入空间的主要工具。运载火箭一般由多级（2～4级）组成，每级火箭均有推进系统，末级内装有火箭的制导与控制、跟踪、遥测、电源等系统。同时，末级顶部安装被运送的航天器。

一、现代火箭技术的发展

1942年10月3日，德国V-2火箭发射成功。V-2火箭最大速度为音速的4.8倍，最大射程320km，最大射高约100km，已经完全飞出了大气层，V-2火箭的发射成功把航天先驱者齐奥尔科夫斯基、高达德和奥伯特等的火箭理论变成了现实。

运载火箭是第二次世界大战后在导弹技术的基础上发展起来的。第二次世界大战结束后，出于军事目的，美国和苏联竞相发展导弹。1957年8月21日，苏联第一枚洲际导弹SS-6发射成功。以这种洲际导弹的火箭系统为基础，苏联研制出了速度达到8km/s的大型运载火箭苏联一号。1957年10月4日，苏联用苏联一号三级火箭成功地发射了世界上第一颗人造地球卫星，标志着航天运载火箭正式诞生。1958年1月31日，美国用木星-C运载火箭成功地将第一颗人造地球卫星探险者1号送入轨道。

到20世纪80年代，苏联、美国、法国、日本、中国、英国、印度和欧洲空间局已研制成功20多种大、中、小运载能力的火箭。最小的仅重10.2t，推力125kN，只能将1.48kg的人造卫星送入近地轨道；最大的重2900t，推力33500kN，能将120t重的载荷送入近地轨道。主要的运载火箭有大力神号运载火箭、德尔塔号运载火箭、土星号运载火箭、东方号运载火箭、宇宙神号运载火箭、阿里安号运载火箭、长征号运载火箭等。

现代火箭技术的最高成就是美国为完成阿波罗登月计划而专门研制的巨型运载火箭土星5号。它是三级型液体推进剂火箭，全长85m，直径10m，能把46t重的阿波罗飞船送入月球轨道。

尽管火箭在20世纪获得了巨大发展，但它们都是一次性的。在完成运载任务后，这些火箭在坠回地面经过大气层时燃烧殆尽。为了降低成本，许多国家进行了回收和重复使用火箭的研究。进入21世纪，美国太空探索技术（Space X）公司在这领域作出令人瞩目的成就，研发成功了可重复使用的"猎鹰9号"和"重型猎鹰"运载火箭。太空探索技术公司是埃隆·马斯克（Elon Musk）在2002年6月创办的私人航天科技公司。2010年12月8日，太空探索技术公司研发的猎鹰9号火箭成功将"龙飞船"发射到地球轨道，这是全球有史以来首次由私人企业向太空发射飞船，开启了太空运载的私人运营时代。

猎鹰9号是太空探索技术公司研制的可回收式中型运载火箭。猎鹰9号于2010年6月4日完成首次发射。2015年12月22日（当地时间2015年12月21日），猎鹰9号运载火箭在成功将11枚微型通信卫星送入轨道后，其第一级火箭成功降落。这是猎鹰9号火箭首次实现发射、回收全过程，同时也是人类第一次实现一级火箭回收。2016年4月9日凌晨4时52分，猎鹰九号搭载着龙飞船顺利升空，一级火箭助推器分离之后，一级火箭稳稳降落在海上平台，实现了海上回收的历史性突破。

重型猎鹰火箭是现役推力最大的运载火箭，其近地轨道运载能力达63.8吨。地球同步轨道运载能力为26.7吨。重型猎鹰火箭自身的超强性能和绝佳的性价比一举打破了多项世界纪录，使其成为人类现役的火箭中运载能力量最强的一款。2018年2月7日4点45分，太空探索技术公司的重型猎鹰运载火箭在美国肯尼迪航天中心首次成功发射，并成功完成两枚一级助推火箭的完整回收。运载火箭的回收和重复使用使人类进入了太空探索的新阶段。

二、运载火箭的原理

1. 基本原理

火箭是依赖发动机向后高速喷射高压气体产生的反作用力向前推进的飞行器，它自身携带全部推进剂（固体或液体燃料和氧化剂），不依赖外界工作介质产生推力，可以在稠密大气层内，也可以在稠密大气层外的太空飞行。

火箭的基本原理非常简单，早在17世纪，牛顿就很清晰地进行了描述：如果以一定速度向后抛出一定质量的物体，抛物者就会受到一个反作用力的推动，向前加速。简单的火箭甚至早在牛顿提出这一原理前几百年就在中国被发明出来，并得到了应用，包括军用的火药箭和节日庆典的烟花。

火箭向后抛出一定质量的物体是靠火箭发动机来完成的。火箭发动机点火以后，火箭自身携带的推进剂在发动机燃烧室里燃烧，产生大量高温高压气体，高温高压气体从发动机喷管高速喷出，对火箭产生反作用力，推动火箭沿气体喷射的反方向高速飞行。

2. 多级火箭原理

多级火箭的工作原理，就是把几支单级火箭串联或并联在一起，构成一个大的火箭系统。其中的每一级都是一支可以独立工作的火箭，它们各自分阶段地完成飞行任务。首先是第一级火箭点火，此时整个火箭便腾空而起；当第一级的推进剂耗尽时，第二级点火工作，同时将第一级的壳体扔掉，此时由于甩掉了一部分已经无用的结构重量，从而使整个火箭轻装前进；当第二级的推进剂耗尽时，第三级点火工作，同时将第二级的壳体扔掉，这样一级接一级，好似接力赛一样，越跑越轻，越跑越快。直到最后一级火箭工作结束时，将装在末级火箭顶端的航天器进入太空轨道。

三、运载火箭的分类

目前常用的运载火箭按其所用的推进剂不同，可分为固体火箭、液体火箭和固液混合型火箭三种类型。例如，我国的长征三号运载火箭是三级液体火箭；长征一号运载火箭则是固液混合型的三级火箭，其第一级、第二级是液体火箭，第三级是固体火箭；美国的飞马座号运载火箭则是三级固体火箭。

按级数来分，运载火箭可以分为单级火箭、多级火箭。其中，多级火箭按级与级之间的连接形式分为串联型、并联型、串并联混合型三种。串联型火箭级与级之间的连接分离机构简单，其上面级的火箭发动机在高空点火。并联型火箭的连接分离机构比串联型复杂，其核芯级第一级火箭与助推火箭在地面同时点火。苏联发射世界上第一颗人造地球卫星的运载火箭就是在中央芯级火箭的周围捆绑了4枚助推器。助推器与芯级火箭在地面一起点火，燃料用完后关机抛离。我国的长征二号E运载火箭则是一枚串并联混合型火箭，其第一级火箭周围捆绑了4枚助推器，在第一级火箭上面又串联了一枚第二级火箭。

四、运载火箭的组成

不论固体运载火箭还是液体运载火箭，不论单级运载火箭还是多级运载火箭，其主要的组成部分都有结构系统、动力装置系统和控制系统，这三大系统称为运载火箭的主系统，主系统工作的可靠性将直接影响运载火箭飞行的成败。此外，运载火箭上还有一些不直接影响飞行成败并由箭上设备与地面设备共同组成的系统，如遥测系统、外弹道测量系统、安全系统和瞄准系统等。

①结构系统。结构系统是运载火箭的基体。它用来维持火箭的外形，承受火箭在地面运输、发射操作和在飞行中作用在火箭上的各种载荷，安装连接有效载荷（卫星、宇宙飞船、空间站、空间探测器等）和火箭各系统的所有仪器、设备，把火箭上所有系统和组件连接组合成一个整体。有效载荷在火箭的顶部，外面设有整流罩。整流罩用来保护有效载荷，在火箭飞出大气层后即被抛弃。

②动力装置系统。动力装置系统是推动运载火箭飞行并获得一定速度的装置。动力装置系统能产生强大的动力，使运载火箭达到预定的速度，从而把卫星、宇宙飞船、空间站、空间探测器等有效载荷送入太空。对液体火箭来说，动力装置系统由推进剂输送、增压系统和液体火箭发动机两大部分组成。固体火箭的动力装置系统较简单，它的主要部分就是固体火箭发动机推进剂，直接装在发动机的燃烧室壳体内。

③控制系统。控制系统是用来控制运载火箭沿预定轨道正常可靠飞行的部分。控制系统由制导和导航系统、姿态控制系统、电源供配电和时序控制系统三大部分组成。制导和导航系统的功用是控制运载火箭按预定的轨道运动，把有效载荷送到预定的空间位置并使之准确进入轨道。姿态控制系统（又称姿态稳定系统）的功用是纠正运载火箭飞行中的俯仰、偏航、滚动误差，使之保持正确的飞行姿态。电源供配电和时序控制系统则按预定飞行时序实施供配电控制。

五、飞行程序

运载火箭在专门的航天发射中心发射。火箭从地面起飞直到进入最终轨道要经过以下几个飞行阶段：

①大气层内飞行段。火箭从发射台垂直起飞，在离开地面以后的十几秒钟内一直保持垂直飞行。在垂直飞行期间，火箭要进行自动方位瞄准，以保证火箭按规定的方位飞行。然后转入零攻角飞行段。火箭要在大气层内跨过声速，为减小空气动力和减轻结构重量，必须使火箭的攻角接近于零。

②等角速度程序飞行段。第二级火箭的飞行已经在稠密的大气层以外，整流罩在第二级火箭飞行段后期被抛掉。火箭按照最小能量的飞行程序，即以等角速度作低头飞行。达到停泊轨道高度和相应的轨道速度时，火箭即进入停泊轨道滑行。对于低轨道的航天器，火箭这时就已完成运送任务，航天器便与火箭分离。

③过渡轨道。对于高轨道或行星际任务，末级火箭在进入停泊轨道以后还要再次工作，使航天器加速到过渡轨道速度或逃逸速度，然后航天器与火箭分离。

六、运载能力

运载能力指火箭能送入预定轨道的有效载荷重量，是运载火箭的重要技术指标。有效载荷的轨道种类较多，所需的能量也不同，因此在标明运载能力时要区别近地轨道、太阳同步轨道、地球同步卫星过渡轨道、行星探测器轨道等几种情况。表示运载能力的另一种方法是给出火箭达到某一特征速度时的有效载荷重量。各种轨道与特征速度之间有一定的对应关系。例如把卫星送入185km高度圆轨道所需要的特征速度为7.8km/s，1000km高度圆轨道需8.3km/s，地球同步卫星过渡轨道需10.25km/s，探测太阳系需12～20km/s。

七、运载火箭的设计特点

运载火箭的设计特点是通用性、经济性和不断进行小的改进，这和大型导弹不同。大型导弹是为满足军事需要而研制的，起支配作用的因素是保持技术性能和数量上的优势。因此导弹的更新换代较快，几乎每5年出一种新型号。运载火箭则要在商业竞争的环境中求发展。作为商品，它必须具有通用性，能适应各种卫星质量和尺寸的要求，能将有效载荷送入多种轨道；经济性也要好。也就是既要性能好，又要发射耗费少。订购运载火箭的用户通常要支付两笔费用。一笔是付给火箭制造商的发射费，另一笔是付给保险公司的保险费。发射费代表火箭的生产成本和研制费用，保险费则反映火箭的可靠性。火箭制造者一般尽量采用成熟可靠的技术，并不断通过小风险的改进来提高火箭的性能。运载火箭不像导弹那样要定型和批量生产，而是每发射一枚可能引进一点新技术，作一点小改进，这种小改进不影响可靠性，也不必进行专门的飞行试验。这些小改进积累起来就有可能导致大的方案性变化，使运载能力有成倍的增长。

■ 第四节　航天器

航天器，又称空间飞行器、太空飞行器，指的是在外层空间（地球大气层以外）按天体力学规律运行，执行探索、开发、利用太空和天体等特定任务的各类飞行器。包括各种人造地球卫星、载人飞船、空间站、空间探测器、航天飞机等。航天器为了完成航天任务，必须与航天运载器、航天器发射场和回收设施、航天测控和数据采集网与用户台站（网）等互相配合，协调工作，共同组成航天系统。其中，航天器是执行航天任务的主体，是航天系统的主要组成部分。

世界上第一个航天器是苏联1957年10月4日发射的人造地球卫星1号，第一个载人航天器是苏联航天员加加林乘坐的东方号飞船，第一个把人送到月球上的航天器是美国阿波罗11号飞船，第一个兼有运载火箭、航天器和飞机特征的飞行器是美国哥伦比亚号航天飞机。航天器基本上都在太阳系内运行。美国1972年3月发射的先驱者10号探测器，在1986年10月越过冥王星的平均轨道，成为第一个飞出太阳系的航天器。

一、航天器的分类

航天器的分类，按是否载人分为无人航天器和载人航天器。无人航天器包括人造地球卫星和空间探测器；载人航天器包括载人飞船、空间站和航天飞机。按应用领域分为军用航天器、民用航天器和军民两用航天器。按运行轨道分为近地轨道航天器和行星际航天器。近地轨道航天器是指在地球引力作用范围内环绕地球轨道运行的航天器，如人造地球卫星、载人飞船、航天站等；行星际航天器是指飞出地球引力作用范围，进入太阳、其他行星或其天然卫星的引力范围并绕其飞行的航天器，如行星际探测器和登月载人飞船等。

1. 人造地球卫星

人造地球卫星简称人造卫星，是环绕地球在空间轨道上运行的无人航天器，是数量最多的航天器，占航天器总数的90%以上。它按用途分为科学探测与技术实验卫星、应用卫星。科学探测与技术实验卫星主要包括空间物理探测卫星和天文卫星。应用卫星是直接为国民经济和军事服务的人造卫星。应用卫星按用途分为通信卫星、气象卫星、侦察卫星、导航卫星、测地卫星、地球资源卫星、截击卫星和多用途卫星等。应用卫星按是否专门用于军事又可分为军用卫星和民用卫星，有许多应用卫星是军民兼用的。

2. 空间探测器

空间探测器，又称深空探测器或宇宙探测器，是对月球和月球以外的天体和空间进行探测的无人航天器，是空间探测的主要工具。空间探测器按探测的对象划分为月球探测器、行星和行星际探测器、太阳探测器、小天体探测器等。各种行星和行星际探测器分别用于探测金星、火星、水星、木星、土星和行星际空间。

空间探测器是在人造地球卫星技术基础上发展起来的，但是与人造地球卫星比较，空间探测器在技术上有一些显著特点。空间探测器的显著特点是，在空间进行长期飞行，地面不能进行实时遥控，所以必须具备自主导航能力；向太阳系外行星飞行，远离太阳，不能采用太阳能电池阵，而必须采用核能源系统；承受十分严酷的空间环境条件，需要采用特殊防护结构；在月球或行星表面着陆或行走，需要一些特殊形式的结构。

空间探测器装有科学探测仪器，执行空间探测任务。空间探测的主要方式有：在近地空间轨道上进行远距离空间探测；从月球或行星近旁飞过，进行近距离探测；成为月球或行星的人造卫星，进行长期的反复观测；在月球或行星及其卫星表面硬着陆，利用着陆之前的短暂时间进行探测；在月球或行星及其卫星表面软着陆，进行实地考察，也可将获取的样品送回地球进行研究；在深空飞行，进行长期考察。

3. 载人航天器

载人航天器按飞行与工作方式分为载人飞船、空间站和航天飞机。

载人飞船又称载人航天飞船，宇宙飞船，飞船内有适合人工作和生活的人造环境，完成任务后，飞船的一部分返回大气层，用降落伞和缓冲装置实现软着陆。载人飞船包括卫星式载人飞船和登月载人飞船，它借助于运载火箭发射进入太空。卫星式载人飞船绕地球轨道运行或进行轨道机动飞行。登月载人飞船能飞出地球引力作用范围，进入月球引力范围绕月球飞行并能降落在月球上。

空间站又称航天站、太空站、轨道站，是一种可在近地轨道长时间运行（可运行数年或数十年），可供多名航天员巡访、长期工作和生活的大型轨道航天器。与卫星和载人飞船相比，空间站具有不可替代的作用。卫星太小，装载仪器有限，而且没有人操控，无法进行大规模的科学实验。载人飞船大一点，也有人操控，但轨道飞行时间有限，不能进行长时间的科学实验。在空间站上，可以利用外层空间的真空和失重状态进行各种科学实验；可以长期地进行对地观测与天文观测；可以对卫星和其他航天器进行维护、修理和补给；可以将有效载荷直接转入绕地轨道等。在空间站上装配和发射星际飞船是未来星际飞行必不可缺的。空间站分为单一式和组合式两种。单一式空间站可由航天运载器一次发射入轨，组合式空间站则由航天运载器分批将组件送入轨道，在太空组装而成。在空间站中要有人能够生活的一切设施，空间站完成任务后不再返回地球。

航天飞机既是航天器又是可重复使用的航天运载器。航天飞机又称为太空梭或太空穿梭机，是可重复使用的、往返于太空和地面之间的航天器，结合了飞机与航天器的性质。它既能代表运载火箭把人造卫星等航天器送入太空，也能像载人飞船那样在轨道上运行，还能像飞机那样在大气层中滑翔着陆。航天飞机的用途非常广泛，它可以发射各种卫星，即在起飞前将卫星装入货舱内，当进入地球轨道后用机械装置将卫星抓起，送入太空。航天飞机装有各种科学仪器和设备，科学家可以在此进行一些在地面上难以完成的科学实验与研究。此外，航天飞机可以用于军事用途，如进行军事侦察俘获或击毁敌方军事卫星，对地面目标进行攻击等。在航天飞机的基础上，科学家正在设计一种更为理想的航天工具——空天飞机，这种新型的航天工具将像真正的飞机一样在一般的大型飞机场上水平起降，目前很多空间技术大国都在对其进行认真的研究。

二、航天器的运行

航天器由运载火箭以一定的速度送入太空轨道，之后运载火箭外壳被扔掉，在极高真空的太空，没有空气阻力，航天器靠惯性在天体引力的作用下沿圆形或椭圆形轨道飞行。

航天器的运动方式主要有两种：环绕地球运行和飞离地球在行星际空间航行。环绕地球运行的轨道是以地球为焦点之一的椭圆轨道或以地心为圆心的圆轨道。行星际空间航行主要有环绕太阳运行和环绕地球以外的其他行星运行，环绕太阳运行的轨道是以太阳为焦点之一的椭圆轨道或其一部分，环绕地球以外的其他行星运行的轨道与环绕地球运行的轨道类似，是以所环绕行星为焦点之一的椭圆轨道或以其为圆心的圆轨道。

环绕地球运行的航天器要在预定高度的圆轨道上运行，必须达到这一高度的环绕速度，而且速度方向与当地水平面平行。无论速度大于或小于环绕速度，或者速度方向不与当地水平面平行，航天器的轨道就会变成一个椭圆，地心是椭圆的焦点之一。若速度过小或速度方向偏差过大，椭圆轨道的近地点可能降低较多，甚至进入稠密大气层，不能实现空间飞行。预定高度越高，所需的环绕速度越小。在地球表面的环绕速度是7.9km/s，称为第一宇宙速度。

航天器在空间某预定点挣脱地球引力进入行星际航行必须达到的最小速度叫作脱离速度或逃逸速度。预定点高度不同，脱离速度也不同。预定点高度越高，脱离速度越小。在地球表面的脱离速度是11.2km/s，称为第二宇宙速度。

三、航天器的组成结构

航天器一般由专用系统和保障系统组成。

1. 专用系统

不同用途航天器的主要区别在于装有不同的专用系统。专用系统种类很多，随航天器执行的任务不同而异。例如，天文卫星的天文望远镜、光谱仪和粒子探测器，侦察卫星的可见光照相机、电视摄像机或无线电侦察接收机，通信卫星的转发器和通信天线，导航卫星的双频发射机、高精度振荡器或原子钟等。单一用途航天器装有一种类型的专用系统，多用途航天器装有几种类型的专用系统。

2. 保障系统

各种类型航天器的保障系统往是相同或类似的，一般包括以下一些系统。

①结构系统。用于支承和固定航天器上的各种仪器设备，使它们构成一个整体，以承受地面运输、运载器发射和空间运行时的各种力学与空间环境。结构形式主要有整体结构、封舱结构、公用舱结构、载荷舱结构和展开结构等。航天器的结构大多采用铝、镁、钛等轻合金和增强纤维复合材料。

②热控制系统。又称温度控制系统，用来保障各种仪器设备在复杂的环境中处于允许的温度范围内。航天器热控制的措施主要有表面处理（抛光、镀金或喷刷涂料），包覆多层隔热材料，使用热控百叶窗、热管和电加热器等。

③电源系统。用来为航天器所有仪器设备提供所需的电能。人造地球卫星大多采用蓄电池电源和太阳电池阵电源系统，空间探测器采用太阳电池阵电源系统或空间核电源，载人航天器大多采用氢氧燃料电池或太阳电池阵电源系统。

④姿态控制系统。用来保持或改变航天器的运行姿态。常用的姿态控制方式有三轴姿态控制、自旋稳定、重力梯度稳定和磁力矩控制等。

⑤轨道控制系统。用来保持或改变航天器的运行轨道。航天器轨道控制以轨道机动发动机提供动力，由程序控制装置控制或地面航天测控站遥控。轨道控制往往与姿态控制配合，它们构成

航天器控制系统。

⑥无线电测控系统。包括无线电跟踪、遥测和遥控3个部分。跟踪部分主要有信标机和应答机。它们不断发出信号，以便地面测控站跟踪航天器并测量其轨道。遥测部分主要由传感器、调制器和发射机组成，用于测量并向地面发送航天器的各种仪器设备的工程参数和其他参数。遥控部分一般由接收机和译码器组成，用于接收地面测控站发来的遥控指令，传送给有关系统执行。

⑦返回着陆系统。用于保障返回型航天器安全、准确地返回地面。它一般由制动火箭、降落伞、着陆装置、标位装置和控制装置等组成。在月球或其他行星上着陆的航天器配有着陆系统，其功用和组成与返回型航天器着陆系统类似。

⑧生命保障系统。载人航天器生命保障系统用于维持航天员正常生活所必需的设备和条件，一般包括温/湿度调节、供水供氧、空气净化和成分检测、废物排除和封存、食品保管和制作、水的再生等设备。

⑨应急救生系统。当航天员在任意飞行阶段发生意外时，用以保证航天员安全返回地面。它一般包括救生塔、弹射座椅、分离座舱等救生设备。它们都有独立的控制、生命保障、防热和返回着陆等系统。

⑩计算机系统。用于存储各种程序、进行信息处理和协调管理航天器各系统工作。例如，对地面遥控指令进行存储、译码和分配，对遥测数据作预处理和数据压缩，对航天器姿态和轨道测量参数进行坐标转换、轨道参数计算和数字滤波等。

■ 第五节　人造地球卫星

人造地球卫星是环绕地球在空间轨道上运行的无人航天器，简称人造卫星。人造卫星是发射数量最多，用途最广，发展最快的航天器。主要用于科学探测和研究、天气预报、土地资源调查、土地利用、区域规划、通信、跟踪、导航等各个领域。

1957年10月4日，苏联用苏联一号三级火箭成功地发射了世界上第一颗人造地球卫星——卫星1号，宣告了航天时代的到来。1958年1月31日，美国的第一颗人造地球卫星探险者1号被木星–C运载火箭成功送入轨道。继苏联、美国之后，法国、日本分别于1965年11月26日、1970年2月11日发射了各自的第一颗人造地球卫星。1970年4月24日，我国用长征1号运载火箭发射了东方红1号人造地球卫星，成为世界上第五个能独立发射卫星的国家。现在，世界上不少国家都能够发射人造地球卫星。据统计，现在世界各国发射的人造地球卫星已超过6000颗。

一、人造地球卫星的原理

天文学上所讲的卫星，是指沿一定轨道环绕一颗行星运行的较小天体。如月亮，就是地球的天然卫星。一个地面上的物体，一旦被发射到天空一定高处并沿一定的轨道绕地球飞行，那么它就是一颗人造地球卫星了。尽管已发射的卫星重量、大小、形状各异，轨道各不相同，用途也差别很大，但它们却遵循着共同的基本原理。

1. 三个宇宙速度

如前所述，人类要进入太空，一个必要的前提条件就是克服引力。按照科学计算，当物体速度达到第一宇宙速度7.9km/s时，就能克服地球引力的吸引而不致掉落在地球上，成为像月亮一样的地球卫星。这个速度为普通民航飞机速度的二十多倍。

如果卫星的速度比第一宇宙速度大，那么它绕地球飞行的轨道将是一个椭圆。卫星速度越大，椭圆变得越扁。按照科学计算，当物体速度达到第二宇宙11.2km/s时，卫星就会挣脱地球对它的引力，沿抛物线进入行星际，绕着以太阳为焦点之一的椭圆飞行，成为像地球、金星、火星、木星等一样的太阳行星，永远不会返回地球，所以第二宇宙速度也叫"逃逸速度"。当卫星的速度超过第二宇宙速度时，卫星速度越大，以太阳为焦点之一的椭圆轨道变得越扁。按照科学计算，当物体速度达到第三宇宙速度16.6km/s时，连太阳的引力也吸引不住它了，这颗卫星就可以摆脱太阳的引力，沿双曲线轨道飞出太阳系，进入茫茫的太空。

2. 人造地球卫星的发射

通常将人造地球卫星送入地球轨道的方法有三种，第一种就是用运载火箭发射。用运载火箭发射人造地球卫星时，运载火箭从地面起飞到进入预定的轨道分为三个阶段。在加速飞行阶段，运载火箭由地面垂直起飞，在发动机推力的作用下，运载火箭飞出稠密的大气层，到达预定高度和速度时熄火。然后，火箭依靠惯性飞行。最后，当它达到预定的轨道时，运载火箭再一次点火，以将其加速到必要的入轨速度并调整入轨的方向，然后把卫星从火箭头部弹入轨道。

第二种方法就是用航天飞机发射。当航天飞机进入地球轨道后，利用机械装置将卫星从货舱中取出，直接送入地球轨道。

第三种方法就是用飞机发射。1990年4月，美国一架B-52飞机曾携带"飞马座"运载火箭起飞。当飞机升到离地面12km的高空时，火箭脱离飞机，将一颗卫星送入450km的预定轨道。

3. 人造地球卫星的轨道

卫星是在距离地面不同的高度被弹射入轨的。卫星轨道的形状、大小、位置，都是由卫星在一定高度入轨时的速度大小和方向决定的。卫星的轨道主要有以下几种：

①圆轨道。圆轨道具有与地面等距离的特点，侦察卫星、导航卫星、通信卫星大多采用这种轨道。要使卫星在圆轨道上绕地球运行，必须使它的入轨速度的大小与入轨点的环绕速度相等，并且入轨的方向与入轨点的地平线平行。

②椭圆轨道。卫星在椭圆轨道上绕地球运行时，离地球时远时近，科学观测卫星一般采用这种轨道。要使卫星在椭圆轨道上运行，同样要控制卫星入轨点速度。一般通过使入轨速度大于入

轨点的环绕速度这样的方式来做到这一点。

③静止轨道。这是圆轨道的一种。这种卫星轨道所在的平面与地球赤道面重合，高度为 3.58×10^4km。卫星在这种轨道上运转的角速度同地球自转的角速度相等，因此，从地面上看，卫星好像是不动的。静止轨道是通信卫星常用的轨道。

④极地轨道。当卫星的轨道平面与赤道平面垂直时，卫星轨道就包含地轴，卫星也就飞经南北两极上空，这时的轨道称极地轨道。在极地轨道上运行的卫星，可以观察到全球表面，因此，侦察卫星导航卫星、气象卫星等都采用极地轨道。

⑤太阳同步轨道。所谓太阳同步轨道，是其卫星轨道平面每天向东移动0.9856度，从而确保太阳光照射方向相对于卫星轨道平面的角度保持不变，在卫星轨道上运行的卫星所受到的太阳光照情况十分稳定的一种卫星轨道。很多气象卫星和资源卫星、侦察卫星都采用这种轨道。

根据不同的目的，人造地球卫星可以选择不同的轨道类型。

二、人造地球卫星的应用

大多数人造地球卫星的发射都是用来开发相对于地面的高位置空间资源的。按照其用途的不同，人造地球卫星可以区分为不同的类型，主要有以下几类。

1. 通信卫星

通信卫星是用于中继无线电通信信息的人造卫星，相当于太空的微波中继站。其专用系统由通信转发器和通信天线组成。其任务是将接收到的无线电信号处理后进行转发，以实现卫星通信。为了保证通信专用系统正常工作，卫星上还设有各种保障系统。通信卫星按运行轨道分为静止通信卫星和低轨道通信卫星。按用途分为专用通信卫星和多用途通信卫星，前者如国际通信卫星、国内通信卫星、直接广播卫星、军用通信卫星，后者则如军民合用的通信卫星，兼有通信、气象等功能的多用途卫星等。

2. 对地观测卫星

对地观测是空间技术活动的主要应用目标之一。对地观测卫星通常利用可见光、红外线或微波辐射等手段，来摄取目标的有关图像，因而可提供地球大气、地质、海洋、动植物、生态等大量信息，从而为人类对地球资源的开发和管理、自然灾害的预防和监控提供非常有效的手段。目前，主要的对地观测卫星有气象卫星、海洋卫星、地球资源卫星、军事侦察卫星等。

3. 导航卫星

导航卫星是一种安装有导航台的卫星系统。导航卫星系统的出现，从根本上解决了大范围、全球性以及高精度快速定位的问题。无论在大洋大海，无论多么恶劣的环境，只要是导航卫星发送的无线电波能够到达的地方，地球上的所有交通工具就能通过与它的无线电沟通进行测距，计算出自己在地球上的位置，从而沿着正确方向前进。

4. 天文观测卫星

可以利用人造地球卫星装载天文望远镜等仪器在大气层外长时间地对宇宙进行天文观测。这种方法可以突破地球大气层对各种天体发出的各种波长的电磁波的阻挡，从而使人们获取有关宇宙的更多信息。

5. 军用卫星

人造地球卫星自产生后，即被迅速地应用到军事领域。据资料，在已经发射的4000多颗卫星及其他航天器中，有70%直接或间接用于军事目的。

■ 第六节　我国空间技术发展简介

一、运载火箭

我国的航天火箭是长征系列运载火箭（英语为Long March，缩写CZ），长征系列运载火箭起步于20世纪60年代，自1970年4月24日长征一号运载火箭首次发射东方红一号卫星成功，到2021年3月12日长征七号甲运载火箭复飞发射试验九号卫星成功，经过半个多世纪的发展，中国长征系列运载火箭经历了由常温推进剂到低温推进剂、由末级一次启动到多次启动、从串联到并联、从一箭单星到一箭多星、从载物到载人的技术跨越，逐步发展成为由多种型号组成的大家族。

1. 型号介绍

到目前为止长征运载火箭系列已经拥有退役、现役共计20余种型号。其中长征一号（CZ-1）、长征二号（CZ-2）、长征二号E（CZ-2E）、长征三号（CZ-3）、长征四号甲（CZ-4A）等型号已退役；长征二号丙（CZ-2C）、长征二号丁（CZ-2D）、长征二号F（CZ-2F）、长征三号甲（CZ-3A）、长征三号乙（CZ-3B）、长征三号丙（CZ-3C）、长征四号乙（CZ-4B）、长征四号丙（CZ-4C）、长征五号（CZ-5）、长征五号B（CZ-5B）、长征六号（CZ-6）、长征七号（CZ-7）、长征七号甲（CZ-7A）、长征八号（CZ-8）和长征十一号（CZ-11）等型号在役。另有长征六号甲（CZ-6A）、长征六号X（CZ-6X）、长征十一号甲（CZ-11A）等型号在研，长征九号（CZ-9）论证中。

2. 发展历程

长征系列运载火箭的发展共经历了5个阶段。第一阶段是基于战略导弹技术起步，主要包括CZ-1、CZ-2；第二阶段是按照运载火箭技术自身发展规律研制的火箭，包括CZ-3、CZ-3A系列、CZ-4系列；第三阶段是为满足商业发射服务而研制，典型代表是CZ-2E；第四阶段是为载人航天需要而研制的，如CZ-2F火箭；第五阶段是为适应环保及快速反应需要研制的运载火箭，如CZ-5系列、CZ-6系列、CZ-7系列、CZ-8系列、CZ-11系列等。

长征系列运载火箭共完成了4代运载火箭研制。

第一代：长征一号（CZ-1）、长征二号（CZ-2）为第一代。第一代根据战略武器型号改进而来，具有明显的战略武器型号特点，解决了我国运载火箭从无到有的问题，但其运载能力等总体性能偏低、使用维护性差、靶场测试发射周期长、采用模拟控制系统。

第二代：长征二号丙系列（CZ-2C系列）、长征二号丁（CZ-2D）、长征三号（CZ-3）、长征二号E（CZ-2E）为第二代。第二代仍然带有战略武器型号的痕迹，在第一代火箭的基础上进行了技术改进；第二代火箭以原始状态CZ-2C火箭为基础改进，一、二级与CZ-2C火箭基本相同；采用有毒推进剂（四氧化二氮和偏二甲肼）；采用了数字控制系统。

第三代：长征二号F（CZ-2F）、长征三号甲系列（CZ-3A系列）、长征四号系列（CZ-4系列）为第三代。第三代在第二代基础上，持续开展可靠性增长和技术改进，采用系统级冗余的数字控制系统；增加了三子级，任务适应能力大大提高；为满足载人航天任务需求，增加了故检和逃逸系统，其任务可靠性大大提高；简化了发射场测发流程，使用维护性能得到了提高。

第四代：长征五号系列（CZ-5系列）、长征六号系列（CZ-6系列）、长征七号系列（CZ-7系列）、长征八号系列（CZ-8系列）、长征九号（CZ-9）、长征十一号系列（CZ-11系列）等为第四代。第四代采用无毒无污染推进剂，环境友好；采用全箭统一总线技术和先进的电气设备；最大运载能力得到了大幅提升。

3．运载能力

长征系列火箭具备发射低、中、高不同地球轨道不同类型卫星及载人飞船的能力，入轨精度达到了国际先进水平，并具备无人深空探测能力。近地轨道运载能力达到25t（长征五号B），太阳同步轨道运载能力达到15t（长征五号），地球同步转移轨道运载能力达到14t（长征五号）。

截至2021年11月6日，长征系列运载火箭共发射396次，成功率达到95%以上。长征系列运载火箭技术的发展为中国航天技术提供了广阔的舞台，推动了中国卫星及其应用以及载人航天技术的发展，有力支撑了以"北斗卫星导航系统""载人航天工程"和"月球探测工程"为代表的中国国家重大工程的成功实施，为中国航天的发展提供了强有力的支撑。

二、北斗卫星导航系统

北斗卫星导航系统（英文名称：BeiDou Navigation Satellite System，简称BDS）是我国着眼于国家安全和经济社会发展需要，自主建设、独立运行的卫星导航系统，是为全球用户提供全天候、全天时、高精度的定位、导航和授时服务的国家重要空间基础设施。北斗卫星导航系统的全面建成，使我国成为继美国、俄罗斯之后第三个拥有成熟的全球卫星导航系统的国家。目前，北斗卫星导航系统（BDS）和美国的全球定位系统（GPS）、俄罗斯格洛纳斯卫星导航系统（GLONASS）、欧盟的伽利略系统（GALILEO），是联合国卫星导航委员会认定的全球导航供应商。

1. 发展历程

中国高度重视北斗系统建设发展，自20世纪80年代开始探索适合国情的卫星导航系统发展道路，形成了"三步走"发展战略：2000年年底，建成北斗一号系统，向中国提供服务；2012年年底，建成北斗二号系统，向亚太地区提供服务；2020年，建成北斗三号系统，向全球提供服务。

第一步，建设北斗一号系统。1994年，启动北斗一号系统工程建设；2000年，发射2颗地球静止轨道卫星，建成系统并投入使用，采用有源定位体制，为中国用户提供定位、授时、广域差分和短报文通信服务；2003年发射第3颗地球静止轨道卫星，进一步增强系统性能。

第二步，建设北斗二号系统。2004年，启动北斗二号系统工程建设；2012年年底，完成14颗卫星（5颗地球静止轨道卫星、5颗倾斜地球同步轨道卫星和4颗中圆地球轨道卫星）发射组网。北斗二号系统在兼容北斗一号系统技术体制基础上，增加无源定位体制，为亚太地区用户提供定位、测速、授时和短报文通信服务。

第三步，建设北斗三号系统。2009年，启动北斗三号系统建设；2018年年底，完成19颗卫星发射组网，完成基本系统建设，向全球提供服务；2020年6月23日9时43分，我国在西昌卫星发射中心用长征三号乙运载火箭，成功发射北斗系统第五十五颗导航卫星，暨北斗三号最后一颗全球组网卫星，至此北斗三号全球卫星导航系统星座部署全面完成。北斗三号系统继承北斗一号有源服务和北斗二号无源服务两种技术体制，能够为全球用户提供基本导航（定位、测速、授时）、全球短报文通信、国际搜救服务，中国及周边地区用户还可享有区域短报文通信、星基增强、精密单点定位等服务。

2020年7月31日上午，北斗三号全球卫星导航系统正式开通，在全球范围内全天候、全天时为各类用户提供高精度、高可靠定位、导航、授时服务，并且具备短报文通信能力，定位精度为分米、厘米级别，测速精度0.2m/s，授时精度10ns（纳秒）。

2. 基本组成

北斗系统的基本组成包括空间段、地面段和用户段三部分。空间段由若干地球静止轨道卫星、倾斜地球同步轨道卫星和中圆地球轨道卫星组成。地面段包括主控站、时间同步/注入站和监测站等若干地面站，以及星间链路运行管理设施。用户段包括北斗及兼容其他卫星导航系统的芯片、模块、天线等基础产品，以及终端设备、应用系统与应用服务等。

3. 增强系统

北斗系统增强系统包括地基增强系统与星基增强系统。

北斗地基增强系统按照"统一规划、统一标准、共建共享"的原则，整合国内地基增强资源，建立以北斗为主、兼容其他卫星导航系统的高精度卫星导航服务体系。利用北斗/GNSS高精度接收机，通过地面基准站网，利用卫星、移动通信、数字广播等播发手段，在服务区域内提供1～2米、分米级和厘米级实时高精度导航定位服务。

北斗星基增强系统通过地球静止轨道卫星搭载卫星导航增强信号转发器，可以向用户播发星历误差、卫星钟差、电离层延迟等多种修正信息，实现对于原有卫星导航系统定位精度的改进。

4. 系统特点

北斗系统具有以下特点：

一是北斗系统空间段采用三种轨道卫星组成的混合星座，与其他卫星导航系统相比高轨卫星更多，抗遮挡能力强，尤其低纬度地区性能特点更为明显。

二是北斗系统提供多个频点的导航信号，能够通过多频信号组合使用等方式提高服务精度。

三是北斗系统创新融合了导航与通信能力，具有实时导航、快速定位、精确授时、位置报告和短报文通信服务五大功能。

三、载人航天工程

中国载人航天工程是中国空间科学技术的重大战略工程之一，于20世纪80年代末90年代初期开始筹划，1992年9月21日，中国载人航天工程正式批准实施，并确定了三步走的发展战略。

第一步，发射载人飞船，建成初步配套的试验性载人飞船工程，开展空间应用实验；

第二步，突破航天员出舱活动技术、空间飞行器的交会对接技术，发射空间实验室，解决有一定规模的、中短期有人照料的空间应用问题；

第三步，建造空间站，解决有较大规模的、长期有人照料的空间应用问题。

1. 第一步目标的实现

1999年11月20日，我国第一艘无人宇宙神舟一号在酒泉卫星发射中心由新研制的长征二号F运载火箭发射升空，并准确进入轨道。次日在内蒙古中部地区成功着陆。此后神舟二号、神舟三号和神舟四号无人飞船在酒泉卫星发射中心陆续发射成功。在前四次无人飞船发射成功的基础上，2003年10月15日，我国首次发射搭载宇航员杨利伟的宇宙飞船神舟五号获得成功，飞船在太空飞行21小时23分，绕地球14圈，飞行60多万千米后，于10月16日在内蒙古中部预定地点顺利、准确着陆。杨利伟自由走出船舱，这标志着我国进入载人宇宙航行的时代。杨利伟成为我国第一个进入太空的人。2005年10月12～17日，搭载两名宇航员的神舟六号载人飞船在酒泉卫星发射中心成功发射，飞船在太空飞行约5天后安全返回地面。神舟五号和神舟六号飞行任务的圆满成功，标志着中国载人航天工程第一步目标圆满实现。

2. 第二步目标的实现

2008年9月25日，神舟七号载人飞船成功发射，突破航天员出舱活动技术，宇航员翟志刚成为第一个在太空行走的中国人。

空间实验室是开展空间试验活动的载人航天飞行器，规模上小于空间站，是空间站的雏形。2011年9月29日，首个空间实验室天宫一号成功发射，11月1日，神舟八号无人飞船顺利发射，3日凌晨飞船与天宫1号成功实现首次自动交会对接。组合体运行12天后，神舟八号飞船脱离天宫一号并再次与之进行交会对接试验，这标志着我国已经成功突破了空间自动交会对接及组合体运行等一系列关键技术。

2012年6月16日，神舟九号载人飞船发射升空，神舟九号与天宫一号成功进行自动和手动交会对接试验，形成组合体。航天员在地面指挥与支持下，完成组合体状态设置与检查，依次打开各舱段舱门，通过对接通道进入天宫一号实验舱。组合体飞行期间，由目标飞行器负责飞行控制，飞船处于停靠状态。3名航天员在飞船轨道舱内就餐，在天宫一号内进行科学实验、技术试验、锻炼和休息。2013年6月11日，搭载3名宇航员的神舟十号飞船发射升空，与天宫一号成功进行交会对接，飞船在轨飞行15天，其中12天与天宫一号组成组合体在太空中飞行。

2016年9月15日，天宫二号空间实验室在酒泉卫星发射中心发射。10月17日，神舟十一号飞船在酒泉卫星发射中心发射。19日凌晨，神舟十一号飞船与天宫二号自动交会对接成功。航天员景海鹏和陈冬入驻天宫二号空间实验室，开始了为期30天的太空驻留生活。中国载人航天工程第二步目标实现。

3. 第三步目标的进展以及后续安排

按照计划，中国载人航天工程第三步的空间站包括核心舱天和、实验舱梦天、实验舱问天、神舟号载人飞船和天舟号货运飞船五个模块组成。各飞行器既是独立的飞行器，具备独立的飞行能力，又可以与核心舱组合成多种形态的空间组合体，在核心舱统一调度下协同工作，完成空间站承担的各项任务。

核心舱主要任务包括为航天员提供居住环境，支持航天员的长期在轨驻留，支持飞船和扩展模块对接停靠并开展少量的空间应用实验，是空间站的管理和控制中心。核心舱有五个对接口，可以对接一艘货运飞船、两艘载人飞船和两个实验舱，另有一个供航天员出舱活动的出舱口。

2021年4月29日11时23分，长征五号B遥二运载火箭搭载空间站天和核心舱，在海南文昌航天发射场发射升空。2021年5月，天和核心舱完成在轨测试验证。

2021年5月29日20时55分，我国在海南文昌航天发射场准时点火发射天舟二号货运飞船。飞船入轨后顺利完成入轨状态设置，于5月30日5时，采用自主快速交会对接模式精准对接于天和核心舱后向端口。

6月17日9时22分，搭载神舟十二号载人飞船的长征二号F遥十二运载火箭，在酒泉卫星发射中心点火发射。2021年6月17日15时54分，神舟十二号载人飞船采用自主快速交会对接模式成功对接于天和核心舱前向端口，与此前已对接的天舟二号货运飞船一起构成三舱（船）组合体。这是天和核心舱发射入轨后，首次与载人飞船进行的交会对接。6月17日18时48分，航天员聂海胜、刘伯明、汤洪波先后进入天和核心舱。9月16日，神舟十二号载人飞船撤离空间站组合体。

2021年9月20日15时，长征七号遥四运载火箭搭载天舟三号货运飞船，在海南文昌航天发射场成功发射。飞船入轨后顺利完成入轨状态设置，于9月20日22时，采用自主快速交会对接模式精准对接于天和核心舱后向端口。

2021年10月16日0时23分，搭载神舟十三号载人飞船的长征二号F遥十三运载火箭，在酒泉卫星发射中心按照预定时间精准点火发射，约582秒后，神舟十三号载人飞船与火箭成功分离，进入预定轨道，顺利将翟志刚、王亚平、叶光富3名航天员送入太空，2021年10月16日6时56分，采用自主快速交会对接模式成功对接于天和核心舱径向端口，与此前已对接的天舟二号、天舟三号货运飞船一起构成四舱（船）组合体，航天员翟志刚、王亚平、叶光富进驻天和核心舱，中国空间站开启有人长期驻留时代。

接下来按照计划，在完成神舟十三号载人飞行任务及工程全系统综合评估后，中国载人航天工程将全面转入空间站建造阶段。空间站建造阶段规划实施6次飞行任务。

①首先发射天舟四号货运飞船，运送补给物资，为随后实施的神舟十四号载人飞行任务做准备；

②神舟十四号乘组在轨驻留期间，将先后发射问天实验舱和梦天实验舱，与天和核心舱对接，进行舱段转位，在2022年底前完成空间站三舱组合体建造；

③随后实施天舟五号货运补给和神舟十五号载人飞行任务，神舟十五号乘组将与神舟十四号乘组开展在轨轮换。对空间站状态进行全面评估后，转入空间站应用与发展阶段。

四、月球探测工程

中国航天科技工作者早在1994年就进行了探月活动必要性和可行性研究，1996年完成了探月卫星的技术方案研究，1998年完成了卫星关键技术研究，以后又开展了深化论证工作。经过10年的酝酿，2004年1月23日，月球探测工程正式批准实施，并确定分"绕、落、回"三步完成。

1. 探月工程第一步

第一步为"绕"，即发射我国第一颗月球探测卫星，突破至地外天体的飞行技术，实现月球探测卫星绕月飞行，通过遥感探测，获取月球表面三维影像，探测月球表面有用元素含量和物质类型，探测月壤特性，并在月球探测卫星奔月飞行过程中探测地月空间环境。

2007年10月24日，我国研制的第一颗月球探测卫星嫦娥一号在西昌卫星发射中心发射升空，经过14天的飞行，2007年11月7日，嫦娥一号卫星准确进入月球轨道，实现了中国首次绕月飞行。嫦娥一号在轨有效探测16个月，圆满完成了各项预定任务，2009年3月1日成功受控撞月。

2. 探月工程第二步

第二步为"落"，即发射月球软着陆器，突破地外天体的着陆技术，并携带月球巡视勘察器，实现月球软着陆和自动巡视勘测，探测着陆区的地形地貌、地质构造、岩石的化学与矿物成分和月表的环境，进行月岩的现场探测和采样分析，进行日—地—月空间环境监测与月基天文观测。

2010年10月1日，长征三号丙运载火箭在我国西昌卫星发射中心点火发射，把嫦娥二号卫星成功送入太空。2010年10月6日，嫦娥二号卫星顺利进入周期约12小时的椭圆环月轨道，成为第二颗中国制造环月卫星。作为探月工程第二步任务的先导星，嫦娥二号进行了多项技术验证，并开展了多项拓展试验。2011年4月1日，嫦娥二号半年设计寿命期满，既定的六大工程目标和四大科学探测任务圆满完成。2011年4月下旬至5月底，嫦娥二号开展了补拍月球南北两极漏拍点和再次对嫦娥三号预选着陆区进行高清晰成像两项拓展试验。2011年6月9日，嫦娥二号受控飞离月球。

2013年12月2日，携带着中国第一艘月球车玉兔号的嫦娥三号卫星在西昌卫星发射中心成功发射。2013年12月6日，嫦娥三号卫星抵达月球轨道，2013年12月14日，嫦娥三号成功软着陆于月球正面虹湾着陆区。2013年12月15日，作为嫦娥三号的巡视器，中国首辆月球车玉兔号从嫦娥三号驶抵月球表面，进行月球表面勘测。

2018年12月8日，携带着中国第二艘月球车玉兔二号的嫦娥四号卫星在西昌卫星发射中心成功发射。2018年12月12日，嫦娥四号完成近月制动，被月球捕获，进入了近月点约100千米的环月轨道。2019年1月3日，嫦娥四号着陆月球背面，作为嫦娥四号的巡视器，玉兔二号随即从嫦娥四号驶抵月球表面，进行就位探测和巡视探测工作，并于2019年1月11日与嫦娥四号完成两器互拍工作。嫦娥四号是人类第一个着陆月球背面的探测器，实现了人类首次月球背面软着陆和巡视勘察。

3. 探月工程第三步

第三步为"回"，即发射月球软着陆器，突破自地外天体返回地球的技术，进行月球样品自动取样并返回地球，在地球上对取样进行分析研究，深化对地月系统的起源和演化的认识。目标是月面巡视勘察与采样返回。

2020年11月24日4时30分，中国在中国文昌航天发射场，用长征五号遥五运载火箭成功发射探月工程嫦娥五号探测器，火箭飞行约2200秒后，顺利将探测器送入预定轨道，开启中国首次地外天体采样返回之旅。12月1日，嫦娥五号探测器成功在月球正面预选着陆区着陆。2020年12月17日，嫦娥五号返回器携带月球样品，采用半弹道跳跃方式再入返回，在内蒙古四子王旗预定区域安全着陆。

至此，中国完成了无人探月工程的"绕、落、回"。通过环月卫星探测、月面软着陆探测与月球车勘察以及采样返回等，为载人登月和月球基地建设积累经验和技术。中国探月下一步要做的就是'勘、研、建'，建立一个月球科研站，再实现载人登月，使人类能够长期驻守月球。

思考题

- 1. 简述空间技术的特点。

- 2. 简述研究空间技术的意义。

- 3. 航天系统由几部分组成？分别是什么？

- 4. 航天器的保障系统由哪些系统组成？

第二十一章 | 激光技术

激光的英文为laser，英文全称为light amplification by stimulated emission of radiation，意为"受激辐射的光放大"，是20世纪60年代出现的一门高技术，是量子理论、无线电电子学、微波波谱学以及固体物理学的综合产物，与原子能、半导体、电子计算机一起被誉为当代科技四大发明。与普通光相比，激光具有方向性好、亮度高、单色性好和能量密度高等特点，被称为"最快的刀""最准的尺""最亮的光"，广泛应用于工业生产、通信、信息处理、医疗卫生、军事、文化教育以及科研等方面，对于国家经济、科技和国防具有重要的战略意义。

■ 第一节　概述

以前我国对laser的翻译不统一，常称为莱塞、镭射等，1964年12月在上海召开的第三次受激光辐射讲座上，钱学森提出的"激光"译法得到了认可，在此之后，我国学术界统一使用"激光"这一名词。

一、激光的理论起源

人类对于光的认识和利用虽然已有几千年的历史，但只是在130多年前才科学地认识到光本质上是一种电磁辐射。之后不久，爱因斯坦预言了激光的存在。1917年，爱因斯坦在《论辐射的量子理论》一文中讨论光与物质相互作用时提出受激辐射的理论，这一理论是说在组成物质的原子中，有不同数量的原子分布在不同的能级上，在高能级上的原子受到某种入射光子的激发，会从高能级跃迁到低能级，同时辐射出与激发它的光性质相同的光。在某种状态下，一个弱光可以激发出一个强光，当这种现象发生时，光就得到了放大和加强，这种由于受激辐射而得到的放大和加强的光就称为激光。爱因斯坦的受激辐射理论为激光技术的出现特别是激光器（能发射激光的仪器）的发明奠定了理论基础。因为当时人们只知道物质会自发辐射发光，不知道物质会受激辐射发光，而只有受激辐射才能产生光放大，自发辐射不能产生光放大。

二、激光的技术发展

激光是科学与技术、理论与实践紧密结合的产物。在爱因斯坦提出受激辐射理论后不久的20世纪30年代，量子力学的建立和发展使人们对物质的微观结构及运动规律有了更深入的认识，微观粒子的能级分布、跃迁和光子辐射等问题也得到了更有力的证明，这在客观上完善了爱因斯坦的受激辐射理论，为激光器的产生进一步奠定了理论基础。到20世纪40年代，科学家们已经认识到实现受激辐射的必要条件是形成和平衡态相反的粒子数反转状态，而且在气体放电实验中也观察到了粒子数反转现象。20世纪40年代末，量子电子学诞生后，被很快应用于研究电磁辐射与各种微观粒子系统的相互作用，并研制出许多相应的器件。这些科学理论和技术的快速发展都为激光器的发明创造了条件。1951年，美国物理学家珀塞尔和庞德在实验中成功地造成了粒子数反转，并获得了50kHZ/s的受激辐射。同一年，美国物理学家汤斯以及苏联物理学家马索夫和普罗霍洛夫先后提出了利用原子和分子的受激辐射原理来产生和放大微波的设计。

1954年，汤斯和他的学生阿瑟·肖洛在美国哥伦比亚大学建造了第一台maser（microwave amplification by stimulated emission of radiation即通过受激辐射产生的微波放大，也被称为微波激射器）——氨分子束微波激射器，成功地开创了利用分子和原子体系作为微波辐射相干放大器或振荡器的先例。汤斯等人研制的微波激射器只产生了1.25cm波长的微波，功率很小，实用价值不高。生产和科技不断发展的需要推动科学家们去探索新的发光机理，以产生新的性能优异的光源。1958年，汤斯和肖洛用氖光灯泡所发的光照射一种稀土晶体时，晶体发出鲜艳的、始终会聚在一起的强光。根据这一现象，结合微波激射器与光学、光谱学的知识，汤斯与阿瑟·肖洛提出了激光原理，即物质在受到与其分子固有振荡频率相同的能量激发时，都会产生这种不发散的强光——激光。并提出了产生激光的原理性方案：在原型微波激射器（maser）的腔的两端各安装一个反射镜，然后射入特定波长的光子，这些光子会从反射镜反射并来回穿过介质，这些光子就会不断激发原子产生受激辐射，从而在相同波长下发射更多的光子。并且二人预测了激光的相干性、方向性、线宽和噪音等性质。他们为此发表了重要论文，并获得1964年的诺贝尔物理学奖。同期，巴索夫和普罗霍洛夫等人也提出了实现受激辐射光放大的原理性方案。

1960年5月15日，美国加利福尼亚州休斯实验室的科学家梅曼宣布获得了波长为0.6943μm的激光，这是人类有史以来获得的第一束激光，梅曼因而成为世界上第一个将激光引入实用领域的科学家。

1960年7月7日，梅曼宣布世界上第一台激光器诞生。从此，人类打开了激光时代的大门。梅曼的方案是，利用一个高强闪光灯管来激发红宝石。由于红宝石其实在物理上只是一种掺有铬原子的刚玉，所以当红宝石受到刺激时，就会发出一种红光。在一块表面镀上反光镜的红宝石的表面钻一个孔，使红光可以从这个孔溢出，从而产生一条相当集中的纤细红色光柱，当它射向某一点时，可使其达到比太阳表面还高的温度。

1960年12月，出生于伊朗的美国科学家贾万终于成功地制造并运转了全世界第一台气体激光器——氦氖激光器。1962年，有三组科学家几乎同时发明了半导体激光器。1966年，科学家们又研制成了波长可在一段范围内连续调节的有机染料激光器。此外，还有输出能量大、功率高，而且不依赖电网的化学激光器等纷纷问世。

■ 第二节　激光产生的原理

一、原子的能级与发光原理

科学研究发现，发光现象与光源物质的粒子（原子、离子或分子）的内能变化密切相关。在物理学上，粒子的内能用能级描述，因此，要了解发光现象，必须先了解粒子的能级。下面以原子为例对粒子的能级进行简要介绍。

原子由一个居于原子中心的原子核和一些绕原子核高速旋转的电子组成，原子核带正电荷，电子带负电荷，两者电量相等，电性相反，整个原子呈中性。对于每个电子来说，一方面由于绕核高速旋转有离开原子核的运动趋势，另一方面受原子核的正电荷吸引，有靠近原子核的运动趋势，这两种运动趋势相互平衡，从而使每个电子与原子核之间有一个确定的距离，这个距离就称为电子的轨道半径。电子绕原子核高速旋转故而有一定的动能，电子被原子核吸引故而有一定的势能，两者之和就是电子的能量，所有核外电子的能量之和就是原子的内能。根据量子理论，原子只能处于一系列不连续的内能状态，这些不连续的内能状态称为原子的能量级别，简称能级。电子只能在与这些内能状态相对应的轨道上绕核高速旋转，电子在离核近的轨道上时原子的能级低，电子在离核远的轨道上时原子的能级高。能级最低的状态称为基态，能级比基态高的状态称为激发态。通常原子处于基态，即其中的电子都尽量在离核近的轨道上旋转，因为这样原子最稳定。由于原子的能级不连续，所以电子绕核旋转的轨道半径不连续。也就是说，核外电子只能在一些半径为特定分立值（即不连续值）的轨道上绕核旋转，而不能在半径介于这些分立值之间的轨道上绕核旋转。

每种原子都具有特定的分立能级结构，任何时刻原子只能处在自己的某个能级上。当原子吸收或辐射一份能量时，原子从一个能级跃迁到另一个能级，吸收或辐射的那份能量为原子在这两能级间的内能差ΔE。当处于低能级的原子受到外界赋能作用（如电磁波或加热）而吸收一份能量时，原子从低能级跃迁到高能级，原子这种吸收外界能量从低能级跃迁到高能级的行为称为受激吸收。原子在高能级上极不稳定，很快会跃迁到低能级，同时以电磁波辐射的形式辐射出一份能量，当辐射的电磁波频率在可见光范围内时，我们就会看到物体发光，此时我们称辐射出的那份能量为光子。原子从高能级跃迁到低能级时，向外辐射能量的形式有两种，分别是自发辐射和受激辐射。所谓自发辐射是指处在高能级的原子，即使没有任何外界作用，也会自发地向下跃迁到低能级，同时辐射出一份能量。

二、普通光的产生

普通光源的发光是自发辐射的结果。当给光源通电后，输入的电能迅速转化为光源粒子（原子、离子或分子）的内能，光源粒子在获得内能后，随机地跃迁到不同的高能级，这些处于不同高能级的粒子（原子、离子或分子）极不稳定，很快会自发地从高能级跃迁到随机的一个低能级或基态，同时以光子的形式释放出一份一份的能量，于是我们就看到光源发光了。由于普通光源的各个发光粒子（原子、离子或分子）自发地从不同的高能级向下随机跃迁到不同的低能级或基态，因此，普通光源辐射出的光子，状态是各不相同的，不仅波长不一样，发射的方向也都不一样。

三、激光的产生

发光形式除自发辐射以外还有一种就是受激辐射。什么是受激辐射？ 1917年爱因斯坦从理论上指出：除自发辐射外，处于高能级E_2上的粒子还可以另一方式跃迁到低能级E_1。他指出当频率为$v=(E_2-E_1)/h$的光子入射时，也会引发粒子以一定的概率、迅速地从能级E_2跃迁到能级E_1，同时释放一个与入射光子频率、相位、偏振态以及传播方向都相同的光子，这个过程称为受激辐射。可以设想，如果大量粒子处在高能级E_2，有一个频率$v=(E_2-E_1)/h$的光子入射，而处在E_2能级上的一个粒子受到入射光子的激励发生了受激辐射，释放出一个特征与入射光子完全相同的光子，此时得到两个特征完全相同的光子，这两个光子再激励处在E_2能级上的两个粒子，使其产生受激辐射，可得到四个特征完全相同的光子，如此反复，就会得到与入射光子的频率、相位、偏振态以及传播方向都完全相同的光子组成的比入射光更强的光，这意味着原来的光被放大了。这种由受激辐射产生的特征完全相同光子组成并被放大的光就是激光。

当频率一定的光射入工作物质时，受激辐射和受激吸收两过程同时存在，受激辐射使光子数增加，受激吸收却使光子数减小。物质处于热平衡态时，粒子在各能级上的分布遵循平衡态下粒子的统计分布规律：处在较低能级E_1的粒子数必大于处在较高能级E_2的粒子数。这样光穿过工作物质时，工作物质中发生受激辐射的粒子数小于发生受激吸收的粒子数，光子数减少，光减弱。要想使光穿过工作物质时光子数增多，就要使工作物质中发生受激辐射的粒子数大于发生受激吸收的粒子数，这就要求处在高能级E_2的粒子数大于处在低能级E_1的粒子数。这种分布正好与平衡态时的粒子分布相反，称为粒子数反转分布，简称粒子数反转。因此实现粒子数反转是产生激光的必要条件。

理论研究表明，任何物质，在适当的激励条件下，可在粒子的特定高低能级间实现粒子数反转。在这种情况下，受激辐射占优势。光通过一段处于粒子数反转状态的激光工作物质（激活物质）后，光强增大。如果把一段激活物质放在两个互相平行的反射镜（其中至少有一个是部分透射的）构成的光学谐振腔中，处于高能级的粒子会产生各种方向的自发辐射。其中，非轴向传播的光波很快逸出谐振腔外，轴向传播的光波却能在腔内往返传播，当它在激光物质中传播时，光强不断增长。如果谐振腔内单程信号增大大于单程信号损耗，则可产生自激振荡。存在一种条件，如采用适当的媒质、共振腔、足够的外部电场，受激辐射得到放大比受激吸收要多，那么总体而言，就会有光子射出，从而产生激光。受激辐射所产生的光子与外来光子具有完全相同的状态，即频率一样、波长一样、方向一样。只要一次受激辐射，在极短的瞬间内激发出无数的光子，从而将光放大。在这种情况下，只要辅以必要的设备，就可以形成具有完全相同频率和方向的光子流，这就是激光，而放大光的设备就是激光器。

四、激光器的结构

激光器基本上由工作物质、泵浦源和谐振腔三部分组成。

（1）工作物质。激光器工作物质的功能和普通光源的发光材料（气体电光源中的气体、白炽灯中的钨丝）相同。从原则上说，任何光学透明的固体、气体、液体都可以作为激光器的工作物质。不过所用材料的能级结构若能满足一定要求，会使激光器获得更好的性能。比如，能量的转换效率高，输出的激光功率高；可以脉冲泵浦输出激光，也可以连续泵浦输出激光；输出激光的波长可以连续变化等。

（2）泵浦源。泵浦源是向工作物质输入能量，把原子从基态迁到高能态的动力。常用的泵浦源有普通光源（如氙灯、氪灯）、气体放电（利用气体放电中产生的电子碰撞气体原子，把它泵浦到高能级）、化学反应能（利用化学反应的能量泵浦产物的原子）等。

各种激励方式又有脉冲和连续之分。前者指激励和激光的输出均以脉冲的方式工作，后者是指激励和激光的输出是连续的。

（3）谐振腔。谐振腔是由放在工作物质两端的反射镜组成的光学系统，其中一块反射镜的反射率接近100%，另一块有适量的透射率，激光从这块反射镜输出。谐振腔的作用主要有两个方面：一是让工作物质产生的受激辐射来回多次通过工作物质，增强受激辐射，最后达到激光振荡；二是有选择地只让沿工作物质光轴附近传播的以及波长在原子谱线中心附近的受激辐射不断地受到工作物质放大，达到激光振荡。显然，这有助于改善激光器的方向性和单色性。

五、激光的特性

普通光的发光机理是自发辐射，就发光的空间分布特性而言，自发辐射在空间所有方向上是随机分布的，这意味着普通光源发光的定向性很差；就发光的频谱特性而言，普通光源发光是大量能级之间同时产生自发辐射跃迁的过程，因此发光的单色性很差，均匀地分布在较宽的频谱范围内。激光的发光机理是受激辐射，因此与普通光相比具有方向性强、亮度极高、单色性好和相干性好等特性。

①方向性强。普通光源发出的光是射向四面八方的，而激光的方向性很强，是一种强聚光。它的发散角极小，可以小到 10^{-4} rad（弧度）量级，得到几乎接近于理想程度的平行光。1962年，

人类第一次使用激光照射月球，地球与月球的距离约38万km，但激光在月球表面的光斑直径不到2km。若以聚光效果很好、看似平行的探照灯光柱射向月球，按照其光斑直径将覆盖整个月球。发散角小这一特征，使激光在通信领域大显身手。

②亮度极高。在激光发明前，人工光源中高压脉冲氙灯的亮度最高，与太阳的亮度不相上下，而红宝石激光器的激光亮度超过氙灯的几百亿倍。因为激光的亮度极高，所以能够照亮远距离的物体。红宝石激光器发射的光束在月球上产生的照度约为0.02lx（光照度的单位），颜色鲜红，激光光斑肉眼可见。若用功率最强的探照灯照射月球，产生的照度只有约10^{-12}lx，人眼根本无法察觉。激光亮度极高的主要原因是定向发光。大量光子集中在一个极小的空间范围内射出，能量密度自然极高。

③单色性好。普通光源发出的光，颜色都比较复杂，不但有可见光，还有不可见的红外线和紫外线。而无论生活上、生产上还是科学研究中常需要单种颜色的光。光辐射所含的波长的范围越小，它的颜色就越纯，单色性越好。在普通的光源中单色性最好的是氪灯，它发出的红光波范围只有9.5×10^{-14}m，被誉为单色性之冠。而激光的单色性远超过它许多倍，如氦-氖激光器输出的红光波长范围可以窄到2×10^{-18}m，是氪灯发射红光波长的1/50000。

④相干性好。普通光源发出的光波在频率、相位和传播方向上差异很大，称为非相干光。而激光器发出的光具有同方向、同频率、同位相或位相差恒定的特点，因此具有很好的相干性。在激光问世前，单色性最好的是氪灯，相干长度38.5cm，而激光的相干长度可以达到几千米。因此，如将激光用于精密测量，它的最大可测长度比普通光源大10万倍以上。

■ 第三节　激光的应用

激光具有方向性好、亮度高、单色性好和能量密度高等特点。以激光器为基础的激光工业在全球发展迅猛，现在已广泛应用于工业生产、通信、信息处理、医疗卫生、军事、文化教育以及科研等方面，据统计，从高端的光纤到常见的条形码扫描仪，每年和激光相关产品与服务的市场价值高达上万亿美元，激光极大地推动了传统产业和新兴产业的发展。

一、激光与人类生活

1. 激光在农业生产方面的应用

生物组织吸收激光能量后，将引起生物体发生光-生物热效应、生物光压效应、生物光化学效应、生物电磁效应和生物刺激效应，由此会引起生物遗传异变。基于这个原理，现在激光在农业生产上已取得了相当好的效果。

①育种。利用激光照射，可以诱发农作物的突变和遗传变异，改变农作物品种。现在已经发现或应用的激光育种包括小麦、大豆、水稻、油菜等，共有几十个种类，几百个品种。水稻、小麦等种子在播种前用激光照射，会使之提早发芽、秧苗粗壮且生长加快，种植后分蘖增多、抗病害能力增强、提早成熟、稻穗粒数增多，收成增加。

②改良水果。用激光照射蔬菜、果树等，可提高产量和改善品质，满足市场需求。沙田柚是在我国广西壮族自治区沙田村生产的名果，它的果肉味甜柔嫩，国内外消费者都喜爱吃。美中不足的是它的果肉籽粒数太多，每个果平均有140~150粒。现在用激光技术对它进行改造，果肉的籽粒数明显减少，还有约10%的果没有籽，同时果肉比以前更甜了，产量也获得提高。

③其他方面。激光还可以用在诱虫灭虫、除草和食物储藏等方面。实验证明，用适当波长和强度的激光对害虫进行辐射处理，实现遗传防治，其效果要比化学防治效果高4倍，成本低85%，而且不会留下残毒造成公害，也不会对生物群体产生有害的影响。人们发现，经激光照射，昆虫的卵会产生永久性遗传变异。激光还能改变细胞中的染色体结构，改变遗传基因。

2. 激光在医学方面的应用

利用高亮度激光束产生的热效应，以及单色性好的激光束产生的生物效应可以治疗疾病。现在，激光技术已成为医学中的新技术，并且开始形成一个新医学分支——激光医学。它可以医治包括美容、眼科、妇科、皮肤科、内科、肿瘤科在内200多种疾病。治疗的方法主要有以下方面。

①激光刀。用光学系统聚焦的激光束作用于生物体组织，可在短时间内使之烧灼和气化。当光束以一定速度移动时能把组织切开，起手术刀的作用。激光刀在切开组织的同时，激光的能量还把组织中的血管烧结封闭起来，起到止血的作用。因此，用激光刀动手术时的出血量比较少。也正因为这个道理，用激光刀可以对肝、脾等血管丰富的部位动手术。同时，激光刀与手术部位是非接触的，是一种自身消毒手术刀，尤宜处理感染性病变组织。

②光凝治疗。利用激光把生物组织细胞的水分蒸发和组织蛋白凝固，可以治疗眼科中的视网膜脱落、消化道出血病变、皮肤黏膜血管病变及色素沉着等，如太田痣、鲜红斑痣、雀斑、老年斑、毛细血管扩张等，以及去文身、洗眼线、洗眉、治疗瘢痕等。

③光照射治疗。低功率激光束照射生物体，通过生物效应，能对人体起消炎、消肿、镇痛和促进伤口愈合的作用。直径细小的激光束照射体穴和耳穴，能获得用银针针灸的效果。激光针灸操作方便安全。不出现晕针、滞针、断针和刺伤血管、神经及内脏的情况，又无痛感。对某些目前认为难度较大的疾病，如各种癌症、心血管病、肾结石等，用激光治疗会得到较好的效果。用紫外激光局部消融角膜，改变眼球的曲率半径，是目前矫正部分患者的近视、远视和散光的新方法。对高度近视，用激光矫正后一般都能达到正常视力标准。

3. 激光在艺术方面的应用

1960年以来，随着激光技术的发展，激光开始迈入音乐、歌舞、电影、雕刻、绘画、摄影等文化艺术领域。它以独特的艺术效果，紧紧地扣住了艺术家的心弦，从而出现了新颖的"激光艺术"。1970年以来，激光娱乐显示技术获得较快的发展和应用，并进入一些表演场合，主要用于为音乐演出配备动态激光背景，为歌舞剧伴映，为舞台背景映射激光动画、图片、特技显示。

激光绘图和书写采用功率较小的CO_2激光器，在丙烯板上或画布上进行烧蚀，就能绘出浓淡变化的图画。激光能在钻石和其他宝石上镌刻代码、文字、名字和信息，平均刻写尺寸可小到$60\mu m \times 5\mu m$，深度仅为$4\mu m$。需用显微镜观看。调节激光的能量密度和聚集点的大小，它就能像刻刀一样，在有机玻璃上刻出奇异而迷人的图案。同样，激光还能在海泡石、绿松石、雪花石膏等硬度较低的宝石上进行雕刻。

二、激光的工业应用

激光加工是利用高功率密度的激光束照射工件，使材料熔化、气化而进行穿孔、切割和焊接等的特种加工。早期的激光加工由于功率较小，大多用于打小孔和微型焊接。到20世纪70年代，随着大功率CO_2激光器、高重复频率钇铝石榴石（YAG）激光器的出现，以及对激光加工机理和工艺的深入研究，激光加工技术有了很大进展，使用范围随之扩大。数千瓦的激光加工机已用于各种材料的高速切割、深熔焊接和材料热处理等方面。各种专用的激光加工设备竞相出现，并与光电跟踪、计算机数字控制、工业机器人等技术相结合，极大提高了激光加工机的自动化水平和使用功能。从激光器输出的高强度激光经过透镜聚焦到工件上，温度达10000℃以上，任何材料都会瞬时熔化、气化。激光加工就是利用这种光能的热效应对材料进行切割、焊接、打孔等加工的。通常用于加工的激光器主要是固体激光器和气体激光器。

①激光切割。激光切割是应用激光聚焦后产生的高功率密度能量来实现的。在计算机的控制下，通过脉冲使激光器放电，从而输出受控的重复高频率的脉冲激光，形成一定频率和脉宽的光束，该脉冲激光束经过光路传导及反射并通过聚焦透镜组聚焦在加工物体的表面上，形成一个个细微的高能量密度光斑，光斑位于待加工面附近，以瞬间高温熔化或气化被加工材料。每一个高能量的激光脉冲瞬间就把物体表面溅射出一个细小的孔，在计算机控制下，激光加工头与被加工材料按预先绘好的图形进行连续相对运动打点，这样就会把物体加工成想要的形状。切割时，一股与光束同轴的气流（氩气、氦气、氮气）由切割头喷出，将熔化或气化的材料由切口的底部吹出（注：如果喷出的气体和被切割材料产生热效反应，则此反应将提供切割所需的附加能源；气流还有冷却已切割面、减少热影响区和保证聚焦镜不受污染的作用）。与传统的板材加工方法相比，激光切割具有高的切割质量（切口宽度窄、热影响区小、切口光洁）、高的切割速度、高的柔性（可切割任意形状）、广泛的材料适应性等优点。目前，激光已成功地应用于切割钢板、钛板、石英、陶瓷以及布匹、纸张等。用5kW的CO_2激光器，能加工厚度2mm的金属板，切割速度达50～300cm/s。

②激光焊接。激光焊接过程属热传导型，即激光辐射加热工件表面，表面热量通过热传导向内部扩散，通过控制激光脉冲的宽度、能量、峰功率和重复频率等参数，工件熔化，形成特定的熔池。由于其独特的优点，激光焊接成功地应用于微、小型零件焊接中。高功率CO_2激光器及高

功率YAG激光器的出现，开辟了激光焊接的新领域。获得了以小孔效应为理论基础的深熔接，在机械、汽车、钢铁等工业部门获得了日益广泛的应用。与其他焊接技术比较，激光焊接的主要优点是：a. 速度快、深度大、变形小。b. 能在室温或特殊的条件下进行焊接，焊接设备装置简单。例如，激光通过电磁场，光束不会偏移；激光在空气及各种气体环境中均能施焊，并能通过玻璃或对光束透明的材料进行焊接。c. 激光聚焦后，功率密度高，在高功率器件焊接时，深宽比可达5∶1，最高可达10∶1。d. 可焊接难熔材料如钛、石英等，并能对异性材料施焊，效果良好。例如，将铜和钽两种性质截然不同的材料焊接在一起，合格率几乎达100%。e. 可进行微型焊接。激光束经聚焦后可获得很小的光斑，且能精密定位，可应用于大批量自动化生产的微、小型元件的组焊中。例如，集成电路引线、钟表游丝、显像管电子枪组装等，由于采用激光焊接，不仅生产效率高，且热影响区小，焊点无污染，极大提高了焊接的质量。

③激光热处理。激光热处理是利用高功率密度的激光束对金属进行表面处理的方法，它可以对金属实现相变硬化（或称为表面淬火、表面非晶化、表面重熔淬火）、表面合金化等表面改性处理，产生用其他表面淬火达不到的表面成分、组织、性能的改变。经激光处理后，铸铁表面硬度可以达到HRC60以上，中碳及高碳的碳钢表面硬度可达HRC70以上，从而提高其抗磨性、耐腐蚀、抗氧化等性能，延长其使用寿命。激光热处理在汽车工业中应用广泛，如缸套、曲轴、活塞环、换向器、齿轮等零部件的热处理，同时在航空航天、机床行业和其他机械行业也应用广泛。

④激光精细加工。在电子工业中，在1cm²面积的硅片上可制作数十个集成电路或上百个晶体管管芯，工艺上要求把它们无损伤地分割开来，以便下一步的焊接和封装。传统的分割方法是操作者在显微镜下在基片正面反复划，然后一一分开。这种划片方法刻痕宽，浪费材料，辅助工艺多，效率低，外力大，影响管芯质量。而采用激光划片，由于激光聚焦后光斑极小，作用时间短，因此划片的速度快，操作方便，克服了传统划片的缺点。激光蚀刻技术比传统的化学蚀刻技术工艺简单，可大幅度降低生产成本，可加工0.125～0.001mm宽的线，非常适合于超大规模集成电路的制造。

⑤激光打孔。几乎所有的材料都可以用激光打孔，无论金属还是非金属（如陶瓷、玻璃、石英、钻石等）都能用激光很准确地打出直径仅10μm的小孔，孔径与孔深比达1∶50。激光除能垂直打孔外，也能与材料表面成30°角进行锐角打孔。激光打孔的速度极快，在薄壁上打孔只要一瞬间，厚壁结构的部件也只要几秒加工时间。激光打孔主要应用在航空航天、汽车制造、电子仪表、化工等行业。

⑥激光打标。这是利用高能量密度的激光对工件进行局部照射，使表层材料气化或发生颜色变化的化学反应，从而留下永久性标记的一种打标方法。激光打标可以打出各种文字、符号和图案等，字符大小可以从毫米量级到微米量级，这对产品的防伪有特殊的意义。准分子打标是近年发展起来的一项新技术，特别适用于金属打标，可实现亚微米打标，已广泛用于微电子工业和生物工程。

三、激光的军事应用

激光武器是一种利用定向发射的激光束直接毁伤目标或使之失效的定向能武器，已有30多年的发展历史，其关键技术也已取得突破，美国、俄罗斯、法国、以色列等国家都成功进行了各种激光打靶试验。根据作战的用途不同，激光武器可以分为战术激光武器和战略激光武器两大类。激光武器系统主要由激光器和跟踪、瞄准、发射装置等部分组成，目前常采用的激光器有化学激光器、固体激光器和CO_2激光器等。目前低能激光武器已经投入使用，主要用于干扰和致盲较近距离的光电传感器，以及攻击人眼和一些增强型观测设备；高能激光武器主要采用化学激光器，按照现有的水平，今后5~10年可望在地面和空中平台上部署使用，用于战术防空、战区反导和反卫星作战等。

1. 激光武器的特点

激光武器具有以下优点：

①速度快、射束直、精确度高。激光以3×10^8m/s的速度传播，射击时不需要提前估量。同时光沿直线传播，因此瞄准精度高，对高速运动的目标，这个优点尤为突出。

②无惯性。光子的静质量为零，射击时无后坐力，便于迅速变换射击方向而不影响射击精度。可连续攻击多个目标而不影响高速载体（如飞机）的运动。

③摧毁能力强。由于激光能量高度集中，作用面积小，所以可摧毁任何坚固材料制作的目标。太阳是非常亮的，但一台巨脉冲红宝石激光器发出的激光比太阳还亮200亿倍。当然，激光比太阳还亮，并不是因为它的总能量比太阳大，而是由于它的能量非常集中。

④不污染环境。不存在常规武器的硝烟、尘埃和核武器的放射性污染。

⑤抗电磁干扰能力强。

激光武器的缺点是：

①在大气中使用时，会因大气对激光的衰减作用而减小威力。如果天气不好（如有云、雾等），其攻击效果受影响更大。

②光线直线传播，不能绕过障碍物，所以攻击目标时要求"通视"。

③高射激光武器系统设备庞大，消耗能量多，用于远程战略武器还显得功率不够。

2. 激光武器击毁目标原理

激光怎样击毁目标呢？科学家认为有两个方面：一是穿孔，二是层裂。穿孔就是高功率密度的激光束使目标表面急剧熔化，进而气化蒸发，气化物质向外喷射，反冲力形成冲击波，在目标上穿一个孔。层裂就是目标表面吸收激光能量后，原子被电离，形成等离子体云。"云"向外膨胀喷射形成应力波向深处传播。应力波的反射造成目标拉断，形成层裂破坏。除此以外，等离子体云还能辐射紫外线或X射线，破坏目标结构和电子元件。激光武器作用的面积很小，但破坏在目标的关键部位上，可造成目标的毁灭性破坏。这和惊天动地的核武器相比，完全是两种风格。

3. 激光武器的分类

不同功率密度、输出波形、波长的激光，在与不同目标材料相互作用时，会产生不同的杀伤破坏效应。用激光作为武器，不能像在激光加工中那样借助于透镜聚焦，而必须明显提高激光器的输出功率，作战时可根据不同的需要选择适当的激光器。目前，激光器的种类繁多，名称各异，有体积整整占据一幢大楼、功率为上万亿瓦、用于引发核聚变的激光器，也有比人的指甲还小、输出功率仅有几毫瓦、用于光电通信的半导体激光器。按工作介质区分，目前有固体激光器、液体激光器和分子型、离子型、准分子型的气体激光器等。按其发射位置可分为天基、陆基、舰载、车载和机载等类型，按其用途还可分为战术型和战略型两类。

（1）战术激光武器

战术激光武器是利用激光作为能量，像常规武器那样直接杀伤敌方人员、击毁坦克、飞机等，打击距离一般可达20km。这种武器的主要代表有激光枪和激光炮，它们能够发出很强的激光束来打击敌人。1978年3月，世界上的第一支激光枪在美国诞生。激光枪的样式与普通步枪没有太大区别，主要由四大部分组成：激光器、激励器、击发器和枪托。目前，国外已有一种红宝石袖珍式激光枪，外形和大小与美国的派克钢笔相当，但它能在距人几米之外烧毁衣服、烧穿皮肉，且无声响，在不知不觉中致人死命。并可在一定的距离内，使火药爆炸，使夜视仪、红外或激光测距仪等光电设备失效。还有一种稍大、重量与机枪相仿的小巧激光枪，能击穿铜盔，在1500m的距离上烧伤皮肉、致瞎等。战术激光武器的"挖眼术"不但能造成飞机失控、机毁人亡、使炮手丧失战斗能力，而且由于参战士兵不知对方激光武器会在何时何地出现，常常受到沉重的心理压力。因此，激光武器又具有常规武器所不具备的威慑作用。1982年马尔维纳斯群岛战争中，英国在航空母舰和各类护卫舰上就安装有激光致盲武器，曾使阿根廷的多架飞机失控、坠毁或误入英军的射击火网。激光制导的导弹头部有四个排成十字形的激光接收器（四象限探测仪）。如果四个接收器收到的激光一样多，就按原来方向飞行，如果有一个接收器接收的激光少了，它就自动调整方向。激光武器还可用激光束照射要打击的目标，经过目标反射的激光被导弹上的接收器收到，引导导弹击中目标。

（2）战略激光武器

战略激光武器可攻击数千千米之外的洲际导弹，可攻击太空中的侦察卫星和通信卫星等。例如，1975年11月，美国两颗监视导弹发射的侦察卫星在飞抵西伯利亚上空时，被苏联的反卫星陆基激光武器击中，并变成"瞎子"。因此，高基高能激光武器是夺取宇宙空间优势的理想武器之一，也是军事大国不惜耗费巨资进行激烈争夺的根本原因。据外刊透露，自20世纪70年代以来，美国和俄罗斯两国都分别以多种名义进行了数十次反卫星激光武器的试验。目前，反战略导弹激光武器的研制种类有化学激光器、准分子激光器、自由电子激光器等。其中，自由电子激光器具有输出功率大、光束质量好、转换效率高、可调范围宽等优点。但是自由电子激光器体积庞大，只适宜安装在地面上，供陆基激光武器使用。作战时，强激光束首先射到处于空间高轨道上的中继反射镜。中继反射镜将激光束反射到处于低轨道的作战反射镜，作战反射镜再使激光束瞄准目标，实施攻击。通过这样的两次反射，设置在地面的自由电子激光器，就可攻击从世界上任何地方发射的战略导弹。高基高能激光武器是高能激光武器与航天器相结合的产物。当这种激光器沿着空间轨道游弋时，一旦发现对方目标，即可投入战斗。由于它部署在宇宙空间，居高临下，视野广阔，更是如虎添翼。在实际战斗中，可用它对对方的空中目标实施闪电般的攻击，以摧毁对方的侦察卫星、预警卫星、通信卫星、气象卫星，甚至能将对方的洲际导弹摧毁在助推的上升阶段。

思考题

- 1. 什么是激光？激光有哪些特性？
- 2. 激光器由几部分组成？各有什么作用？
- 3. 简述激光在医学方面的应用。
- 4. 简述激光在工业方面的应用。

参考文献

[1]吴国盛．科学的历程[M]．北京：北京大学出版社．2002．

[2]伊显明．王银铃．科学技术概论[M]．北京：科学出版社．2018．

[3]张立红．尹显明．现代科学技术概论[M]．成都：西南交通大学出版社．2012．

[4]胡显章．曾国屏．科学技术概论[M]．北京：高等教育出版社．1998．

[5]赵公民．科学技术概论．北京：机械工业出版社．2016．

[6]周靖．科学技术概论．南京：南京大学出版社．2011．

[7]宗占国．现代科学技术导论[M]．北京：高等教育出版社．2008．

[8]刘兵．戴吾三．蒋劲松．等．新编科学技术史教程[M]．北京：清华大学出版社．2011．

[9]曹克广．关荐伊．现代高新技术概论[M]．北京：化学工业出版社．2015．

[10]国务院发展研究中心国际技术经济研究所．世界前沿技术发展报告（2020）[S]．北京：电子工业出版社．2021．

[11]刘志强．莫卫东．大学计算机应用基础[M]．西安：西北大学出版社．2020．

[12]高晓梅．史小英．李永锋．计算机应用基础项目教程[M]．西安：西北大学出版社．2015．

[13]孙英如，王俊红，刘艳．计算机网络与Internet应用[M]．北京：中国水利水电出版社．2003．

[14]刘彦舫．褚建立．计算机网络技术实用教程（第三版）[M]．北京：电子工业出版社．2005．

[15]安淑芝．黄彦．计算机网络：第三版[M]．北京：中国铁道出版社．2008．

[16]徐敬东．张建忠．计算机网络[M]．北京：清华大学出版社．2002．

[17]刘敏涵．王存祥．计算机网络技术[M]．西安：西安电子科技大学出版社．2003．

[18]梁超雄．实用联网技术[M]．北京：化学工业出版社．2009．

[19]周鸣争，陶皖．大数据导论[M]．北京：中国铁道出版社有限公司．2020．

[20]周苏，王文．大数据导论[M]．北京：清华大学出版社．2019．

[21]吕延君．大数据时代政府数据开放及法治政府建设[M]．北京：人民出版社．2019．

[22]黄颖．一本书读懂大数据[M]．长春：吉林出版集团有限责任公司．2014．

[23]约恩·里塞根．王正林译．数据化决策[M]．北京：中国经济出版社．2020．

[24]洛伦佐·费尔拉蒙蒂. 张梦溪译. 数据之巅[M]. 北京：中华工商联合出版社. 2020.

[25]王万良. 人工智能通识教程[M]. 北京：清华大学出版社. 2020.

[26]李开复. 王咏刚. 现代高新技术概论[M]. 北京：文化发展出版社. 2017.

[27]彭力. 物联网应用基础[M]. 北京：冶金工业出版社. 2011.

[28]李佳. 周志强. 物联网技术与实践基于ARMCortex-M0技术[M]. 北京：电子工业出版社. 2012.

[29]邹俊. 区块链技术指南[M]. 北京：机械工业出版社. 2016.

[30]唐塔普斯科特. 区块链革命[M]. 孙铭译. 北京：中信出版社. 2016.

[31]王永利. 区块链：从数字货币到信用社会[M]. 北京：中信出版社. 2016.

[32]张健. 区块链：定义未来金融与经济新格局[M]. 北京：机械工业出版社. 2016.

[33]李钧. 比特币：一个虚幻而真实的金融世界[M]. 北京：中信出版社. 2013.

[34]刘云圻. 石墨烯：从基础到应用[M]. 北京：化学工业出版社. 2017.

[35]马如璋. 蒋民华. 徐祖雄. 功能材料学概论[M]. 北京：冶金工业出版社. 2006.

[36]蒲素云. 金属植入材料及其腐蚀[M]. 北京：北京航空航天大学出版社. 1990.

[37]杨华明. 宋晓岚. 金胜胡. 新型无机材料[M]. 北京：化学工业出版社. 2005.

[38]杨杰. 吴月华. 形状记忆合金及其应用[M]. 合肥：中国科技大学出版社. 1993.

[39]周瑞发. 纳米材料技术[M]. 北京：国防工业出版社. 2003.

[40]韦保仁. 能源与环境. 北京：中国建材工业出版社. 2015.

[41]宋思扬. 楼士林. 生物技术概论[M]. 北京：科学出版社. 2014.

[42]张力. 现代科学技术概论[M]. 北京：高等教育出版社. 2012.

[43]艾万铸. 李桂香. 海洋科学与技术[M]. 北京：海洋出版社. 2000.

[44]傅华. 马书春. 现代科学技术概论[M]. 北京：北京出版社. 2005.

[45]王栽毅. 王云飞. 薛钊. 等. 海洋领域先进技术评价[M]. 青岛：中国海洋大学出版社. 2017.

[46]刘其斌. 激光加工技术及其应用[M]. 北京：冶金工业出版社. 2007.